海洋牧场构建原理与实践

杨红生　编著

科学出版社

北　京

内 容 简 介

在国家科技支撑计划、海洋公益性行业科研专项、中国科学院战略性先导科技专项、山东省科技重大专项等项目的支持下，中国科学院海洋研究所养殖水域生态学与生物资源修复研究团队系统开展了近海生境修复和生物资源养护研究与示范，提出了海洋牧场建设新理念，实施了区域工程示范。为了进一步系统总结团队和其他同仁的研究进展，撰写了《海洋牧场构建原理与实践》一书，共12章。本书重点介绍了我国海洋牧场建设的回顾与展望、海洋牧场的生产过程与承载力、海洋牧场的基本分类与功能设计、海藻床与海草场生境构建、海洋牧场关键设施设计与研制、资源关键种行为特征与驯化控制、海洋生物资源养护、海洋牧场监测评价与生态安全保障、海洋牧场产品质量安全保障、海洋牧场产品溯源、海洋牧场的运营管理与效益分析、产业发展模式与业态拓展等内容。

本书可供高等院校、科研院所及企业中从事海洋科学、海洋牧场建设及经营等相关研究和生产的科研人员、教师、研究生及工程技术人员参考使用。

图书在版编目（CIP）数据

海洋牧场构建原理与实践/杨红生编著. —北京：科学出版社, 2017.2
ISBN 978-7-03-051654-1

Ⅰ.①海… Ⅱ.①杨… Ⅲ. ①海洋农牧场–建设 Ⅳ. ①S953.2

中国版本图书馆 CIP 数据核字(2017)第 014686 号

责任编辑：王 静 付 聪 / 责任校对：钟 洋
责任印制：赵 博 / 封面设计：刘新新

科学出版社出版
北京东黄城根北街 16 号
邮政编码：100717
http://www.sciencep.com
北京科印技术咨询服务有限公司数码印刷分部印刷
科学出版社发行 各地新华书店经销
*
2017 年 2 月第 一 版 开本：720×1000 1/16
2025 年 1 月第四次印刷 印张：23 1/4
字数：468 000
定价：150.00 元

《海洋牧场构建原理与实践》编委名单

（按姓氏笔画排序）

前　言

“巡天自问居何处，蔚蓝水球独拥。繁华已过转头空。水秽流浅，鱼虾杳无踪。构建牧场归自然，筑巢浪底龙宫。万类依存乐其中。笑观百态，得失皆随风。”常常思考自己从何处来？能为蓝色水球做点什么？不想再破坏自己的家园，只想弥补自己的过失，竭尽自己的绵薄之力去呵护。

自从海洋农牧化战略构想提出以来，海洋牧场从此就应运而生。到目前为止，国际上海洋牧场定义颇多，难以统一。综合众家之言，海洋牧场可以定义为：基于海洋生态学原理和现代海洋工程技术，充分利用自然生产力，在特定海域科学培育和管理渔业资源而形成的人工渔场。

现代海洋牧场建设必须坚持生态优先、陆海统筹、三产贯通、四化同步（工程化、机械化、自动化和信息化）、创新跨越的原则，集成应用环境监测、安全保障、生境修复、资源养护、综合管理等技术，实现海洋环境的保护与生物资源的安全、高效和可持续利用。

建设现代海洋牧场，已经成为世界各国的共识。针对我国局部环境恶化、渔业资源衰退、食品安全堪忧等问题，大力发展海洋牧场尤为迫切。统筹发展，推进海洋资源持续利用。必须强调陆地与海洋、理论与实践、工程与技术的结合，通过增殖放流和有效的资源管理，补充和恢复生物资源，实现生物资源捕捞与补充平衡。改善环境，恢复海洋生态系统功能。通过科学投放人工鱼礁、建设海藻（草）床等方式修复受损生境，为海洋生物提供栖息及繁殖场所，逐渐形成稳定的海洋生态系统。惠及民生，促进沿海渔民增产增收。通过提高海洋生物资源量和产品品质，促进观光旅游、精深加工等产业发展，实现渔民收入增加、沿海经济持续高效发展。保障安全，提供更多优质海洋食品。实现海产品供给能力和品质提高，增强渔业资源对国家食物安全的保障能力。

海洋牧场是继捕捞、养殖和单纯人工放流后，集环境保护、资源养护、游钓渔业和景观生态建设于一体的新业态。现代海洋牧场是长期、复杂的系统工程，也是公益性工程，需要社会各界的高度重视和关注。牧场建设综合效益突出体现了系统保护和资源养护，需要政府政策大力支持和资金扶持。涉及政策、环境、科技、投融资、管理等多方面问题，必须充分认识其重要性和复杂性，坚持科学评估、顶层设计、分步实施的建设原则，才能逐步形成现代海洋牧场新业态。

必须提升科技与管理创新能力，促进海洋牧场系列成果的产出和高层次复合型人才的培养。设立专项研究，提高苗种繁育、习性驯化、人工鱼礁设计、鱼群控制、生态修复技术水平；创新海洋牧场管理方式方法，开发生物资源、环境质量动态监测，推动实施从规划建设到牧场运行的全过程管理；培养生态养殖和工程技术复合型人才。

必须加快完善建设管理标准体系，推动海洋牧场向规范化、科学化方向发展。制定海洋牧场、人工鱼礁建设和管理的技术规程和标准，规范海洋牧场建设的选址、设计、施工，养殖对象的繁育、驯化、放流、捕捞，海洋牧场的管理、监测和评估工作。

必须逐步推进“政产学研用”一体化，形成产业链完整的海洋牧场产业体系。实施基于生态系统的海洋管理，发挥政府引导和扶持作用；打破科研机构行业壁垒；强化企业技术创新主体地位；提高渔民参与热情。推动形成科研院所与企业、渔民密切合作的产业联盟，促进技术成果转化为应用和管理方式方法的转变。

必须丰富拓展投融资渠道和主体，逐渐实现政府管理向社会管理和企业管理的过渡。海洋牧场建设投资大、周期长，先期应争取国家财政性资金和政策性金融支持，建立国家海洋牧场发展基金，启动海洋牧场示范建设。同时，应拓展海洋牧场使用权物权化融资渠道，广泛吸纳社会资本、民间资本和外来资本参与海洋牧场的运营、维护、管理和技术研发。

十年来，在国家科技支撑计划、海洋公益性行业科研专项、中国科学院战略性先导科技专项、山东省科技重大专项等项目的支持下，研究团队系统开展了近海生境修复和生物资源养护研究与示范，提出了海洋牧场建设新理念，实施了区域工程示范，取得了很好的进展，为了进一步系统总结团队和其他同仁的研究进展，撰写了《海洋牧场构建原理与实践》一书，以飨读者。由于编写组能力和时间有限，多有不妥之处，望大家海涵。敬请各位同仁提出宝贵意见，我们将不胜感激！

2016 年冬月　于四知堂

目　　录

第一章 我国海洋牧场建设的回顾与展望

赵 鹏 孙丽娜 孙景春 杨红生

摘要：海洋牧场是基于海洋生态学原理和现代海洋工程技术，充分利用自然生产力，在特定海域科学培育和管理渔业资源而形成的人工渔场。海洋牧场的特征包括以增加渔业资源量为目的、具有明确的边界和权属、苗种主要来源于人工育苗或驯化、通过放流或移植进入自然海域、以天然饵料为主和对资源实施科学管理。早在20世纪60年代，我国学者原创性地提出在海洋中通过人工控制种植或养殖海洋生物，建设“牧场”的理念。20世纪80年代以来，我国海洋牧场从增殖放流、人工鱼礁建设向系统化的海洋牧场发展，目前存在着海洋牧场的涵义应用过于宽泛，缺乏统筹规划和科学论证，忽视海洋牧场生态作用，忽视项目评估和系统管理等问题。展望未来，我国的海洋牧场建设应在“生态优先、陆海统筹、三产贯通、四化同步、创新跨越”的发展理念指导下，加强海洋牧场建设的宏观引导，推动海洋牧场体系化建设，实施海洋牧场企业化运营。在获得经济效益的同时，实现产业繁荣和保持健康生态系统的和谐统一。

关键词：海洋牧场，增殖放流，人工鱼礁，海洋农牧化

海洋是人类获取优质蛋白的“蓝色粮仓”。近40年来，我国以海水养殖为重点的海洋渔业迅猛发展，掀起了海藻、海洋虾类、海洋贝类、海洋鱼类、海珍品养殖的五次产业浪潮，养殖总产量自1990年以来一直稳居世界首位。与此同时，局部水域环境恶化、产品品质下滑、养殖病害严重的问题日趋严重，传统模式的海水养殖业已难以适应我国经济社会健康发展和海洋生态环境现状的要求。继传统捕捞业、养殖业之后，我国海洋渔业面临新一轮的产业升级，而海洋牧场则是重要发展方向之一。

第一节 海洋牧场理念溯源

传统上认为，海洋牧场理念源于20世纪70年代的美国和日本。美国1968年提出海洋牧场计划，1972年实施，1974年建成加利福尼亚巨藻海洋牧场。1971年日本水产厅海洋审议会文件中指出“海洋牧场将会成为未来渔业的基本技术体系，

这一系统可以从海洋生物资源中持续生产食物”。1973 年，在冲绳国际海洋博览会上，日本着重强调了海洋牧场是“在人为管理下维护和利用海洋资源”的一种全新的生产形式。在日本提出海洋牧场的同一时期甚至更早，我国学者已对海洋牧场的理念和理论做出了原创性的贡献。朱树屏（2007a）1963 年在中央人民广播电台广播讲话稿中提出“海洋、湖泊捕鱼不是一种采矿业，而是一种畜牧业”，“海洋、湖泊就是鱼虾等水生动物生活的牧场”。曾呈奎和毛汉礼（1965）提出“必须大力研究重要种类的生物学特性和它们在人工控制条件下的生长、发育、繁殖，以解决人工养殖的一系列问题，培育新的优良品种，使海洋成为种殖藻类和贝类的‘农场’，养鱼、虾的‘牧场’，达到‘耕海’目的”。1978 年，曾呈奎在中国水产学会恢复大会和科学讨论会、山东省水产学会恢复暨学术交流大会上分别作了“我国海洋专属经济区实现水产生产农牧化”和“我国海洋专属经济区实现水产生产‘农牧化’问题”的报告。他将海洋农牧化（farming and ranching of the sea）定义为“通过人为的干涉改造海洋环境，以创造经济生物生长发育所需要的良好环境条件，同时，也对生物本身进行必要的改造，以提高它们的质量和产量”（曾呈奎，1979）。并将远洋捕捞和海洋农牧化视为我国提高海洋水产的主要途径，提出力争在 20 世纪内实现专属经济区的水产生产农牧化，把我国海域改造成为高产稳产的海洋农牧场（曾呈奎，1979）。

海洋农牧化包括“农业化”和“牧业化”两个方面（曾呈奎，1980，1985；陈君和张忍顺，2000）。其中，“农业化”即“耕海”，是在沿海的滩涂、沼泽、港湾及二三十米等深线以浅的海域，人工栽培、种植藻类和耐盐经济植物，使用笼具、网箱、围网等在有限空间内进行海洋动物人工养殖。自 20 世纪 50 年代以来，在童第周、曾呈奎、刘瑞玉、张福绥等一批海洋科技工作者的努力下，我国海洋农业走过了海藻、海洋虾类、海洋贝类、海洋鱼类、海珍品养殖五次产业浪潮，产量自 1991 年起长期稳居世界第一位。“牧业化”则是把人工培养的幼苗培养到一定规格、具有一定的抵抗病害和逃避敌害能力的阶段，然后释放到自然海域让其自由地索饵、生长、发育，最后作为自然资源的一部分进行合理地捕捞（曾呈奎，1980；徐恭昭，1988）。海洋牧业既不同于海洋捕捞业，也不同于海洋养殖业，而是两者的结合。海洋牧业利用自然生物资源及水域生产潜力，通过人工繁殖生产种苗以降低自然环境下早期幼苗的死亡率，保证了种群资源的有效补充，最后再进行捕捞等一系列生产过程，是海洋生物资源开发利用管理的新系统（曾呈奎和徐恭昭，1981）。此外，20 世纪 70 年代末至 80 年代初，毛汉礼（1979）、黄文沣（1979）、王树渤（1979）、刘星泽（1984）、徐绍斌（1987）、陆忠康（1995）等也相继提出了与海洋农牧化相似的理念，部分学者更进一步从生物遗传、水环境等角度对实现海洋农牧化提出了自己的见解。由此可见，至迟在 20 世纪 60 年代中期，我国学者已经提出在海洋中通过人工控制种植或养殖海洋生物的理念及海洋中“牧场”的概念，这与 70 年代日本“海洋牧场”概念的核心思想是基本一致的。受“文化大革命”因素影响，这一理念的完善和具体化直到 1978～1988 年才得以实现。

从耕海、海洋农牧化再到海洋牧业，我国海洋牧场发展理念的演化和形成与时代背景和科学技术发展密切相关。首先，海洋生物人工繁育和增殖放流的成功为实现海洋农牧化提供了可能。美国、苏联、加拿大、日本等长期进行鲑鱼等洄游鱼类的增殖放流；我国 20 世纪 50 年代起陆续突破了海带、紫菜和牡蛎等的人工培苗和养殖技术。这些科学和技术实践表明，海洋生物可以像粮食作物、牲畜一样种植、养殖。其次，20 世纪 70 年代以来，划定 200 海里专属经济区的热潮使沿海国家开始重视专属经济区水域的渔业资源，发展方向从捕捞转向资源养护。日本即是在这一热潮期间提出海洋牧场的，曾呈奎提出的海洋牧业也着眼于专属经济区水域。再次，20 世纪 60 年代末以来的高强度的捕捞作业造成水产产量增长率大为下降，产品的质量也大为下降。高质量的经济鱼类数量大幅度减少，低质小杂鱼和经济价值不高的种类成为主要捕捞对象。这种形势下，必须从养殖和增殖着手保持水产品产量稳定增长。从国内形势看，“文化大革命”结束以后，国家发展重新步入正轨，党和国家工作重心转移到经济建设上之后，科技工作者和水产从业者才能够安心从事科研和生产。

第二节　海洋牧场的概念与内涵

到目前为止，学术界尚未对海洋牧场作出统一的定义，这也反映出对海洋牧场的认识还需不断深化和完善。日本学者市村武美认为广义的“海洋牧场”包括养殖式和增殖式两种生产方式，将各种类型的养殖也视为海洋牧场的类型。中村定则认为海洋牧场是指在广阔的水域中，控制鱼类的行动，从苗种投放到采捕收获进行全程管理的渔业系统，人工鱼礁、大型增殖场和栽培渔业都是海洋牧场技术的主要部分（刘卓和杨纪明，1995）。韩国《养殖渔业育成法》将海洋牧场定义为：在一定的海域综合设置水产资源养护的设施，人工繁殖和采捕水产资源的场所（杨宝瑞和陈勇，2014）。20 世纪 90 年代以后，我国学者在海洋牧业的基础上吸收了日本和其他国家学者的思想，更为明确地定义了海洋牧场。陈永茂等（2000）认为海洋牧场是指：为增加海洋渔业资源，而采用增殖放流和移殖放流的方法将人工培育和人工驯化的生物种苗放流入海，通过海洋内的天然饵料为食物，并营造适于鱼类生存的生态环境（如投放人工鱼礁、建设涌生流构造物），利用声学和光学等生物自身的生物学特征对鱼群进行控制，通过对环境的检测和科学的管理，以达到增加海洋渔业资源和改善海洋渔业结构的一种系统工程和渔业增殖模式。张国胜等（2003）认为海洋牧场是指在一定的海域内，建设适应海洋渔业生态的人工生息场所，通过采用人工培育、增殖和放流的方法，将生物种苗人工驯化后放流入海，利用海洋自然的微生物饵料和微量投饵养育，并且运用先进的鱼群控制技术和环境检测技术对其进行科学的管理，从而达到增加海洋渔业资源，进行高效率捕捞活动的目的。阙华勇等（2016）将现代海洋牧场定义为在特定海域，基于区域海洋生态系统特征，通过生物栖息地养护与优化技术，有机组合增殖与养殖等多种渔业生产要素，形成环境与产业的生态耦合系统；通过科学利用海域空间，提升海域生产力，建立生态化、良种化、工程化、高质化的渔业生产与管理模式，实现陆海统筹、三产贯通的海洋渔业新业态。

综合国内外学者的观点，海洋牧场主要包括以下 6 个要素：①以增加渔业资源量为目的，该要素表明海洋牧场建设是追求效益的经济活动，资源量的变化反映海洋牧场的建设成效，强调监测评估的重要性；②明确的边界和权属，该要素是投资建设海洋牧场、进行管理并获得收益的法律基础，如果边界和权属不明，就会陷入“公地的悲剧”，投资、管理和收益都无法保证；③苗种主要来源于人工育苗或驯化，区别于完全采捕野生渔业资源的海洋捕捞业；④通过放流或移植进入自然海域，区别于在人工设施形成的有限空间内进行生产的海水养殖业；⑤饵料以天然饵料为主，区别于完全依赖人工投饵的海水养殖业；⑥对资源实施科学管理，区别于单纯增殖放流、投放人工鱼礁等较初级的资源增殖活动。由此衍生出海洋牧场的六大核心工作：绩效评估、（动物）行为管理、繁育驯化、生境修复、饵料增殖和系统管理（图 1-1）。

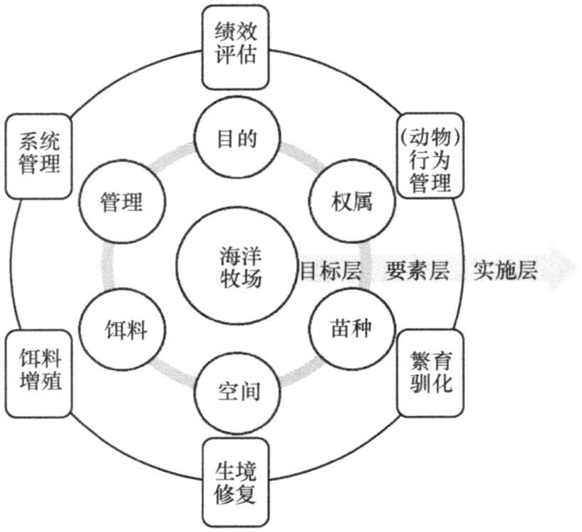

图 1-1 海洋牧场的六要素

综上所述，海洋牧场定义可以表述为：基于海洋生态学原理和现代海洋工程技术，充分利用自然生产力，在特定海域科学培育和管理渔业资源而形成的人工渔场。

需要说明的是，通常认为，海洋牧场对应的英语词组是 Ocean Ranching、Sea Ranching 或 Marine Ranching（中国科协学会学术部，2013）。在爱思唯尔（Elsevier）

出版的*Encyclopedia of Ocean Sciences*中，Ocean Ranching被定义为：通常是指资源增殖（Stock Enhancement），即向海洋中大规模放流苗种，使其依靠天然饵料生长，最终将其回捕或补充渔业资源生物量。从这一定义看，Ocean Ranching是动词的名词化，有海洋牧业的涵义。曾呈奎和徐恭昭（1981）将Ocean Ranching译为海洋牧业。因此，英文文献中Ocean Ranching等三个词汇与中国和日本学者所指的海洋牧场的涵义并不完全相同。

增殖放流、人工鱼礁等概念常与海洋牧场同时出现，某些时候被混用，甚至被等同于海洋牧场。人工鱼礁（Artificial Reef）是人工置于水域环境中用于修复和优化水域生态环境的构造物。它通过适当的制作和放置来吸引和增殖各类海洋生物，达到改善水域生态环境的目的。增殖放流是指采用放流、底播、移植等人工方式向海洋、江、河、湖泊、水库等公共水域投放亲体、苗种等活体水生生物的活动（中华人民共和国农业部，2009）。从这些词汇的定义和实践看，增殖放流是海洋牧场活动的一个环节，是将人工孵育的幼体释放入海的过程。人工鱼礁是为入海生物提供栖息地的人造设施，是海洋牧场的技术手段。它们是海洋牧场的一部分，海洋牧场建设不是简单地投放人工鱼礁或增殖放流，而是要注重苗种繁育、初级生产力提升、生境修复、全过程管理等一系列问题。因此，海洋牧场的研究既应区别海洋牧业、增殖放流、人工鱼礁等相似概念，也应将它们纳入其系统考虑。总的来说，海洋牧场是海洋牧业发展的高级形态。

第三节 海洋牧场的发展历程

一、国际发展历程

对海洋牧场发展历程的回顾涉及对海洋牧业（Ocean Ranching）及现代化海洋牧场的回顾。海洋牧场是海洋牧业生产实践的产物，其形态和内涵由简单到系统、由初级到成熟不断演进。

从世界范围看，海洋牧业可追溯到19世纪60～80年代。水电开发和污染导致洄游性鲑科鱼类种群的减少甚至是消失，美国、加拿大、苏联和日本实施了大规模的增殖放流，与此同时，大西洋和太平洋的鲑科鱼类被引入到澳大利亚、新西兰等地。20世纪初，为稳定近海渔业资源量，美国、英国和挪威等实施了鳕、黑线鳕、狭鳕和比目鱼等鱼类卵黄期仔鱼的增殖放流。战争和放流效果不明等导致这些放流工作逐渐停止。在无脊椎动物方面，挪威在1889年进行了欧洲龙虾（*Homarus gammarus*）卵和幼体的放流，放流效果同样难以评价。日本鲍、扇贝、海胆、虾等海洋经济生物的增殖放流也在20世纪70年代以后相继开展。

人工鱼礁的出现标志着海洋牧业的发展从单纯放流海洋生物幼体向资源养护的转变。20世纪50年代，日本和美国出现了人工鱼礁的雏形，小型渔船、混凝土构件等试验性的投放取得了成功，此后，各种废弃物和人工构筑物被大量投放。1975 年和 1984 年，日本、美国相继在法律中确定了人工鱼礁建设，并在国家和地方层面推动人工鱼礁建设。此外，欧洲、东南亚、东亚、拉丁美洲和大洋洲一些国家也都在 20 世纪 60～70 年代开始开展人工鱼礁建设。

传统的增殖放流和修筑人工鱼礁工作主要在前期投入，往往缺乏后期管理或效果评估。在近岸海洋环境恶化、资源管理技术逐渐成熟的背景下，注重全过程、精细化管理的海洋牧场成为海洋牧业发展的更高级形态。日本在海洋牧场建设方面走在了世界前列。1984 年，日本大分县海洋牧场在前期研究的基础上，设置了音响投饵系统，对经驯化的真鲷进行音响管理，同时设置滞留礁、诱导礁等人工鱼礁和鱼探仪、水下相机等监测设备。大分县海洋牧场涵盖了陆基苗种繁育、海上稚鱼饲养驯化、海上养成及回捕等渔业生产全过程，将增殖放流、鱼礁建设、驯化技术设备融入其中，形成了完善的渔业管理体系。可以说大分县海洋牧场标志着海洋牧业从传统海洋牧业向现代海洋牧业的转变，揭开了海洋牧业“工业革命”的序幕。1990 年以来，日本长崎和冈山、韩国统营等海洋牧场也成功实施，并在海藻场建设、休闲渔业等方面做出了更多探索。

二、国内发展进展

我国海洋牧业的发展同样经历了渔业资源增殖放流、投放人工鱼礁和系统化的海洋牧场等产业发展阶段。不同的是，我国的海洋牧业在“文化大革命”后恢复并兴起，增殖放流、人工鱼礁多种产业形态同时发展，国内外海洋牧场理念和经验交融互鉴，在短时间内走过了其他国家几十年的发展道路。2006 年国务院发布《中国水生生物资源养护行动纲要》后，全国沿海各省市更是纷纷行动起来，积极组织开展海洋生物资源增殖放流活动和人工鱼礁建设（程家骅和姜亚洲，2010）。

新中国成立伊始，我国科学家就组织开展了标志放流工作（朱树屏，2007b）。20 世纪 70 年代中后期开展对虾增殖放流（尹增强和章守宇，2008），规模化增殖放流工作则始于 80 年代末（程家骅和姜亚洲，2010）。虽然起步相对较晚，但发展迅速，先后进行了海蜇（*Rhopilema esculentum*）、三疣梭子蟹（*Portunus trituberculatus*）、金乌贼（*Sepia esculenta*）、曼氏无针乌贼（*Sepiella maindroni*）、鲮（*Liza haematocheila*）、真鲷（*Pagrosomus major*）、黑鲷（*Acanthopagrus schlegelii*）、大黄鱼（*Pseudosciaena crocea*）、褐牙鲆（*Paralichthys olivaceus*）、黄盖鲽（*Pseudopleuronectes yokohamae*）、六线鱼（*Hexagrammos otakii*）、许氏平鲉（*Sebastods schlegelii*）、虾夷扇贝（*Patinopecten yessoensis*）、魁蚶（*Scapharca broughtonii*）、刺参（*Apostichopus japonicus*）和皱纹盘鲍（*Haliotis discus hannai*）等种类的增殖放流。据不完全统计，截至 2016 年中国向海洋投放各种鱼、虾、蟹、

贝等经济水生生物种苗早已超过1200亿尾（粒），投入资金超过30亿元，许多增殖放流种类获得了良好的投入产出效果。但在取得成绩的同时，我国海洋增殖放流工作也在选择放流对象、确定放流规格和数量方面存在着一定盲目性，难以可靠确定经济和生态效益，对生态系统的影响缺乏了解等问题（张橙茂，2000；赵法箴，2004）。

我国的人工鱼礁建设始于1979年广西钦州地区26座试验性小型单体人工鱼礁（朱孔文等，2011）。1981年4月，中日两国科技人员合作在广东惠阳县大亚湾投放悬浮式人工鱼礁。1983年起人工鱼礁建设受到中央的重视，农业部成立了全国人工鱼礁技术协作组，组织全国水产专家指导各地人工鱼礁试验。此阶段，从辽宁至广西共8省（自治区）进行了人工鱼礁试验，投放了2.87万个人工鱼礁，共投放礁体8.9万 m^3（司英杰，2012）。我国沿海各省相继开展了人工鱼礁试验性投放。此后由于对人工鱼礁认识有限、投入不足，相关建设和研究工作一度中止（司英杰，2012）。进入21世纪以来，广东、浙江、江苏、山东和辽宁等地掀起了新一轮人工鱼礁建设热潮，呈现出政府提供政策和资金支持、企业实施建设的特点。以山东为例，2005～2009年，增殖放流和人工渔礁建设并进，增殖放流20余种海洋生物，投放苗种约95.5亿单位，投放礁体226.6万空方。资源回捕量共18万t，总产值49.2亿元，直接投入与产出比为1∶17，渔民人均增收10 929元（游桂云等，2012）。据不完全统计，2008年以来，全国人工鱼礁建设规模超过3000万空方，礁区面积超过500km^2，投入资金达到20亿至30多亿元。广东、山东、河北等地颁布了《广东省人工鱼礁管理规定》（2004年）、《河北省水产局人工鱼礁管理办法（试行）》（2009年）、《山东省人工鱼礁管理办法》（2013年）等地方规章制度。

在增殖放流和人工鱼礁建设的基础上，涵盖育种、育苗、养殖、增殖、回捕全过程，重视生境修复和资源养护的海洋牧业形态，即真正意义上的海洋牧场在我国出现。例如，20世纪80年代，辽宁大连的獐子岛开始虾夷扇贝的育苗和底播，90年代起，獐子岛海洋牧场开展工作营造海藻场，设置人工鱼礁、人工藻礁，修复与优化海珍品等增养殖生物的栖息场所，对确权海域进行功能区划，布设了潜标、浮标，建成了水文数据实时观测平台，到目前已开发超过2000km^{2}的海域。近年来，山东烟台的莱州湾海洋牧场建设迅速，海域覆盖面积达1.07万hm^2，系统建立了渔业资源养护技术，实现资源量倍增，有效修复渔业水域环境，产品通过有机食品认证，集成构建了“物联网+生态牧场”生产体系，实现了牧场管理信息化。2015年5月，农业部组织开展国家级海洋牧场示范区创建活动，推进以海洋牧场建设为主要形式的区域性渔业资源养护、生态环境保护和渔业综合开发。同年12月，天津大神堂海域，河北山海关海域、祥云湾海域、新开口海域，辽宁丹东海域、盘山县海域、大连獐子岛海域、海洋岛海域，山东芙蓉岛西部海域、荣成北部海域、牟平北部海域、爱莲湾海域、青岛石雀滩海域、崂山湾海域，江苏海州湾海域，浙江中街山列岛海域、马鞍列岛海域、宁波渔山列岛海域，广东万山海域和龟龄岛东海域等被列为首批国家级海洋牧场示范区。

与此同时，良种选育和苗种培育技术、海藻场生境构建技术、增养殖设施与工程装备技术、精深加工与高值化技术等海洋牧场建设的关键技术逐渐成熟，离岸深水大型海洋牧场平台成为离岸型海洋牧场的发展方向与趋势，新技术与新工艺在海洋牧场工程设施中逐渐得以应用，信息化、自动化、抗老化、抗腐蚀技术等大大地提高了海洋牧场养殖设施的性能和管理水平。

第四节　我国海洋牧场建设的几点思考

在我国推动海洋牧场建设既是海洋牧业产业发展的必然趋势，也与我国经济社会和生态环境现状密切相关。第一，20 世纪 60～80 年代，我国近海渔业资源日渐枯竭，发展海洋牧业，建设海洋牧场成为稳定渔业资源量的必然选择。第二，在五次海水养殖浪潮的同时，盲目追求高产量和技术相对落后导致病害频繁，滥用渔药的现象时有发生，市场对绿色、安全、优质水产品的需求为海洋牧场发展提供了新的机遇。第三，我国经济增长进入新常态和供给侧结构性改革要求海洋水产业向绿色低碳、安全优质的方向发展，而海洋牧场是发展的方向之一。此外，近岸水体污染和富营养化、海洋工程建设等造成海底荒漠化，渔业资源生境范围缩小，质量降低，因此我国海洋牧场建设应将近海生态系统重建和渔业资源生境恢复纳入其中。

一、存在的问题

我国海洋牧场理念的提出至今已五十余年，海洋牧场建设在取得显著进展的同时也出现了一些问题。主要表现在以下几个方面。

1. 海洋牧场的涵义应用过于宽泛

在我国实践中，投放人工鱼礁、增殖放流、网箱养殖等经常被等同于海洋牧场建设，传统渔场和海洋牧场的概念混淆。这导致我国“海洋牧场”建设遍地开花，但整个产业的技术水平却很低。人工鱼礁基本上以石块礁、小型构件礁、废旧渔船为主，增殖放流大都一投了之，没有生物控制技术和必要的监测与效果评价。财政补助资金没有用于建设真正意义的海洋牧场，现代海洋牧场技术难以有效推广应用。

2. 缺乏统筹规划和科学论证

由于缺乏全国性规划和国家或行业标准，各地海洋牧场建设同质化严重，地区间缺乏协调，没有使经济和生态效益最大化。由于缺乏相关标准和科学论证，牧场设计未能基于生态系统结构与功能。鱼礁选型不科学，部分海洋牧场出现礁体漂移和沉陷、掩埋现象，增殖放流对象单一，没有合理搭配，放流规格和数量的选择具有一定的盲目性，缺少经济和生态效益评估及对生态系统的影响研究（张橙茂，2000；赵法箴，2004）。

3. 忽视海洋牧场的生态作用

海洋牧场建设往往仅被视为获取海洋水产品的途径，经营者对产量和经济效益的片面追求导致海洋牧场在提供生态廊道、庇护野生种群、调节流场和物质输运等方面的生态作用被忽视。除少数海洋牧场建设兼顾了红树林、海草床、海藻场等自然生境的修复，其他绝大多数牧场未能重视对所处海域生态系统功能的保护与恢复，因此也难以抵御环境与生态灾害。如何让海洋牧场有效促进受损生境和生物群落的恢复还有待深入研究。

4. 忽视项目评估和系统管理

我国海洋牧场建设往往把放流苗种的数量、鱼礁建设规模和投入的资金量作为主要评价指标，这就造成了仅重视建设期投入、项目的可行性分析不足、环境影响评价不完善、完成后综合评价缺失等种种问题。海洋牧场运营期缺乏系统管理，天然饵料增殖与幼体庇护技术匮乏，缺少种苗投放与产品采捕规范，牧场资源环境综合监测评估技术严重滞后。

二、发展理念

现代海洋牧场建设必须坚持“生态优先，陆海统筹，三产贯通，四化同步，创新跨越”的原则，集成应用环境监测、安全保障、生境修复、资源养护、综合管理等技术，实现海洋环境的保护与生物资源的安全、高效和可持续利用。

坚持生态优先　在现有捕捞和养殖业面临诸多问题的背景下，海洋牧场作为一种新的产业形态，其发展依赖于健康的海洋生态系统。因此必须重视生境修复和资源恢复，根据生态容量确定合理的建设规模，这是海洋牧场可持续发展的前提。

坚持陆海统筹　海洋牧场在空间上覆盖陆域和海域，陆域是苗种繁育、产品加工、牧场运行管理的基地，海域是开展人工鱼礁建设、增殖放流、生境修复、采捕收获的生产空间。因此，陆地和海上生产空间需进行合理统筹规划，海域应根据水深和距陆地距离合理布局各类增殖模式和增殖对象，陆域应基于高效运行和方便管理的原则对各个生产单元科学布局。

坚持三产贯通　海洋牧场不仅包括水产品生产的产业链，更涉及礁体和装备制造、产品精深加工和储运、休闲渔业等产业。未来应打通第一、第二、第三产业，使海洋牧场成为经济社会系统和生态系统的一部分，特别是将休闲渔业和生态旅游等产业有机融入海洋牧场建设中，充分发挥其对上下游产业和周边区域产业的拉动作用。

坚持四化同步　工程化、机械化、自动化、信息化是现代海洋农牧业的发展方向。海洋牧场要加强食品安全追溯技术，“3S”技术（遥感技术、地理信息系统和全球定位系统），物联网和人工智能技术、牧场管理信息化、生物驯化、自动化采收等技术和装备的研发和应用，综合提升海洋牧场的整体技术水平。

坚持创新跨越　现代海洋牧场建设还有许多科学和技术问题亟待突破，这需要凝聚多学科的知识和技术，实现多种技术集成创新。近期应在海洋牧场健康和承载力评估、海草床、海藻场修复技术、种群重建技术、生物制御技术和生态系统管理技术等方面取得突破。

三、发展对策

1. 加强海洋牧场建设的宏观引导

在国家层面上，编制我国管辖海域海洋牧场建设的中长期规划，出台海洋牧场建设和运行管理的国家和行业标准，明确我国海洋牧场的定义、范畴和类型，将财政资金投向真正意义上的海洋牧场。在沿海省市层面，根据海域自然条件、海洋功能区属性、环境质量做好海洋牧场的选址和区划，推动海洋牧场海域确权，形成政府扶持、企业主导、渔民受益的海洋牧场建设模式，加强海洋牧场绩效评估和统计报告。

2. 推动海洋牧场体系化建设

统筹安排增殖放流和人工鱼礁建设工作，提高增殖放流苗种的成活率和人工鱼礁建设的针对性和科学性。逐步实现底播种类以海珍品为主转变为海珍品、鱼类、藻类多营养层次相结合，提高单位海域的经济与生态效益。我国近岸水体污染和富营养化日趋严重，海洋工程建设等造成了海底荒漠化，渔业资源生物生存环境恶化，因此海洋牧场建设应将近海生态系统的重建纳入工作重点，注重生境修复、天然饵料增殖、海草床及海藻场的恢复。加强海洋牧场资源环境的实时在线监测和生态灾害的预警预报。公益性海洋牧场实行配额管理，严格限定产出的商品规格、收获量和收获方式等。

3. 实施海洋牧场企业化运营

改变目前海洋牧场建设主要由政府投资的局面，通过财税政策、特许经营等途径吸引企业运营海洋牧场，财政资金由直接投入海洋牧场建设，转向栖息地保护、基础科学研究和监测评估等方面。推动构建企业、科研院所、渔民参与的行业协会，形成产业联盟，实现产学研结合，企业和渔民共同获益。将单一水产品生产向休闲渔业、生态工程等相关产业拓展。

主要参考文献

陈君, 张忍顺. 2000. 我国海洋农牧化发展研究. 地理学与国土研究, 01: 24-28.
陈永茂, 李晓娟, 傅恩波. 2000. 中国未来的渔业模式——建设海洋牧场. 资源开发与市场, 02: 78-79.
程家骅, 姜亚洲. 2010. 海洋生物资源增殖放流回顾与展望. 中国水产科学, 03: 610-617.
黄文沣. 1979. 栽培渔业的理论和实践. 福建水产科技, 01: 6-21.
刘星泽. 1984. 渔业要走农牧化的道路——渔捞专家谈开发海洋渔业生产. 瞭望周刊, 43: 25.
刘卓, 杨纪明. 1995. 日本海洋牧场(Marine Ranching)研究现状及其进展. 现代渔业信息, 05: 14-18.
陆忠康. 1995. 我国海洋牧场(Marine Ranching)开发研究的现状、面临的问题及其对策. 现代渔业信息, 09: 6-9.
毛汉礼. 1979. 海洋科学近二十年来的进展. 海洋科学, 01: 1-9.
阙华勇, 陈勇, 张秀梅, 等. 2016. 现代海洋牧场建设的现状与发展对策. 中国工程科学, 03: 79-84.
司英杰. 2012. 人工鱼礁的法律规制. 中国海洋大学, 10.
王树渤. 1979. 海洋生物学的成就与展望. 辽宁师院学报(自然科学版), 03: 008.
徐恭昭. 1998. 海洋农牧化的进展与问题. 现代渔业信息, 01: 3-10.
徐绍斌. 1987. 海洋牧场及其开发展望. 河北渔业, 02: 14-20.
杨宝瑞, 陈勇. 2014. 韩国海洋牧场建设与研究. 北京: 海洋出版社: 2.
杨红生. 2016. 我国海洋牧场建设回顾与展望. 水产学报, 7: 9-11.
杨红生, 赵鹏. 2013. 中国特色海洋牧场亟待构建. 中国农村科技, 11: 15.
尹增强, 章守宇. 2008. 对我国渔业资源增殖放流问题的思考. 中国水产, 03: 9-11.
游桂云, 杜鹤, 管燕. 2012. 山东半岛蓝色粮仓建设研究——基于日本海洋牧场的发展经验. 中国渔业经济, 30(3): 30-36.
曾呈奎. 1979. 关于我国专属经济海区水产生产农牧化的一些问题. 自然资源, 01: 58-64.
曾呈奎. 1980. 我国海洋生物学在新时期的主要任务. 海洋科学, 01: 1-5.
曾呈奎. 1985. 海洋农牧化大有可为. 科技进步与对策, 02: 9-10.
曾呈奎, 毛汉礼. 1965. 海洋学的发展、现状和展望. 科学通报, 10: 876-883.
曾呈奎, 徐恭昭. 1981. 海洋牧业的理论与实践. 海洋科学, 01: 1-6.
张橙茂. 2000. 浅谈我国海洋渔业资源增殖. 福建水产, 1: 52-57.
张国胜, 陈勇, 张沛东, 等. 2003. 中国海域建设海洋牧场的意义及可行性. 大连水产学院学报, 02: 141-144.
赵法箴. 2004. 加强增殖放流科学研究促进水生生物资源保护. 中国渔业经济, 04: 29-30.
中国科协学会学术部. 2013. 海洋牧场的现在和未来. 北京: 中国科学技术出版社: 37-43.
中华人民共和国农业部. 2009. 水生生物增殖放流管理规定. 中华人民共和国国务院公报, (30): 223-224.
朱孔文, 孙满昌, 张硕, 等. 2011. 海州湾海洋牧场——人工鱼礁建设. 北京: 中国农业出版社.
朱树屏. 2007a. 朱树屏文集. 北京: 海洋出版社.
朱树屏. 2007b. 朱树屏信札. 北京: 海洋出版社.

第二章　海洋牧场的生产过程与承载力

毛玉泽　柏雨岑　王晓宇　黄　瑶　李　阳

摘要：海洋牧场的生产过程包括初级生产和次级生产。浮游植物和大型海藻是海洋牧场的主要初级生产者，它们生产的有机物通过食物链进入食物网，影响着海洋牧场生态系统生产过程，食物链在海洋牧场生态系统中具有重要功能，可把来自藻类等初级生产者产生的能量逐层传递到高级营养者，形成贝类、甲壳类、鱼类等各级动物性生产（次级生产），为人类提供丰富和优质的渔业资源。承载力最早应用于人类生态学中，后来逐渐引入土地、水、环境、资源和森林等领域。近海渔业资源承载力与人类活动和社会经济密切相关，养殖水域的承载力即为养殖承载力，受水域物理、化学、生物因子的影响，养殖技术和模式（如养殖品种的搭配、养殖区的合理布局及养殖管理技术的改进等）都会改变养殖承载力。养殖承载力与初级生产力密切相关，海洋牧场建设是在养殖承载力的基础上，依靠自然生产力获取高质量的渔业资源。

关键词：海洋牧场，初级生产，次级生产，食物链，承载力，养殖承载力

第一节　海洋生产力

一、海洋生产力的基本概念及分布

（一）海洋生产力

海洋初级生产力（ocean primary productivity），是指海洋自养生物（浮游植物、底栖植物、自养细菌及微生物等）通过光合作用或化学合成作用制造有机物的能力，一般是指每天（或每年）单位面积固定有机碳（或能量）的量，单位 g C/（m^2·a）。初级生产力分为总初级生产力（gross primary productivity）和净初级生产力（net primary productivity）。前者是指自养生物固定总有机碳（或能量）的量，后者是总初级生产量扣除自养生物呼吸作用所消耗的有机碳（或能量）的量（呼吸作用通常估计为总初级生产力的 10%左右）。海洋初级生产力受光照、温度、湍流、临界深度、碳供应、铁供应、营养盐和浮游动物的摄食等因素的影响。海洋初级生产力是研究海洋生态系统的基础环节，是海洋生物资源开发与可持续利用的保障，

是科学构建海洋牧场的先决条件，通过初级生产力可以估算出海洋生物的潜在产量，以此作为合理开发利用海洋生物资源的基础依据。

（二）海洋中的初级生产

生态系统中的大部分能量始于植物的光合作用，植物通过转化太阳能制造的有机物质称为初级生产量（primary production）。在初级生产过程中，扣除呼吸作用前的全部生产量称为总初级生产量（gross primary production），而植物吸收转化的能量有一部分被自己的呼吸作用所消耗，这部分剩余的可用于植物的生长和繁殖的能量，称为净初级生产量（net primary production）。总初级生产量（*GP*）、呼吸所消耗的能量（*R*）和净初级生产量（*NP*）三者之间的关系是：

$$GP = NP + R$$
$$NP = GP - R$$

净初级生产量是供生态系统中其他生物利用的所有能量。生产量通常用每年每平方米所生产的有机物质干重［g DW/（m^2·a）］或每年每平方米所固定的能量值［J/（m^2·a）］表示。由于计算单位完全一样，初级生产量也可称为初级生产力，但在概念上强调“率”时，应当使用生产力。

这里有两个需要区分的概念：生产量和生物量（biomass）。生产量是指单位时间单位面积上生产的有机物质的总量，单位是 g/（m^2·a），是一个含有速率的概念，而生物量是指在某一特定时刻单位面积上所积存的有机物质总量，单位是 g DW/m^2 或 J/m^2。

对某一营养级来说，其在生态系统中的总生物量不仅因呼吸作用而消耗，也由于死亡和受更高营养级动物的取食而减少。现存量（standing crop）通常被认为与生物量是同义的，指某一特定时间、某一空间范围内存有的有机体的总量，即个体数量乘以个体平均质量。该概念指代在某一时间段某营养级生物所形成的产量扣除该段时间内的全部死亡量（自然死亡和被捕食）后的数值。

周转率（turnover rate）是指在特定时间阶段和范围内，新增加的生物量与平均生物量的比率。虽然生产力与现存量之间联系紧密，但却是完全不同的概念，可能存在现存量多而生产力低（如陆地森林）或现存量少而生产力高（如海洋浮游植物）的情况。海洋浮游植物的周转率远快于陆地植物，在代谢旺盛期，浮游植物一天新增的生产量可超过其现存量。这与它们的个体小、代谢速率高有关。所以现存量还应与周转率结合起来，才能较好地反映它与生产力的关系。

（三）海洋中的次级生产

海洋中的次级生产指的是消费者将食物中的化学能转化为自身组织中的化学能的过程。在此过程中，消费者转化能量合成有机物质的速率即为次级生产力（secondary productivity）。消费者指动物、真菌和大多数细菌，它们与植物不同，不能从简单的分子制造复杂的、能量丰富的化合物。它们的物质和能量来源或者是直接的消费植物物质，或者是通过吃其他异养生物而间接地从植物而来。作为初级生产者的植物，构成了群落的第一营养级；初级消费者出现在第二营养级，次级消费者（食肉动物）在第三营养级，如此等等。因为次级生产力依赖于初级生产力，所以在群落两个变量之间存在正相关。

植食动物的生产力必定要比被它们所吃的植物的生物量少。这种能量丢失的出现有几个原因。第一，不是全部植物都被吃掉了，有许多死了，并支持了分解者群落（细菌、真菌和食碎屑者）。第二，不是全部被消费的生物量都同化和成为消费者生物量了，有些损失为粪便，再通过分解者分解。第三，同化了的能量实际上并不能全部转化为生物量，有一部分以呼吸的方式丢失。

能量的传递是靠食物链来实现的，海洋生态系统中的食物链有牧食食物链（grazing food chain）和碎屑食物链（detritus food chain）两种基本类型。前者是从活的植物开始，例如从微型藻类转换到植食性浮游动物或者更大动物中，食物链的顶端基本上都是肉食性鱼类。这个过程，就是我们时常说的“大鱼吃小鱼，小鱼吃虾米，虾米吃泥土（浮游生物）”。牧食食物链又分为大洋食物链、大陆架食物链和上升流食物链。因水域环境特点、海洋生物种类及个体大小存在差异，三种食物链营养级的数量和长短有所不同。大洋食物链的营养级最多，其次是大陆架食物链，上升流食物链起始于大型浮游植物，营养级最少。海洋中还有另外一种重要的食物链——碎屑食物链，该食物链以海洋中存在的大量有机物为食物来源，在微生物和原生动物的作用下有机颗粒释放营养物质或者被生物直接摄食。海洋中的碎屑数量很大，特别是在人类活动密集区域，估测有一半的总初级生产是通过碎屑形式进入食物链，碎屑食物链在海洋生态系统中的作用甚至比牧食食物链还要重要。

食物链上依据各自能量消费等级所划分的各个环节叫做营养级（trophic level）。无论陆地或水域，食物链都不可能无限加长，营养级通常为 3～5 级。海洋生态系统由于初级生产者和植食性动物多为小型种类，食物链平均可达到 4～5 级，比陆生食物链长。碎屑食性动物的营养层次比较难确定，它们的能量有些来源于植物物质，其次来自微生物，还有些吃原生动物或其他小型无脊椎动物，后者又以细菌为食，而细菌又消化植物物质。因此，要在个体与物种的水平上分开其所利用的能量很难，因此在研究近岸生态系统时，通常将碎屑食性动物视为与植食性动物同一营养级，因为大部分碎屑来源于植物（包括各种海藻与海草）。消费者的营养级可以根据其食物组成比例及食物的营养级层次来计算。Froese 等（2005）将不同营养级上的物种类别、数量、个体平均大小等信息称为营养标签（trophic signature），用来描述生态系统的结构特征。鱼类通常为中上层浮游习性，在食物链中起着承上启下的连接作用，往往是很多海洋生态系统的关键类群，而且多样性程度更高。在海洋生态系统的动力调节过程中，该营养级往往作用重大，其数量波动和种类变化等营养标签信息是生态系统的结构和功能变化的主要参数。从渔业资源利用角度，以营养级为基础的海洋营养级指数（海洋渔获物平均营养级）能准确地反映渔获物及其营养层次的变化趋势，反映出生态系统的生产和增殖能力。

储存于植物体内的能量沿着食物链传递时有大量的消耗，能流越来越细，能量流动的比例取决于传递过程中的转换效率（transfer effciency），包括消费效率（consumption efficiency）、同化效率（assimilation efficiency）和生产效率（production efficiency）。消费效率是指一个营养级的有效总生产量中被后一营养级实际消费（摄入的）所占的百分比。在二级消费者的情况下，消费效率就是食草动物生产力中被捕食动物吃掉的百分比。留下没有吃掉而死了的，进入了分解链。同化效率是指一个营养级摄入并同化为参与生长或用于做功的有效能量所占的百分比。同化后留下来的以粪便丢失，并进入分解者系统。生产效率是同化了的能量中进入新生产量所占的百分比。而留下来的部分全部都以呼吸热而损失于群落。此外，生态系统中一个特定营养级获取的能量与向该营养级输入的能量之比称作生态效率（ecological efficiency），可以用 n 营养级的生产量与 $n-1$ 营养级的生产量之比来表示。海洋生态系统由于浮游植物没有陆地植物那样的枝干和根系，碳水化合物含量较少，而蛋白质含量比例较多，因此海洋浮游动物对浮游植物的同化效率较高。而水生生物多为变温动物，不必消耗很多能量用于体温维持，因此海洋生态系统平均生态效率高于陆地。

（四）生产力的测定方法

1. 初级生产力测定方法

海洋初级生产力的测定方法主要有计数法、黑白瓶法、^{14}C 示踪法、叶绿素法和生态模型法等（测定方法见“二、海洋初级生产”）。

2. 次级生产力的测定

（1）按同化量（A）和呼吸量（R）估计次级生产力（P），即 $P=A-R$；按摄食量（C）扣除粪尿量（FU）估计同化量，即 $A=C-FU$（孙儒泳等，2002）。

（2）次级生产力也可以表示为 $P=P_g+P_r$，其中，P_r 代表生殖后代的生产力，P_g 是个体增重部分。

（五）海洋初级生产力的分布

中国海洋疆域辽阔，从北到南覆盖温带、亚热带和热带三大气候带，包括一个内海（渤海）和三个边缘海（黄海、东海和南海），以及台湾以东太平洋海域。渤海属于半封闭海湾，是一个近乎封闭的浅水大陆架海域，大部分区域为沿岸低盐水，湾中心及湾口则受相对高盐的北黄海的影响。黄海地处温带，南北跨度大，东西两侧被陆地所夹，是一个半封闭的大陆架海域，因黄海冷水团的存在，黄海成为中国海中温跃层最强、盐跃层最弱的海域。东海位于亚热带，南北跨度大，相比黄海有较高的水温和盐度，仅西部依靠大陆，东部邻接一系列大小不等的岛屿，是一个比较开放的半大陆架海域。南海是中国海中最大、最深的海域，地处热带，水温高且季节温差小，仅北部依托大陆，是一个广阔的、开放的半大陆架海域。

由于四大海域经纬度、平均水深、入海径流、地质地貌等的差异，初级生产力分布差异很大。我国学者曾对四大海域初级生产力分布进行调查，具体情况见如下介绍。

1. 渤海

1998年渤海近岸水域三个季节的调查[①]，初级生产力变动在17～1809mg C/(m^2·d)，平均值为327mg C/（m^2·d），季节变化明显。春季平均值为319mg C/（m^2·d），夏季平均值为420mg C/（m^2·d），秋季平均值为189mg C/（m^2·d）。从整个渤海近岸水域来看，春季初级生产力分布呈现北高、南低的趋势，初级生产力大于680mg C/(m^2·d)的高值区出现在辽东湾和秦皇岛外海的部分水域，渤海湾和莱州湾大部及辽东湾东南部均低于272mg C/（m^2·d）。夏季初级生产力高值区出现在渤海湾的西南部、辽东湾北部和秦皇岛外海，数值均在1410mg C/（m^2·d），低值区多出现于各湾的边缘水域，其值均低于282mg C/（m^2·d）。秋季初级生产力的高值区出现在渤海湾中部和莱州湾的东北部，其值均高于448mg C/（m^2·d），辽东湾及秦皇岛外海为低值区，均在224mg C/（m^2·d）以下。

2006～2007年，渤海区春、夏、秋、冬四个季节初级生产力的平均值分别为297mg C/（m^2·d）、1084mg C/（m^2·d）、210mg C/（m^2·d）和38mg C/（m^2·d）。其季节变化趋势呈现出夏季＞春季＞秋季＞冬季。

2. 黄海

1998～2000年的四季调查显示：黄海水域的初级生产力以春季、夏季高（若按每小时计算，春季最高），冬季最低，年平均值为490mg C/（m^2·d），这与朱明远等（1993）对黄海水域初级生产力的调查数据接近，特别是季节变化规律完全一致。

2006～2007 年的四季调查[②]，黄海的春季、夏季、秋季、冬季各自初级生产力的

① 本节数据主要来源于三次调查报告：a. 1998 年数据来源于“黄海近岸生物资源调查与研究”课题调查报告；b. 1998～2000年数据来源于“海洋生物资源补充调查及资源评价”项目调查报告；c. 2006～2007年数据来源于“中国近海海洋综合调查与评价”专项（908专项）调查报告。

② 部分原始调查数据单位是mg C/（m^2·h），为了便于比较，按照冬季10小时、春秋季11小时和夏季12小时的日有效日照时间，对2006～2007年黄海、东海和南海及1998～2000年东海的初级生产力数据进行了换算。

平均值分别为 557mg C/（m^2·d）、403mg C/（m^2·d）、450mg C/（m^2·d）和 264mg C/（m^2·d）。春季，其高值区出现在北黄海的鸭绿江口附近海域，可达 2200mg C/（m^2·d）以上，南黄海一般低于 550mg C/（m^2·d）；夏季，其分布趋势仍然是北黄海高于南黄海，突出的特点是黄海冷水团水域是初级生产力最低的水域；秋季，其分布与春季和夏季的分布基本一致；冬季，黄海初级生产力以近岸向外海逐渐增加。

3. 东海

1998～2000 年，东海初级生产力四季平均值为 425mg C/（m^2·d）。其中，秋季最高，为 539mg C/（m^2·d）；其次为春季和夏季，分别为 531mg C/（m^2·d）和 324mg C/（m^2·d）；冬季最低，为 180mg C/（m^2·d）。

2006～2007 年，东海初级生产力四季平均值为 1083mg C/（m^2·d）。春季为 996mg C/（m^2·d），夏季为 2154mg C/（m^2·d），秋季为 1188mg C/（m^2·d），冬季为 157mg C/（m^2·d）。初级生产力的高值区，春季、夏季出现在长江口外海至浙江近海一带；秋季，则以浙江东北部外海相对较高；冬季，从近岸至外海逐渐增加。

4. 南海

1997～2000 年的四季调查，南海北部初级生产力平均值为 410mg C/（m^2·d）。以夏季最高，冬季次之，春季最低。其空间变化趋势与叶绿素 a 基本一致，以台湾浅海生产力水平最高，珠江口、琼南水域最低。

2006～2007 年的四季调查，南海初级生产力，春季平均值为 415mg C/（m^2·d），夏季平均值为 1228mg C/（m^2·d）。台湾海峡的初级生产力，秋季平均值为 457mg C/（m^2·d），冬季平均值为 681mg C/（m^2·d）。春季南海北部大陆架海域初级生产力分布以浅近海高，向外海随水深递增而降低的分布趋势。夏季浅近海较高，分布海域范围较小。秋季呈两种分布，一是珠江口以东浅海和外海至台湾海峡的海域初级生产力呈数个不规则圆块状分布，二是珠江口以西浅海和外海至海南岛东南部及西沙群岛以北的海域初级生产力呈不规则线状分布。冬季粤西沿岸浅近海小范围海域的初级生产力较高，其他海域初级生产力较低，水平梯度大。

（六）海洋新生产力

"新生产力"一词最早是由 Dugdale 和 Goering（1967）提出来的。他们认为，进入初级生产者细胞内的任何一种元素都可以划分为从透光层之外输入的和在透光层内再循环的两类。其中，N 是构成细胞的主要元素，而且其 N 和 C 含量的比值与 N 和 P 含量的比值也相对较为稳定，因此，用 N 描述初级生产者的生长比用其他元素（如 C、P）更为精确。此外，N 常常是海洋环境中的限制性营养元素，因而建立在 N 源基础上的生产力研究更具实际意义。根据以上观点，提出在真光层中再循环的 N 为再生 N(regeneration nitrogen)或称再循环 N(recycled nitrogen)，

主要是 NH_4-N，由真光层之外提供的 N 为新 N（new nitrogen），主要是 NO_3-N，由再生 N 源支持的那部分初级生产力称为再生生产力（regenerated productivity），由新 N 源支持的那部分初级生产力称为新生产力（new productivity）。显然，新生产力和再生生产力之和就是总初级生产力。

新 N 来源：①上升流或梯度扩散；②陆源供应（如径流）；③大气沉降或降水；④N_2 固定（某些原核浮游植物的固 N 作用）。再生 N 来自真光层中生物的代谢产物（如氨态 N、尿素 N 和氨基酸 N 等）。新生产力与总初级生产力之比称为“f 比”，利用“f 比”的定量关系可以大致估计全球海洋的新生产力。从有限的一些研究结果粗略估计（Eppley and Peterson，1979；Martin et al.，1987），全球海洋新生产力平均约占其总初级生产力的 15%～20%（即 f 比平均为 0.15～0.20），每年的新生产力总量为 6.0×10^9～8.0×10^9t C。新生产力的分布特征与总生产力的类似，沿岸区高于大洋区，而且它们的 f 比差别也有类似趋势，从高生产力区沿岸、上升流的 0.4～0.5 至大洋区的 0.05 左右，两者结合起来看，高生产力区的单位面积新生产力可能比大洋区的高 10 倍左右。

影响新生产力的因素与影响初级生产力的因素是一致的。不同海区的理化、水文特征决定了透光层外来营养盐的补充特点，从而决定了新生产力的水平。同时，理化、水文特征和透光层营养盐供应特点又决定了水层生物群落的种类结构（如个体大小）和功能（如食物链长度、营养盐在透光层的再生等）的差别，从而将环境水文条件、新生产力水平与该生态系统的群落结构、功能特征有机地联系起来。贫营养大洋区和沿岸上升流区的新生产力差异反映了上述相关联要素的差异，阐明了不同海区新生产力水平高低的根本原因。新生产力研究能从更深层次阐明水层生态系统中群落结构、功能差异的机制。

新生产力是在总生产力维持透光层生物群落平衡的基础上向透光层输出的生产力，也是估计物质和能量向系统外净输出的依据。因此，新生产力是估计海洋水层渔业持续产量的基础，新生产力高的上升流区和沿岸区好则供人类捕捞的经济鱼类的产量也高。

二、海洋初级生产

初级生产是海洋生态系统的源生产过程，该过程中初级生产者丰度的变化影响海洋渔业资源与环境，通过各种生理生态过程维持全球的海洋生态系统平衡。海洋初级生产所产出的有机物是海洋生态系统食物网的基点，它是海洋中一切有机体的直接或间接来源的食物来源。

海洋牧场建设中，浮游植物和大型海藻是海洋牧场的主要初级生产者，它们通过光合作用生产的有机物是海洋牧场生态系统生产过程的起点。

（一）光合作用

1. 光合作用的基础

光合作用包括光化学过程和酶促过程，光强是影响光合速度的关键因素。图 2-1 表示不同温度下光合速率与光强（辐照度）的关系，在弱辐照度下光合速率曲线是倾斜的直线，此时光化学过程与光强成正比，限制光合作用过程；在低辐照度下，两个温度的光合速率曲线基本重合，说明光合速率与温度无关。随着辐照度的增加，光合速率增强，在某一照度下，曲线弯曲，逐渐与横轴平行，此时光合作用被酶促反应速度所限制。如果继续增加光强，光合作用会显著下降（光抑制），这是因为许多生理反应引起的，如导致光氧化叶绿体被破坏等。在 CO_2 等光合作用底物充足时，温度增加 10℃时，光和速度约增加一倍（Nielsen，1979）。

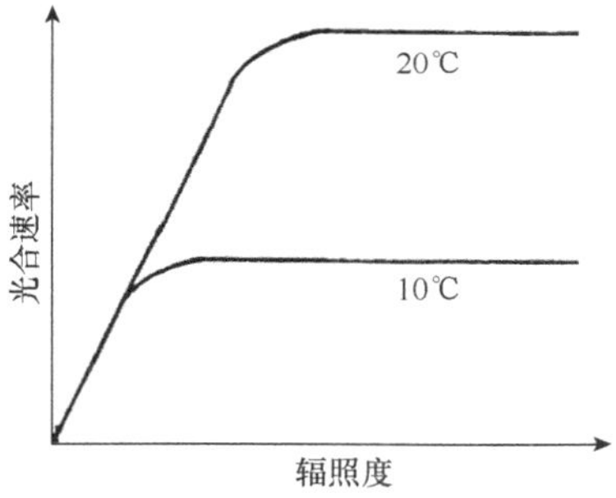

图 2-1　10℃和 20℃时，光合速率与辐照度的关系（改自 Nielsen，1979）

太阳光辐照度随水深而衰减，大洋清水表面辐照度的全光谱范围为 0.3～2.4μm，辐照度在 1cm 水层大量被吸收，1m 水深时，0.75μm 以上的光辐射被水层吸收而转化为热量（图 2-2）。

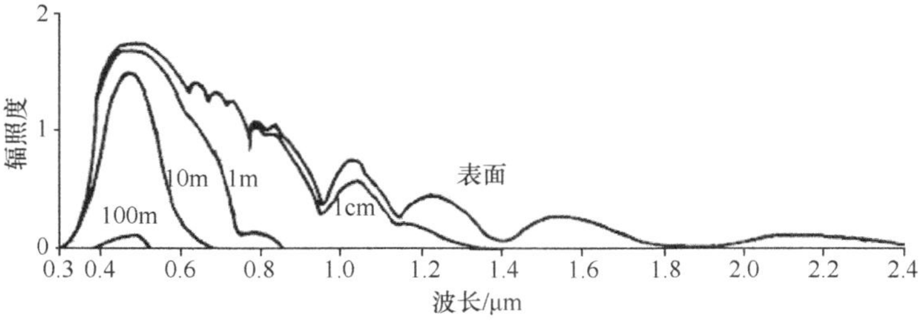

图 2-2　大洋中光辐照度随水深的全光谱（改自 Jerlov，1968）

波长 350nm 到 700nm 的自然光能被普通的光能自养植物所利用，光能自养细菌能利用较高波长的光，有些能利用超过 900nm 波长的光，普通的植物只能利用到 700nm 的光，其主要原因是这些植物缺少吸收波长大于 700nm 光的色素。叶绿素 a（Chla）能通过光合作用把吸收的光能直接通过电子传递给光合系统，其吸收峰仅限于波长 650～700nm。一些藻类，如某种绿藻［蠓栖藻（*Ostrobium* sp.）］因其具有能吸收波长 700nm 以上的色素，能够利用波长 750nm 的光，其生长在珊瑚内部的深处，可以在极弱的辐照度下生活。

补偿深度：溶解氧的生产量恰好等于消耗量所处的深度称为溶解氧的补偿深度。海洋植物通过光合作用产生氧气的同时，还通过呼吸作用消耗氧气，在近表层光合作用大于呼吸作用，随着深度的增加，光合作用逐渐减弱，呼吸作用则逐渐增强。通常海水表层氧含量最大，在浮游植物密集的地区最大值出现在 14:00～15:00 点，夜间 2:00～3:00 点最低。

光合作用包括光反应和暗反应等一系列复杂的化学过程。光反应主要是叶绿素吸收光能并通过一系列的光化学反应产生 O_2，同时把光能转化为化学能，该反应须在光照下进行；暗反应是利用光反应产生的化学能的酶促反应。

光合作用很复杂，光合反应方程式可以简化如下

$$6CO_2+6H_2O \longrightarrow C_6H_{12}O_6+6O_2$$

浮游植物是海洋生态系统中的主要初级生产者，通过光合作用将无机物转化为有机物，启动海洋食物链。浮游植物提供海洋初级生产的 90%～95%，沿岸大型底栖海藻、底栖微型藻、海草和红树林等提供剩余的大部分，海洋细菌及热泉生物等提供一小部分。

作为初级生产力，海藻在生长过程中通过光合反应进行固碳，因此，可以通过光合反应方程式来估算海藻养殖产生的碳汇量（韩秋影等，2007；刘某承等，2012）。在室内可控条件下，依据溶氧浓度的变化、测定时间及反应槽的容积算出光合作用的速度。

2. 透光率

大部分光能自养生物只能利用一部分太阳辐射——大约相当于可见光部分进行光合作用，相当于太阳总辐射量的 47%，海面接受的太阳辐射与纬度、季节、昼夜时间和云量等有关。

光辐照度随着吸收和散射而衰减，垂直衰减系数通过公式 $E_z = E_0 \cdot e^{-K \cdot Z}$ 计算得出。其中 Z 是深度，m；K 是衰减系数，是吸收系数和散射系数之和；E_0 和 E_z 分别是海面和 Z 米深时的光照。波长 375～675nm 的入射光通过清洁的大洋表面，在 5m 水深，红光（675nm）仅是表面红光的 10%，35m 水深时，绿光是表面的 10%，蓝光的透光性最强，大约在 82m 衰减到表面蓝光的 10%（图 2-3）（Jerlov，1968）。

3. 大型海藻光合作用及其影响因素

（1）大型海藻光合作用固碳

藻类的光合固碳作用是海洋初级生产力的基础，是藻类生理生态研究领域的

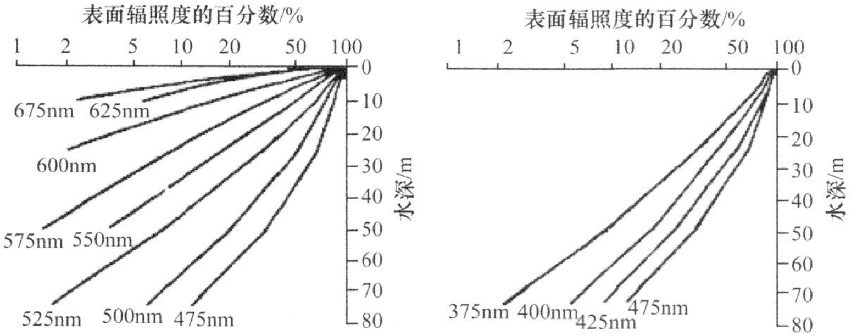

图 2-3　东地中海光辐照度深度剖面图（改自 Jerlov，1968）

重要部分，对认识藻类在海域物质循环中的作用有重要意义（夏邦美，1999；胡凡光等，2011）。影响大型海藻光合作用的因素很多，其中温度、光照、无机碳的利用方式等是影响其光合速率的最主要因子。尤其是近年来大气 CO_2 浓度升高，海洋中无机碳浓度和 pH 会随之改变，海藻光合固碳对 CO_2 浓度的响应被科学界所关注。

大型海藻通过光合作用利用无机碳合成有机物，供应海藻生长、繁殖、代谢等一系列生命活动。吸收 CO_2 是光合作用中的重要环节，对光合作用具有重要的影响，海水中存在复杂的无机碳体系，溶解 CO_2 仅占总溶解无机碳的 1%，海藻通过进化形成了多种无机碳利用方式。主要固碳方式有 3 种。一是直接利用 CO_2 分子，通过自由扩散进入藻细胞，是海藻最经济的无机碳吸收方式。直接利用 CO_2 的海藻种类较少，以红藻为主，如石花菜属中的胶石花菜（*Gelidium cartilagineum*）、酵母状节荚藻（*Lomentaria articullata*）及红叶藻（*Delesseria sanguinea*）（Johnston et al.，1992）。因对光照和高 CO_2 浓度的适应，潮间带或潮下带种类常以 CO_2 作为主要外在无机碳源（邹定辉和高坤山，2002）。二是利用 HCO_3^-，通过胞外碳酸酐酶（CA）催化完成。这种方式在大型海藻中普遍存在（Raven，1997；Invers et al.，1999）。尽管直接吸收 CO_2 比较经济，但海水中含量非常少，而 HCO_3^- 占总溶解无机碳的 90%，因此是海藻的主要无机碳源（Marberly，1990）。三是直接利用 HCO_3^-，海藻中存在一种主动运输 HCO_3^- 的系统，可直接吸收 HCO_3^-（Raven，1997）。石莼属海藻中直接利用 HCO_3^- 机制的研究较多，石莼具有 HCO_3^-/OH^- 反向运输系统，可直接吸收利用 HCO_3^- 不需要消耗大量能量，与胞外 CA 催化的方式相比，吸收效率更高。

大型海藻还存在一种碳浓缩机制（CO_2-concentrating mechanism，CCM）来调节和维持光合作用，尤其是在较低 CO_2 浓度下，该方式在海洋环境中普遍存在。海水中 CO_2 浓度约为 13μmol/L，而大型海藻 CO_2 半饱和常数为 30～90μmol/L，因此，CCM 对维持沿岸地区大型海藻初级生产十分重要，具 CCM 的海藻可能不存在光合作用或者氧气的生长抑制，但是 CO_2 自由扩散的海藻存在光合作用抑制（Raven and Hurd，2012）。

（2）光照对大型海藻光合作用的影响

大型海藻光合作用总体上随着光照强度的增加而增加，在某一光照下达到最大值，然后随着光照强度的增加而下降。图 2-4 示 6 种海藻在不同光照下的光合速率，总体上是在光照 326μmol/（m^2·s）时达到最大值，然后下降。不同海藻光合速率有所差别，海带片的光合速率变化范围为 0.2～2.1mg O_2/（g DW·h）；浒苔的光合速率变化范围为 0.6～3.3mg O_2/（g DW·h），光照 181μmol/（m^2·s）时达到最大值；龙须菜光合速率变化范围为 6.0～13.2mg O_2/（g DW·h）；马尾藻光合速率变化范围为 1.1～2.1mg O_2/（g DW·h）；石莼的光合速率变化范围为 2.5～8.0mg O_2/（g DW·h）；鼠尾藻的光合速率变化范围为 1.3～4.9mg O_2 /（g DW·h）。

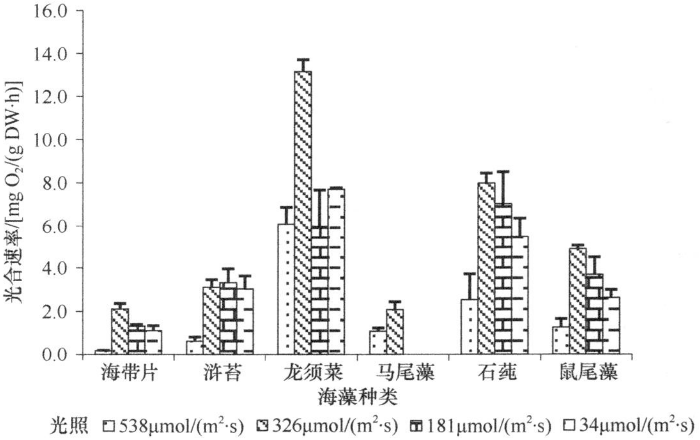

图 2-4　几种大型海藻不同光照下的光合速率

不同光照大型海藻的光合速率不同，除浒苔外，其他藻类均在光照 326μmol/（m^2·s）时取得最大值，实验光照范围内的平均光合速率从大到小的顺序为龙须菜＞石莼＞鼠尾藻＞浒苔＞马尾藻＞海带片，分别为 8.2（6.0～13.2）mg O_2/（g DW·h）、5.8（2.5～8.0）mg O_2/（g DW·h）、3.1（1.3～4.9）mg O_2/（g DW·h）、2.5（0.6～3.3）mg O_2/（g DW·h）、1.6（1.1～2.1）mg O_2/（g DW·h）、1.2（0.2～2.1）mg O_2/（g DW·h）。

（3）温度对大型海藻光合作用的影响

随着温度的升高，海藻光合速率增强，在某一温度下达到最大值，然后下降，几种海藻不同温度下的光合速率有所差别（图 2-5）。海带片的光合速率随着温度的升高而增加，22℃时最高，为 2.5mg O_2/（g DW·h）；浒苔 10℃时达到最大值，为 12.4mg O_2/（g DW·h），22℃时最低，为 1.5mg O_2 /（g DW·h），10℃和其他 3 个温度之间差异显著；龙须菜 22℃时光合速率最大，为 16.7mg O_2 /（g DW·h），10℃和 18℃差异不显著；石莼的光合速率总体上随着温度的升高而升高，在 22℃时达到最大值，为 11.9mg O_2 /（g DW·h），18℃和 10℃差异不显著；鼠尾藻 18℃时达到最大值，为 3.7mg O_2 /（g DW·h），22℃时光合速率最低，为 1.2 mg O_2 /（g DW·h）。

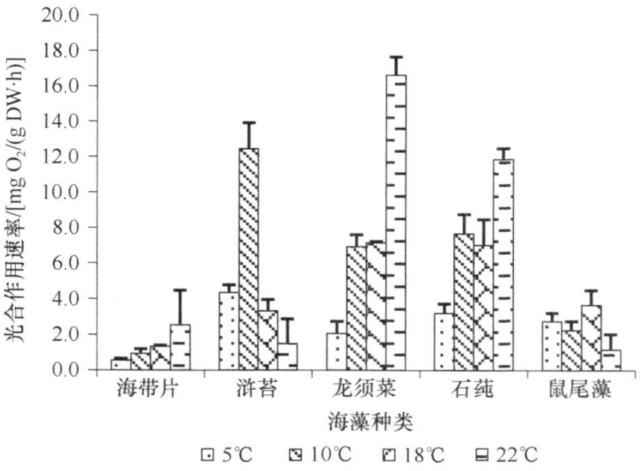

图 2-5　几种大型海藻不同温度下的光合速率

海带片、龙须菜及石莼的光合速率随温度的升高而升高，浒苔在 10℃时的光合作用能力最强，鼠尾藻在 18℃时光合作用能力最强，实验温度范围内（5～22℃）平均光合速率从大到小的顺序为：龙须菜＞石莼＞浒苔＞鼠尾藻＞海带片，分别为 8.2（2.1～16.7）mg O_2/（g DW·h）、7.5（3.2～11.9）mg O_2/（g DW·h）、5.4（1.5～12.4）mg O_2/（g DW·h）、2.5（1.2～3.7）mg O_2/（g DW·h）、1.3（0.6～2.5）mg O_2/（g DW·h）。

（4）碳、氮等营养盐浓度对大型海藻光合作用和生长的影响

碳源和氮源加富都会促进脆江蓠的生长，在 CO_2 浓度为 800μl/L 和 NO_3-N 浓度为 100μmol/L 时，脆江蓠的瞬时生长率（SGR）最大为 11.7%/d（图 2-6）。高浓度 CO_2 会显著降低藻体可溶性蛋白、藻红蛋白和叶绿素 a 含量，提高可溶性总糖的含量。硝态氮浓度的增大，显著增加藻红蛋白和可溶性蛋白含量，降低可溶性总糖含量，而 Chla 含量没有明显变化。藻体的总氮（TN）随着硝态氮浓度的

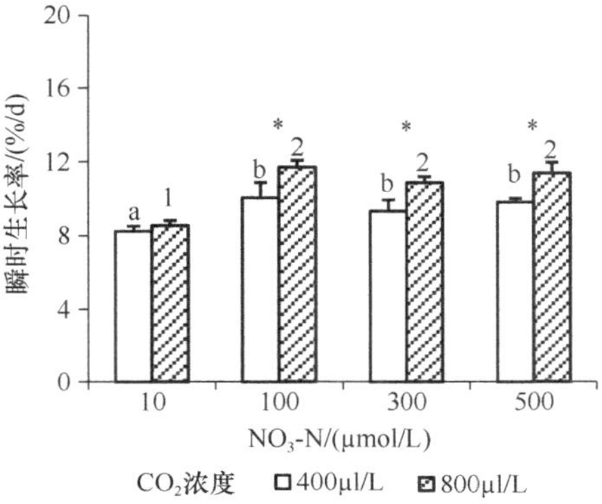

图 2-6　不同 C、N 浓度对脆江蓠生长率的影响

标记不同字母（低浓度 CO_2）或数字（高浓度 CO_2）表示不同浓度氮源之间脆江蓠生长率差异显著；

*表示相同氮源水平下不同浓度 CO_2 处理组之间差异显著（$P<0.05$）

增加而升高。藻体总氮（TN）含量随着硝态氮浓度的增加而增加，总碳（TC）和C/N值则呈现逐渐降低的趋势。加富CO_2可显著提高藻体的瞬时生长率（$P<0.05$），分别增长了16.4%、16.5%和16.0%（隋海东等，2015）。

光强、营养盐显著影响脆江蓠的光合固碳能力，且二者存在交互作用，光强是主要影响因子（占70%左右）。在光强100μmol/（m^2·s）和无机氮浓度在100μmol/L时，脆江蓠的光合产氧速率和无机碳吸收速率最高（图2-7和图2-8）。随着光强的增大光合作用产氧速率和无机碳吸收速率逐渐升高，并趋向于稳定，在高光强下略有下降；在低光强下，营养盐加富对光合作用的影响不显著，在光照为100μmol/（m^2·s）和160μmol/（m^2·s）时，随着营养盐的增加，在100μmol/L获得最大值，然后随无机氮浓度的增加而降低。

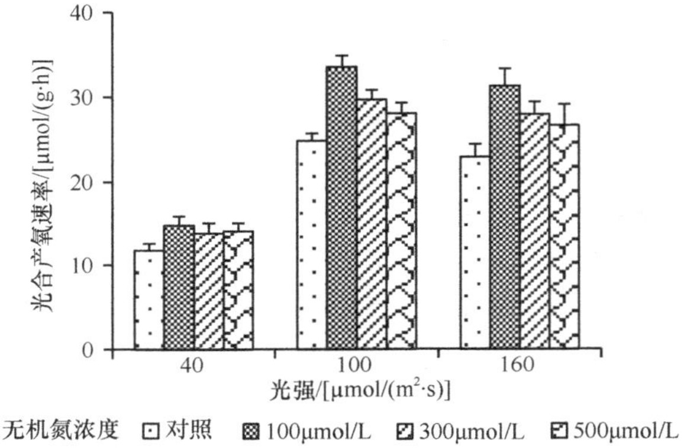

图2-7 不同处理脆江蓠光合产氧速率的变化

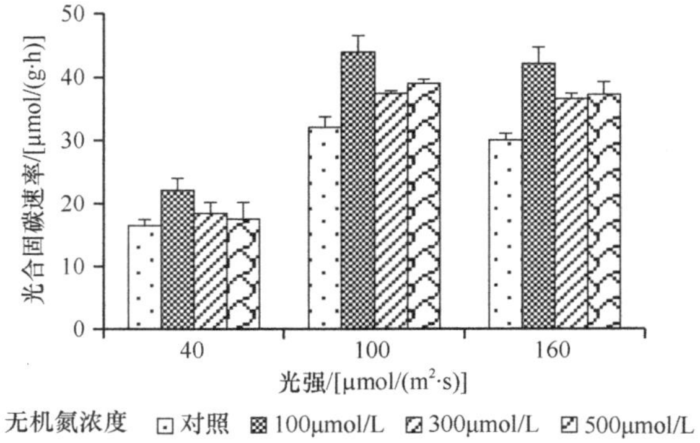

图2-8 不同处理脆江蓠光合固碳速率的变化

（二）初级生产

1. 浮游植物的初级生产

由于海洋浮游植物进行光合作用的主要色素为叶绿素，因此可以通过叶绿素浓度测算海洋初级生产力，叶绿素测算海洋初级的方法主要有以下几种。

（1）浮游植物计数法

该方法根据单位面积海水中浮游植物的数量计算浮游植物的生产量。早期是通过计算单位水体的细胞数目来计算生产量，然而这种方法准确性差，且既费时又费力。随着技术进步，目前可以利用颗粒计数仪器（颗粒计数器、流式细胞仪等）和电子计算机技术测量样品中不同大小浮游植物的细胞个数，测定出不同大小幅度范围内浮游植物的生产量，并根据结果换算成有机碳的生成量。这种方法应用了较高端仪器，但因计算机不能把无机颗粒与浮游植物区分开来，结果并不准确（费尊乐和朱明远，1984）。

（2）黑白瓶测氧法

浮游植物在光照条件下进行光合作用释放氧气，在黑暗条件下因呼吸作用消耗氧。将浮游植物在光合作用中（白瓶）释放出来的氧气量减去呼吸作用（黑瓶）消耗的氧气量，计算得出净产氧量，然后按照每产生 1ml O 需吸收 0.536mg C 的比例关系计算得到有机碳的生成量（费尊乐和朱明远，1984）。黑白瓶法理论上非常简单，实际操作中较繁琐，工作量大。潘友联等（1995）利用黑白瓶测氧法研究了 1983 年 11 月至 1985 年 11 月胶州湾东南部的初级生产力及其与各环境因子的关系，测定初级生产力的变化范围是 0.10～2.82g C/（m^2·d），年初级生产量的平均是 206g C/m^2，5～10 月的初级生产量平均占全年生产量的 73.5%，浮游植物的光合作用对有效太阳辐射能的平均利用率是 64%，初级生产力与水温、日太阳辐射能等均呈明显的正相关，胶州湾的初级生产力及其季节变化规律与其他典型的温带内湾类似。

（3）^{14}C 示踪法

丹麦科学家 Steemann-Nielsen 在 20 世纪 50 年代应用 ^{14}C 示踪法用于海洋初级生产力的测定，海洋调查多采用这种方法测定海域初级生产力。其主要原理是在已知二氧化碳含量的海水中加入一定数量放射性的 $H^{14}CO_3^-$（或 $^{14}CO_3^{2-}$），培育一段时间后测定浮游植物中 ^{14}C 的含量，计算出浮游植物的光合速率。通过向不同分层的水样加入一定量的 ^{14}C 溶液，一段时间（通常 2～4h）取出水样，测定过滤物中 ^{14}C 含量，通过下式计算同化的有机碳量。

$$P=\frac{1.05(R_w-R_b)N}{R_0\cdot T}$$

式中，P 为浮游植物的光合生产量，mg C/（m^3·h）；R_w 为白瓶水样有机 ^{14}C 放射性计数；R_b 为黑瓶水样有机 ^{14}C 放射性计数；R_0 为加入 ^{14}C 总放射性；N 为海水总二氧化碳量，mg C/m^3；T 为培养时间，h。为测得透光层的产量，将各层水样所得结果积分计算单位面积的生产量，mg C/（m^2·d）。

该方法准确性高，结果接近于净生产量。费尊乐等（1991）利用 ^{14}C 现场法测得渤海初级生产力的季节变化呈双峰状，最高峰在夏季（7～8 月），次高峰在初春（3 月），冬季（12 月、1 月）为最低期，渤海初级生产力的变化幅度约为 530mg C/（$m^2 \cdot d$）。但大范围海域调查时该方法较难操作，常采用模拟的方法来处理，用人造光或不同程度太阳光模拟不同水层光强和温度。宁修仁等（2002）利用 ^{14}C 示踪法测得 1997 年春末渤海初级生产力仍以渤海湾最高，为 154.5mg C/（$m^2 \cdot d$），莱州湾为 138.0mg C/（$m^2 \cdot d$），辽东湾为 129.0mg C/（$m^2 \cdot d$），渤海中部 125.6mg C/（$m^2 \cdot d$），渤海门口为 112.1mg C/（$m^2 \cdot d$），整个渤海平均为 131.8mg C/（$m^2 \cdot d$）。

（4）叶绿素法

叶绿素法是 Rytber 和 Yantsch 最早提出来的。其原理是利用植物细胞内叶绿素含量和光合作用产量之间的相关性，通过叶绿素含量和同化指数来计算初级生产力。

叶绿素的测定　先通过能溶解于丙酮溶液的超滤膜将浮游植物从一定量的海水中滤出，然后用 90%丙酮溶液提取叶绿素，以分光光度计测定叶绿素在丙酮溶液中的光密度，用下式计算叶绿素的含量（mg/m^3）：

$$叶绿素 a 含量 = 11.85E_{664} - 1.54E_{647} - 0.08E_{630}$$

$$叶绿素 b 含量 = 21.03E_{647} - 5.43E_{664} - 2.66E_{630}$$

$$叶绿素 c 含量 = 24.52E_{630} - 1.67E_{664} - 7.60E_{647}$$

$$叶绿素含量 = C \times v / V \times 10$$

式中，v 为丙酮体积，ml；V 为过滤海水体积，L；C 为上式中三种叶绿素含量之和；E_{664}、E_{647}、E_{630} 分别为丙酮萃取液于波长 664nm、647nm、630nm 的吸光值。

叶绿素含量乘上同化系数计算初级生产力。一般在光饱和条件下，同化系数的值最大，不同类型的藻类种群或同一种群在不同的环境中，同化系数是不一样的。因此，应用叶绿素含量换算成调查海区的初级生产力时，最好先应用 ^{14}C 示踪法测定现场同化系数。

同化系数［Q，mg C/（Chla·h）］按下列公式计算：

$$Q = P/\text{Chla}$$

式中，P 为初级生产力，mg C/（$m^3 \cdot h$）；Chla 为叶绿素 a 含量，mg/m^3。

（5）生态学数理模型

20 世纪中期，学者开始利用海水中的叶绿素含量建立生态学数理模型以估算海洋浮游植物的初级生产力（Ryther and Yentsch，1957）。该方法计算简便，应用广泛。饱和光条件下浮游植物的光合速率是叶绿素浓度的函数，即

$$P = C \times Q \times R / K$$

式中，P 为浮游植物光合速率，mg C/（$m^3 \cdot h$）；C 为叶绿素浓度，mg/m^3；Q 为同化系数，指代单位质量叶绿素在单位时间内同化的碳量，mg C/（mg Chla·h）；R 为决定于海面光强的相对光合作用率；K 为海水消光系数，/m。确定不同水域的同行系数是该模型的难点，需要正确测定调查水域的同化系数。

该模型经过学者的改进日益完善（Cadée and Hegeman，1974），被广泛使用，改进后的公式为

$$P = \frac{1}{2} P_s \times Z_{\mathrm{eu}} \times D$$

式中，P_s 为潜在生产力，mg C/（m^3·h），由表层叶绿素浓度和同化系数得到；Z_{eu} 为真光层深度，m；D 为日照时数，h/d。

潜在生产力是表层海水中的叶绿素浓度和同化系数的函数，即

$$P_s = \mathrm{Chla} \times Q$$

式中，Chla 为表层叶绿素 a 的含量，mg/m^3；Q 为同化系数，mg C/（mg Chla·h），是指单位叶绿素 a 在单位时间内合成的有机碳量，是用来表征浮游生物光合作用强度的量值。浮游生物的同化系数在不同海域、不同季节差异较大，除与不同浮游生物的适应性有关外，还与环境营养盐、光照条件和温度等因素有关，同化系数 Q 值一般也利用经验关系式估算（Platt et al.，1980；Harrison and Platt，1986；Grant et al.，2008；Yoshikawa and Furuya，2008），具体公式如下（Behrenfeld and Falkowski，1997）

$$Q = 1.2956 + 0.2749t + 0.0617t^2 - 0.0205t^3 + 2.462 \times 10^{-3} t^4 - 1.348 \times 10^{-4} t^5 + 3.4132 \times 10^{-6} t^6 - 3.27 \times 10^{-8} t^7 \ (-1℃ \leqslant t \leqslant 29℃)$$

根据此公式计算获得黄海夏季同化系数的范围是 4.1～5.0mg C/（mg Chla·h），平均值为 4.5mg C/（mg Chla·h）。根据初级生产力公式计算获得 2008 年 8 月黄海浒苔暴发区浮游植物的固碳强度变化范围为 167～2017mg/（m^2·d），平均为 730mg/（m^2·d），该区域日固碳量达到 2.95×10^4t，推算黄海日固碳量为 28.03×10^4t（夏斌等，2010）。

该方法既考虑了环境因素［如光照（包括水层光照）、水温、营养盐等］对海洋初级生产力的直接或间接影响，同时也考虑了叶绿素浓度在垂直剖面上的差异，估算海洋初级生产力相对准确，且有较强的生物学意义（Platt et al.，1980；Harrison and Platt，1986；Yoshikawa and Furuya，2008）。

目前国内海洋浮游植物固碳能力的估算方法一般都采用该模型，如郑国侠等（2006）通过计算得出 2005 年秋季南黄海的初级生产力，即浮游植物的固碳强度变化在 95～1634mg/（m^2·d），平均为 586mg/（m^2·d），傅明珠等（2009）报道胶州湾的年均初级生产力为 408.8mg C/（m^2·d），属于初级生产力水平较高的海区；季节差异明显，夏季＞春季＞秋季＞冬季，表现出典型温带海湾的季节变化特征；而且空间分布不均匀，年均初级生产力水平由高到低分别为湾东北部＞湾口＞湾西北部＞湾中部。

2. 大型海藻的初级生产及在海洋牧场生态系统中的功能

（1）大型海藻的初级生产

大型海藻增养殖是海洋牧场建设的重要组成部分。大型海藻具有较强的光合

固碳能力，它们可以通过光合固碳产生生物能（图 2-9）。大型海藻利用太阳能转化为自身的物质之后的能量流动大体分为 3 个过程。一是通过光合作用利用无机 C，转变成藻体的生物量。据估算每公顷海域可以产生湿重为 200t 的海藻，干重约为 20t，其中固定 6t 有机碳（OC），6t OC 中有 40%（约 2.4t）转换成了溶解有机碳（DOC），而 2.4t DOC 中的 15%（约 0.36t）变成了惰性溶解性有机碳（rDOC），剩下的 2.04t DOC 通过微生物泵变成了溶解无机碳（DIC）。二是生物能转换过程。以每吨褐藻可以产生 11m^3 甲烷来计算，那么一公顷的产量可以生产 220m^3 甲烷，有 0.11t C 转化成了 CH_4，0.06t C 变成 CO_2。三是沼渣中的所含 5.83t 有机碳（OC），如果沼渣作为土壤改良剂使用有 5.41t 可以转化为 CO_2，0.42t 变成了惰性有机碳（rOC）可以将 C 封存在土壤中（Hughes et al.，2012）。

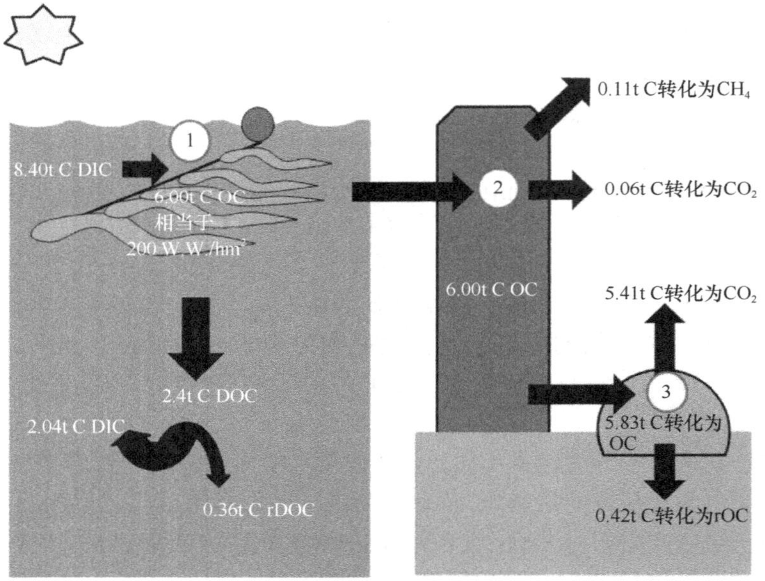

图 2-9 大型海藻固碳示意图（改自 Hughes et al.，2012）

C 从大型海藻流向甲烷生物能系统（图中数字是按照 1hm^2 估算）：DIC，溶解无机碳；OC，有机碳；DOC，溶解有机碳；rDOC，惰性溶解性有机碳；CH_4，甲烷；rOC，惰性有机碳

海藻光合固碳的同时产生氧气。在桑沟湾的现场研究表明，龙须菜不同季节光合作用产氧速率为 0.4～14.4mg O_2/（g DW·h），4 月光合速率最低，7 月光合作用能力最强，具有明显的季节变化规律（图 2-10）。图中也可以看出，高温季节（7～9 月），因养殖生物和附着生物的耗氧，自然海区的 DO 含量也较低，大型海藻光合作用产生的氧气可以弥补由于高温而引起的氧气消耗（Yang et al.，2005）。

（2）大型海藻的饵料功能

海洋中碎屑的交换是沿岸各种生境相互连接的重要形式，能够影响初级和次级生产力的空间格局，植物群落中光合作用固定的太阳能，其中相当大比例的能

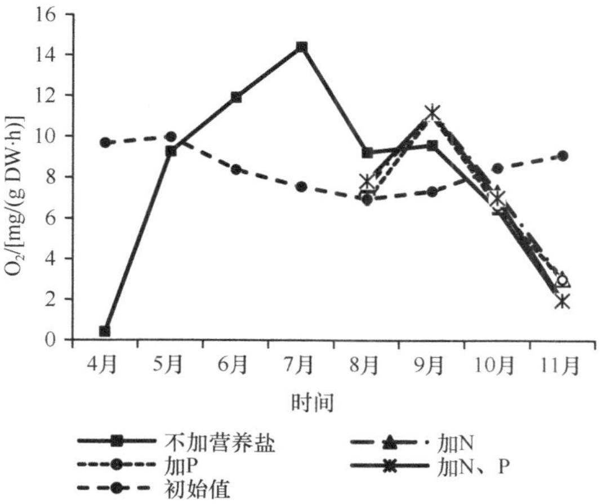

图 2-10　龙须菜光合作用的季节变化（Yang et al.，2005）

量进入碎屑途径，C 以碎屑脱落的形式从碳循环中移除，成为沉积物或者作为食物进入食物网。

大型海藻是海洋牧场生态系统的重要初级生产者，通过光合作用固碳产生有机物，其分布范围广、初级生产力高可形成大规模藻床。在潮间带以上至水深 200m 以上的海底都有分布，全球初级生产力高达 1pg C/a，印度洋巨藻藻床生产力高达 2000g C/（m^2·a）。大型褐藻形成的海藻床或海藻林通过对叶片渐进的侵蚀、藻体破碎、整个叶状体移动产生碎屑，这些碎屑直接或间接成为动物的饵料。

褐藻碎屑小至几微米的小颗粒，大到整个叶状体。叶片侵蚀和藻体破碎产生碎屑的速率达 8～2657g C/（m^2·a），叶状体损失达 22～839g C/（m^2·a），全球大型褐藻产生碎屑的平均速率为 706g C/（m^2·a），约为海带年生产力的 82%，这些藻片碎屑被植食性动物和附着生物消耗进入食物链。昆布藻体片段和叶状体腐烂释放的溶解有机物约占年生产量的 16%～35%。Josselyn 和 Mathieson（1980）等估计在河口大型藻类泡叶藻（*Ascophyllum nodosum*）和墨角藻（*Fucus vesiculosus*）年碎屑生产力分别是 540g C/m、414g C/m。丹麦河口海黍子（*Sargassum muticum*）群体的年碎屑生产率估算约 136g C/m^2，同一地点的鹿角菜（*Halidrys siliquosa*）碎屑生产率为 6.3g C/m^2，相对较低。

褐藻碎屑能停留在海藻床和海藻林中，为当地底栖无脊椎动物提供食物，亦或通过海流输送至毗连或者遥远的生境。跨生境边界的物质转运在决定生态模式和进程中起着核心作用。资源补助影响生态系统的各个水平，从食物网稳定性及种群动态、行为和物种相互作用到生产力。海藻床和海藻林碎屑输出的范围和输出至其他生境的资源量，由碎屑的物理特性、转运过程、地形、底质种类等特征相互作用共同控制。碎屑的大小影响其跨流速沉降和再悬浮率，浮力是决定碎屑是否能被运输到表层的决定因素。底质的柔软度和穿透性影响碎屑受困或者被埋的可能性，底质粗糙增加底栖边界层的湍流，进而影响悬浮碎屑颗粒传递给底栖消费者（许强等，2010）。

碎屑中的C可以转化成微生物量，直接被小型底栖生物利用、再矿化、通过潮汐或者雨水冲刷回到海中。藻屑主要被片脚类、等脚类、双翅类、鞘翅类动物利用，释放促进细菌和底栖无脊椎动物生长的颗粒物、浸出液、粪便。在藻类沉积层，藻屑中的N快速矿化、硝化累积成溶解无机N。沉积物中的小型底栖生物可以直接利用颗粒有机物及与藻类浸出液和粪便相关的细菌。在沙滩生态系统中无脊椎动物能够利用75%的藻类碎屑。藻类碎屑的长期沉积通过产生缺氧区、提高硫化氢浓度、降低 pH 或者对挖洞造成物理障碍等作用来影响沙滩生物种类分布和丰度。

大型海藻床是小型无脊椎动物的庇护场所，它们作为食物链的重要环节，承担了将初级生产力向高级消费者传递的职责，在生态系统的物质循环和能量流动中起着承上启下的作用。端足类在海藻群落里的栖息密度很高，许多种类喜摄食生长迅速的短生性大型海藻（以绿藻为主）（Goecker and Kail，2003），是海藻群落中最主要的初级消费者。例如，Duffy 和 Hay（2000）报道，在美国北卡罗来纳州的 Radio Island Jetty，端足类占栖息在马尾藻（*Sargassum filipendula*）上肉眼可见动物的97%，密度可达130个/g鲜藻。Fredette 和 Diaz（1986）报道，浒苔和石莼等大型绿藻占主导的污损生物群落，钩虾（*Gammarus aequicauda*）的密度高达6800个/m^2。Balducci 等（2001）在威尼斯潟湖的调查中发现，在硬石莼（*Ulva rigida*）占优势的植物群落中，钩虾的丰度占栖息在硬石莼上的动物（<10mm）总丰度的 82.8%，它们为鱼类和其他捕食者提供了丰富的食物来源，在沿岸藻基生态系统的能流过程中扮演着关键性的作用。

藻类初级生产力刺激区域规模的生产力，在微生物分解作用下，藻类营养物质迅速分离，为附近初级生产者提供持续的营养。对于贫营养的生态系统，该类营养输入尤其重要。在海草群落中藻类在周围直接降解，为沿海宝贵的以藻类碎屑为食的海胆、皱纹盘鲍、海参和双壳贝类提供资源。

潮下带软底质生境藻类碎屑是主要的食物来源，碎屑吸引各种微生物和碎屑食性、肉食性动物聚集，其分布和次级生产很大程度上由碎屑的可获得性决定。幼鱼将碎屑沉积区作为保育栖息地，以桡足类、端足目动物为食。大型海藻有浮力并聚集在海水表面在洋流和风的驱动下漂流。在南美洲巨藻（*Macrocystis pyifera*）筏上藻体最大可以达到半径6m深度1m，其中包含200个叶状体。在美国加利福尼亚和智利浮筏上，巨藻生物量（湿重）达100～150kg/km^2。

Orr 等（2005）估算在加拿大英属哥伦比亚岩石和沙砾海滩生态系统，巨藻（*Macrocystis integrifolia*、*Nereocystis luetkeana*）和某种褐藻（*Egregia menziesii*）占沉积性植生物质总量的 18%～32%。岩礁无脊椎动物对藻类碎屑的依赖大于潮间带微藻和大型藻。在智利海岸中部，昆布类褐藻沉降时，海胆快速聚集利用藻类碎屑。与同时期只利用本地食物的个体相比，海胆此时获得额外的物质补贴（藻屑），从而发育出较大的生殖腺。藻屑是南非帽贝（*Patella granatina*）的主要食源之一，帽贝的空间分布与藻屑量紧密相关。实验条件下限制藻屑的供给，显著降低帽贝的存活率和生物量，藻屑的补给是决定潮间带植食性动物丰度和分布的主要因素。潮间带和潮下带的底栖滤食性动物可以利用藻体叶片腐败产生的颗粒碎屑。在海藻床和海藻林中的藻屑是颗粒有机物的主要来源，在近海＞14km 处，有机碎屑的浓度超过浮游植物。在南非潮间带滤食性双壳贝类和藤壶的饵料中昆布类褐藻占比很大，且滤食性动物的空间分布与近岸藻屑浓度显著相关。在阿拉斯加的潮间带，双壳贝类和藤壶高效的次级生产得益于附近潮下带昆布类褐藻的物质补贴。Tallis（2009）研究表明，昆布类褐藻占美国华盛顿河口附近潮间带栖息的滤食性动物饵料的 10%～88%，甚至超过潮间带大型海藻和海草的饵料供给。岩礁潮下带是贫瘠的生境，底层直立的新鲜大型海藻在海胆的摄食下被剥光。降低生产力造成贫瘠，但是能够接收毗连海藻床的碎屑补给。

三、海洋牧场次级生产

（一）生态系统能量流动和物质循环

海洋牧场的功能之一是生产更多、更健康的产品。食物链是海洋牧场生态系统中的重要功能单元，能量通过食物链传递可以进行食物生产，把来自藻类等的初级生产力，通过食物链层层传递，形成贝、虾、鱼等各级动物性生产，为人类提供丰富的渔业资源。

1. 海洋生态系统能流

海洋生态系统接收来自太阳辐射的光能，通过初级生产者的光合作用固定太阳能并转化为化学能储存在机体中，这些是生态系统的基本能量，它们沿着食物链从低营养级向高层次传递，能流流动是生态系统稳定的基础。生态系统的能量传递遵循热力学定律，能量传递的过程是守恒的，而且是单向传递。

能量由低营养级向高营养层次传递中，有相当一部分会以热量方式消耗，在相邻营养阶层上能量参数的比值称为能量流动的生态效率（ecological efficiency），营养阶层（n）的生态效率可以通过下式计算：

$$\text{营养阶层}(n)\text{的生态效率}=\frac{\text{营养阶层}(n)\text{的生产量}}{\text{营养阶层}(n-1)\text{的生产量}}$$

根据海洋生态系统中能量由低营养级向高营养级流动过程中逐渐变小而构成的几何图形，称为能量金字塔，可以表示能量通过营养层次传递和转化的有效程度（李冠国和范振刚，2004）。能量金字塔可以客观的反映能量在生态系统中流动的本质，生态系统中的能量是逐渐衰减的，能量在各营养层次之间的转化效率遵循 10%的规律，即只有 10%的能量从一个营养级流向另一个更高的营养层次，又称林德曼效率（Lindemans efficiency）。

2. 海洋食物网

食物联系是海洋生态系统结构和功能的基本表现形式，能量通过食物链转化为高一层次的生产力，生态系统的食物关系复杂，全部绘制的食物网互相交叉重叠，难以厘清。海洋牧场的食物网相对简单，可以采用 Steele 等简化食物网来分析和确定能量的转化关系，该食物网大体上分为 4 个营养层次（图 2-11）。依据该简化食物网绘制了能量由初级生产者流向鱼产量的关系图（图 2-12）（唐启升，1999）。

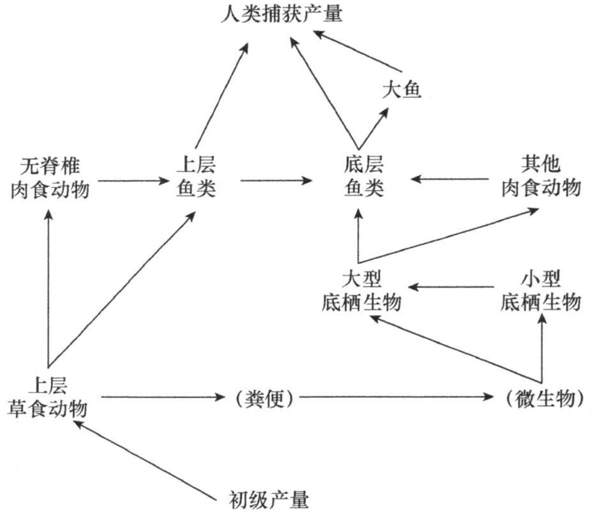

图 2-11　根据主要生物类群作出的北海食物网（唐启升，1999）

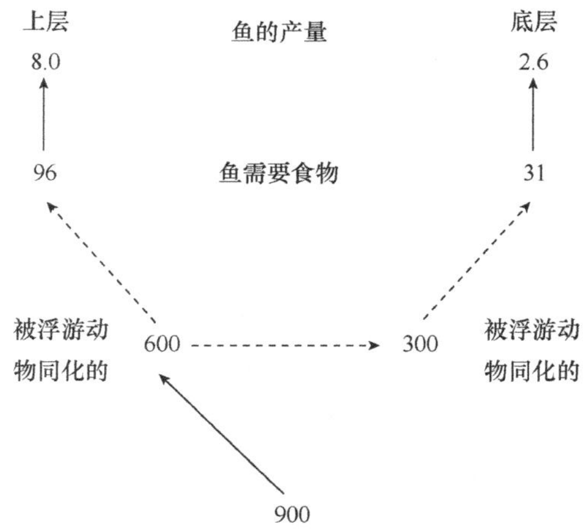

图 2-12　根据北海简单食物网估算的鱼的产量［kcal/（m^2·a)］（唐启升，1999）

食物链上不同层级营养级的生物之间相互关系复杂，给食物网的研究带来难度，唐启升根据黄东海鱼类资源特点建立了简化的食物网和营养结构图（唐启升，1999），可以为不同区域海洋牧场的生物传递关系提供参考（图 2-13）。

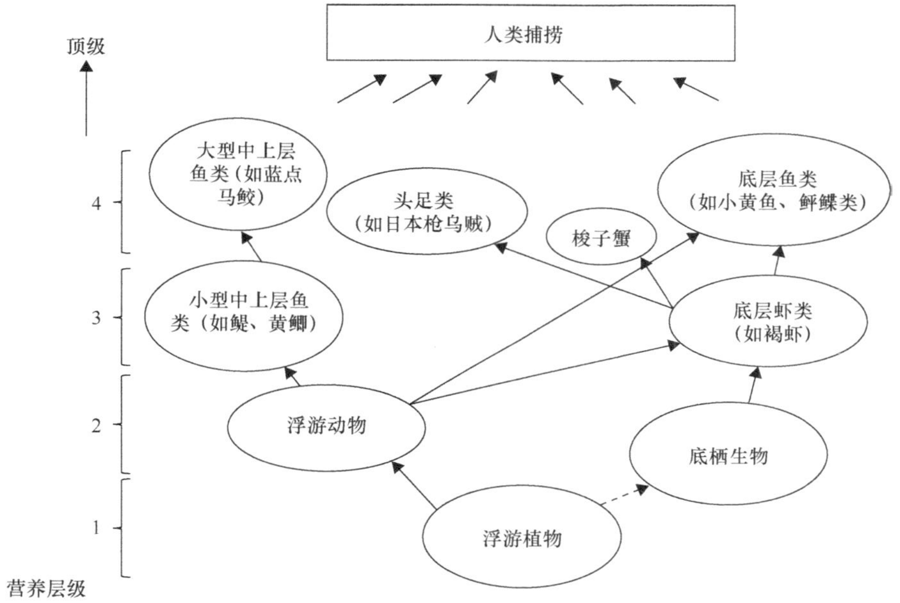

图 2-13 根据资源种群食物链绘制的黄海简化食物网和营养结构图（唐启升，1999）

3. 海洋生态系统物质循环

除能量外，矿物质也是维系有机体生存和延续的基础。海洋中的 C、N、O、H 等在参与生态系统物质循环中尤为重要，它们在生命活动中起着重要作用，这些元素在生命体之间和生物与环境之间循环。组成生物体的元素在海洋生态系统中通过浮游植物等初级生产者的吸收利用传递到食物链的各个营养层次，这些元素随着有机体的死亡通过微生物的分解又回到环境中，然后通过食物链进行再循环，这种通过有机体和无生命环境之间不断进行的物质循环过程称为生态系统的物质循环（cycling of material）。生态系统各组成部分通过能量流动和物质循环构成一个完整的功能单元。

杨纪明等（1998）以金藻→卤虫→玉筋鱼→黑鲷为实验对象组成一个简单的食物链（相当于营养级从 1 到 4），通过测定该食物链的能量转换效率，研究一个单一食物链的能量流动。结果表明，生产 1kg 黑鲷（湿重）需要消耗金藻（初级生产力）235.2kg，转化为能量即为：黑鲷吸收 1kJ 能量需要消耗 110.7kJ 热量。从初级生产（金藻），经过 2 级和 3 级生产（卤虫、玉筋鱼）到 4 级生产（黑鲷），能量转化比为 235.3∶76.9∶8∶1。

图 2-14 为简单的海洋牧场生态系统物质循环示意图。海洋牧场建设遵循生态优先的原则，因此系统内各功能群处于稳定的平衡发展。海洋生态牧场是由不同营养级生物组成的生态系统，系统中大型藻类和浮游植物是初级生产者，是维系整个海洋牧场生态系统物质和能量平衡的基础。滤食性贝类（如牡蛎、扇贝）、鱼类（如许氏平鲉、鲈）、沉积性食性动物（如刺参、单环刺螠）、大型底栖植食动物（如鲍、海胆）等是次级或更高级生产者，系统中，具有复杂的物质循环和能量传递过程。系统中某些生物排放的废物转化为其他生物的营养物质来源，如滤食性贝类通过滤水摄食作用，摄食浮游植物和大型藻类、鱼类粪便、动植物尸体等产生的颗粒物，这些颗粒物通过贝类的生物沉积作用，重新被包装，以粪便或者假粪的方式沉入海底形成生物沉积物，生物沉积物中的 C、N、P 等生源要素在底栖动物的生物扰到和微生物的分解作用重新返回到水体中，供大型海藻和浮游植物所利用；同时贝类通过呼吸代谢产生的 CO_2、NH_4-N 等可以直接被大型藻类和浮游植物等初级生产者所利用。海洋生态牧场可以充分利用系统输入的营养物质和能量，将养分消耗和潜在的经济损失降到最低，从而使该体系具有较高的养殖承载力和可持续的产品输出，系统中产品的收获可以带走额外的物质，降低海水富营养化的风险，同时增加 C、N、P 等生源要素循环利用。

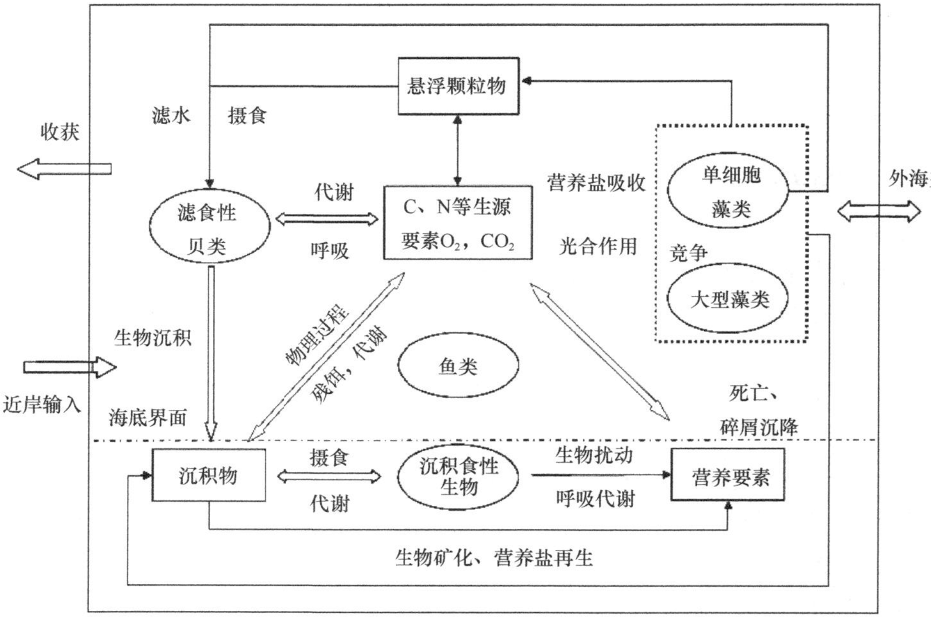

图 2-14 海洋牧场生态系统物质循环示意图

（二）滤食性贝类生产

滤食性贝类是海洋牧场的主要类群。滤食性贝类通过滤水摄食、呼吸代谢等影响海洋生态系统，滤食性贝类通过摄食活动可大量去除滤食水体中浮游生物及颗粒有机物质，把浮游植物等初级生产者转化为自身的能量。不能被利用的颗粒物以粪便和假粪的形式，通过生物沉积作用沉积到海底，沉积物中营养物质经微生物的分解、矿化重新返回到水体中。贻贝能够利用上覆水中，乃至整个水域的颗粒有机物质及浮游植物，紫贻贝（*Mytilus edulis*）的滤水率可达 5L/（g DW·h），能在 4～7 天中过滤完东斯海尔德（Oosterschelde）湾和西瓦登海（Western Wadden Sea）整个水体（Dame and Dankers，1988）。长牡蛎（*Crassostrea gigas*）的滤水率也达 4.8L/（g DW·h）（Bacher et al.，1995），青蛤（*Cyclina sinensis*）的滤水率最大也可达 4.9L/（g DW·h）（刘英杰，2005）。滤食性贝类通过滤水作用，摄食环境中的悬浮颗粒物，包括浮游生物、悬浮颗粒物、碎屑、粪便颗粒等，食物来源复杂，很大程度上依赖栖息环境。

1. 滤食性贝类对浮游植物的利用

周毅等（2003）采用半现场的方法研究了栉孔扇贝的生态效率，在养殖密度适宜时具有较高的生态效率，最高可达 46.0%，同时具有较高的生长余力。

影响贝类滤水、摄食等生理特性变化的因素很多，如温度、盐度、流速、饵料浓度和质量，贝类本身的生理特性等。

2. 大型海藻养殖对滤食性贝类的贡献

海带是中国主要养殖大型经济海藻，不仅能为人类提供食物、化工原料，也是某些海洋动物（如鲍）的重要饵料（Zhang et al.，2011），同时具有较高的生态作用。大型海藻能为微生物提供附着环境和营养，对生态系统中的浮游生物和微生物产生直接和间接影响，大型海藻释放的溶解有机物可被表面和周围海水中的细菌吸收，海水中的溶解有机物在气-液界面转换成颗粒态或者被无机颗粒物吸附，这些颗粒物对浮游和底栖无脊椎动物及一些鱼类是丰富的饵料（Mann，1973）。约 10%的海带直接进入牧食食物链，其余进入碎屑食物链。

3. 鱼类网箱养殖对贝类的食物贡献

多数研究表明鱼类网箱养殖区周围的双壳类软体动物生长情况更好。Chopin 等（2008）在加拿大芬迪（Fundy）湾开展的大西洋鲑、紫贻贝及某种海带的综合养殖，同单养相比，综合养殖区的水体环境明显较好，使海带生长速率增加 46%，贻贝增加了 50%，贻贝和海带产品质量均符合加拿大及美国食品质量规定。Lefebvre 等（2000）的研究发现，长牡蛎能够有效地利用海鲈（*Dicentrarchus labrax*）养殖过程中产生的残饵和粪便等有机废物，混养区牡蛎的生长速度远高于非混养区。然而也有研究认为，某些情况下贝类改善水体环境的能力并不明显，Cheshuk 等（2003）在塔斯马尼亚岛的西北海湾开展的大西洋鲑与贻贝混养实验，经过 14

个月的养殖，综合养殖区（离网箱 70～100m）与对照区（离网箱 500～1200m）水体环境及贝类生长情况并没有统计上的差异。在鱼贝综合养殖系统中，水体悬浮颗粒物的粒径大小是贝类能否有效同化吸收有机物的关键。

Jiang 等（2013）模拟研究了网箱养殖残饵和粪便对长牡蛎的生长的影响，发现网箱养殖产生的颗粒物对长牡蛎有明显的促进作用，作者从实验区和对照区水体颗粒有机物的稳定碳氮同位素值来推算，长牡蛎对网箱养殖源有机物质的吸收效率可以达到 54.4%（10.3% 残饵和 44.1%粪便）。养殖在网箱周围和对照区长牡蛎的壳长分别从初始的 4.35cm 增长到 6.87cm（对照区）和 8.03cm（实验区），实验区长牡蛎的壳长和软组织干重生长速度显著高于对照区（$P<0.05$），提高了近 35%（图 2-15）。

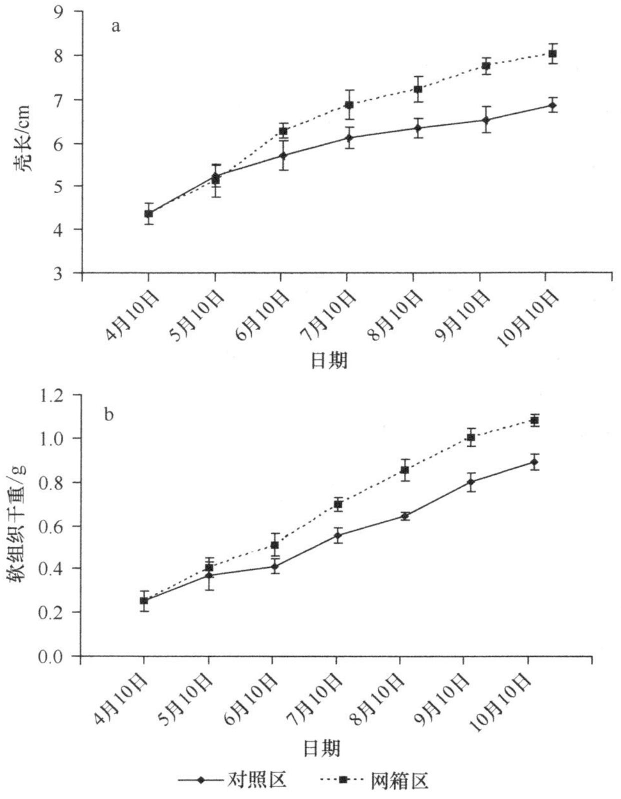

图 2-15 网箱区和对照区长牡蛎的生长情况（改自 Jiang et al.，2013）

实验区和对照区长牡蛎组织的 $\delta^{13}C$ 值分别为–19.53‰和–20.03‰，$\delta^{15}N$ 值分别为 7.13‰和 7.30‰（图 2-16），残饵和鱼类粪便在长牡蛎食物来源中的贡献率分别为 5.59%和 29.27%。

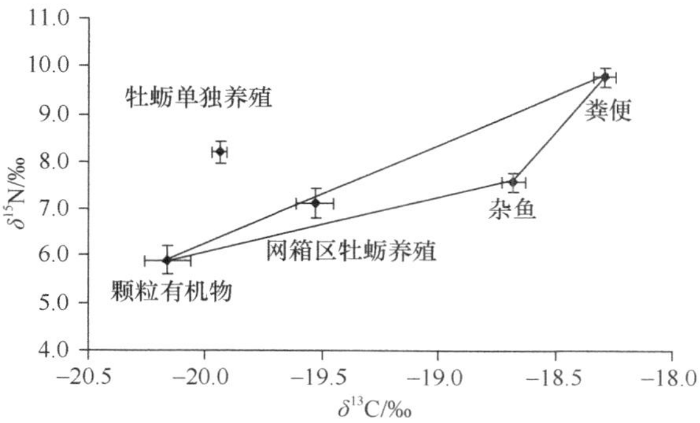

图 2-16　颗粒有机物、鱼类粪便、长牡蛎的稳定碳氮同位素图谱（改自 Jiang et al.，2013）

因长牡蛎的摄食最大粒径为 541μm（Dupuy et al.，2000），所以长牡蛎并不能完全利用网箱产生的粒径谱，大约有 52.2%的颗粒物在长牡蛎可摄食粒径范围内，因此，其仅能同化约 28.4%的有机物质，剩余 71.58%的有机物质将沉降到水底对沉积环境产生压力。

（三）大型海藻对底播鲍参供饵力

底播是海洋牧场的重要功能，充足的饵料是决定底播生物生长的基础。大型海藻碳稳定同位素自然丰度被用于揭示 CO_2 进入 C_3 植物的生物化学扩散途径。

1. 崂山湾大型海藻碳、氮同位素

在被调查的崂山湾，春季底栖大型海藻 $\delta^{15}N$ 变化范围为红藻 4.9‰～6.7‰、褐藻 2.7‰～9.5‰，$\delta^{13}C$ 变化范围为红藻–34.6‰～–12.3‰、褐藻–31.8‰～18.0‰。秋季底栖大型海藻 $\delta^{15}N$ 变化范围为红藻 5.0‰～7.1‰、褐藻 6.3‰～7.3‰、绿藻 4.9‰～7.7‰，$\delta^{13}C$ 变化范围为红藻–31.9‰～–16.4‰、褐藻–17‰～–15‰、绿藻–18.6‰～–15.2‰（表 2-1）。不同类型的大型海藻之间的 $\delta^{13}C$ 和 $\delta^{15}N$ 之间差异显著（黄瑶，2013）。

2. 大型海藻对皱纹盘鲍的饵料贡献

海区大型海藻 $\delta^{13}C$ 值在–31.9‰～–15‰，$\delta^{15}N$ 值在 4.9‰～7.7‰。结果显示，皱纹盘鲍食物来源 $\delta^{15}N$ 值从（8.5±1.0）‰到（6.1±0.1）‰，其中，藻类碎屑的 $\delta^{15}N$ 值为（7.2±0.5）‰；海黍子和波状网翼藻 $\delta^{15}N$ 值接近，分别为（6.3±0.2）‰及（6.5± 0.2）‰；裙带菜 $\delta^{15}N$ 值为（8.5±1.0）‰高于其他食物来源，其他食源 $\delta^{15}N$ 值相差不大，差异不到 1‰（黄瑶，2013）。

皱纹盘鲍不同季节潜在食物来源分析见图 2-17。春季皱纹盘鲍食物来源 $\delta^{13}C$ 值从（–19.2±1.7）‰到（–18.6±0.2）‰，其中，藻类碎屑的 $\delta^{13}C$ 值为（–19.6±1.0）‰；波状网翼藻和海黍子 $\delta^{13}C$ 值很接近，分别为（–18.7±0.7）‰及（–18.6±0.2）‰；石花菜 $\delta^{13}C$ 值为（–19.2±1.7）‰，与海黍子相差较大，达到 0.6‰以上。$\delta^{15}N$ 值

表 2-1 崂山湾底栖大型海藻碳、氮稳定同位素值

季节	中文种名	拉丁学名	$\delta^{13}C$	$\delta^{15}N$	C/%	N/%	C/N 值
春季	裙带菜	*Undaria pinnatifida*	−19.3±1.3	8.5±1.0	36.92	2.95	12.52
	舌状酸藻	*Desmarestia ligulata*	−31.5±0.3	2.9±0.2	39.83	3.94	10.12
	波状网翼藻	*Dictyopteris undulata*	−18.7±0.7	6.5±0.2	32.14	1.8	17.88
	海黍子	*Sargassum muticum*	−18.6±0.2	6.3±0.2	37.5	3.4	11.04
	海头红	*Plocamium telfairiae*	−31.5±3.1	5.1±0.2	33.78	4.99	6.77
	鸭毛藻	*Symphyocladia latiuscula*	−20.7±0.9	6.5±0.2	33.49	3.95	8.47
	石花菜	*Gelidium amansii*	−19.2±1.7	6.1±0.1	39.3	3.31	11.87
	小珊瑚藻	*Corallina pilulifera*	−12.6±0.3	6.5±0.2	16.5	0.91	18.09
	掌状红皮藻	*Rhodymenia palmata*	−21.9±0.3	5.8±0.1	32.62	2.76	11.84
秋季	蜈蚣藻	*Grateloupia filicina*	−18.6±0.1	6.0±0.2	31.87	2.23	14.28
	异枝软骨凹顶藻	*Laurencia intermedia*	−17.6±0.8	6.3±0.2	24.4	2.34	10.45
	鸭毛藻	*Symphyocladia latiuscula*	−21.3±0.1	6.3±0.2	33.49	3.95	8.47
	海头红	*Plocamium telfairiae*	−31.8±0.1	5.3±0.3	33.78	4.99	6.77
	扁江蓠	*Gracilaria textorii*	−18.2±0.5	6.9±0.2	31.78	4.4	7.22
	石花菜	*Gelidium amansii*	−19.1±0.2	5.7±0.5	39.3	3.31	11.87
	海黍子	*Sargassum muticum*	−16.6±0.4	6.5±0.2	37.5	3.4	11.04
	青岛马尾藻	*Sargassum qingdaoense*	−15.2±0.2	7.1±0.2	35.07	1.75	20.07
	石莼	*Ulva lactuca*	−15.7±0.5	6.6±1.1	25	1.87	13.34
	束生刚毛藻	*Cladophora fascicularis*	−18.5±0.1	5.0±0.1	34.61	4.42	7.83

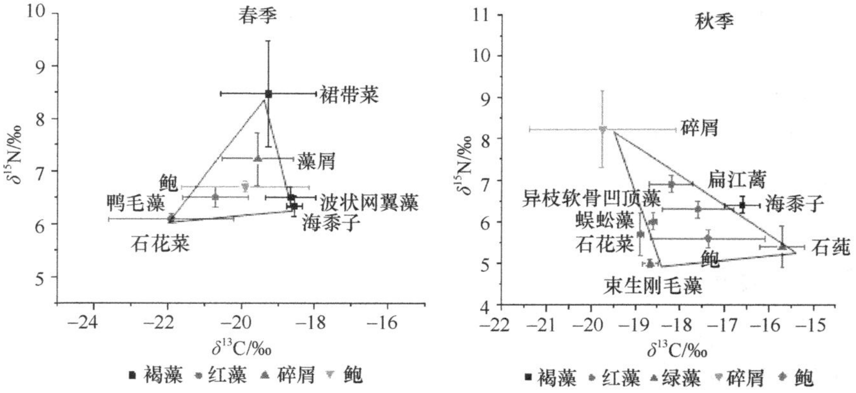

图 2-17 鲍及其潜在食物来源的稳定同位素特征

从（8.5±1.0）‰到（6.1±0.1）‰，不同大型藻类按对皱纹盘鲍的营养贡献的平均大小排列依次为波状网翼藻 20.8%、海黍子 19.3%、碎屑 17.8%、鸭毛藻 15.4%、石花菜 10.5%、裙带菜 9.7%、掌状红皮藻 6.5%。

秋季食物来源 $\delta^{13}C$ 值从（−19.8±1.7）‰到（−15.7±0.5）‰，其中，藻类碎屑的 $\delta^{13}C$ 值为（−19.8±1.7）‰；蜈蚣藻和扁江蓠 $\delta^{13}C$ 值很接近，分别为（−18.6±0.1）‰

及（–18.2±0.5）‰；石莼 δ^{13}C 值为（–15.7±0.5）‰，与其他 6 种藻相差较大，达到 3‰以上。食物来源 δ^{15}N 值从（5.0±0.1）‰到（8.2±0.9）‰，其中，藻类碎屑的 δ^{15}N 值为（8.2±0.9）‰；蜈蚣藻、石花菜和异枝软骨凹顶藻 δ^{15}N 值接近，分别为（5.7±0.5）‰、（6.0±0.2）‰及（6.3±0.2）‰；藻类碎屑 δ^{15}N 值高于其他食物来源，其他藻类 δ^{15}N 相差不大，差异不到 2‰。鲍的营养贡献依次为石莼 41%、束生刚毛藻 23.1%、石花菜 12.2%、蜈蚣藻 9%、异枝软骨凹顶藻 7.6%、扁江蓠 4.6%、碎屑 2.3%。

3. 刺参及潜在食物来源同位素特征

刺参不同季节潜在食物来源的碳、氮稳定同位素值见图 2-18。春季刺参食物来源 δ^{13}C 值从（–24.6±4.2）‰到（–15.0±5.5）‰，δ^{15}N 值从（5.9±0.5）‰到（11.5 ±1.9）‰，对刺参的营养贡献大小依次为褐藻 29.2%、红藻 27.5%、碎屑 21%、底泥 20.2%、悬浮颗粒物（SPM）2%。

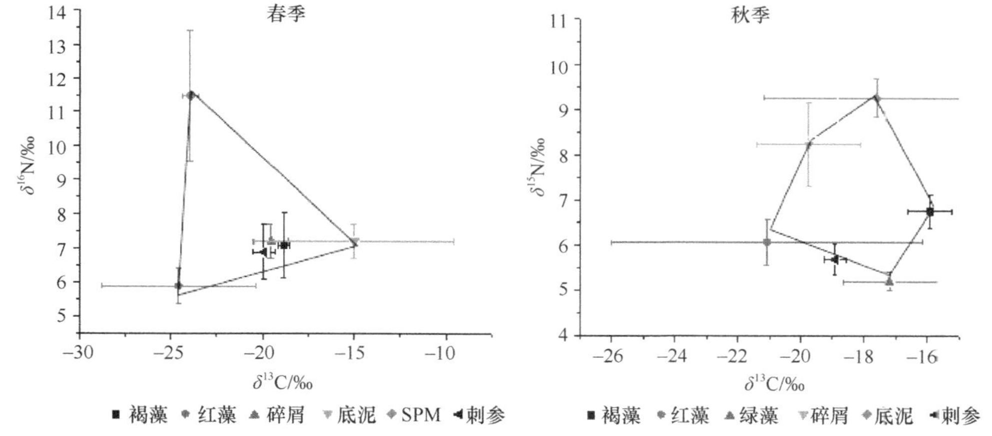

图 2-18　刺参及其潜在食物来源的稳定同位素特征

秋季刺参食物来源 δ^{13}C 值从（–21.1±4.9）‰到（6.8±0.4）‰，δ^{15}N 值从（5.2±0.2）‰到（9.3±0.4）‰，对刺参的营养贡献大小依次为绿藻 52.4%、红藻 42.7%、褐藻 2.3%、碎屑 2.1%、底泥 0.4%（黄瑶，2013）。

第二节　承载力评估

一、承载力及其延伸

（一）承载力

承载力（carrying capacity）原用以衡量特定区域在某一环境条件下可维持某

一物种个体存活的最大数量，比如提供食物、栖息地、水及其他必须条件。其概念的起源可以追溯到马尔萨斯时代，他是第一个看到环境因子对人类社会物质增长有重要影响的科学家，他提出的资源有限并影响人口增长的理论反映了当时的社会形式，并且对后来的科学都产生了广泛的影响（Simón et al.，2004）。1921 年，美国学者在有关的人类生态学杂志中，提出了承载力的概念，即某一特定环境条件下，某种生物个体所能存活的最大数量（郭秀锐等，2000）。随着土地退化、资源短缺、生态环境污染和人口增长等问题的出现，承载力被广泛应用于与生态有关的人类生态学概念中。20 世纪 80 年代，联合国粮食及农业组织（FAO）在土地资源认可研究中，引入承载力概念；90 年代，承载力扩展到水、环境、资源、土地、森林的各个研究领域。例如，水资源承载力研究（某一区域水资源可支持的人口数量；某一区域水资源可支持的工农业生产活动强度）（Feng et al.，2008）；土地资源承载力研究（一定条件下某区域土地资源的生产能力及可承载的人口数量）（王书华和毛汉英，2001；王旭光等，2001）；矿产资源承载力研究（吕贻峰和李江风，1999；余敬和姚书振，2002）等。当前，承载力的研究已经不仅局限于某一种资源，因为生态系统中的各个对象相互影响和制约，承载力的研究转而更注重综合性，如环境承载力研究（某一区域环境对污染物的容纳能力；区域环境对人类开发活动的支持强度）（唐剑武和叶文虎，1998；Hui，2006）；相对资源承载力研究（黄宁生和匡耀求，2000；王宗明等，2004）；土地人口承载力研究（王宝山等，1998）；旅游承载力研究（Simón et al.，2004）；矿产资源人口承载力等（王玉平，1998）。

随着人类经济社会发展，资源流失与短缺问题日益突出，生态环境污染和破坏日益严重，最终严重制约经济持续发展。为此，应该保持生态系统的完整性，控制人类的活动，使其处于生态系统所能承载的范围之内，实现系统与区域的可持续发展，于是“生态承载力”的概念应运而生。只要地球生态系统能够承载人类对自然系统的压力，地球生态系统就是安全的，人类社会发展自然可持续。然而，承载力概念从出现至今，已在形式和意义上发生了深刻变化。承载力概念的演化与发展是对发展中遇到的问题的反应与变化结果，是人类改造自然界和发展的必然结果（顾康康，2012）。

承载力是一个涉及多方面的综合概念，其影响因素包括自然因素（地理位置、气候环境、生物和非生物资源等）、社会经济因素（政策法规、产业结构等）、人为因素（人口数量及素质、人类活动的影响等）及主观因素（评价方法、评价指标、操作手段等）（冯伍法等，2006），其评估具有较强的主观性。从国内外最新研究进展来看，生态承载力的理论方法及定量化研究更为深入，但研究重点主要集中于陆域区域，且目前也没有成熟的、实用的定量化方法。相对而言，海洋承载力概念与陆域发展大体相似，但其在海洋领域的研究与应用明显不足。

（二）养殖承载力

承载力概念在养殖水域的应用即衍生为新的概念——养殖承载力，但目前尚无完整确切的定义。Carver 和 Mallet（1990）将贝类养殖的养殖承载力定义为：对生长率不产生负影响并获得最大产量的放养密度。李德尚等（1994）把水库中投饵网箱养鱼的养殖承载力定义为：不破坏相应水质标准的最大负荷量。董双林和李德尚（1998）把养殖承载力定义为：单位水体在节约资源、保护环境和保证应有效益的各个方面都符合可持续发展要求的最大养殖量。杨红生和张福绥（1999）将养殖承载力定义为：对养殖海区的环境不会造成不利影响，又能保证养殖业可持续发展并有最大效益的最大产量。刘剑昭等（2000）定义为：特定的水域，单位水体养殖对象在不危害环境，保持生态系统相对稳定、保证经济效益最大，并且符合可持续发展要求条件下的最大产量。养殖承载力能随着养殖方式与养殖技术的改进而得到扩充。因此，养殖承载力并不是固定不变的，通过改善养殖方式、优化养殖技术等手段可以提高养殖承载力（贾后磊等，2003）。

二、浅海养殖承载力的研究进展和技术方法

（一）研究进展

有关养殖承载力的研究始于 20 世纪 70 年代至 80 年代初（唐启升，1996）。1974～1976 年，日本北海道大学对海水养殖贝类大量死亡的原因进行了调查，他们认为放养密度超过养殖承载力是诱因。北美洲和西欧的一些科学家从营养动力学和水动力学的角度进一步研究了养殖承载力（Cooke et al.，1975；Wiegert and Penas-Lado，1983；Carver and Mallet，1990）。他们以水域能量收支和个体营养需求等参数，对贝类养殖海区的养殖承载力进行了研究。澳大利亚学者 Holliday 等（1991）建立了塔斯马尼亚洲养殖海区的悉尼岩牡蛎养殖承载力模型。在国内，李庆彪（1990）发现扇贝大量死亡是由于生物个体数量超过了当地水域的养殖承载力，刘庆余（1993）研究了紫贻贝的养殖承载力，李元山等（1996）也对海珍品养殖承载力进行了研究，方建光等对桑沟湾栉孔扇贝和海带的养殖承载力进行了系统研究，并提出了解决该海区栉孔扇贝和海带养殖的优化措施，其研究成果具有代表性（方建光等，1996a，1996b）。目前，国内外还没有比较完善的养殖承载力预测模型。

（二）研究方法

从大量文献资料来看，国际上有关养殖承载力的研究方法主要有以下几种。

1. 经验研究法

以养殖实验区历年的养殖面积、产量、密度及环境因子的详细记录，推算适

宜的养殖承载力。例如，在一个养殖实验区，养殖产量增加到一定数值后，增长速度变慢，其产量的极值可认为是该养殖实验区的养殖承载力。Wiegert 和 Penas-Lado（1983）利用浮游植物现存量与贝类生长的相互关系建立了贻贝等双壳贝类的养殖承载力模型；法国学者 Verhagen（1983）通过东斯海尔德湾统计历年河口贻贝同年龄组的产量，研究贻贝的养殖承载力；Herral 等（1986）曾就现存量与历年产量的关系，对马雷讷奥莱龙（Marennes-Oleron）湾太平洋牡蛎的养殖承载力进行了研究。此外，Incze 等（1981）以水交换率与贝类生长速率的关系，Frechetre 等（1989）用水流速度与贝类生长的关系，Smaal 等（1986）用浮游植物与贝类生长的关系等，均各自建立了贻贝养殖承载力模型；Grizzle 和 Lute（1989）以浮游生物的水平分布和海区底部沉积物的特征建立了硬壳蛤生长模型。以上这些例子是利用环境与产量之间关系的历年资料，对贻贝等的养殖承载力作出估算，这是一个经验值，往往存在明显的偏差。

优点：经费、劳力及时间投入较少。

缺点：数据获得较为困难，且数据可靠性较低，不确定性较大。

2. 生理生态模型

在测定单个生物体在生长过程中所需的平均能量的基础上，通过估算养殖实验区的初级生产力或供饵力所能提供的总的能量，可建立养殖生物的养殖承载力模型。从生态系统运转的驱动因素角度分析，董双林和李德尚（1998）把养殖系统分为自然营养型和人工营养型，他们认为自然营养型可以从初级生产力和营养需求角度研究养殖承载力。方建光等（1996b）运用无机氮作为估算桑沟湾海带养殖承载力的关键因子，通过无机氮的供需平衡来估算海带的养殖承载力。日本研究者在素公（Motsu）海对海水贝类养殖承载力的研究中发现，虾夷扇贝的放养量从 21 亿粒增加到 34 亿粒后，收获量反而降低了 9%；还有研究表明，放养量的多少与病害的出现频率、死亡率直接相关（唐启升，1996）。通过栉孔扇贝对有机碳的需求量，方建光等（1996a）估算了桑沟湾的扇贝养殖承载力。Carver 和 Mallet（1990）通过对有机颗粒物的能量收支研究在加拿大的怀特海芬（Whitehaven）港求得贻贝的养殖承载力。由于养殖种类太多，这种以能量供需平衡的研究方法只能以少数优势种为研究对象，有时需要忽略其他生物所造成的影响，对初级生产力和营养水平的估算也存在着明显的误差。

优点：运用普遍，实验精力投入较为适宜。

缺点：劳动密集型，未考虑养殖生物对于环境的影响，比如养殖生物的生物沉积作用及生理排泄。

3. 生态动力学模型

全球海洋生态系统动力学是海洋生态学研究历史上的一个重大突破。为了探索全球海洋生物资源可持续开发利用的依据，Christensen 和 Pauly（1992）、Pauly 和 Christensen（1995）在 Polorina 生态通道模型基础上，对生态通道Ⅱ及相应的计算机软件进行深入开发，并综合 100 多个营养模型建立了全球模型，借此估算全球海洋的承载力。营养动力学是生态通道Ⅱ模型的理论依据，该模型对不同营养层次的生物量从物质平衡的角度进行估算，即沿着食物链从初级生产者逐次向顶级捕食者估算各自的生物量。Bacher 等（1991）曾研究了马雷讷奥莱龙湾太平洋牡蛎的养殖承载力，并提出箱式模型，此后又通过养殖对环境影响的氮动力学模型，在法国的 Thau 湾（肖湾）研究了太平洋牡蛎的养殖承载力（Bacher et al., 1995）。但是其采用的模型存在明显的不足，他们只单方面考虑环境对养殖生物的影响，而忽视了养殖生物与环境的互作，因为养殖所产生的自身污染直接影响海区的贝类养殖承载力。生态动力学模型解决了 Bacher 等研究方法上的缺陷，在维持生态环境平衡的前提下，估算某海区的某种养殖品种及该海区的养殖承载力更具可行性（贾后磊等，2003）。

优点：综合考虑了生态系统各种因素及养殖生物与生态环境的相互作用。

缺点：成本较高，难度较大，劳动密集型，周期长，需要长期数据积累（至少 5 年）。

4. 现场实验

测定养殖生物的生理生态因子及环境参数，求得养殖生物瞬时生长率为零时的最大现存量即养殖承载力。Dame（1976）对美国北汊（North Inlet）河口处的美洲牡蛎的养殖承载力进行了评估，他采用的方法就是野外实验、直接测定。刘剑昭等（2000）通过野外实验法估算了半精养虾池中以中国对虾为主的综合养殖系统的养殖承载力。此种方法的数据直接来自现场实验，结果的可靠度高。该方法适合于小面积滩涂、池塘等养殖承载力的研究。

优点：可行性较高，数据可直接测得，劳力投入小，周期较短。

缺点：仅适用于滩涂、潟湖、池塘等较小水域。

三、养殖承载力评估

（一）我国主要的养殖模式

中国是世界第一水产大国，近海主要养殖对象和模式为：藻类筏式养殖，滤食性贝类筏式和底播养殖及鱼类网箱养殖。其对生态环境和渔业资源的影响不尽相同。

1. 藻类筏式养殖

近海藻类养殖属于以太阳辐射能为驱动能源，利用水中的营养物生产产品的自养型养殖系统。其养殖对象以海带、紫菜等大型海藻为主。适度的藻类养殖可以调节海域无机物含量，减轻海域污染和富营养化，从而减少赤潮的发生，产生经济效益的同时，起到一定生境修复的作用。然而，如果大型海藻养殖强度过大，也会对海域生态系统产生不利影响：①改变海域的无机盐浓度和比例，影响自身及其他自养型生物的存活生长；②改变海域的透明度及水下光照强度，影响其他生物（如底栖藻类）的光合作用；③改变海流流速和流向，特别是在本身较为封闭的海域，会降低海域的水交换能力，导致污染物的长时间累积，引起环境进一步恶化；④通过对无机盐和光照的竞争作用，降低浮游植物生物量，从而影响浮游动物及滤食性生物，进而影响整个食物链和其他渔业资源。

2. 滤食性贝类筏式和底播养殖

中国海水贝类的养殖强度和规模居世界首位，贝类养殖与生态环境问题成为关注的焦点。由于滤食性贝类以天然饵料为主，并将水体悬浮营养物质以粪便和假粪的形式沉积到海底。贝类生物性沉积物沉降的数量和范围与养殖贝类的规模和养殖区水动力学条件密切相关。在水交换较弱的区域，贝类能够加速有机物的沉积，而在水交换能力较强的区域，有机物沉积速率不会显著变化。筏式养殖的筏架和吊绳就像是许多的帘子，可降低流速，其协同作用会进一步增大养殖区内的沉积速率。滤食性贝类通过多种方式直接影响水体中的营养物质流动。首先，滤食性贝类通过滤食水体中的颗粒物并将其重新包装成粪便和假粪，从而降低了水体中营养物质的浓度。养殖贝类的收获也是水体中营养物质净输出的一个主要方面。因此，贝类养殖一定程度上可减少海域营养负荷。其次，在营养盐成为浮游植物生长的限制因子期间，贝类的代谢活动产生的营养物质可提高初级生产能力。另外，沉积的营养物经分解可以重新进入水体中。贝类养殖区营养物质的再生速率在某种程度上高于非养殖区。再生的营养物质对水体及对初级生产力的影响主要依赖于水动力学特性。在浅水区域和垂直水混合均匀的海湾，营养盐的再生能够提高浮游植物或大型水生植物的初级生产力；而在层化明显的海区，底质中再生的营养物质很难进入上层水体中，只有在有上升流或其他扰动时，营养物质才能进入上层水体中。因此，再生的营养物对初级生产力的影响会因时因地而异。

如果滤食性贝类的养殖密度较高，会使局部的浮游植物衰减，在某种程度上可改变浮游生物的生理特性、生长率及营养质量。贝类的滤食作用可以大大地降低水体中浮游植物的丰度和颗粒有机碳的浓度，进而降低水体的浊度，提高光线的穿透力，有利于底栖植物和大型海藻的生长。贝类还能够滤掉水体中典型的浮游动物、一些鱼类的浮游幼体及其他经济生物的浮游幼体也会被滤食。

此外，贝类养殖的设施也可为其他不同的生物提供栖息地和食物。因此，筏式贝类养殖区的生物丰度和生物量显著增加。筏式贝类养殖同天然贝床一样，为附着生物提供了空间。不仅附着生物的生物量巨大，而且种类繁多。大量的附着生物又反过来吸引了鱼类等可运动的大型动物在养殖区或筏式养殖设施上聚集。

贝类的生物沉积作用可能在贝类养殖区内或临近区域造成底质有机物的累积。随着底质内有机物的增加，原来软底质内的大型滤食性生物可能被小的沉积食性的生物所取代，从小型多毛类开始，转变为线虫类，最后变成厌氧条件，以细菌群为主。

贝类养殖对生态系统有许多正面的影响。养殖贝类及筏架上附着生物的脱落会增加底栖捕食动物的食物。筏式贝类养殖也为硬底（hard-bottom）种类提供栖息的环境条件。据报道由于贝类养殖可使软底（soft-bottom）群落向硬底群落演替。筏式贝类养殖在某种程度上能够对生态系统的生物多样性和生产力有间接的正面影响。其他的间接影响还包括：脱落的大型海藻为海胆等植食动物提供饵料；底质中有机物的增加提高了大型底上生物（如海参）的丰度。

底播贝类养殖活动由于对底质的物理扰动，使得这种养殖方式对底质生态环境的影响非常大。物理扰动主要发生在潮间带或潮下带的浅海区域。物理扰动的强度、持续的时间主要受底播养殖设施（石板、养殖架子等）对水动力学的改变程度、底质的增高情况、养殖的时间和收获的方式、捕食生物理化防除方式等的影响。

底播养殖或底上养殖通常在流速较小的软底系统，如潟湖、海湾及河口等区域。放入底质中的养殖设施（如绳、袋、架子、石板、网笼）会阻碍水流，使流速更小。流速的降低和贝类的生物性沉积协同作用，会使养殖区的有机物和无机物的沉积速率显著增加。底播贝类养殖会改变底栖生物群落，因为底播贝类的养殖设施为附着的大型海藻、自由生活的动物等提供了附着和掩蔽的场所。底播贝类养殖的设施能够为附着生物及其他动物提供附着基及掩蔽场所，在提高次级生产力方面的作用是至关重要的。

如果从整个生态系统水平上加以考虑，就会发现贝类养殖对生态环境有着积极的作用。贝类养殖对生态环境有着大尺度的影响，而且影响的程度因地而异。尽管在养殖区底栖生物的生物量降低，但是，在养殖的临近区域或更远的区域，有机质可促进底栖生物的生长。因此，关于贝类养殖对生态环境的影响，不能片面的仅考虑底栖底内动物和地球化学反应，而要从整个生态系统水平上予以全面的评价。

总而言之，关于高密度的双壳类群体在富营养化的浅海生态系统中的作用是负面的还是积极的，目前科学界还很有争议。Newell（2004）认为无论是养殖的贝类还是天然的贝床，无论是筏式养殖还是底播养殖，贝类对富营养化的水质都有一定的缓解作用；当然，如果贝类的密度非常大，微生物降解其生物性沉积物的作用非常强，则会导致底质环境溶解氧的消耗，促进 P 释放到水体中，累积的硫化氢会对底栖无脊椎动物产生危害。另外，养殖活动通常会使得贝类的密度过高，远远高于天然的贝床，进而对贝类养殖区的生态环境产生影响。

3. 鱼类网箱养殖

海水鱼类网箱养殖是一种高密度、集约化的科学养鱼方式。20 世纪 50 年代，日本最早开始进行海水网箱养殖。随着我国国民经济的高速、持续发展和人民生活水平的不断提高，消费市场对鲜活、高档水产品的需求日益增加，推动了海水网箱鱼类养殖业的发展。20 多年来，网箱养殖技术不断进步，网箱养殖品种和规模也不断扩大，已发展成为我国广大沿海地区最重要的海水养殖产业之一。2013 年全国海水网箱养殖产量达到 40 万 t。然而，除受外部污染因素影响之外，海水鱼类网箱养殖方式自身又是一个以人工饲料为能源的异养型养殖系统，是对养殖水域及其邻近水域生态环境产生负面影响的污染源。

1）对水质的影响

海水网箱养殖的残饵和鱼类排泄物含有 C、P 和 N 等元素。据估计，生产 1t 虹鳟，产生 150～300kg 的残饵（约合投饵量的 30%）及 250～300kg 粪便。部分残饵和排泄物以溶解态形式进入水体，部分以颗粒态形式进入水体，改变养殖水域环境，导致水体中 C、N、P 及悬浮颗粒物含量显著上升。

长期的高 C 含量会加剧细菌对有机物的分解，导致水体化学耗氧量上升。氮、磷元素也会对网箱养殖海域生态环境产生显著的影响，如造成水体富营养化、改变水体氮磷比等。水柱悬浮颗粒物增加，会导致水体透明度下降，影响鱼类的视觉反应，而鱼类的弱视觉反应可能导致残饵量增加并产生更多的悬浮颗粒物，悬浮颗粒物可能会堵塞鱼类的呼吸系统。网箱养殖鱼类直接消耗水体 60%～74%的氧气，网箱养殖过程中产生的 C、N、P 及悬浮颗粒物，可导致水体中溶解氧进一步下降，使网箱养殖水体中的溶解氧含量明显低于养殖区外的自然水体。在低溶解氧环境中，一些耐污厌氧生物将发展成优势种群，并产生一个还原性的生物群落结构，水体中的营养盐化学价态的转化也会被中断。当水体中的溶解氧降到临界浓度（4mg/L）以下时，就会抑制生物的生长。

2）对表层沉积物的影响

网箱养殖产生的大量残饵和鱼类排泄物，沉积到网箱底部，而底栖生物及微生物不能分解全部的沉积物。由于分解速率低，长期沉积造成养殖海域“海底上升”。沉积物中含有硫化物、有机碳、磷酸盐等物质，改变了底质环境，并影响了底栖生物的种群结构。所以，网箱养殖对底质环境影响很大。网箱数量越多，养殖密度越大，残饵和排泄物越多，对底质环境影响越大，所以底质沉积物与养殖密度具有一定的关系。

网箱养殖产生的残饵和粪便沉积到网箱底部，被微生物降解，消耗底层水中的溶解氧，形成沉积物层缺氧，并生成硫化物等毒性物质。养殖区沉积物中大量有机质可与部分金属形成配位化合物，因此在污染地区沉积物常富含重金属。在缺氧条件下，微生物活动可促使沉积物中的氮、磷元素以及铁、锰等微量元素加速释放到水体中，易诱发赤潮。

3）对水生生物的影响

海水网箱养殖，改变了养殖区水质环境和底质环境，进而影响了水生生物。网箱养殖可导致水体的富营养化且 N、P 比例失衡，造成养殖区发生藻华。在网箱养殖的沿岸海域中，由于藻类密度增加，易造成水体高叶绿素、高浑浊度、昼夜溶解氧大幅波动。

网箱养殖产生的残饵和粪便沉积到网箱底部，引起硫化物和有机碳含量增加。一方面，为底栖生物提供了丰富的营养物质。另一方面，有机碳分解过程中大量耗氧，释放出有毒的硫化氢气体，使许多种类底栖生物在低氧和高硫化氢的环境中不能生存，引起死亡。只有耐受性较强的种类大量繁殖，而耐污种类多是个体较小的种类，结果会导致底栖生物群落结构特征发生改变。

网箱养殖还会影响养殖区附近的野生鱼类。网箱养殖区丰富的食物，吸引了大量野生鱼类。养殖海域附近野生鱼类也比其他海域野生鱼类要大。在养殖过程中，换网、药浴、收获等，养殖鱼类逃逸时有发生。养殖鱼类的逃逸，会影响养殖区域附近的土著鱼。逃逸鱼与土著鱼竞争食物和环境，极大地影响了土著鱼类。大量营养物质输入引起低营养级生物的生物量变化，细菌性和真菌性的疾病更普遍。此外，高密度网箱养殖，比自然环境更易传播病害，某些养殖鱼类特有的病害，也可能会感染野生鱼类，造成野生鱼类的种类和数量减少，甚至导致某些种类的灭亡。很多鱼类寄生虫病是人畜共患的，对人畜健康造成很大威胁。另外，养殖鱼类逃逸可能造成外源基因的污染，包括外来种、转基因鱼及定向育种鱼等。养殖鱼类主要是以养殖生产为目的，具有高生长率、低繁殖习性、低游泳能力。因此，这些种类基因的变异性小、纯合性较高，有的甚至还带有人工插入的外源基因。如果这些鱼类逃逸到自然环境，与土著鱼杂交，导致土著鱼群基因库的减少，降低土著种的遗传变异，造成基因组成的均一化，进而导致土著种群对细菌、病毒及环境突变抵抗力减弱，可能造成土著种群的灭绝。

（二）我国典型养殖区域和养殖模式的养殖承载力评估

我国近海不同养殖对象和模式对环境的相互作用机制不同，因此，对不同养殖体系养殖承载力评估的着手点也不尽相同。

1. 藻类养殖承载力评估

目前针对特定海域的藻类养殖承载力评估主要通过海水中氮、磷元素平衡法进行。方建光等（1996b）对桑沟湾海带养殖承载力进行了研究，采用了无机氮作为估算桑沟湾海带养殖承载力的关键因子，通过无机氮的供需平衡估算海带养殖承载力。结果显示桑沟湾海带养殖承载力为 54 000t（干重），单位养殖面积承载力为 400kg/hm^2。湾内海带单位面积养殖量已超过理论养殖承载力，为了获得高质量的海带产品，湾内海带单位面积养殖量须根据不同水域的养殖承载力相应减少（表 2-2）。

表 2-2 国内外不同海域不同养殖对象的养殖承载力评估

养殖品种	海域	实际产量	评估承载力	参考文献
海带（*Laminaria japonica*）	桑沟湾（中国）	存量 80 000t	淡干重 54 000t，4 200kg/hm^2	方建光等，1996b
	大嶝岛（中国）	15t/hm^2	12.22×10^{4}t，16. 23t/hm^2	卢振彬等，2007
紫菜（*Porphyra* spp.）	大嶝岛（中国）	2.10t/hm^2	1. 97×10^{4}t，2.62t/hm^2	卢振彬等，2007
贻贝（*Mytilus galloprovincialis*）	新斯科舍（加拿大）	0.40～1.20t/hm^2	0.40～1.20t/hm^2	Carver and Mallet，1990
	萨尔达尼亚湾（南非）	89.0～107.0t/hm^2	89.00～107.00t/hm^2	Hecht and Heasman，1999
栉孔扇贝（*Chlamys farreri*）	桑沟湾（中国）	3.50t/hm^2	壳长 5～6cm，35 个/m^2	方建光等，1996
	四十里湾（中国）	2.39t/hm^2	平均体重 35g，23.9 个/m^2	杨红生等，2000
长牡蛎（*Crassostrea gigas*）	同安湾（中国）	5.69t/hm^2	5.69t/hm^2	杜琦等，2000
	Deukryang 湾（韩国）	1 553t/a	1.32t/hm^2	Eum et al.，1996
	Geoje-Hansan 湾（韩国）	5.5t/hm^2	5.50t/hm^2	Park et al.，2002
	马雷讷奥莱龙湾（法国）	最大产量 45 000t/a 现存量 115 000t	11.79t/hm^2	Bacher et al.，1997
	卡林福德湖（爱尔兰）	存量 200～1 500t	存量 0.05～038t/hm^2	Bacher et al.，1997
	Kamak 湾（韩国）	287 033t	19.46t/hm^2	Cho et al..，1996
虾夷扇贝（*Patinopecten yessoensis*）	獐子岛（中国）	32 亿粒	32 亿粒	张继红等，2008
	鄂霍次克海（日本）	4 龄贝 600～1 800g/m^2	6～18t/hm^2	Mamoru，1999
囊牡蛎（*Saccostrea commercialis*）	斯蒂芬斯港（澳大利亚）	平均体重 0.09g，15 200 个/m^2 平均体重 1.15g，7 200 个/m^2 平均体重 1.56g，3 600 个/m^2	13.69t/hm^2 82.84t/hm^2 56.16t/hm^2	Holliday et al.，1991
牡蛎（*Ostrea* sp.）、缢蛏（*Sinoncvacula constricta*）、菲律宾蛤仔（*Ruditapes philippinarum*）、翡翠贻贝（*Perna viridis*）等菲律宾蛤仔	泉州湾（中国）	39 166t	44 536t，2.28×10^9 个	卢振彬等，2005c
	诏安湾（中国）	100 908t	60 092t，2.96×10^9 个	卢振彬等，2005b
	大嶝岛（中国）	2 650hm^2	37 488t，1.49×10^9 个	卢振彬等，2005a
	东山湾（中国）	220 564t	246 789t	卢振彬等，2001
	乳山湾（中国）	1080 个/m^2	壳长 1.5～2.5cm，2692 个/m^2 壳长 2.5～3.5cm，1157 个/m^2 壳长＞3.5cm，697 个/m^2	尹晖等，2007
菲律宾蛤仔	大鹏澳养殖场（中国）	550～650t	550～650t	黄洪辉等，2003
赤点石斑鱼（*Epinephelus akaara*）、真鲷（*Pagrosomus major*）等	三都湾（中国）	2.18 万 t	1.44 万 t，1.26kg/m^3	张皓，2008

卢振彬等（2007）以无机氮和无机磷平衡法对厦门大嶝岛海域紫菜、海带养殖承载力进行了估算，并得出结论：不同海域 N、P 含量比各具特点，在贫磷的海域适合采用无机磷平衡法估算，在贫氮海域适合采用无机氮平衡法估算。无机磷平衡法估算大嶝登海域紫菜和海带养殖承载力分别为 1.97×10^4t 和 12.22×10^4t，单位面积可养密度分别为 2.62t/hm^2 和 16. 23t/hm^2，该海域的养殖产量已经接近养殖承载力（表 2-2）。

2. 贝类养殖承载力评估

由于滤食性贝类以浮游生物和有机碎屑为食，因此其养殖承载力与初级生产力及悬浮颗粒有机物的浓度等紧密相关。

张继红等（2008）以食物限制性为关键指标评估了北黄海獐子岛海域底播虾夷扇贝的生态承载力和养殖承载力（表 2-2）。结果显示，目前的虾夷扇贝的养殖量（32 亿粒）接近生态承载力，如果开展筏式养殖，利用整个海域的水体，养殖量增大 20 倍的空间并达到养殖承载力，预计年产量将达到 256 亿粒。杨红生等（2000）评估了四十里湾栉孔扇贝的承载力为 2.39t/hm^2，平均体重 35g 的栉孔扇贝承载力为 23.9 个/m^2。卢振彬等（2001，2005）利用营养动态模型和沿岸能流模型估算了泉州湾、诏安湾、大嶝岛海域及东山湾贝类养殖承载力，分别为 44 536t，2.28×10^9 个；60 092t，2.96×10^9 个；37 488t，1.49×10^9 个；246 789t（表 2-2）。尹晖等（2007）通过测算浮游植物和底栖微藻生产的有机碳的单位面积供应能力、浮游动物和其他底栖生物的生物量及其对有机碳的单位面积需求量，对乳山湾不同养殖季节滩涂贝类的养殖承载力进行了估算（表 2-2）。结果显示，各个规格蛤仔的养殖承载力均为 10 月＞6 月＞8 月。壳长 1.5～2.5cm 的蛤仔的平均养殖承载力为 2692 个/m^2，相对于乳山湾 1080 个/m^2 的实际养殖密度，该规格蛤仔的养殖密度尚有较大发展空间；壳长 2.5～3.5cm 的蛤仔平均养殖承载力为 1157 个/m^2，该规格蛤仔的养殖密度与实际产量基本接近；壳长大于 3.5cm 的蛤仔平均养殖承载力为 697 个/m^2，该规格蛤仔的养殖密度超过最适养殖密度。

3. 鱼类养殖承载力评估

针对海水鱼类网箱养殖污染物输出较大的特点，学者通常以与污染密切相关的关键环境限制因子作为评估养殖承载力的指标。国内研究者朱良生等（1996）、黄小平和温伟英（1998）在对养殖产生的主要污染物［N、P 和化学需氧量（COD）］对水环境的负荷量进行估算的基础上，建立水质控制模型，并进行了简单的养殖承载力数值预测。黄洪辉等（2003）对大亚湾大鹏澳海水鱼类网箱养殖区进行研究发现，春、秋两季有机污染对养殖承载力的限制作用最敏感，他们以表层沉积物有机碳含量 1.8%作为养殖承载力限制因子，估算得出该网箱养殖场春、秋两季养殖承载力，结果显示目前该网箱养殖场春、秋两季养殖承载力分别达到了 650t

和 550t。张皓（2008）以底质硫化物作为限制因子估算了三都湾海水鱼类网箱养殖承载力，为 1.44 万 t（表 2-2）。

4. 多营养层次综合养殖承载力评估

多营养层次的综合养殖模式（integrated multi-trophic aquaculture，IMTA），是水产养殖届的绿色革命，该模式对减轻养殖对生态环境的压力，保证水产养殖业健康可持续发展意义重大。根据不同营养级生物生理生态互补的原理，在由大型海藻、滤食性贝类、投饵类动物及沉积物食性动物等组成的综合养殖系统中，一些生物的排泄废物有可能是另一些生物的营养物质的宝贵来源。因此，该养殖模式能充分利用输入的营养物质和能量，把营养消耗及潜在的经济损耗降至最低，从而保证该系统维持较高的承载力和经济产出。目前，关于 IMTA 养殖的承载力评估相对匮乏，然而，已有初步研究结果表明，合理的混养结构可以提高混养体系的养殖承载力，比如，桑沟湾海带养殖可以提高扇贝的生态养殖承载力（陈康，2012）。

Ren 等（2012）通过量化养殖系统内各因子的相互作用及对 C、N、P 的需求量，基于动态能量收支理论（DEB）和区域划分的概念构建了生态系统水平的多营养层次综合养殖系统数值模拟模型（图 2-19）。模型由多个亚模型组成，包括投饵性鱼类、滤食性贝类、食藻动物功能群、沉积食性动物、大型藻类、浮游植物类、浮游动物类、食肉动物、水动力学及氮动力学亚模型等。不同营养层次生物功能群之间的物质循环及能量流动逻辑关系见图 2-19，各类物质的交换量（$E_{xi,j}$ 在 E_{xi} 和 E_{xj} 之间的交换量）遵从关系式 $d_{E_{xi,j}}/d_t=k_{i,j}$（$E_{xi}-E_{xj}$），交换系数取决于二维流体力学模型的模拟结果。各种生物的亚模型根据动态能量收支理论逐步构建，根据海区养殖品种的组成对特定种类进行参数设置，并对亚模型进行测试校正。通过将各种亚模型和水动力模型整合到生态系统模型中，对养殖海区的合理养殖模式进行了模拟。通过模拟，获得了网箱养殖鱼类、大型藻类、刺参（均为干重）的合理配比为 1∶1.02∶0.17。模型的构建对于科学合理的确定合适的苗种投放种类、投放时间、投放密度、营养物质的利用效率等具有重要的指导意义，有助于阐明养殖生态系统动态变化的过程和机理，最终为适应性对策提供科学基础（Ren et al.，2012）。

（三）环境承载力、生态承载力和养殖承载力的相互关系及建议

2015 年《中共中央 国务院关于加快推进生态文明建设的意见》中明确指出，“加强海洋资源科学开发和生态环境保护。根据海洋资源环境承载力，科学编制海洋功能区划，确定不同海域主体功能。”十八届五中全会也提出，“开展蓝色海湾整治行动”。因此，随着国家和社会经济发展战略的调整，海洋承载力研究规划与统筹发展势在必行。

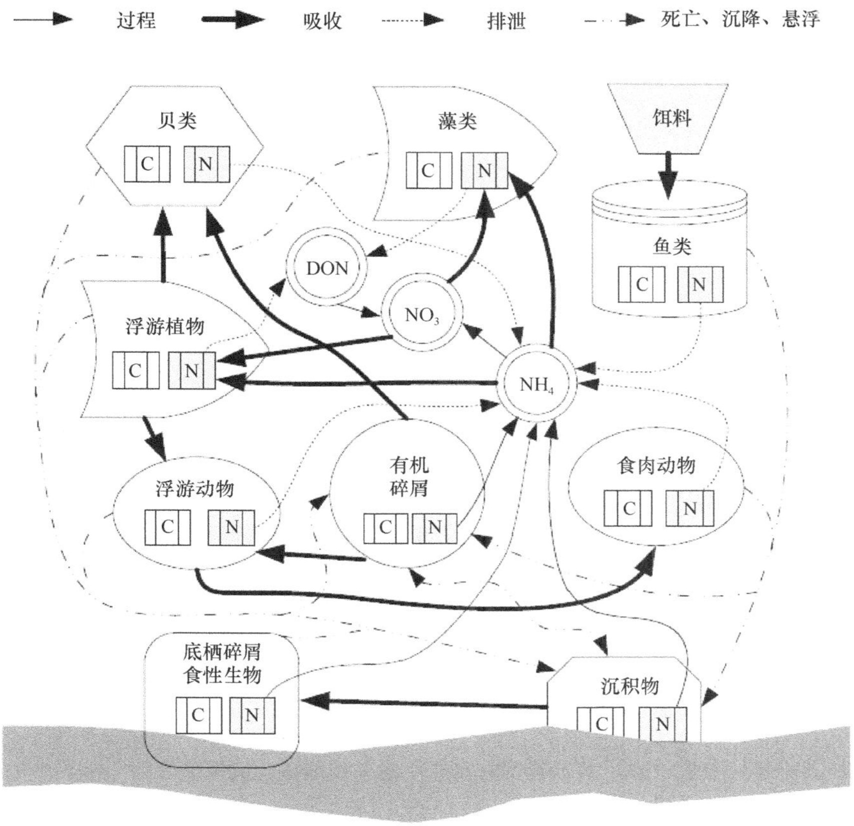

图 2-19　多营养层次综合养殖系统数值模拟模型架构图（改自 Ren et al.，2012）

目前的研究表明，我国近海的主要养殖品种均已接近或超出当地海域的养殖承载力。应当树立科学发展观，坚持创新、协调、绿色、开放、共享的发展理念，在承载力范围之内，实现海洋渔业现代化和健康可持续发展。其中，环境承载力是基础，生态承载力是总体要求，养殖承载力是实现生态系统健康和渔业经济可持续发展的重要方面和抓手。

应当实行多营养层次的综合养殖模式，加快推动海洋生态牧场（在特定海域里，为有计划地培育和管理渔业资源而设置的人工渔场）建设。通过科学合理的精准管控，提高养殖海域的养殖承载力，提高海洋渔业经济发展的质量和效益。同时，调控养殖海域关键环境指示种及修复种的承载力，有效保护和修复生态环境。将环境保护、资源养护、高效生产和休闲渔业相结合，实现“生态优先、陆海统筹、三产贯通、四化同步”。通过科学的调研规划及精准到位的实施管理，为现代海洋渔业的快车架上承载力的双轨，承载着国家富强、民族复兴的中国梦，持续向前。

主要参考文献

陈康. 2012. 基于动力学模型的桑沟湾和海州湾栉孔扇贝养殖容量评估. 中国科学院海洋研究所博士后研究工作报告.

董双林, 李德尚. 1998. 论海水养殖的养殖容量. 青岛海洋大学学报(自然科学版), 28(2): 253-258.

杜琦, 卢振彬, 戴泉水, 等. 2000. 同安湾贝类的养殖容量. 上海海洋大学学报, 9(1): 21-26.

范航清, 邱广龙, 石雅君, 等. 2011. 中国亚热带海草生理生态学研究. 北京: 科学出版社.

方建光, 匡世焕, 孙慧玲, 等. 1996a. 桑沟湾栉孔扇贝养殖容量的研究. 海洋水产研究, 17(2): 18-31.

方建光, 孙慧玲, 匡世焕, 等. 1996b. 桑沟湾海带养殖容量的研究. 海洋水产研究, 17(2): 7-17.

费尊乐, 毛兴华, 朱明远, 等. 1991. 渤海生产力研究——叶绿素 a 初级生产力与渔业资源开发潜力. 海洋水产研究, (12): 55-71.

费尊乐, 朱明远. 1984. 海洋初级生产力的测定. 黄渤海海洋, (01): 86-90.

冯伍法, 潘时祥, 张朝阳, 等. 2006. 中国海岸带分布规律及其海部要素变化检测. 测绘科学技术学报, 23(5): 370-373.

傅明珠, 王宗灵, 李艳, 等. 2009. 胶州湾浮游植物初级生产力粒级结构及固碳能力研究. 海洋科学进展, (3): 357-366.

顾康康. 2012. 生态承载力的概念及其研究方法. 生态环境学报, 21(2): 389-396.

郭秀锐, 毛显强, 冉圣宏. 2000. 国内环境承载力研究进展. 中国人口: 资源与环境, 10(3): 28-30.

韩秋影, 黄小平, 施平. 2007. 广西合浦海草床生态系统服务功能价值评估. 海洋通报, 26(3): 33-38.

胡凡光, 王志刚, 王翔宇. 2011. 脆江蓠池塘栽培技术. 渔业科技进展, 32(5): 67-73.

黄洪辉, 林钦, 贾晓平, 等. 2003. 海水鱼类网箱养殖场有机污染季节动态与养殖容量限制关系. 集美大学学报(自然科学版), 8(2): 101-105.

黄宁生, 匡耀求. 2000. 广东相对资源承载力与可持续发展问题. 经济地理, 20(2): 52-56.

黄小平, 温伟英. 1998. 上川岛公湾海域环境对其网箱养殖容量限制的研究. 热带海洋学报, (4): 57-64.

黄瑶. 2013. 大型藻类光合固碳作用及对鲍、参供饵力的研究. 上海海洋大学硕士研究生学位论文.

贾后磊, 舒廷飞, 温琰茂. 2003. 水产养殖容量的研究. 水产科技情报, 30(1): 16-21.

李德尚, 熊邦喜, 李琪, 等. 1994. 水库对投饵网箱养鱼的负荷力. 水生生物学报, 3(3): 223-229.

李冠国, 范振刚. 2004 . 海洋生态学. 北京: 高等教育出版社.

李庆彪. 1990. 养殖扇贝的大量死亡与环境容纳量. 国外水产, 2(2): 9-11.

李元山, 牟绍敦, 冯月群, 等. 1996. 海珍品综合合增养殖中的种间关系和生态容纳量的研究. 海洋湖沼通报, (1): 24-30.

刘剑昭, 李德尚, 董双林. 2000. 关于水产养殖容量的研究. 海洋科学, 24(9): 33-35.

刘某承, 伦飞, 张灿强, 等. 2012. 传统地区稻田生态补偿标准的确定——以云南哈尼梯田为例. 中国生态农业学报, (6): 703-709.

刘庆余. 1993. 紫贻贝养殖的环境容纳量问题. 水产科学, 12(9): 15-18.

刘英杰. 2005. 青蛤摄食生理和代谢生理以及能量收支的基础研究. 中国海洋大学硕士研究生学位论文.

卢振彬, 杜琦, 方民杰, 等. 2005a. 厦门大嶝岛海域贝类的养殖容量. 应用生态学报, 16(5): 961-966.
卢振彬, 杜琦, 钱小明, 等. 2001. 东山湾贝类养殖容量的估算. 台湾海峡, 4(4): 462-470.
卢振彬, 杜琦, 钱小明, 等. 2005b. 福建诏安湾贝类养殖容量的研究. 南方水产, 1(5): 1-9.
卢振彬, 杜琦, 许翠娅, 等. 2005c. 福建泉州湾贝类养殖容量评估. 热带海洋学报, 24(4): 22-29.
卢振彬, 方民杰, 杜琦. 2007. 厦门大嶝岛海域紫菜, 海带养殖容量研究. 南方水产科学, 3(4): 52-59.
吕贻峰, 李江风. 1999. 阳新县矿产资源现状优势评价及资源承载力分析. 长江流域资源与环境, 8(4): 386-390.
宁修仁, 刘子琳, 蔡昱明, 等. 2002. 渤海晚春浮游植物粒度分级生物量与初级生产力. 海洋科学集刊, (00): 22-33.
潘友联, 郭玉洁, 曾呈奎. 1995. 胶州湾口内初级生产力的周年定点观测. 海洋与湖沼, (3): 309-316.
隋海东, 毛玉泽, 郭晓亮, 等. 2015. 碳源和氮源加富对脆江蓠生长及生化组分的影响. 中国水产科学, (5): 960-967.
孙儒泳, 李庆芬, 牛翠娟, 等. 2002. 基础生态学. 北京: 高等教育出版社: 200-225.
唐剑武, 叶文虎. 1998. 环境承载力的本质及其定量化初步研究. 中国环境科学, 18(3): 227-230.
唐启升. 1996. 关于容纳量及其研究. 海洋水产研究, 17(2): 1-6.
唐启升. 1999. 海洋食物网与高营养层次营养动力学研究策略. 海洋水产研究, 20(2): 1-6.
王宝山, 丁安民, 王赞国, 等. 1998. 区域土地人口承载力预测模型研究. 焦作工学院学报, 17(2): 121-125.
王书华, 毛汉英. 2001. 土地综合承载力指标体系设计及评价. 自然资源学报, 16(3): 248-254.
王旭光, 高玉慧, 王英华, 等. 2001. 黑龙江省土地承载力与农业可持续发展. 国土与自然资源研究, (2): 30-32.
王玉平. 1998. 矿产资源人口承载力研究. 资源与环境, 8(3): 19-22.
王宗明, 张柏, 何艳芬, 等. 2004. 吉林省相对资源承载力动态分析. 干旱区资源与环境, 18(2): 5-10.
夏邦美. 1999. 中国海藻志 红藻门 伊谷藻目 杉藻目 红皮藻目. 北京: 科学出版社: 41-42.
夏斌, 马绍赛, 陈聚法, 等. 2010. 2008 年南黄海西部浒苔暴发区有机碳的分布特征及浮游植物的固碳强度. 环境科学, (6): 1442-1449.
许强, 高菲, 杨红生. 2010. 海带组织降解过程中定殖微型生物群落的特征. 水产学报, (12): 1853-1859.
杨红生, 张福绥. 1999. 浅海筏式养殖系统贝类养殖容量研究进展. 水产学报, 23(1): 84-90.
杨红生, 周毅, 王健, 等. 2000. 烟台四十里湾栉孔扇贝, 海带和刺参负荷力的模拟测定. 中国水产科学, 4(4): 27-31.
杨纪明, 周名江, 李军. 1998. 一个海洋食物链能流的初步研究. 应用生态学报, 9(5): 517-519.
尹晖, 孙耀, 徐林梅, 等. 2007. 乳山湾滩涂贝类养殖容量的估算. 水产学报, 31(5): 669-674.
余敬, 姚书振. 2002. 矿产资源可持续力及其系统构建. 地球科学: 中国地质大学学报, 27(1): 85-89.
张皓. 2008. 三都湾海水网箱养殖调查及养殖容量研究. 厦门大学.
张继红, 方建光, 王诗欢. 2008. 大连獐子岛海域虾夷扇贝养殖容量. 水产学报, 32(2): 236-241.
郑国侠, 宋金明, 戴纪翠, 等. 2006. 南黄海秋季叶绿素 a 的分布特征与浮游植物的固碳强度. 海洋学报(中文版), (3): 109-118.

周毅，杨红生，张福绥．2003．栉孔扇贝生理生态学特征的实验研究．应用生态学报，(2): 227-233.

朱良生，王肇鼎，彭云辉．1996．大亚湾大鹏澳水产养殖环境容量数值预测．大亚湾海洋生物资源的持续利用, 129: 144.

朱明远，毛兴华，吕瑞华，等. 1993．黄海海区的叶绿素 a 和初级生产力．黄渤海海洋, (3): 38-51.

邹定辉，高坤山．2002．高 CO_2 浓度对大型海藻光合作用及有关过程的影响．生态学报，22(10): 1750-1757.

Bacher C. 1991. Etude de l'impact du stock d'huîtres et des mollusques compétiteurs sur les performances de croissance de *Crassostrea ggias*, à l'aide d'un modèle de croissance. ICES Marine Science Symposium (CIEM), 192: 41-47.

Bacher C, Bioteau H, Chapelle A. 1995. Modelling the impact of a cultivated oyster population on the nitrogen dynamics: the Thau Lagoon case (France). Ophelia, 42: 29-54.

Bacher C, Duarte P, Ferreira J G, et al. 1997. Assessment and comparison of the Marennes-Oléron Bay (France) and Carlingford Lough (Ireland) carrying capacity with ecosystem models. Aquatic Ecology, 31(4): 379-394.

Balducci C, Sfriso A, Pavoni B. 2001. Macrofauna impact on *Ulva rigida* C. Ag. production and relationship with environmental variables in the lagoon of Venice. Marine Environmental Research, 52(1): 27-49.

Behrenfeld M J, Falkowski P G. 1997. Photosynthetic rates derived from satellite-based chlorophyll concentration. Limnology and Oceanography, 42(1): 1-20.

Cadée G C, Hegeman J. 1974. Primary production of phytoplankton in the Dutch Wadden Sea. Netherlands Journal of Sea Research, 8(2-3): 240-259.

Carver C, Mallet A L. 1990. Estimating the carrying capacity of a coastal inlet for mussel culture. Aquaculture, 88(1): 39-53.

Cheshuk B W, Purser G J, Quintana R. 2003. Integrated open-water mussel (*Mytilus planulatus*) and Atlantic salmon (*Salmo salar*) culture in Tasmania, Australia. Aquaculture, 218(1-4): 357-378.

Cho E Il, Park C K, Lee S M. 1996. Estimation of Carrying Capacity in Kamak Bay (Ⅰ)—Estimation of Primary Productivity Using the Eco-hydrodynamic Model. Journal of the Korean Fisheries Society 29(3): 369-385.

Chopin T, Robinson S M C, Troell M, et al. 2008. Multitrophic Integration for Sustainable Marine Aquaculture. *In*: Jørgensen S E, Fath B D. Encyclopedia of Ecology. Oxford: Academic Press: 2463-2475.

Christensen V, Pauly D. 1992. ECOPATH Ⅱ—a software for balancing steady-state ecosystem models and calculating network characteristics. Ecological modelling, 61(3): 169-185.

Cooke R, Barry M D, Board I S F. 1975. Growth of the Pacific Oyster (*Crassostrea Gigas*) at Sites on the East, South and West Coast of Ireland During 1973 & 1974. Bord Iascaigh Mhara.

Dame R F. 1976. Energy flow in an intertidal oyster population. Estuarine and Coastal Marine Science, 4(3): 243-253.

Dame R F, Dankers N. 1988. Uptake and release of materials by a Wadden sea mussel bed. Journal of Experimental Marine Biology and Ecology, 118(3): 207-216.

Duffy J E, Hay M E. 2000. Strong Impacts of grazing amphipods on the organization of a benthic community. Ecological Monographs, 70(2): 237-263.

Dugdale R C, Goering J J. 1967. Uptake of New and Regenerated forms of Nitrogen in Primary Productivity. Limnology and Oceanography, 12(2): 196-206.

Dupuy C, Vaquer A, Lam-Hoai T, et al. 2000. Feeding rate of the oyster *Crassostrea gigas* in a natural planktonic community of the Mediterranean Thau Lagoon. Marine Ecology Progress Series,

(1): 171-184.

Eppley R W, Peterson B J. 1979. Particulate organic matter flux and planktonic new production in the deep ocean. Nature, 283: 677-680.

Eum K, Son J, Cho E, et al. 1996. The Estimation of Carrying Capacity in Deukryang Bay by Emergy Analysis. Korean Journal of Fisheries and Aquatic Sciences, 29(5): 629-636.

Feng L, Zhang X, Luo G. 2008. Application of system dynamics in analyzing the carrying capacity of water resources in Yiwu City, China. Mathematics and Computers in Simulation, 79(3): 269-278.

Frechette M, Butman C A, Geyer W R. 1989. The importance of boundary—layer flows in supplying phytoplankton to the benthic suspension feeder, *Mytilus edulis* L. Limnology and Oceanography, 34(1): 19-36.

Fredette T J, Diaz R J. 1986. Life History of *Gammarus locronatus* Say (Amphipoda: Gammaridae) in Warm Temperate Estuarine Habitats, York River, Virginia. Journal of Crustacean Biology, 6: 57-78.

Froese R, Garthe S, Piatkowski U, et al. 2005. Trophic signatures of marine organisms in the Mediterranean as compared with other ecosystems. Belgian Journal of Zoology, 135(2): 139-143.

Goecker M E, Kail S E. 2003. Grazing preferences of marine isopods and amphipods on three prominent algal species of the Baltic Sea. Journal of Sea Research, 50: 309-314.

Grant J, Bacher C, Cranford P J, et al. 2008. A spatially explicit ecosystem model of seston depletion in dense mussel culture. Journal of Marine Systems, 73(1-2): 155-168.

Grizzle R E, Lutz R A. 1989. A statistical model relating horizontal seston fluxes and bottom sediment characteristics to growth of Mercenaria mercenaria. Marine Biology, 102(1): 95-105.

Harrison W G, Platt T. 1986. Photosynthesis-irradiance relationships in polar and temperate phytoplankton populations. Polar Biology, 5(3): 153-164.

Herral M, Deslous-Paoli J M, Prou J. 1986. Dynamique des productionset des biomasses des huitres creuses cuitivees (*Crassostrea angulata* et *Crazsostrea gigas*) dans le bassin de Marennes—Oleron depuis un siecle. Ciem Conseil International Pour Lexploration De La Mer, 41: 219-222.

Holliday J E, Maguire G B, Nell J A. 1991. Optimum stocking density for nursery culture of Sydney rock oysters (*Saccostrea commercialis*). Aquaculture, 96(1): 7-16.

Hughes A D, Black K D, Campbell I, et al. 2012. Does seaweed offer a solution for bioenergy with biological carbon capture and storage? Greenhouse Gases: Science and Technology, 2(6): 402-407.

Hui C. 2006. Carrying capacity, population equilibrium, and environment's maximal load. Ecological Modelling, 192(1): 317-320.

Incze L S, Lutz R A, True E. 1981. Modeling carrying capacities for bivalve molluscs in open, suspended—culture systems. Journal of the world mariculture society, 12(1): 141-155.

Invers O, Pérez M, Romero J. 1999. Bicarbonate utilization in seagrass photosynthesis: role of carbonic anhydrase in *Posidonia oceanica* (L.) Delile and *Cymodocea nodosa* (Ucria) Ascherson. Journal of Experimental Marine Biology and Ecology, 235(1): 125-133.

Jerlov N G. 1968. Optical Oceangraphy. Elsevier Oceangraphy Series 5. Amsterdam: Elsevier: 194.

Jiang Z, Wang G, Fang J, et al. 2013. Growth and food sources of Pacific oyster *Crassostrea gigas* integrated culture with Sea bass *Lateolabrax japonicus* in Ailian Bay, China. Aquaculture International, (1): 45-52.

Johnston A M, Maberly S C, Raven J A. 1992. The acquisition of inorganic carbon by four red macroalgae. Oecologia, 92(3): 317-326.

Josselyn M N, Mathieson A C. 1980. Seasonal influx and decomposition of autochthonous macrophyte litter in a north temperate estuary. Hydrobiologia, 71(3): 197-208.

Lefebvre S, Barillé L, Clerc M. 2000. Pacific oyster (*Crassostrea gigas*) feeding responses to a fish-farm effluent. Aquaculture, 187(1-2): 185-198.

Mann K H. 1973. Seaweeds: their productivity and strategy for growth. Science, 182(4116): 975-981.

Marberly S C. 1990. Exogenous sources of inorganic carbon for photosynthesis by marine macroalgae. Journal of Phycology, 26(3): 439-449.

Martin J H, Knauer G A, Karl D M, et al. 1987. Vertex: carbon cycling in the northeast Pacific. Deep Sea Research Part A: Oceanographic Research Papers, 34(2): 267-285.

Newell R I. 2004. Ecosystem influences of natural and cultivated populations of suspension-feeding bivalve molluscs: a review. Journal of Shellfish Research, 23(1): 51-62.

Nielsen E S. 1979. Marine Photosynthesis. 海洋光合作用(第一版). 周百成, 温宗存译. 北京: 科学出版社: 18-36.

Orr M, Zimmer M, Jelinski D E, et al. 2005. Wrack deposition on different beach types: spatial and temporal variation in the pattern of subsidy. Ecology, 86(6): 1496-1507.

Park C K, Kim H C, Choi W J, et al. 2002. Estimating the Carrying Capacity of a Coastal Bay for Oyster Culture-Ⅱ: The Carrying Capacity of Geoie-Hansan Bay. Journal of the Korean Fisheries Society, 35(4): 408-416.

Pauly D, Christensen V. 1995. Primary production required to sustain global fisheries. Nature, 374(6519): 255-257.

Platt T, Gallegos C, Harrison W. 1980. Photoinhibition of photosynthesis in natural assemblages of marine phytoplankton in the Arctic. Deep-Sea Research, 29: 1159-1170.

Raven J A. 1997. Inorganic Carbon Acquisition by Marine Autotrophs. *In*: Callow J A. Advances in Botanical Research. San Diego: Elsevier Sceince Publishing Co Inc: 85-209.

Raven J A, Hurd C L. 2012. Ecophysiology of photosynthesis in macroalgae. Photosynthesis Research, (113): 105-125.

Ren J S, Stenton-Dozey J, Plew D R, et al. 2012. An ecosystem model for optimising production in integrated multitrophic aquaculture systems. Ecological Modelling, 246: 34-46.

Ryther J H, Yentsch C S. 1957. The estimation of phytoplankton production in the ocean from chlorophyll and light data. Limnology and Oceanography, 2(3): 281-286.

Simón F J G, Narangajavana Y, Marqués D P. 2004. Carrying capacity in the tourism industry: a case study of Hengistbury Head. Tourism management, 25(2): 275-283.

Smaal A C, Verbagen J, Coosen J, et al. 1986. Interaction between seston quantity and quality and benthic suspension feeders in the Oosterschelde, the Netherlands. Ophelia, 26(1): 385-399.

Tallis H. 2009. Kelp and rivers subsidize rocky intertidal communities in the Pacific Northwest (USA). Marine Ecology Progress, 389(1): 85-96.

Verhagen J H G. 1983. A distribution and population model of the mussel *Mytilus edulis* in lake Grevelingen. Developments in Environmental Modelling, 5: 373-383.

Wiegert R G, Penas-Lado E. 1983. Optimal exploitation, by mussel rafts, of the Ria de Arosa, Spain: Predictions of a first-generation model. Marine Ecosystem Modeling. United States Department of Commerce, NOAA, National Environ. Satellite, Data, and Information Service, Washington, DC: 159-171.

Yang H, Zhou Y, Mao Y, et al. 2005. Growth characters and photosynthetic capacity of *Gracilaria lemaneiformis* as a biofilter in a shellfish farming area in Sanggou Bay, China. Journal of Applied Phycology, (3): 199-206.

Yoshikawa T, Furuya K. 2008. Phytoplankton photosynthetic parameters and primary production in Japan Sea and the East China Sea: Toward improving primary production models. Continental Shelf Research, 28(7): 962-976.

Zhang J, Fang J, Wang W, et al. 2011. Growth and loss of mariculture kelp *Saccharina japonica* in Sungo Bay, China. Journal of Applied Phycology: 1-8.

第三章　海洋牧场的基本分类与功能设计

许　强

摘要：现代海洋牧场需要科学的功能配置与布局设计，首先是确定海洋牧场的建设目标并对牧场进行准确的归类与定位。海洋牧场依据不同的建设目标、设置区域等可分为不同的类型，从而有相对应的设计原则与功能配置。基于牧场设置区域可大致分为近岸海湾型、滩涂河口型、离岸深水型、远岸岛礁型；基于建设目标可分为海珍品增殖型、渔业资源养护型和休闲游钓型；基于牧场整体技术水平和发展阶段可分为初级、中级和高级阶段的海洋牧场。海洋牧场的选址需充分考虑海域原有资源环境状况，遵循"生态优先"的基本原则，依托于天然海域特征，因地制宜进行设计。选址需综合考虑对原有生境的影响，水质、水文和底质条件是否符合要求，生物区系背景是否适合增殖资源生物等。海洋牧场海基部分总体布局应基于不同的功能定位和海区特点进行科学合理的设计，陆基部分各个部门的布局应科学规划，保证生产、经营、管理等各个环节联动运行的便利性。本章以中国、韩国的海洋牧场布局图为例，介绍了其海洋牧场功能设计的特点。

关键词：功能分类，选址，布局设计

第一节　海洋牧场的基本分类

海洋牧场的正确分类对确定牧场的设施与功能配置、科学开展牧场的规划与建设具有重要的指导意义。正确的分类必须基于不同海洋牧场的建设目标开展。日本、韩国、美国等的海洋牧场建设目标均有不同的侧重点，从而造成了海洋牧场建设类型的不同。

日本是世界上开展人工渔场构建和人工鱼礁投放最早的国家之一，其建设是以营造人工渔场为目标，开展渔业资源保护和增殖，主要种类包括鱼类、海藻和贝类等。但目前涉及其分类的报道还很有限，仅从增殖技术角度方面划分为繁殖保护型（以限制捕捞为主）、放流增殖型（以投放种苗为主）、生境修复型（以修复资源生物生息场为主）和多种技术复合型（杨宝瑞和陈勇，2014）。

韩国近几年海洋牧场建设发展进程很快，其很多建设经验均借鉴日本，牧场的建设目的也是以近海渔业资源保护和营造人工渔场为主，如韩国的统营海洋牧

场整体布局借鉴了日本鱼类驯化型海洋牧场的设计理念。基于该理念，韩国针对近海不同自然环境特点和建设目的、性质、规模等进行了细致分类，具体见表 3-1。

表 3-1 韩国海洋牧场分类一览表（引自杨宝瑞和陈勇，2014）

分类依据	区分类型
海域位置	沿岸型、近海型
海域特点	东海型、南海型、西海型、济州型
海域形态	多岛海型、滩涂型、内湾型、开放型
建设目的	捕捞型、观光型、捕捞观光型
建设性质	示范区建设、开发事业、一般事业
建设规模	大规模、中规模、小规模
牧场位置	沿岸渔村型、城市近郊型、城市型
目标资源	鱼类型、贝类型、鱼贝型、观光资源型

美国的人工鱼礁建设历史较为悠久，有 100 多年的历史，但其在海洋牧场的发展方面整体上并未达到日本和韩国的水平，目前人工鱼礁建设的主要目的除了恢复渔业资源，更多的是开展休闲游钓，同时也进行海藻场恢复与构建。因此其海洋牧场的建设类型主要分为资源养护型、休闲游钓型和海藻林生境修复型。

我国海洋牧场的建设目标主要包括 3 类：以增养殖经济海产品为主、以资源养护为主和以构建休闲渔业产业园区开展旅游开发为主。基于不同的建设目标，建成的海洋牧场也就具备了不同的功能。

目前我国已有针对人工鱼礁的分类，如根据生态功能分为集鱼礁、养护礁、滞留礁、产卵礁等，根据对象生物分为海珍品礁、人工藻礁等，根据建设目的可分为休闲型鱼礁、渔获型鱼礁、增殖型鱼礁和资源保护型鱼礁［《人工鱼礁建设技术规范》（SC/T 9416—2014）］，但由于海洋牧场不仅限于人工鱼礁区建设，因此其功能也已拓展，该分类原则并不完全适用于海洋牧场。总体来说，海洋牧场的分类可基于建设目标，依据牧场的设置区域、主体功能和建设水平等原则分为不同的类型。基于牧场设置区域，海洋牧场可大致分为近岸海湾型、滩涂河口型、离岸深水型、远岸岛礁型；基于建设目标，可分为海珍品增殖型、渔业资源养护型和休闲游钓型；基于牧场建设水平和发展阶段，可分为初级、中级和高级海洋牧场。

一、基于设置区域的分类

（一）近岸海湾型海洋牧场

多依托于天然海湾进行设置，其优点是风浪小，受极端海况影响较小，依托于近岸天然岩礁或投放人工礁体，底栖初级生产力高，可进行海珍品等的底播增殖。牧场海区具有较丰富的陆源有机质输入，初级生产力较高，其缺点是水体较易受到陆源污染的影响，部分海湾如封闭程度较高则会造成水流交换不畅，影响水质条件，限制了海洋牧场的生态容纳量。该类型海洋牧场海域水深一般较浅，多在 15m 以内，因此多以海珍品底播增殖为主，同时适度配套投放人工鱼礁养护野生经济鱼类。

山东青岛的崂山湾国家级海洋牧场示范区便属于该类型，牧场海域面积 $500hm^2$，依托于崂山湾进行设置，近岸有面积广阔的天然礁区，着生有茂盛的裙带菜大型藻床，海域海流交换较为畅通，远岸区域上层设置海带、裙带菜等大型藻类浮式藻床，底层投放石块礁和水泥礁营造海珍品底播增殖区，主要开展鲍、刺参的底播增殖。

（二）滩涂河口型海洋牧场

在河流入海口或近海滩涂区域设置的海洋牧场，水深较浅，一般在 10m 以内，潮间带滩涂面积广阔，水体温度、盐度波动范围较大，浑浊度较高，以底播或增殖广温性、广盐性贝类（如牡蛎、贻贝和其他滩涂贝类等）为主，也可投放石块等附着基附着贝类后形成天然礁体，从而增殖其他海洋经济动物。

该类型海洋牧场较有代表性的是山东芙蓉岛西部海域国家级海洋牧场示范区，该牧场邻近黄河入海口，海域面积达 10 000 余公顷，底质平坦，水深较浅。由于邻近黄河口历来是资源丰富、生物多样性较高的海域，牧场区域也是牡蛎的天然苗场，通过大规模的投石造礁附着牡蛎，形成了天然牡蛎礁区，礁区内开展刺参底播增殖，同时促进了当地脉红螺、蟹类、鱼类等资源的显著恢复。主产种类为刺参、脉红螺等。

（三）远岸岛礁型海洋牧场

该类型的海洋牧场依托于离岸较远的岛屿或岛礁进行建设，除了具有离岸深水型海洋牧场的优点之外，由于天然海岛对海流的阻挡，会在近岛区产生丰富的上升流和湍流区，海底富含营养盐的底层水会被输送至表层，促进了水体浮游植物和近岛浅水陆架区的大型藻类的繁生，形成了相对旺盛的生物生产力，使得岛周海域成为了“沙漠中的绿洲”，为各种大洋鱼类、大型底栖生物提供了得天独厚的索饵场和育幼场（Heywood et al.，1990；Coutis and Middleton，1999）。同时，岛礁周边的天然海湾也可为各类船舶提供靠泊地，方便船只及人员的避风和生产管理。该区域可以岛礁为核心，根据距岛的远近进行功能设计，如近岛浅水海藻床区域以植食性海珍品（如鲍）增殖及野生经济鱼类稚幼鱼资源养护为主。远岛深水区域以底栖滤食性双壳贝类、沉积食性刺参或杂食性经济生物增养殖和游泳经济生物（经济鱼类、头足类等）资源养护与增殖为主，配合适宜的人工鱼礁区域建设。

獐子岛海域、海州湾前三岛海域、中街山列岛海域、马鞍列岛海域和渔山列岛海域海洋牧场均属该类型，其中尤以獐子岛海域海洋牧场国家级示范区最为典型。该牧场位于距岸50km远的獐子岛周边海域，海区面积2100余公顷，平均水深40m左右，水质清新，无陆源污染，近岛区藻床茂盛，可增殖鲍、刺参，同时收获海胆等资源，远岛区以底播虾夷扇贝为主，目前牧场已形成以虾夷扇贝、刺参、皱纹盘鲍、海胆、海螺、牡蛎等海珍品为主的经济海产品群。

（四）离岸深水型海洋牧场

一般设置在距岸较远（10km以上）的开放海域，其优点是受陆源输入影响较小，较近岸海湾型水流交换条件更好，水质条件优良。其缺点是受外海风浪影响较大，海上设施较易遭受灾害天气，从而造成损失。海域水深较大也会造成底栖增殖海产品的采捕难度较大。由于没有天然的岛、礁等依托，管理人员前往现场比较困难，造成管理难度较大。该区域水深明显增大，可达到40～50m，水体可利用空间大，因此上层可设置浮鱼礁进行鱼类资源养护，底层空间一方面可投放大型人工鱼礁进行野生经济鱼类资源养护与增殖，同时也可进行贝类、刺参等海珍品的底播增殖。

二、基于建设目标的分类

（一）海珍品增殖型海洋牧场

该类型海洋牧场主要以增殖收获海参、鲍、高值贝类（如虾夷扇贝、魁蚶）等海珍品为主，在我国北方海域最具代表性。海珍品增殖通常与海藻床养护、自然牡蛎礁恢复相结合，礁区建设多以布放海珍品增殖礁为主，如石块礁、混凝土构件礁等，为增殖的海珍品提供良好的栖息生境，从而获得最大的产品产出。我国北方（辽宁、河北、山东）沿海的海洋牧场多以此类型为主，如大连獐子岛海洋牧场、山东莱州湾芙蓉岛西部海域海洋牧场、青岛崂山湾海洋牧场等。

（二）渔业资源养护型海洋牧场

该类型海洋牧场主要以养护野生经济鱼类、贝类、虾蟹类资源并适量捕捞为主要目的。牧场区域以人工鱼礁区建设和资源增殖放流为核心，通过建设人工鱼礁区开展增殖放流、建立面积广阔的贝类和虾蟹类资源养护与底播增殖区，可有效恢复野生鱼类、贝类、虾蟹类等资源。部分海域可根据实际需求，开展配套的海藻场或海草床建设，可显著提升资源养护水平。我国南方（浙江、广东）沿海海洋牧场多属此类型，如舟山附近的海洋牧场、广东沿岸海洋牧场等。

（三）休闲游钓型海洋牧场

随着人们生活水平的提高和休闲渔业的快速发展，游钓型海洋牧场应运而生。该类型海洋牧场的功能主要结合海上旅游开发而不是收获海产品。通过生境修复、投放资源养护型人工鱼礁、增殖放流恋礁型鱼类等手段，形成拥有丰富经济鱼类资源的游钓场，吸引游客进行休闲垂钓。海洋牧场建有完善的休闲娱乐和餐饮食宿等配套设施，为游客提供舒适的旅游环境。海洋牧场构建完成后可承担游钓相关的国内外赛事，获得可观的经济效益。

美国的海洋牧场多以此类型为主，如佛罗里达州所属墨西哥湾沿岸的人工鱼礁区海洋牧场。韩国庆尚北道的蔚珍海洋牧场示范区也属于此类型，其设计理念是建设水产资源增殖和水中主题公园相结合的海洋牧场。随着近几年国家对休闲渔业产业的大力支持，该类型海洋牧场在我国正在逐步兴起，国内较有代表性的如大连獐子岛海洋牧场、海南蜈支洲岛海洋牧场等。2014 年 6 月，山东省海洋与渔业厅会同山东省旅游局联合推出“渔夫垂钓”品牌，供全省的休闲垂钓型海洋牧场统一使用，大大促进了该类型海洋牧场的发展和知名度。

三、基于建设水平的分类

根据海洋牧场的规模和配套设施是否完善等标准，海洋牧场可划分为初级、中级和高级三个不同的建设水平。高级海洋牧场在硬件设施、规划布局与功能、资源环境监测、产品品质保障和管理水平方面均有完善的设施技术配套，是未来海洋牧场发展的终极目标。具体划分标准见表 3-2。

（一）初级海洋牧场

该类型海洋牧场面积一般较小，船只配备较少，牧场大多仅依托于人工鱼礁区或海珍礁区而建设，且投放的设施多为就地取材，缺乏科学设计，一般仅从事资源生物的放流与养成阶段的生产，牧场区域增养殖生物种类较为单一，仅涉及 1～2 个营养级，增养殖生态系统结构不稳定，生产过程中的科技支撑力度不足，缺少资源环境监测保障技术，管理水平较为初级，牧场经营仅以盈利为目的。我国北方沿海 2010 年之前兴建的海洋牧场或人工鱼礁示范区大多属于此类型。

表 3-2　基于建设水平的海洋牧场分类

指标	级别		
	初级	中级	高级
基本硬件条件			
拥有优良开阔海域的面积	<1 万亩*	1 万～10 万亩	>10 万亩
拥有 200 马力**（147kW）以上的工作与管理船只数量	10 艘以内	10～30 艘	30 艘以上
拥有基本的岸基管理与产品暂养、加工、储藏平台	有	有	有
原种场或良种场	无	无	有
中间培育设施	无	有	有
环境监测、灾害应急中心	无	有	有
产品质量与安全检测中心	无	有	有
规划布局与功能			
牧场生态系统复杂度	消费者 1～2 个营养级，3 种以内	消费者 2～3 个营养级，3～5 种	消费者 3 个营养级以上，5 种以上
开展环境容纳量评估	否	是	是
建设前是否开展完善的资源环境背景调查	否	是	是
人工礁选型和布放是否考虑与生物和环境的和谐性	否，以成本为导向	是，考虑生物的适应性	是，兼顾生境修复和对环境的潜在影响并科学布局
是否同时开展生境修复与养护（如藻类增殖、海草养护等）	否	是	是
增殖生物是否可实现自繁殖	每个养殖周期后均需补苗	2～4 个养殖周期后需补苗	超过 4 个养殖周期才需补苗
资源环境监测技术			
生物制御与跟踪监测技术	否	否	是
资源环境监测系统覆盖海域面积	少于 30%	30%～70%	>70%
监测数据是否实时传输	否	是	是
监测预警自动化水平	无	自动监测	自动监测并预警
是否进行定期资源量评估	很少	每年 1 次	每年 2 次以上
产品品质			
产品加工水平	低，以鲜活或冰鲜为主	中，可开展简单的加工	高，可进行精深加工
产品追溯体制	无	追溯至牧场	追溯至产区
管理水平			
牧场功能定位	以水产品销售为主	兼具环境保护和资源养护、休闲渔业	进一步增加景观生态、科普教育、休闲渔业等功能
管理理念	以获得经济效益为主	兼顾牧场-生物-环境和谐发展	基于生态系统理论，以养为主，适度干预，追求稳定可持续
产值预期的确定	仅基于历年产量	基于养殖容纳量评估数据	基于环境条件状况和容纳量评估的综合数据

*1 亩≈$0.0667hm^2$，下同；

**1 马力=745.700W

（二）中级海洋牧场

该类型海洋牧场具有了一定规模的海域面积，达到 1 万亩以上，从事生产和管理的船只配备较为齐全，牧场的人工鱼礁区或海珍礁区布局较为合理，设施水平显著提高。除了海上区域，配建有完备的陆上基地，可进行种苗中间培育；牧场区域增养殖生物种类数较初级牧场增加，涉及初级生产者、初级消费者或次级消费者，搭配较为合理，可达到 2～3 个营养级，增养殖生态系统稳定性显著增加；牧场运作的科技支撑力度增强，配建了基本的资源环境自动监测系统和应急中心；管理水平显著提高，牧场经营除为了盈利以外，也开展生境修复与养护，兼顾与海洋生物和资源的和谐共存，产品品质和加工水平显著提高，初步建立产品追溯体系。

（三）高级海洋牧场

该类型海洋牧场是海洋牧场发展的最终形态。牧场具有相当规模的海域面积，可达到 10 万亩以上。船只、码头等各项生产保障设施设备一应俱全。牧场的海基和陆基部分均基于生态系统原理进行科学规划，布局合理，运行高效。海区资源养护与增养殖设施的材料与结构均基于亲生物性原则进行科学设计，具有高效的生物聚集和增殖性能。牧场不仅可从事资源生物的放流与养成生产，而且拥有专用原良种场，可开展良种选育和苗种培育，同时配建先进的产品深加工基地，实现种苗—中培—增养殖—深加工全链条运作。牧场区域增养殖生物种类数较多（5 种以上）且搭配合理，包含初级生产者、初级消费者和次级消费者等 3 个营养级，构成连续食物链，增养殖生态系统稳定性优良，各种生物合理设置采捕量，资源生物基本实现自繁殖补充；海洋牧场具有很强的科技支撑与先进成果转化应用能力，拥有先进的生物制御与跟踪监测技术，可实时监控资源生物状况；配建完善的资源环境自动监测系统，覆盖海域面积超过 70%，可实现数据实时传输和自动监测预警，风险防控与应急处置能力强；牧场拥有科学高效的管理制度和严格的产品追溯体系，兼具景观生态、科普教育、休闲渔业等功能，以保护近海生境和养护生物资源为己任。

四、其他分类方式

除了上文所述分类方式之外，2016 年山东根据前期海洋牧场的建设实践经验，按照建设手段、方式和功能的核心特色进行了划分（王守信，2016）。

游钓型海洋牧场，以休闲海钓基地建设为主，实行“礁、鱼、船、岸、服”五配套，即投放生态礁、放流恋礁鱼、规范海钓船、美化海岸线、搞好系统服务，实现全产业链共同发展。山东2016年新近创立的多家“渔夫垂钓”品牌的海洋牧场便属于该类型。

投礁型海洋牧场，以经济型人工鱼礁建设为主，以维护海洋生态、修复生物资源作为主要方向，形成有效恢复海洋生物资源的天然渔场。位于山东日照海州湾传统渔场的前三岛海洋牧场属于该类型。

底播型海洋牧场，以底栖贝类和海珍品增殖为核心，海洋牧场不限于礁区建设，在黄河三角洲和胶东半岛沿海区域进行滩涂贝类和海珍品底播，按园区牧场的模式打造。位于莱州湾芙蓉岛海域的海洋牧场属于该类型。

田园型海洋牧场，以筏式养殖为核心形成立体生态方，立体、生态、循环养殖为特色，实现鱼-虾-贝-藻-参多营养层级生态增养殖。山东威海荣成湾、桑沟湾海域的海洋牧场便属于该类型。

第二节　海洋牧场的选址原则与条件

建设海洋牧场的初衷是在维持海洋生态系统健康的前提下共处的同时收获海产品，获得可观的经济效益，因此在海洋牧场的规划与建设时必须考虑到生态系统健康和获得经济产出的平衡问题。海洋牧场的选址需充分考虑海域原有的资源环境状况，遵循“生态优先”的原则，依托于天然海域的特征，因地制宜进行设计。

本节内容主要介绍海洋牧场选址涉及的自然环境条件及生物区系相关生境条件等。

一、选址的基本原则

目前国内关于海洋牧场选址原则的报道较少，已有学者提出了部分原则，如牧场选址应遵循的原则主要有：科学有效原则，选址过程均应围绕牧场建设目标展开，注重因地制宜；方便管理原则，提高管理的可操作性，降低海洋牧场的管理成本；长远发展原则，选址充分考虑未来一段时间内的发展空间（许强等，2011）。

总体来说，海洋牧场的选址须首先遵循以下基本原则。

（1）海域选择应符合有关涉海法律（规）的规定，拟设立海域应符合国家和地方的海域（或水域）使用总体规划与渔业发展规划。

（2）建设区域不与水利、海上开采、航道、港区、锚地、通航密集、倾废区、海底管线及其他海洋工程设施和国防用海等功能区划相冲突。

（3）建设海域应无污染源、水质良好，适宜对象生物栖息、繁育和生长。牧场建成后能保持较好的稳定性与安全性，建立后不发生生物入侵、超出环境容量、引入病原微生物及寄生虫等不良现象。

为保护原有生物多样性丰富或者脆弱的生态系统，选址前应首先确定拟建海域的生态系统类型、生物多样性状况和拟恢复的资源生物种类，同时获得海区生物、物理、化学等方面的相关数据（United States Department of Commerce，National Oceanic and Atmospheric Administration，2007）。以下几类区域不能进行以人工鱼礁为核心的海洋牧场建设：

（1）珊瑚礁区域；

（2）水生植被覆盖区（如海草床、海藻床）；

（3）牡蛎礁区域（为了恢复自然牡蛎资源除外）；

（4）贝床（如扇贝、贻贝、蛤类）；

（5）现有底栖生物丰富的区域；

（6）大洋航线上；

（7）涉及军事演习的海域；

（8）水质较差的海域（如低氧区、疏浚区等）；

（9）规定的拖网作业区；

（10）底质不稳定区及有其他工程设施的区域（如输油/气管道，通信光缆等）。

二、自然环境条件

海洋牧场首先根据牧场的功能定位进行选址，依托于天然海域的地形特点进行设计，遵循因地制宜的原则，不仅可依托优良的海域环境开展生产，而且可方便管理和运营。如依托于天然海藻场、珊瑚礁、天然岛礁建设，应以保护现有生境为主，适度开发建设，进一步改善并提升区域生产力。海珍品底播增殖型海洋牧场应注重原有底栖生境是否适合底播海珍品的生长；野生经济鱼类增殖型海洋牧场应了解海域是否是传统的渔场，曾经是鱼类资源较丰富的海域说明该区域总体自然生境特点适合鱼类的聚集，如进行牧场建设则可较快地见到成效，达到事半功倍的效果。对于休闲游钓型海洋牧场，其选址前应确定牧场的游钓活动是基于游船还是岸基，还需考虑周边的交通、食宿是否方便，其他需要考虑的因素包括岸线上是否有必要的设施建设位点（如坡道、防波堤、游船码头、廊桥等），主要采取的游钓方式（如拖钓还是沉底钓），游船大小，离岸航行距离等因素，牧场是否与邻近的其他相关者存在利益冲突（如渔民生产、潜水活动、航运、军事、海上开采等）。以人工鱼礁建设为主体的海洋牧场选址具体要求可参考《人工鱼礁建设技术规范》（SC/T 9416—2014）执行。

1. 水质条件

海洋牧场构建海域的水环境应满足国家和水产养殖行业发布的基本水质标准要求，如《海水水质标准》（GB 3097—1997）和《渔业水质标准》（GB 11607—89）。水质是影响牧场选址的重要因素。浊度、盐度（河口或近岸海域）、溶解氧、生物耗氧量、水温范围、营养盐输入量、污染水平等因子会直接影响海域的生物生产力。如溶氧低的海域生物量会显著低，而浊度高的水体会直接影响潜水员的视线，从而造成底栖海产品采捕困难，但可能会适宜一些鱼类的聚集。有水体污染风险的海域应首先筛除，以防造成日后的食品安全问题。水体营养状况适中，贫营养会造成浮游植物初级生产力过低，难以支持海区的生产，过于富营养则有发生赤潮或藻华的风险。水体和底质经检测应无有机物或重金属等有毒物质的污染。海域无赤潮爆发历史。海域水流交换畅通，无大风浪或剧烈的水团、洋流波动，无季节性低氧区。

2. 水文条件

牧场选址时需要考虑的水文条件包括水深、浪高、海流、潮汐。水深是选址需考虑的首要因素，因为牧场海域通常要投放增养殖设施，水深一方面要保证投放的设施上方有足够的空间保证船只的航行安全，另一方面要防止遭遇大的风暴、上层水体出现恶劣海况时底层设施不被摧毁或挪移。水深同样决定了牧场礁体区聚集的生物种类，如礁体上的固着型和运动型的无脊椎动物、附着藻类及聚集的鱼类。水浅且水质清新的区域具有优质的水下光照条件，在这些区域投放礁体可高效培育增殖丰富的生物群落和资源生物。波浪的因素较难估计和预测，主要取决于海域出现的极限浪高、波浪传播速度、海域水深及投放的设施形状重量等因素，但选址时应最大限度考虑可能出现的最恶劣的风浪状况，提前做好预案。海流因素一方面会影响牧场区礁体设施的稳定性和掩埋状况，同时对于游钓型海洋牧场也会影响礁区每次同时钓鱼的游船数量。

3. 底质条件

海洋牧场构建海域沉积物质量评价标准参考《海洋沉积物质量》（GB 18668—2002）。对于需要兴建人工鱼礁的海洋牧场，选址前应对海域地质状况进行勘察。硬质岩礁底的或上覆沙层的硬黏土层底质海域最适合进行人工礁型海洋牧场兴建，而泥质或沙质底会造成投放设施的沉陷和掩埋，因此不适宜建设人工鱼礁。选址前应对海域的底质类型和水深分布进行详细勘察。底质过多的粉砂可能会覆盖掉设施上的附着藻类等生物，浊度较高的水体也会减少设施接收到的辐照量，影响设施上藻类的生长与增殖，两方面都会降低礁体的供饵力。

三、生物区系相关生境条件

海洋牧场选址时也应考虑拟养护或增殖生物种类的栖息生境特点及是否对某种生境（如温度、盐度、溶氧水平、水体浊度、污染物等）或食物有严格的需求，这也决定了礁体的选型和礁区的布局模式等。

底栖海珍品增殖型海洋牧场的选址应充分调查底质环境的健康状况，摸清原有底栖生物区系组成结构，注意是否有大量威胁增殖生物的敌害。鱼类资源养护型海洋牧场选址则需详细了解海域现有渔业资源状况，据此确定可养护的资源种类是否符合牧场的既定建设目标。一般来说，推荐在传统的渔场海域附近进行海洋牧场的选址与建设，可取得良好的效果，但在选址前应深入调查海域资源衰退的具体原因，如是由于原有生境遭到严重破坏，则海洋牧场的构建难度便会显著增大。

目前我国沿海多个省市已进行了海洋牧场的选址规划布局，如山东 2010 年已经在沿海各地市设置了 9 个海洋牧场建设区划，主要以海珍品增殖型和渔业资源增殖型牧场为主（图 3-1）。2015 年年底，全国首批 20 个国家级海洋牧场示范区正式发布，其中渤海海域 6 家，黄海海域 9 家，东海海域 3 家，南海海域 2 家（图 3-2）。国家级海洋牧场示范区的获批为未来我国沿海其他地区的海洋牧场建设起到了良好的示范作用。

图 3-1　山东海洋牧场规划（制图：刘辉）

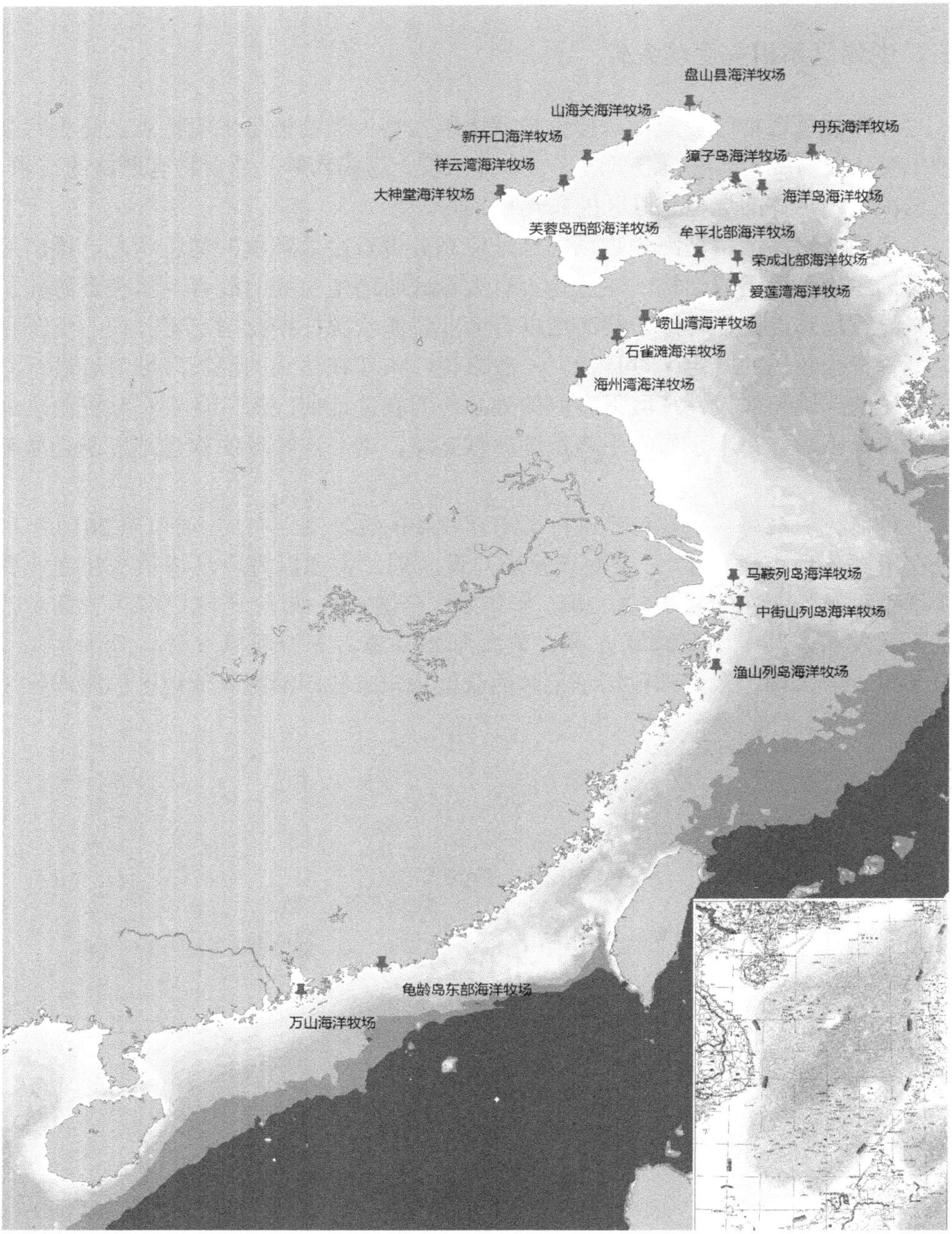

图 3-2　首批 20 个国家级海洋牧场示范区（制图：刘辉）

第三节　海洋牧场的功能设计与系统规划

现代海洋牧场必须有科学合理的规划设计，这也是海域实现高效生产运营、保持海区生态系统健康、实现科学化管理的重要保障。由于功能设计方案主要取决于海洋牧场的建设目标，因此本节重点针对 3 种不同建设目标的海洋牧场介绍其布局规划设计。

一、总体布局原则

海洋牧场建设的首要原则是依托于自然环境条件顺势而建，海基部分应基于生态系统理论，综合海区资源环境调查数据进行科学布局；陆基部分则应根据不同的海洋牧场功能定位进行场区和保障部门的配套建设。

二、海基部分布局设计

（一）海珍品增殖型海洋牧场

海珍品增殖型海洋牧场以增殖底栖海珍品为主，主要种类是刺参、鲍、魁蚶等。不同的海珍品种类会建设不同的增殖礁体，礁区的布局首先应考虑海区流场特征和礁体的阻流效应，选用的礁体类型和礁体大小均会产生不同的阻流效应；应根据底质类型调查结果，在适宜进行海珍品增殖的区域建设礁区，同时确定单个礁群的单体礁个数。礁区内部应留出专用通道以保证水流交换通畅，将生物的代谢废物及时带出，保证礁区内部优良的小环境。礁群布局大多采用平行线设计方式，该方式定位方便，布放快速。当海流流速不大时，垂直于海流设置人工鱼礁带能够最大限度地保证礁区有营养丰富且高溶氧含量的海水供给，可为礁区生物提供丰富的饵料，促进礁体上附着的各类生物卵的孵化。如海域海流过强以至于会影响礁体安全，可平行于海流方向或与其稍呈一定角度布放设施。另外也可采用等距散布设计方式。礁体投放面积应进行严格限制，尽量减少对原有底质和底栖生境可能的负面影响，一般来说，礁体占用的海底面积在海区总体面积所占比例应低于 30%。礁区根据生产需要可划分为不同的产区，每个产区面积根据海域面积和底质类型特征而定，一般在几百亩到两三千亩不等。不同产区间均留出空白区域以利于产区划分和水流交换。

（二）渔业资源养护型海洋牧场

渔业资源养护型海洋牧场主要目的是增殖鱼、虾、贝类，牧场的海域部分除依托于自然礁、滩涂等生境的布局外，也需要科学规划人工鱼礁区。人工鱼礁的选型需要根据增殖养护的鱼类的习性而定，有的鱼类喜欢聚集在礁区上部，有的鱼类喜欢聚集在礁体内部，选用的礁体必须与其相适应。人工鱼礁一般采用混凝土构件材料，礁体较重且规格较大，布局时多个单体礁集中投放在一起组成一个礁群，不同礁群规范化布局后形成规模化礁区。单个礁群的高度和面积应进行界定，以保证鱼类高效聚集。礁群的布局多采用散布方式，投放前在设计图纸上精确定位每个礁群的坐标并进行编号，投放时严格按照坐标布放。与海珍品增殖型海洋牧场相似，礁体占用的面积也应低于海区面积的30%，礁区内部同时也应划分不同的产区，便于生产管理。滩涂资源养护与增殖区域主要在近岸潮间带布设，有条件的海域应尽可能地沿等深线规划建设海藻礁区或恢复海草床，充分利用近岸海域的高生产力，营造良好的生境，开展鱼虾贝藻的资源增殖。

对于海域水深超过20m的海域，可以在鱼类洄游通道区域布放大型深水人工鱼礁群，建立鱼类资源养护区，促进经济鱼类的保护。同时，在适宜区域也可开展深水贝类底播增殖（如虾夷扇贝、魁蚶等）。

（三）休闲游钓型海洋牧场

该类型海洋牧场一般基于鱼类资源养护型海洋牧场进行建设，人工鱼礁区也是海洋牧场的核心。礁区构建区域水深不宜过深，一般在20m以内。除了满足资源养护型海洋牧场的礁区布局原则外，礁区布局和礁体选型可根据满足海底观光的要求进行专门设计。礁区可按照特定的图案进行布局美化，建构成心形、梅花形、八卦形、迷宫形等；礁体选型也可更加多样化，如可做成仿古建筑、民居、雕塑等，以满足潜水观光旅游者的猎奇和探险心理。礁区一般无需进行产区规划，而是以不同功能区进行划分，如休闲游钓区、潜水观光区、海底探险区等。

三、陆基配套部分规划

陆基配套部分以保障海区运营为原则，包括苗种保障、设施技术研发、生产运营管理、产品加工、质检、资源环境监测预警、人员保障支持等单元。具体部门可包括原良种场、苗种中间培育池塘、技术研发中心、分析测试中心、资源环境监测中心、产品加工厂、产品质检中心、管理办公楼、员工宿舍等。各部门设置及功能见表3-3。

表3-3 海洋牧场陆基部门设置及主要功能

部门名称	主要功能
原良种场	育苗、育种，为牧场提供优质苗种
苗种中间培育池塘	小苗种的中间培育、标粗，为牧场培育大规格苗种
技术研发中心	牧场构建关键设施技术研发
分析测试中心	环境、生物样品分析测试
资源环境监测中心	海洋牧场环境指标和资源状况监测数据接收与处理
产品加工厂	海洋牧场产品的加工与包装
产品质检中心	海洋牧场产品质量检验检测（基于相关认证及标准）
管理办公楼	行政办公
员工宿舍	场区人员食宿

各个部门的布局应科学规划，保证生产、经营、管理等各个环节联动运行的便利性。例如，原良种场应靠近苗种中间池塘，便于苗种运输；研发中心与测试中心应较近，便于科技人员往来；产品加工厂应靠近质检中心，便于产品出厂后直接施检；资源环境监测中心应建在近岸的制高点上，便于数据信号接收顺畅。其次，陆基园区的建设应注重整体美观和各类车辆进出、停放的便捷性。

第四节 海洋牧场功能设计实例

本节重点介绍中国和韩国的海洋生态牧场总体布局设计，以期对未来我国海洋牧场的总体规划和功能布局提供参考。

一、中国海洋牧场功能设计

（一）海基部分设置——牧场生产运营必需的支撑单元

针对中国的海域特点和产业需求现状，中国科学院海洋研究所的研究人员提出了适应我国国情的海洋生态牧场总体布局概念图（图 3-3）。中国近海主要利用的海域水深一般不超过 50m。海洋牧场总体包括陆基和海基两部分。海基部分根据水深划分为三个主要区域，即 6m 以浅、6～15m 和 15～50m。不同水深区域设置不同的功能区，具体介绍如下。

图 3-3 中国海洋生态牧场示意图（制图：许强）

1. 近岸 6m 以浅设置生态底播增殖区

该区域离岸较近，水浅，光照充足，大型藻类、海草等底栖植物茂盛，初级生产力水平高，可开展贝类（文蛤、缢蛏、菲律宾蛤仔、牡蛎、扇贝）、虾蟹类（日本蟳、口虾蛄）和海珍品（如鲍、刺参）的增殖，可投放的礁体为小型石块礁、混凝土藻礁和海珍品增殖礁等。

2. 6～15m 区域设置多营养层次生态增殖区

该区域水深增大，水体空间宽阔，可设计为多营养层次生态增殖区。上层水体设置筏式贝藻生态调控区，通过开展贝类（如扇贝、牡蛎、贻贝等）和藻类（如海带、龙须菜、裙带菜、马尾藻等）的养殖调控牧场区水质；中下层投放资源增殖型人工鱼礁，开展鱼类、虾蟹类、贝类和海珍品（刺参）的增殖。牧场区构建的多营养层次生态系统可达到良好的物质循环利用模式，贝类可通过滤食充分净化水体，藻类可高效吸收水体营养盐，二者结合可保证牧场区优良的水质环境；底部放养的沉积食性动物（刺参）则可作为清道夫，可有效利用沉降的有机质，实现资源增殖与环境保护的双重效果。

3. 15～50m 区域设置渔业资源养护与增殖区

该区域一般离岸较远，优点是远离陆源污染，水交换畅通，水质清新，可利用空间大，但缺点是海况复杂，浪大流急，增养殖风险较大。该区域资源养护与增殖对象主要为野生大型经济鱼类，通过在鱼类重要的洄游通道或中转海域（如离岸岛礁）设置大型人工鱼礁区，为洄游性鱼类提供庇护，有效养护其种群资源。礁型可选择大型沉底式礁体、船礁或浮性鱼礁，除此之外，适宜区域也可进行深水贝类（如虾夷扇贝、魁蚶）等的资源增殖。

海基部分除了不同水深的功能区外，作为资源环境监测系统的一部分，监测浮标和平台的布设也必不可少。在 10m 以浅的水域可采用打桩的方式建设永久性固定监测和操作平台，如 2016 年在莱州湾海洋牧场建成的我国第一个可升降海上多功能平台；10m 以深水域可布放监测浮标或采用定置船的方式设置监测平台，实时监测水质、气象和资源视频等数据。

（二）陆基部分设置——牧场生产运营必需的支撑单元

1. 种苗供应链

包括原良种场、育苗场、苗种中间培育池塘/车间。原良种场开展良种选育、种质筛选与优化，为海洋牧场提供优良种质来源。育苗场为海洋牧场提供充足的苗种供增养殖和放流所用。苗种中间培育池塘/车间可对放流后成活率较低的资源种类进行标粗，提供大规格苗种进行增殖放流，提高成活率。

2. 加工运输链

包括初级加工车间、精深加工车间、冷藏厂、物流中心。初级加工车间对牧场收获的鲜活海产品进行初步加工，如去壳、去除内脏、去头去尾等，做成冰鲜海产品。精深加工车间可对冰鲜产品进行进一步深加工，如通过多种手段做成熟制品或即食产品，进行精美包装后可直接出售。冷藏厂用来低温保存各类海产制品。物流中心负责将各类海产制品运输至各地销售。

3. 生态安全与环境保障链

包括资源环境监测站、数据处理与预警中心、应急处置基地。资源环境监测站负责控制海上各类监测平台和传感器，收集相关数据。数据处理与预警中心负责对收集到的各类数据进行集成展示，同时通过预设的各类指标的风险临界值进行预警，保障海洋牧场环境处于安全范围内。应急处置基地根据不同的风险处置预案存放不同的物资和工具设施，以备在预警发布时及时快速反应、执行相关的预案，最大限度地减少或避免损失。

4. 技术研发与支撑单元

包括工程技术实验室、环境与生物实验室、物联网控制中心。工程技术实验室负责开展海洋牧场建设相关的各类礁体、平台、设施的测试与实验，包括材料性能、结构设计、施工技术方案、维护方案、安全性检测等。环境与生物实验室负责开展日常水化学检测，同时开展各类资源生物的生物学、生态学、生理学、行为学等相关研究，摸清其规律，为设施技术和模式的生物适应性提供理论和数据支持。物联网控制中心负责海洋牧场的核心设施、资源环境监测平台等单元与相关科研院所及行政管理部门建立远程互联，建立专家决策系统，提高管理与监测的技术水平和时效性。

5. 后勤保障单元

包括船舶调度与维护中心、休闲旅游服务中心、办公楼、宿舍楼等。船舶调度与维护中心负责海洋牧场所有船只的航行记录和调度管理，同时负责各类船舶的维修与维护；休闲旅游服务中心负责开展海洋牧场主题旅游开发及游客服务，配备游钓观光专用船只或近岸潜水基地，同时配建餐饮部门，为游客提供全程人性化的优质服务，打造高端休闲渔业品牌。办公楼、宿舍楼等为海洋牧场内的员工提供办公和食宿的地方。

二、韩国海洋牧场功能设计

韩国海洋牧场更多借鉴了日本的建设经验，功能设计相对单一，整体以鱼类资源的增殖为核心，所有的功能区设计均围绕鱼类资源养护开展。由图 3-4 可以看出，韩国海洋牧场建设基本以海基部分为主。

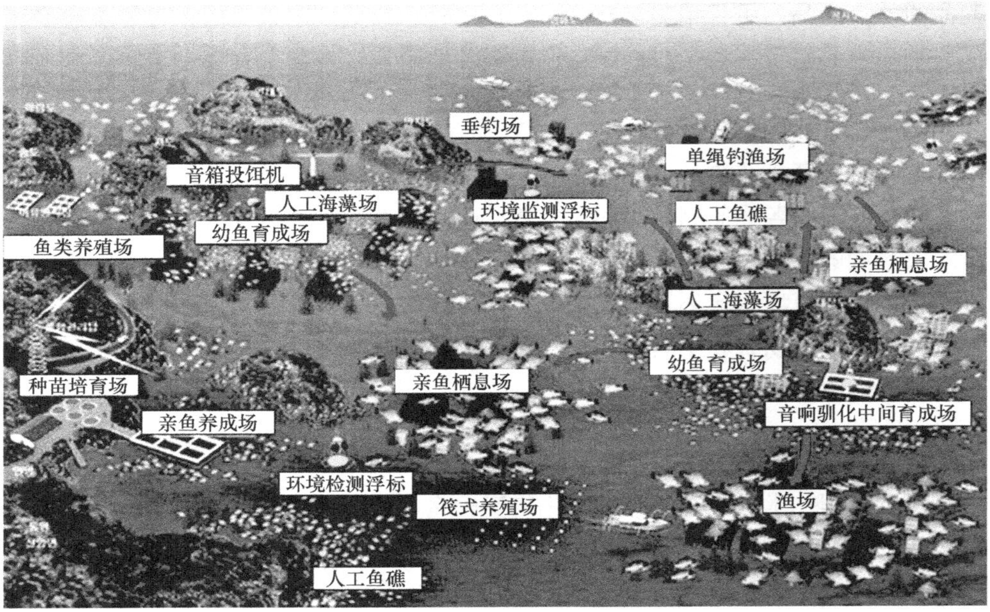

图 3-4　韩国海洋牧场事业计划示意图（改自金钟万，2001）

1. 陆基部分

最重要的单元是种苗培育场和亲鱼养成场，为整个海洋牧场提供鱼类种苗来源。

2. 海基部分

该部分涵盖了从幼鱼到成鱼整个阶段所有的适宜栖息场所的构建。海基部分也投放环境监测浮标，开展环境参数的实时监测。主体部分介绍如下。

1）幼鱼育成场

一般搭配建设人工海藻场和小型人工鱼礁区，便于小规格鱼苗在大型海藻生境中的栖息，提高其成活率和生长率。

2）成鱼（亲鱼）栖息场

成鱼栖息场一般都配建大型人工鱼礁区，场内配套放置音响投饵机。同时，垂钓场和渔场也多与其重叠，开展鱼类回捕或休闲游钓。

3）音响驯化中间育成场

幼鱼到成鱼之间的培育阶段专门配建了音响驯化中间育成场，训练鱼类对音响的敏感性，方便成鱼阶段对其进行投饵、管理和收获。

该牧场功能设计的另外一个特点是：幼鱼到成鱼的育成场在功能布局上基本上是连续的，即鱼类从幼鱼到成鱼的成长过程中可方便地在最适宜的栖息场之间进行迁移，大大地降低了管理难度，提高了整个牧场的资源养护效率。

主要参考文献

刘卓, 杨纪明. 1995. 日本海洋牧场(Marine Ranching)研究现状及其进展. 现代渔业信息, 10(5): 14-18.

王守信. 2016-5-2. 高起点建设海洋牧场“互联网+海洋牧场”实现海洋牧场可视、可测、可控. 中国渔业报, 第A01版.

许强, 刘舜斌, 许敏, 等. 2011. 海洋牧场建设选址的初步研究——以舟山为例. 渔业现代化, 38(2): 27-31.

杨宝瑞, 陈勇. 2014. 韩国海洋牧场建设与研究. 北京: 海洋出版社.

于沛民, 张秀梅. 2006. 日本美国人工鱼礁建设对我国的启示. 渔业现代化, (2): 6-7.

中华人民共和国农业部公告第2321号. 2015. 国家级海洋牧场示范区名单(第一批).

SC/T 9416—2014. 人工鱼礁建设技术规范.

金钟万. 2001. 韩国の海洋牧场の推进と问题点. 海洋に关する情报発信(第30号), 笹川平和财团(SPF). https://www.spf.org/opri-j/projects/information/newsletter/backnumber/2001/30_3.html[2016-11-20].

Coutis P F, Middleton J H. 1999. Flow-topography interaction in the vicinity of an isolated, deep ocean island. Deep Sea Research Part I: Oceanographic Research Papers, 46: 1633-1652.

Heywood K, Barton E, Simpson J. 1990. The effects of flow disturbance by an oceanic island. Journal of Marine Research 48: 55-73.

United States Department of Commerce, National Oceanic and Atmospheric Administration. 2007. National Artificial Reef Plan (as Amended) Guidelines for Siting, Construction, Development and Assessment of Artificial Reefs.

第四章　海藻床与海草场生境构建

周　毅　刘旭佳　许　强

摘要：生境构建是海洋牧场建设的基础，海洋牧场的基石是丰富的初级生产，本章主要介绍海藻场和海草场构建在海洋牧场建设中的重要性及其构建方法。海藻场和海草场在海洋牧场中的重要性与功能，包括食物供给、栖息地（包括产卵场、育幼场和庇护场所）、营养盐调控、固碳（气候调节）等方面。海藻床修复技术主要包含以下要素：增加新的着生面，构建藻类能够着床的海底基质、海藻幼苗的培育和移植、清除食藻生物的摄食压力、增加营养盐浓度促进海藻床的生长。海藻场的恢复重建过程一般包括：前期调查评估与方案制定，适宜的修复藻种选择、基底整备、藻类培育，藻类移植或播种、养护等过程。海草是海洋中唯一一类高等植物，鳗草（*Zostera marina*）是温带海域泥沙底质中常见的一种海草，高度可达两米以上，能形成广阔的海草场，是海参、贝类和鱼类等良好的栖息地。海草场的建设包括种类选择、移植（或播种）及养护等方面。移植和种植，在鳗草海草场构建中都很重要。

关键词：生境，海藻场，海草场，生态功能，构建方法

海洋牧场构建已成为世界各国海洋经济发展的共识，是海洋农业发展的新业态，是海洋渔业资源可持续利用和发展的重要途径。良好生境的构建是海洋牧场建设的基础，包括对环境的调控与改造工程及对生境的修复与重建工程。海洋牧场的基石是丰富的初级生产，较高的初级生产力才能够支撑海洋牧场庞大的食物网，保证健康的生态系统和稳定的经济生物产出。海洋初级生产力主要包括水体浮游植物生产力和底栖植物生产力两部分。浮游初级生产力主要依托于海域浮游植物的丰度和组成，底栖初级生产力则主要取决于大型底栖植物的分布状况，如海藻床、海草场等。本章主要介绍海洋牧场建设中海藻床和海草场生境构建的重要性和相关的构建方法。

第一节　海藻床与海草场生态功能

海藻床和海草场的构建不仅为渔业生物提供良好的生长、繁殖和索饵的栖息环境，同时繁茂的海藻、海草可以净化海水与底质中的污染物，从而达到改

善生境的目的。本节主要介绍海洋牧场建设中海藻床和海草场构建的重要性和构建方法。

一、海藻床的生态功能

大型海藻是重要的海洋初级生产者之一，其分布水深从潮间带到潮下带 50～60m。大型海藻可在岩礁、软质底等适宜底质区域形成茂盛的海藻床。海藻床的建群种主要有巨藻属、昆布属、海带属、裙带菜属、马尾藻属等。海藻床区域被公认为海洋生态系统中初级生产力最高的系统之一，在适宜条件下，其净初级生产力可超过红树林、海草床等生态系统（图 4-1）。

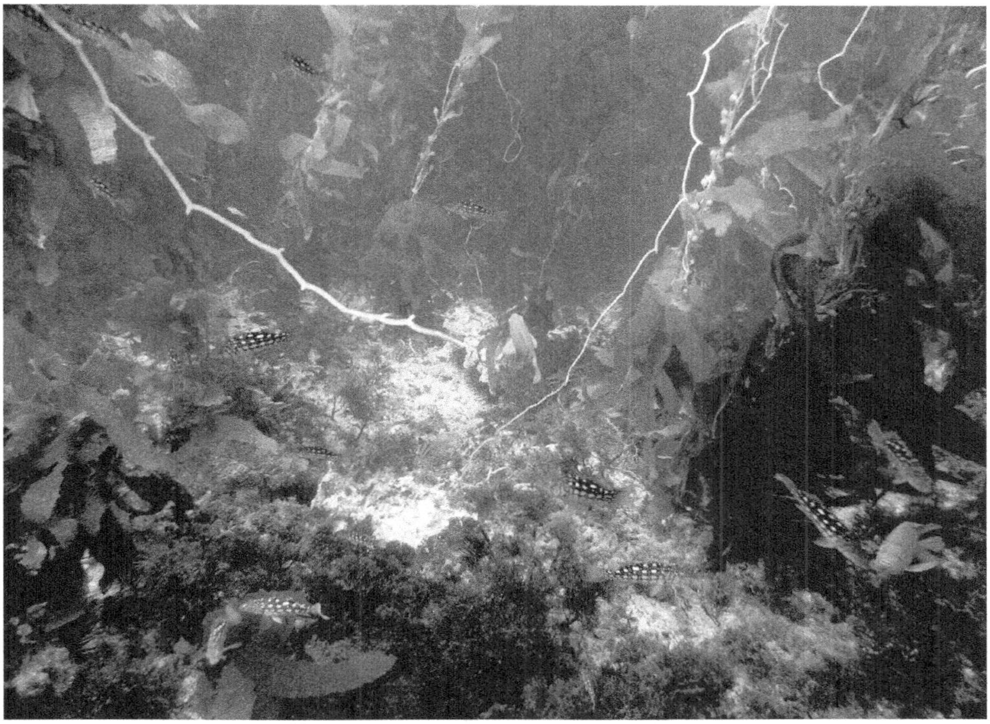

图 4-1 美国南加利福尼亚湾巨藻床（图片来源：http://kelp.sccwrp.org/reports.html[2016-11-20]）

海藻床在海洋牧场中的作用十分重要，主要体现在物质供应、营养盐调控及栖息场的提供等方面。

（一）物质供应

在海藻床中，大型海藻是重要的物质供给者，其通过光合作用形成的有机质主要通过被直接牧食、颗粒态有机质（POM）释放和溶解态有机质（DOM）扩散等途径提供给海洋牧场的其他消费者（图 4-2）。

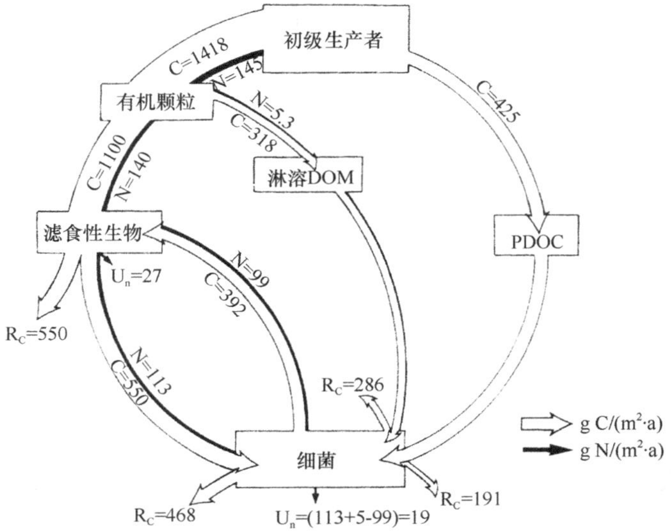

图 4-2　南非西海岸海带属藻场物质循环示意图（改自 Newell and Field，1983）

PDOC：光合溶解有机碳；U_n：利用的 N；R_C：呼吸消耗的 C

牧食者直接摄食是海藻床有机质利用的重要途径（Mann，1982）。海胆、鲍、帽贝、石鳖、滨螺、植食性鱼类和某些端足类等均是海藻的牧食者。除此之外，海藻释放的 POM 和 DOM 也是初级生产力物质供给的重要方式。大型海藻藻体不含纤维质，藻体柔软，在波浪的作用下很容易碎裂，同时大型海藻生长过程中也会不断释放脱落碎屑，继而为海洋牧场中其他的消费者提供颗粒有机质食物来源。以褐藻（*Ecklonia maxima* 和 *Laminaria pallida*）海藻床为例，据估算，POC 和 DOC 代表的生产力可分别达到 500g C/（m^2·a）和 250g C/（m^2·a）（Newell，1984）。海带属不同大小的藻体每年能更新其自身组织 1～20 次，在此过程中形成的 POM 和 DOM 源源不断地进入海洋食物链，成为海洋牧场水层和底栖滤食性生物的重要碳源之一（Duggins et al.，1989）。

（二）营养盐调控

大型海藻对矿质营养盐具有很高的吸收效率，从而使得海藻床可显著控制海洋牧场海域水体的营养水平。相较于微型藻类，大型海藻具有其独特的营养盐利用方式，即在 NH_4-N 和 NO_3-N 同时存在的情况下不仅能够优先选择吸收 NH_4-N，而且高浓度的 NH_4-N 并不会限制其同时吸收 NO_3-N 的能力。大型海藻储存 N 的能力极强，一些大型海藻藻体可储存的 N 含量可达到其环境 N 含量的 28 000 倍，足以满足其在环境可利用 N 缺乏时长达 2 个月的正常生长需求（徐永健和钱鲁闽，2004）。海藻床对营养盐强大的储存和调控能力是海洋牧场构建海藻床、调控并改善海区水环境的重要依据之一。

（三）栖息场的提供

海藻床的另一个重要功能是为种类繁多的海洋生物提供栖息场所。大型海藻的叶片是底栖硅藻、细菌、真菌、附生藻类、原生动物等微型生物良好的附着基，这也吸引了以这些微型生物为食的端足目、等足目、虾类、腹足类、线虫和桡足类等其他无脊椎动物在海藻叶片上的栖息，继而为更高一级的消费者提供食物来源（Alongi，1998）。海藻床内能够形成日荫、隐蔽场及狭窄迷路，复杂的内部环境为各种大型底栖动物（如鲍、刺参、蟹、虾等）和游泳鱼类提供了优良的索饵、产卵、育幼和躲避敌害的场所，可显著增加海域的生物多样性和资源量，提升经济生物资源补充能力。

（四）固碳作用

海藻床除上述功能外，还可通过光合作用吸收溶解态 CO_2，释放溶解氧（DO），改善水体溶氧状况。

（五）其他生态功能

海藻床也是天然的防波堤，对波浪具有显著的消减作用，可改变浅海海流的动力学特征，使海藻床内形成相对稳定的海域，水温变动较小，更有利于小型海洋生物，特别是幼体的栖息，并成为其天然的避难场所。海藻床还具有促进沉降、稳定海洋牧场区域海岸的功用。

综上所述，茂盛的海藻床被视为优质的海洋生态牧场必不可少的组成部分，也是体现海洋牧场生态系统健康水平的重要指标。因此，在海洋牧场区域构建海藻床生境具有重要意义。

二、海草场的生态功能

海草（seagrass）是地球上唯一一类可完全生活在海水中的被子植物，与陆地高等植物相比，其种类极其稀少，全世界共发现海草 6 科 13 属 72 种，中国有 4 科 10 属 22 种（黄小平等，2016）。我国的海草分布可分为北方海域（包括辽宁、河北和山东等，含有 3 属 9 种）和南方海域（包括福建、台湾、广东、香港、广西、海南和西沙群岛等，含有 9 属 15 种）（图 4-3）。海草是一亿年前由陆地演化到适应海洋的沉水高等植物。除南极外，海草在全世界沿岸海域都有分布，从潮间带到潮下带，最大水深可达 90m（图 4-4），可形成广阔的海草床，沿海的海草生态系统覆盖了约 20 万 km^2，约占全球 C 固定的 15%。海草床和红树林、珊瑚礁并称为地球上三大典型的海洋生态系统。海草床是全球海洋生态系统和生物多样性保护的重要对象。海草床不但可以作为重要初级生产者，同时可以为海洋动物提供栖息、繁育和保护场所，具有重要的生态服务功能，因此通过建立海草床

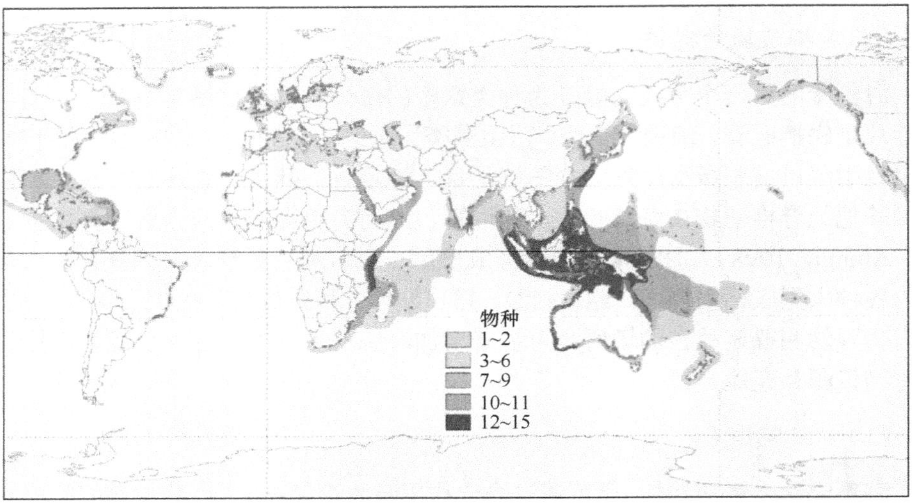

图 4-3　全球海草多样性及分布图（改自 Short et al.，2007）

图 4-4　海草的垂直分布模式（改自 Short et al.，2007）

修复生境形成环境优良和生物资源丰富的海洋牧场，形成稳定的海洋生态系统，是实现海洋环境的保护与生物资源的安全、高效和可持续利用的重要途径。

（一）重要初级生产者

海草场作为特殊的海洋生态系统之一，尽管只约占海洋总面积的 0.15%，但却拥有极高的初级生产力（林鹏，2006），据估计世界海草场生物量的平均值达 460g DW/m^2，因此在地球系统碳循环中起着不可忽视的作用。其中虾形草属（*Phyllospadix*）、鳗草属（*Zostera*）和波喜荡草属（*Posidonia*）等的海草，可以产生很高的生物量（图 4-5 和图 4-6）；而有些海草［如喜盐草属（*Halophila*）的喜盐草和贝克喜盐草］的生物量却非常低。海草本身不仅具有较高的生产力，据估计平均初级生产力的年净生产量可达 1012g DW/m^2，为地球生物圈最高产的生态系统之一，其地上部分作为载体可以为其他微生物（如藻类等）提供附着基，进一步提高初级生产力。

图 4-5　繁茂的鳗草（*Zostera marina*）海草床（英格兰西南部）
（图片来源：http://www.bingtuannet.com/2010-07-12/content_20311346_5.htm[2016-11-20]）

图 4-6　地中海繁茂的波喜荡草（*Posidonia oceanica*）海草床（Arnaud-Haond et al.，2012）

（二）水质净化和营养循环功能

海草床能够降低周围海水中悬浮物浓度，较高效率地吸收水体和表层沉积物营养盐（Fonseca and Fisher，1986；Hemminga et al.，1991），同时在可溶性营养盐很低的条件下也能生长，是控制浅海海域的关键高等植物。海草叶片通过光合作用释放氧气，能够促进 N、P 及重金属元素的吸收和转化，有助于保持水体清澈，具有改善海水的透明度，以及净化和调控水质及营养盐循环的功能。

研究表明，海草床在维持全球 C、N、P 平衡方面起到非常重要的作用。海草的叶片通过吸收 CO_2 进行光合作用，释放 O_2。叶和地下茎可以吸收溶解态有机质加以自身利用，同时海草吸收的部分可溶性有机物质会通过叶片和地下茎部位释放到环境中，而其他生物可以将其直接利用或者被水流带走。海草叶片分解释放的 C、N 和 P 可以向海草叶片的附着生物进行转移，被一些附着藻类和细菌吸收利用。海草与附着生物之间存在复杂的共生关系，海草利用根茎吸收的营养物质不但可以满足自身的生长需求，同时为附着生物群落提供一定的营养物质和新的生存发展空间，极大地增加了海洋生态系统的生物多样性和稳定性，因此海草床在维持海洋生物地化循环中扮演着非常重要的角色（图 4-7）。

图 4-7　海草床的生物地化功能示意图（Larkum et al.，2006）

（三）固定底质和保护海岸作用

海草稠密的根系可以固定底质，抵抗波浪与潮汐运动，可以防止或减缓海滩和海岸的流失和侵蚀。海草床地上和地下部分构成的复杂生态系统改变了海草场内动力学过程，减小海流和波浪的运动，加速悬浮颗粒物质的沉降，导致海草场内部比外部水体具有较多有机物质和更细小的泥沙颗粒成分，从而促进海底底质的增加，因此海草床作为海岸保护的天然屏障，对海洋底栖生物保护起着重要作用，由于繁茂海草场的存在，改善了近岸潮间带和潮下带环境，提高了抵御波浪和潮汐的能力，从而对近岸海洋生态环境保护具有极其重要的作用。

（四）渔业生物及珍稀物种的栖息地和食物来源功能

海草床拥有极高的生产力和相当复杂的食物链结构，为众多种类的渔业生物（如刺参、贝类、虾蟹类和鱼类等）提供重要的栖息场所、繁衍场所、庇护场所（图 4-8），也有利于海鸟的栖息。同时海草为许多动物（如儒艮、绿海龟、大天鹅、海胆等）提供重要的食物来源（图 4-9）（Newell，2001；Heck and Valentine，2006），儒艮专以海草为食，甚至可以把海草叶片、茎和根全部吃掉（图 4-10）。另外，海草脱落形成的碎屑作为复杂食物链形成的基础，可为刺参、方格星虫和一些蟹类、滤食性动物提供食物来源（刘旭佳等，2013）。而海草植物体的大部分，将最终被微生物分解利用，产生的营养盐则可以满足海草场内外的海草、藻类等初级生产者的生长需要，从而构成典型的海草床生态系统食物网（图 4-11）。

图 4-8　美国加利福尼亚州安娜卡帕岛海草床上方的鱼类（图片来源：https://scottpenny.smugmug.com/Underwater/Favorite-Photos/Kelp-forest-shots-1/i-mjwtXQc [2016-11-20]）

（五）气候调节功能

海草床的保护和恢复，已被国际社会认为是封存大气二氧化碳应对全球气候变化的重要措施之一。海草床被证明是地球上最有效的碳捕获和封存系统，其储存碳的效率比森林高达 90 倍，是全球重要的碳库。海草床广泛分布于温带-热带海域，

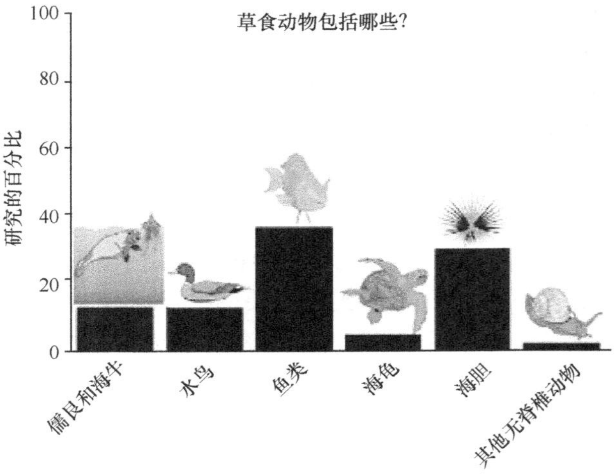

图 4-9 海草食性动物（改自 Heck and Valentine，2006）

图 4-10 埃及马萨阿拉姆附近海域正在吃海草的儒艮（Shoshani，2005）

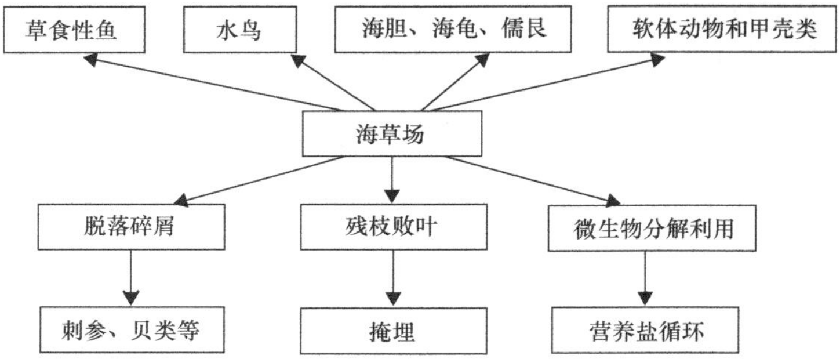

图 4-11 典型海草场生态系统食物网示意图

是地球上生产力最高的生态系统之一，单位面积净初级生产力达 817g C/（m^2·a），比森林高一倍多。

（六）微生物循环的支持者

海草的叶片、地上部分和地下部分会随着时间逐渐衰败脱落，分解的有机 C 及 N、P 等物质会有一部分在其衰败过程中被新生组织所吸收，而脱落的残枝败叶或被埋藏在海底，因此海草生物量中的一部分则会被掩埋在海底，如果被长期掩埋，则会变成海草生态系统的一个碳汇。同时另一部分衰败脱落的海草组织会被微生物所分解，形成无机营养物质，被其他生物利用，从而构成循环往复的生态链。这些有机碳会被细菌吸收利用，而这些细菌又被一些微生物捕食者利用。在海洋中，细菌是海草可溶性有机物和微生物捕食者之间的重要媒介。通过研究刚脱落的海草叶发现，海草叶分解初始阶段溶出的部分有机物会被细菌吸收利用，从而使得海草叶周围及附生在叶表面的细菌量都有所增加。由此证明，海草场中存在以海草叶腐烂分解溶出有机质为起点的微生物循环。这一循环中的原生动物正是海草场中无脊椎动物和鱼类的食物（李文涛等，2009）。

因此，海草场构建可以为海洋牧场提供非常重要的基础组成部分，同时为海草资源的修复提供充分条件。

第二节 海藻床与海草场生境构建

一、海藻床恢复与重建技术

近几十年来，国内外针对海藻床恢复与重建集中了大量的精力，研发了各种适用于不同区域的海藻床恢复与重建技术。总体来说，海藻床人工恢复难度很大，对技术要求高，因此在特定区域的海洋牧场开展海藻床恢复重建，必须按照一套系统的程序进行操作。并非所有的牧场都能构建海藻床，这就需要进行详细的现场勘查和历史数据收集工作。

海藻床修复技术主要包含以下几种要素：①增加新的着生面，构建藻类能够着床的海底基质；②海藻幼苗的培育和移植；③清除食藻生物的摄食压力；④增加营养盐浓度促进海藻床的生长（表 4-1）。各个环节均需着重考虑并形成对策，才能保证海藻床修复的成功。

海藻床的恢复重建过程一般分为以下几个步骤（章守宇和孙宏超，2007）。

1. 前期调查评估与方案制定

现场调查揭示海域基本水文水质和底质状况、海藻群落及其变动特征。查阅资料了解海域海藻床的历史情况，掌握各种藻类的生态习性和适宜生境特征，查明海域藻床退化的可能原因，最后综合评估该海域恢复藻场的可行性，确定实施方案。

表 4-1 海藻床构建技术（引自谷口和也等，2008）

Ⅰ. 藻类苗种的培育
1. 种菜移植
2. 游孢子、配子体的大量播撒
3. 人工藻苗的培育与移植（延绳式、海底移植）
Ⅱ. 海底基质的整备
1. 投石、投放海藻礁
2. 海底岩礁爆破
3. 清除杂藻（利用海胆摄食作用、铁链刮擦）
Ⅲ. 海藻种苗的保护与育成
1. 清除植食性动物
2. 投入大量养殖海藻减轻植食性动物对移植藻体的摄食
3. 海藻周围设置围网保护藻体
4. 利用化学物质驱除植食性动物（天然产物或有机酸）
Ⅳ. 添加营养盐促进海藻的生长

2. 适宜的修复藻种选择

在退化藻场区域进行修复，一般推荐选择该区域原有的海藻作为目标种类；如该区域之前从未有过海藻床分布，则需根据目标海域的水体、底质环境等多方面的调查数据及不同海藻的适宜生长条件确定适合的海藻床重建种类。如需引进外来种，则应充分论证其对现有生态系统的影响程度，避免造成生物入侵。

3. 基底整备

基底整备主要是为目标移植藻种提供适宜的附着底质，主要包括清除基质上不利于藻类孢子固着的各种生物、调整沙、泥、岩比例、调节底质酸碱度、调整基底的坡度等。一般来说，多数海藻都需要坡度较缓、有裸露基质、酸碱度为中性、水深较浅的硬质底，以满足其对生存空间、根部固着和充足光照的需求。

4. 藻类培育

主要包括种藻培育和藻类孢子培育两方面。采用移植种藻的方法进行海藻床修复时需要在室内培育大量种藻，一般方式为采集其他海区海藻床未成熟的藻体，在室内光照流水系统中进行促熟培育，到接近成熟时便可移植到海藻床构建区。另外也可以采用人工撒播孢子水或含藻类孢子的胶块的方法构建海藻床。采用藻礁投放的方式构建海藻床，需要提前在藻礁上培育藻类幼苗，待培育到一定大小后，通过投放人工藻礁将藻苗带至海底。

5. 藻类移植或播种

除了可直接将种菜栽进底质外，也可以通过潜水作业在目标海域直接沉放。

部分国家的科研人员也尝试了采用其他的人工材料（如胶圈、绳子、定制塑料圈等）辅助固着种藻，便于在海底进行固定。播撒藻孢子液或藻胶块较为简单，但缺点是损失较大。较为稳妥的是投放已培育好海藻幼苗的人工藻礁构建海藻床。

本部分涉及多种藻类移植设施和播种方法。设施材质有混凝土材质、人工合成材质、天然礁材质等。设施类型包括常规混凝土礁，特点是礁型多样，适用于种藻移植和孢子附着，但大多都要进行表面物理特性改良或添加营养盐等利于藻类孢子附着生长；浮绠式种藻附着基，包括水面浮筏式和近底层悬浮式，特点是可有效防止各种植食性动物敌害；半浮式海藻浮床，可设置在深水区的水体中层，利用真光层的充足光照构建海藻床，使得海藻床可拓展至深水区。

目前国内已针对海藻种藻和幼苗移植研发了多种设施，如抗风浪沉绳式海藻移植设施（图 4-12），框式种藻移植礁体设施（图 4-13）及其他可缠绕固定苗种或种藻的礁体设施（图 4-14）。韩国则采用水下悬浮浮绠绑扎移植种藻（图 4-15），日本则专门设计了海藻移植夹具（图 4-16）。

图 4-12　抗风浪沉绳式海藻移植设施（中国科学院海洋研究所设计）
（图片拍摄者：许强，拍摄地点：海州湾前三岛海域）

6. 养护

养护工作对于初期构建的海藻床尤为重要，养护内容主要包括防牧食、清除敌害、定期监测、及时补充营养盐、附着基等。海浪冲刷和藻体死亡常会造成部分区域的藻床衰退，因此每年均应及时补充藻体，保证有充足的海藻个体形成茂

图 4-13　框式种菜移植礁体设施（中国科学院海洋研究所设计）
（图片拍摄者：许强，拍摄地点：青岛崂山湾）

图 4-14　可固定藻类苗绳的藻礁（山东省海洋生物研究院研制）
（图片拍摄者：刘梦侠，拍摄地点：威海荣成湾）

图 4-15　韩国近底层悬浮式浮绠种菜（穴昆布）移植设施（图片来源：http://www.lib.noaa.gov/retiredsites/korea/wildstock_enhancement/ecosystem.htm[2016-11-20]）

图 4-16 日本设计的海藻移植夹具
（图片来源：冈部株式会社应用藻类学研究组 http://www.okabe-marine.com/MS.html[2016-11-20]）

盛的种群，便于形成稳定、健康、可繁殖并持续增长的海藻床。在海藻床构建初期的前三年，应禁止在藻场区域底播植食性海珍品（如鲍、海胆等），或设置保护型围网（图 4-17）。海藻床稳定后也应当根据大型海藻的生物量和生长率，评估植食性动物的生态容纳量，适量底播。

图 4-17 韩国的锥式海藻礁及其保护围网（图片来源：
http://www.lib.noaa.gov/retiredsites/korea/wildstock_enhancement/ecosystem.htm[2016-11-20]）

日本 20 世纪 80 年代就在海藻床的恢复方面开展了很多卓有成效的工作，通过移植成熟的藻体和人工幼苗，开展藻类延绳养殖的成果更加显著。在松岛湾进行黑海带海底森林的造林时，通过移植生长缓慢的黑海带幼苗和生长迅速的大型一年生海藻裙带菜和真昆布，提高了造林的效果。建造的 1000m^2 的海底森林中，其海藻产量可以满足 1 万 t 的虾夷鲍的生长，同时石斑鱼、六线鱼等鱼类的产量也在上升（谷口和也等，2008）。

中国科学院海洋研究所前期采用移植框种菜移植设施（图 4-18）进行了裙带菜海藻床恢复的工作。2013 年 2 月在青岛崂山湾海域投放“日”字形裙带菜种菜移植礁体，将裙带菜苗绳绑缚至移植框上再固定到礁体表面，待混凝土礁体上的藻床形成后移植框架可回收（图 4-18）。经过现场勘查和测定水下照度后，投放区域控制在水深 4.5m 以浅、海流较缓、周边有乱石或礁区的沙泥底内湾区域投放，以有利于藻体成熟后释放孢子的存留与附着。

图 4-18　藻礁投放过程（左）及水下效果图（右）（图片拍摄者：许强，拍摄地点：青岛崂山湾）

裙带菜经 2013 年春末夏初自然释放孢子后，于 2014 年春季在移植区邻近海域形成子代裙带菜种群，主要附着在种菜移植时投放的水泥礁体上及毗邻的自然礁床上，平均密度达 2 棵/m^2，调查发现，形成的裙带菜种群主要围绕种菜投放礁体四周分布（图 4-19）。据当地企业介绍，该区域已经有近 10 年未见如此茂盛的裙带菜种群，海藻床修复获得良好成效。

二、海草场生境构建

（一）海草的移植和种植

1. 海草的繁殖方式

海草采取生活史多型性对策，即在特定环境下，植物通过最佳生活史特征组合形成最佳生殖对策。在特定的环境下，植物可能采用另外一种生态对策，通过

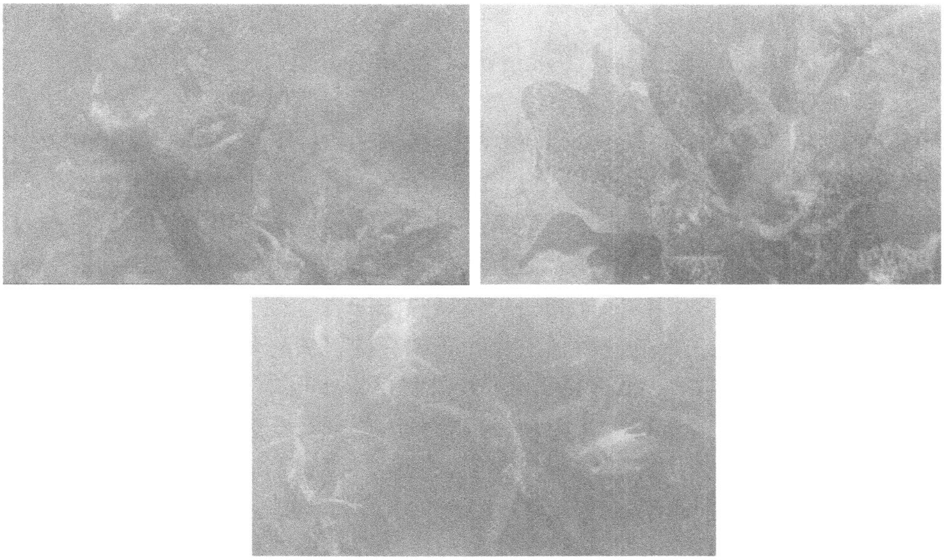

图 4-19　种菜移植区临近自然礁区裙带菜种群（图片拍摄者：许强，拍摄地点：青岛崂山湾）

控制营养功能与生殖功能的相对资源投资以达到生殖成功。

海草有两种繁殖方式：无性繁殖和有性繁殖。无性繁殖为走茎式克隆繁殖，由母株长出的一条横走茎，有分节，几乎每个节上都可能生根，然后再长出新植株。横走茎不仅可以无限生长，且新植株也可长出新的横走茎。有性繁殖包括四个过程，分别为开花、传粉、受精和发育过程。以鳗草为例，为适应沉水环境进化出丝状花粉结构，当花药裂开后，花粉会在花序上保持如棉絮的块状，在水体流动的状态下进行授粉。由于鳗草为雌雄同株植物，因此基因交换可能发生在个体的分株之中也可能发生在群落中或者群落间。

2. 移植法

如今，世界范围内海草床严重衰退的趋势已经成为共识，但高效的海草场恢复研究却很少（Campbell and McKenzie，2004）。海草场的生境修复对缓解和改善近海海洋环境具有非常重要的实际意义。20 世纪 50 年代以来，世界上许多发达国家都相继开展海草场的修复工作，积累了一定的实战经验，而我国的海草研究起步较晚，系统、有实效的海草修复研究更是甚微。其中，美国学者开展的研究工作最多（Short and Wyllie-Echeverria，1996；Fonseca et al.，1996；Short et al.，1988；Orth et al.，2006；Fonseca，1992）、规模最大、影响范围最广的当属美国国家海洋与大气管理局管理下的美国切萨皮克湾（Chesapeake Bay）海草场修复项目（切萨皮克湾计划，Chesapeake Bay Program，2008）。切萨皮克湾是世界上最大的河口湾之一，该计划从 2003 年开始至 2008 年，大大地促进了海草场修复新技术和新设备的开发与应用，海草场的构建速率约为 13.4hm^2/a，为海草床的修复工作提供了许多值得借鉴的方法。有些科研人员发明了采用机械化的方法移植海草，并且取得了一定的成功（Paling et al.，2001a）。Paling 等（2001b）发明并改进了一种海草种植机械，成活率达 70%。

海草床恢复的主要方法有生境恢复法、移植法和种子法（Meehan and West，2002；Phillips and Peter，1990）。20 世纪 40 年代，科学家们开始探讨采用生境恢复法进行海草床恢复，自然恢复海草床需要较长时间，虽然可节约大量的人力和物力成本，但是海草衰退的速度远远超过自然恢复的速度（Meehan and West，2000；Preen et al.，1995），因此利用生境恢复法的可行性不大。移植法是目前可行性比较高的恢复方法，是在适宜生长的海域直接移植海草苗或者成熟的植株，甚至直接移植海草草皮（Davis and Short，1997；Adams，1976），但是利用移植草皮法需要的海草资源量较大，同时采集海草对原来海草床的影响较大且无法评估（Harrison，1990），因此移植草皮法不太可取。根状茎法需要的海草资源量较少，是一种有效且合理的恢复方法（Orth et al.，1999），移植后具有较高的成活率，目前有插管法、枚钉法、根状茎法、框架移植法等。框架移植法由美国 Short 教授研发，由于移植单元与框架结构之间的绑缚材料具有可降解的功能，框架结构可以回收再利用，该方法对海草单元的固定较好，移植成活率高，缺点为框架的制作与回收增加了移植和劳动成本（图 4-20）。

国内的许多专家也进行了一系列修复方法的讲究。本课题组科研人员发明了根茎麻绳绑石法（Zhou et al.，2014；刘鹏等，2013），对鳗草移植方法进行了研究（图 4-21～图 4-23）。在 2012 年 4 月 20 日至 11 月 19 日，通过对汇泉湾潮间带移植鳗草的生长情况进行观察（包括形态学变化、密度、茎枝高度、地上生物量、底质粒径等）发现，移植鳗草的生长状况良好，同时说明根茎棉线绑石法是一种高效且实用的海草床生态恢复方法。移植法的优点是成活率较高，但缺点是

图 4-20　海草框架法移植（图片来源：
http://cockburncementcommunity.com.au/environment/marine/research-rehabilitation[2016-11-20]）

图 4-20　海草框架法移植（续）

图 4-21　鳗草棉绳绑石移植法（图片拍摄者：周毅，拍摄地点：青岛汇泉湾）

图 4-22　鳗草移植（图片拍摄者：刘旭佳，拍摄地点：汇泉湾）

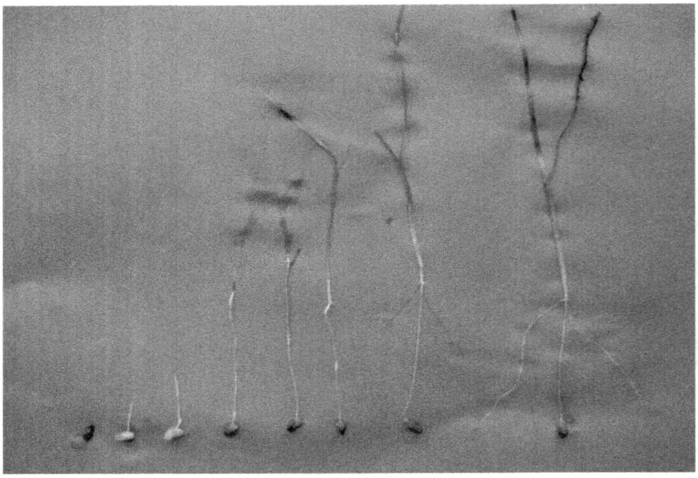

图 4-23　青岛湾鳗草种子萌发、生长的过程（图片拍摄者：刘旭佳，拍摄地点：中国科学院海洋研究所）

人工成本较高，存在需要耗费大量劳动成本的问题。由于海草生长呈现明显的季节性，所以移植海草的存活和生长很大程度上受制于移植的时间。移植的最佳时间一般是在海草生长低谷之后，在下一个生长低谷到来前，这段时间有最长的时间来生长扩张（Calumpong and Fonaeca，2001；范航清，2001），因此鳗草最佳的移植时间为春季和夏季。恢复后的长期监测是非常重要的，范航清等（2011）开展了喜盐草、二药藻和矮鳗草的移植实验，100 天后三种海草全部死亡，影响海草移植后健康生长的因素是很复杂的，还需进一步研究。本文的研究内容和结果为今后进一步开展海草的移植等生态修复奠定了良好的工作基础。因此尽快开展海草生态恢复机理和生态修复方法的研究，是构建海洋牧场提供新的初级生产力的迫切需要。

一些学者认为，进行海草移植时，移植地点应距离天然海草场 100m 以上，以减少种子的自然传播对移植海草的影响，最好选择历史上有海草分布而现在退化的海区，这样可以提高移植的成活率。同时，还需要考虑水体流动、底质运动及人为活动等因素，确保移植后海草不会被海水冲走、沙子掩埋或者人为破坏（Zhou et al.，2014；范航清，2001）。

3. 种子法

利用种子来恢复和重建海草床，不但可以提高海草床的遗传多样性（Hootsmans et al.，1987），同时海草种子具有体积小易于运输，而且收集种子对原海草场造成的危害较小，因此利用种子进行海草场修复逐步发展成为海草场生态修复的新途径和重要手段。在成年植株缺少，不适宜采取移植的海域，种子法是最佳选择（Pickerell et al.，2005）。Orth 等（2008）研究了一种播种机，可将鳗草的种子比较均匀的散播在底质 1～2cm 深处，但是种子的发芽率并没有得到明显的提高。种子法的优点就是不破坏原有的海草床（Pickerell et al.，2005），一旦收集到足够的种子，就可以很快的大面积播种。同时应根据海草的生活习性，来选择移植区域和移植时间。但是如何有效地收集种子，如何寻找合适的播种方法和适宜的播种时间，是种子法恢复海草的难点。

我国的海草恢复研究仅处于起步阶段，对海草种子研究更是甚少，且对鳗草种子的成熟、收集和培养研究等都没有详细报道。近几年来，国内一些学者对鳗草繁殖特征和种子萌发、保存方法进行了初步研究，更有研究者发明蛤蜊播种技术，将种子通过糯米糊粘在蛤蜊贝壳上，随蛤蜊穴居被埋入底质，种子成苗率为23.2%（韩厚伟等，2012）。刘旭佳等（2011）对山东近岸海域鳗草资源进行调查的同时，也开展了一些鳗草种子恢复方面的研究，包括种子保存形态、保存条件和种子萌发率，得出鳗草种子成活率仅为 9.7%，利用种子进行恢复的研究工作显然任重道远。海草种子对于海草床生态系统的种群结构遗传性和发展新海草床至关重要，因此尽快开展我国海域海草种子萌发、幼苗成活及播种技术等方面的相关研究，是受损海草场生态良性转变、为海域重新提供新的初级生产力的迫切需要。但采用种子法恢复海草床的难度依然较大。

（二）海草场的监测和保护

1. 海草场的监测与管理

海草床是非常脆弱的海洋生态系统，国外的研究学者开展了许多海草床恢复工作，为海草床的恢复提供了一定的理论基础和实践方法。而我国在海草研究领域正处于起步阶段，人们对海草场的认识还远远不够，国内对于大面积海草床恢复成功的研究较少。尽管我国曾经拥有丰富的海草资源，但海草退化的速度可能会超过海洋环境的污染速度。因此，加强海草资源的生态环境保护，加大沿岸海草场生态学研究，提高人们对海草场生态服务功能的认识已刻不容缓。海草床生长于海陆交汇的潮间带和潮下带，由于物质循环、能量流动频繁及人类活动参与和干扰程度较大的因素，导致海草床的监测和管理难度加大。海草场是海洋牧场构建的重要基础，只有海草床得到监测、保护及可持续健康利用，才能构建一个稳定的海洋生态系统。

经典的监测方法都需要定期调查、采样和分析，虽然费时但比较客观准确。借助 3S 技术，研究者已经从景观水平上研究海草床的动态变化过程（Robbins and Bell，2008；许战洲等，2009）。遥感技术可以极大地提高海草监测的空间广度，但是也存在连续性的问题。高效且实用的监测技术研发需要不断努力，从而更好地为海草床的实时监测提供服务。海草床群落和海水环境的实时监测是海草场监测的关键部分，实时有效的监测可以保证海洋牧场是否稳定、健康，结构与功能是否完善。

海洋牧场是集环境保护、资源养护、游钓渔业和景观生态建设于一体的新业态，是偏向于企业管理的新的发展模式，在海洋环境保护和经济效益相辅相成的共同利益框架下，海草床的保护变得相对直接而简单。同时出台相应的法律法规和海洋牧场构建区的保护条例，来间接保护海草资源。

2. 海草场保护与修复

海草场是构建海洋牧场的重要基础，因此海草场的保护与修复工作起着非常重要的作用。我们应该加快建立海草自然保护区和构建海洋牧场的步伐，海草保护刻不容缓。海草保护必须有政策的支持，从源头上进行规范保护和利用，不能等到生态破坏后再花费大量的时间和科研精力去开展修复工作。目前，国内对海草的保护缺乏政策的支持，公众对于海草本身、海草生态服务功能及经济价值关注和认识较低，工程建设和人为经济活动会对海草场不可避免地造成不可预估的影响和损失。加强海草场的保护需要政府相关政策支持和引导，同时借鉴国外发达国家的海草保护和修复的经验，可以降低生态修复成本。美国有些州立法规定，假如开发活动不可避免地造成海草床的损失，那么必须通过人工营建相似功能的生境来补偿。政府还可以联合研究机构制定保护规划，如美国德克萨斯州自然公园和野生动植物保护部和土地管理办公室 1999 年制定了海草保护规划，从科研、管理政策、公众教育等方面指出具体的工作方向，并提出明确的执行措施，这种区域性的海草床保护和管理规划具有很强的操作性。

主要参考文献

范航清, 邱广龙, 石雅君, 等. 2001. 中国亚热带海草生理生态学研究. 北京: 科学出版社.

韩厚伟, 江鑫, 潘金华, 等. 2012. 基于大叶藻成苗率的新型海草播种技术评价. 生态学杂志, 31(2): 507-512.

黄小平, 江志坚, 范航清, 等. 2016. 中国海草的“藻”名更改. 海洋与湖沼, 47(1): 290-294.

李文涛, 张秀梅. 2009. 海草场的生态功能. 中国海洋大学学报, 39(5): 933-939.

林鹏. 2006. 海洋高等植物生态学. 北京: 科学出版社: 85-108.

刘鹏, 周毅, 刘炳舰, 等. 2013. 大叶藻海草床的生态恢复: 根茎棉线绑石移植法及其效果. 海洋科学, 37(10): 1-8.

刘旭佳. 2011. 山东近岸海域大叶藻的生态学初步研究. 中国海洋大学.

刘旭佳, 周毅, 杨红生, 等. 2013. 大叶藻碎屑作为刺参食物来源的实验研究. 海洋科学, 37(10): 32-38.

徐永健, 钱鲁闽. 2004. 水动力条件对龙须菜 N 吸收的影响. 海洋环境科学, 23(2): 32-35.

许战洲, 罗勇, 朱艾嘉, 等. 2009. 海草床生态系统的退化及其恢复. 生态学杂志, 28(12): 2613-2618.

章守宇, 孙宏超. 2007. 海藻场生态系统及其工程学研究进展. 应用生态学报, 18(7): 1647-1653.

谷口和也, 吾妻行雄, 嵯峨直恒. 2008. 磯焼けの科学と修復技術. 东京: 恒星社厚生閣.

Adams S M. 1976. The ecology of eelgrass, *Zostera marina* (L.). Journal of Experimental Marine

Biology and Ecology, 22: 269-291.

Alongi D M. 1998. Coastal Ecosystem Processes. Marine Science Series, CRC Press.

Arnaud-Haond S, Duarte C M, Diaz-Almela E, et al. 2012. Implications of Extreme Life Span in Clonal Organisms: Millenary Clones in Meadows of the Threatened Seagrass *Posidonia oceanica*. PLoS ONE, 7(2): e30454.

Calumpong H P, Fonseca M S. 2001. Seagrass transplantation and other seagrass restoration methods. *In*: Short F T, Coles R G. Global seagrass research methods. Elsevier B. C. Amsterdam, the Netherland.

Campbell S J, McKenzie L J. 2004. Flood related loss and recovery of intertidal seagrass meadows in southern Queensland, Australia. Estuarine, Coastal and Shelf Science, 60: 477-490.

Davis R C, Short F T. 1997. Restoring eelgrass, *Zostera marina* L., habitat using a new transplanting technique: the horizontal rhizome method. Aquatic Botany, 59: 1-15.

Duggins D O, Simenstad C A, Estes J A. 1989. Magnification of secondary production by kelp detritus in coastal marine ecosystems. Science, 245: 170-173.

Fonseca M S. 1992. Restoring seagrass systems in the United States. *In*: Thayer G W. Restoring the Nation's Marine Environment. College Park: Maryland Sea Grant College: 79-110.

Fonseca M S, Fisher J S. 1986. A comparison of canopy friction and sediment movement between four species of seagrass with reference to their ecology and restoration. Marine Ecology Progress Series, 29: 15-22.

Fonseca M S, Kenworthy W J, Courtney F X. 1996. Development of planted seagrass beds in Tampa Bay, Florida, USA. Ⅰ. Plant components. Marine Ecology Progress Series, 132: 127-139.

Harrison P G. 1990. Variations in success of eelgrass transplants over a five-year period. Environmental Conservation, 17(2): 157-163.

Heck K L, Valentine J F. 2006. Plant—herbivore interactions in seagrass meadows. Journal of Experimental Marine Biology and Ecology, 330: 420-436.

Hemminga M A, Harrison P G, Lent F van. 1991. The balance of nutrient losses and gains in seagrass meadows. Marine Ecology Progress Series, 71: 85-96.

Hootsmans M J M, Vermaat J E, Van Vierssen W. 1987. Seed-bank development, germination and early seedling survival of two seagrass species from The Netherlands: *Zostera marina* L. and *Zostera noltii* Hornem. Aquatic Botany, 28: 275-285.

Larkum A W D, Orth R J, Duarte C M. 2006. Seagrasses: Biology, Ecology, and Conservation. Berlin: Springer.

Mann K H. 1982. Ecology of Coastal Waters. A Systems Approach. University of California Press, Berkeley: 322.

Meehan A J, West R J. 2000. Recovery times for a damaged *Posidonia australis* bed in south eastern Australia. Aquatic Botany, 67: 161-167.

Meehan A J, West R J. 2002. Experimental transplanting of *Posidonia australis* seagrass in Port Hacking, Australia, to assess the feasibility of restoration. Marine Pollution Bulletin, 44: 25-31.

Newell R C. 1984. The Biological Role of Detritus in the Marine Environment, in *Flows of Energy and Materials in Marine ecosystems*: Theory and Practice, pp. 317-344. NATO Conf Ser 4, Mar Sci. V. 13. Plenum.

Newell R C, Field J G. 1983. Relative flux of carbon and nitrogen in a Kelp-dominated system. Marine Biology Letter, 4: 249-257.

Newell S Y. 2001. Multiyear patterns of fungal biomass dynamics and productivity within naturally decaying smooth cord grass shoots. Limnology and Oceanography, 46(3): 573-583.

Orth R J, Harwell M C, Fishman J R. 1999. A rapid and simple method for transplanting eelgrass using single, unanchored shoots. Aquatic Botany, 64: 77-85.

Orth R J, Luckenbach M L, Marion S R, et al. 2006. Seagrass recovery of in the Delmarva Coastal Bays, USA. Aquatic Botany, 84: 26-36.

Orth R J, Marion S R, Granger S, et al. 2008. Evaluation of a mechanical seed planter for transplanting *Zostera marina* (eelgrass) seeds. Aquatic Botany: 1-5.

Paling E I, van Keulen M, Wheeler K D, et al. 2001a. Improving mechanical seagrass transplantation. Ecological Engineering, 18: 107-113.

Paling E I, van Keulen M, Wheeler K D, et al. 2001b. Mechanical seagrass transplantation in western Australia. Ecological Engineering, 16: 331-339.

Phillips R C, Peter M C. 1990. Seagrass Research Methods. Paris: United National Educational Scientific and Culture Organization: 51-54.

Pickerell C H, Schott S, Sandy W E. 2005. Buoy-deployed seeding: Demonstration of a new eelgrass (*Zostera marina* L.) planting method. Ecological Engineering, 25: 127-136.

Preen A R, Lee Long W J, Coles R G. 1995. Flood and cyclone related loss, and partial recovery, of more than 1000 km^2 of seagrass in Hervey Bay, Queensland, Australia. Aquatic Botany, 52: 3-17.

Robbins B D, Bell S S. 2000. Dynamics of a subtidal seagrass landscape: seasonal and annual change in relation to water depth. Ecology, 81: 1193-1205.

Shafer D J. Bergstrom P. 2008. Large-scale submerged aquatic vegetation restoration in Chesapeake Bay. ERDC/EL TR-08-20. Vicksburg, MS: U. S. Army Engineer Research and Development Center.

Short F T, Carruthers T, Dennison W, et al. 2007. Global seagrass distribution and diversity: a bioregional model. Journal of Experimental Marine Biology and Ecology, 350: 3-20.

Short F T, Ibelings B W, den Hartog C. 1988. Comparison of a current eelgrass disease to the wasting disease in the 1930s. Aquatic Botany, 30: 295-304.

Short F T, Wyllie-Echeverria S. 1996. Natural and human-induced disturbance of seagrasses. Environmental Conservation, 23: 17-27.

Shoshani J. 2005. “Order Sirenia”. *In*: Wilson D E, Reeder D M. Mammal species of the world: a taxonomic and geographic reference. 3rd ed. Johns Hopkins University Press: 92.

Zhou Yi, Liu Peng, Liu Bingjian, et al. 2014. Restoring eelgrass (*Zostera marina* L.) habitats using a simple and effective transplanting technique. PLoS ONE, 9(4): e92982.

第五章　海洋牧场关键设施设计与研制

张立斌　林承刚　邱天龙

摘要： 海洋牧场建设需要以海水增养殖工程设施为技术手段和支撑，设施现代化是提高海洋牧场生产效率和单位效益及有效管控风险的重要手段，是资源节约、高效环保、智能管理型现代海洋农业的重要标志。增养殖工程设施是人们利用自然物或人工合成物，研制具有特定功能的工程装置并应用于陆基和浅海海域，从而实现海洋经济生物的人工养殖和自然增殖。本章主要涉及海洋牧场建设相关的资源关键种工厂化苗种扩繁与养殖设施、池塘苗种扩繁与养殖设施、浮筏礁体设施、海底人工设施等，并介绍了新技术与新工艺在海洋牧场工程设施中的应用。

关键词： 苗种扩繁设施，浮筏礁体设施，海底人工设施，设施设计，新设施与新工艺

海洋牧场是一个新型的增养殖渔业系统，即在某一海域内，建设适应水产资源生态的人工生息场，采用增殖放流的方法，将生物种苗经过中间培育或人工驯化后放流入海，利用海洋自然生产力和微量投饵育成，并采用先进的生物控制技术和环境监控技术对其进行科学管理，使其资源量持续增长，有计划且高效率的进行渔获。建设海洋牧场需要一整套系统化的渔业设施和管理体制，如苗种扩繁系统、人造上升流设施、环境监测系统、资源管理系统、质量安全保障系统等（Salvanes，2001；杨金龙等，2004；佘远安，2008；张国胜等，2003）。

针对近几年我国海洋农业领域出现的环境恶化、资源衰退、种质匮乏、设备落后、病害频发、品质下降等突出问题，中国科学院海洋研究所以“生态优先、陆海统筹、三产贯通、四化同步、创新跨越”为原则，以重要经济生物良种选育和苗种培育、增养殖设施与工程装备、精深加工与高值化产业链示范为研究任务，联合山东半岛海洋农业企业，建立了陆海统筹的海洋生态牧场。在陆基方面，规划建立了水产品良种选育中心、健康苗种培育中心、质量安全保障中心、工厂化循环水养殖中心、水产品加工与高值化利用中心；在海基方面，利用自主研发的系列生态增养殖设施与技术，构建了筏式贝藻养殖区、海珍品底播增殖区、特色种质保护区。

海洋牧场建设需要以海水增养殖工程设施为技术手段和支撑，增养殖工程设

施是人们利用自然物或人工合成物，研制具有特定功能的工程装置并应用于陆基和浅海海域，从而实现海洋经济生物的人工养殖和自然增殖。设施主要包括资源关键种扩繁与养殖设施、浮筏礁体设施、海底人工设施等。

设施现代化是提高海洋牧场生产效率和单位效益及有效管控风险的重要手段，是资源节约、高效环保、智能管理型现代海洋农业的重要标志（贾敬敦等，2014）。在增养殖空间与层次方面，海水增养殖工程领域的研究热点从最初局限于近岸单一物种养殖层面的筏式养殖设施、底播养殖设施、池塘与围堰养殖设施，发展为近岸与离岸兼顾、养殖与增殖并举的多营养级立体生态养殖的海洋牧场构建技术。在增养殖工程设施可操控性方面，海洋牧场工程设施也由传统的人工操控向自动化、智能化方向转变。

第一节　资源关键种扩繁与养殖设施

一、资源关键种工厂化苗种扩繁与养殖设施

资源关键种工厂化苗种扩繁与养殖主要依托工厂化循环水养殖设施与系统。工厂化循环水养殖模式建立在生物学、环境科学、机电工程、信息科学、建筑科学等多学科发展的基础上，是多学科的交汇和应用。工厂化循环水养殖是一种新型的高效养殖模式，以养殖用水净化后循环利用为核心特征，尤其在水资源不丰富、水质条件不稳定、温盐条件调控要求严苛的养殖环境中，节水节能效果显著，符合当前国家提出的循环经济、节能减排、转变经济增长方式的战略需求（王峰等，2013）。工厂化循环水养殖系统（recirculating aquaculture system，RAS）可以使养殖用水量减少 120～1600 倍，不污染环境，产品为无公害的绿色产品，产品质量具有高度可控性和可追溯性。工厂化循环水养殖把外来污染源和病原体的危害降低到最低程度，生产环境稳定，通过对养殖废水的综合处理，减少养殖生产对环境的污染，实现环境友好。

环保、健康、高效的新型工厂化苗种扩繁与养殖模式在我国正日益受到关注。在早些年，中国的循环水工厂化养殖只能依靠进口价格昂贵的欧美设备，投资巨大、回收期长且运营费用居高不下，很多工厂难以盈利。经过多年的研究和探索，中国的工厂化循环水养殖发展迅速，目前部分国内设施设备也日趋成熟，质量稳定、性价比高，且更符合中国国情，为现代化海洋牧场资源关键种的健康苗种扩繁奠定了重要基础。

工厂化苗种扩繁设施设备主要包括 10 个组成部分。

（1）养殖池　根据功能可分为孵化池、育苗池、养成池、暂养池等。

（2）物理过滤　预排污装置、分流集污装置、沉淀池、斜板沉淀器、竖流沉淀器、旋流沉淀器、砂滤器、活性砂过滤器、活性炭过滤器、弧形筛、滚筒式微

滤机、带式过滤器、袋式过滤器、膜过滤器、压力过滤器、蛋白分离器、二氧化碳脱除器、重金属（铁、锰）去除设备等。

（3）生物过滤器及填料　移动床生物反应器、固定床生物反应器、滴流式生物滤器、生物转盘、浸没式滤池、生物旁路反应器、生物絮凝式净化器、一体式生化装置。生物填料根据材质可分为：竹质填料、玻璃填料、陶土填料、合成纤维填料；根据结构不同，有多面空心球填料、毛刷填料、多孔悬浮环填料、多孔纤维棉填料等。

（4）灭菌消毒　常用的消毒灭菌系统有臭氧系统和紫外消毒系统。紫外消毒系统根据不同的清洁方式可分为手动清洁紫外线杀菌器、气动清洁紫外线杀菌器、机械清洁紫外线杀菌器；根据系统封闭程度可分为封闭式紫外线杀菌器、开放式紫外线杀菌器、明渠式紫外线杀菌器。

（5）增氧系统　增氧系统包括供氧设备和氧气混合装置。供氧设备包括罗茨风机、制氧机、液氧罐等；根据增氧原理不同，氧气混合装置有低压混氧器、射流混氧器、紊流混氧器、压力增氧等；常用的增氧装置有曝气盘、曝气石、增氧管、氧气锥等。

（6）温控系统　温控系统采用的冷、热源有地热、太阳能、电能、生物质能（煤、木材、秸秆等）、电力化工等行业余热等；调温设备主要包括换热器、空调机、热泵、锅炉等。

（7）监控系统　监控系统包括养殖环境监控系统和生产管理监控系统。养殖环境监控系统主要监控的指标包括 pH、溶氧、氨氮、盐度等水质指标，以及照明、水位、电路安全等；生产管理监控包括对养殖生物行为的视频监控与分析系统、养殖管理控制系统、可视化管理调度系统等。

（8）投饵系统　根据养殖环境不同，投饵系统分室内定点投饵系统、室内轨道式可移动投饵系统。根据饵料输送原理的不同，有主动分配饵料的投饵机、根据动物需求反馈供给饵料的投饵机、气吹式饵料分配投饵机等。

（9）电子测量　电子测量主要通过计算机对各种频谱的射线、声波、图像等信号反馈进行处理，实现生产管理过程的自动化控制，是鱼类自动化分级过程中数鱼、分鱼、称重必需的技术手段，此外在鱼、虾、蟹等苗种的计数、质量安全追溯体系构建中均有广泛的应用。

（10）水动力系统　循环水泵可采用潜水泵、离心泵、轴流泵及混流泵等。

国际上，工厂化养殖已经基本实现机械化、自动化、智能化。海水封闭循环水养殖理论与技术是欧盟建议的重要研究领域之一，已广泛应用到虾、贝、藻、软体动物养殖及育苗产业中。挪威开发设计了陆基工厂化养殖系统和成套设施设备，应用于大西洋鲑等数十种鱼虾类养殖；丹麦约有 10%的鲑鱼养殖企业正积极把流水养殖改造为循环水养殖，目的是减少用水量和过滤地下水减少病害；法国的大菱鲆苗种孵化和商品鱼养殖均在封闭循环水养殖车间进行，鲑鱼也开始采用封闭循环水养殖模式。丹麦、挪威、美国等 10 余个国家均相继立法，以求节约水资源并减少养殖对环境的污染，养殖规模也逐渐向大型、特大型、超大型发展。封闭循环水养殖装备技术涵盖了研究、设计、制造、安装、调试及产品的产前产后服务等各个方面，本着节能降耗、提高生产效率的目的形成了上游、下游产业群体和技术群体，进一步促进了工厂化养殖产业发展。

近年来，我国在工厂化养殖设施设备、自动控制和数字化等高新技术方面取得了快速发展，大幅提升了我国海洋农业的技术水平及生产效益。例如，天津塘沽建成的亚洲单体最大的封闭循环水养殖基地将材料工艺、环境工程、机械工程、电子工程和信息工程等技术融合到工厂化养殖中，使得半滑舌鳎和石斑鱼养殖密度分别达到 25kg/m^3 和 35kg/m^3，达到国际先进水平（贾敬敦等，2014）。

二、资源关键种池塘苗种扩繁与养殖设施

池塘设施主要用于海洋牧场资源关键种的苗种扩繁与养殖。海水池塘（包括围堰）养殖通过人工建坝筑堤，建造海水池塘或围堰，利用自然纳潮或人工提水的方式进水，模拟自然海区的生长环境，采取人工辅助饲喂，是一种规模化的高效养殖模式。池塘水体较小，易于人工控制，管理方便，便于采用综合技术措施进行精养，以提高单位水域的产量。

池塘养殖大多沿用浅海筏式养殖、网箱养殖、底播养殖的设施，但由于池塘的风浪较小，考虑设施的成本和操作简便性等因素，设施在抗风浪性能等方面的要求较低。在我国，很多种材料被用作刺参等池塘养殖的人工附着基或礁体，如石块（陈亚琴，2007；孙德禹和陈爱国，2006；李吉强等，2004；Chen，2004）、瓦片（王义民等，2004；秦传新等，2009；Chen，2003）、混凝土构件（秦传新等，2009；孙振兴，2004；赵中堂，1995）、扇贝养殖笼（李鲁晶和霍峻，2007）、编织布（林培振，2007）、塑料构件（李鲁晶和霍峻，2007），甚至柞木枝（杨化林和单晓鸾，2007）等。近年来，一些水产企业利用聚乙烯网片、筛绢等材料研制浮式苗种扩繁设施，应用于刺参等池塘生态苗种培育（图 5-1）。Zhang 等（2010）针对池塘围堰养殖模式发明了多层板式立体海珍礁，养殖刺参单产增加 1～2 倍，刺参栖息空间增加 20 倍，供饵力提高 20 倍，养殖刺参密度由投放前的 7～8 头/m^2 增加到 30～42 头/m^2，亩产量由 200kg 增加至 500kg（图 5-2）。

随着对资源节约和环境友好型增养殖设施研发的重视，池塘养殖设施正逐渐向自动化（自动增氧装备、自动投喂）、机械化（播苗、采捕设施）、节能（节能水处理设备）、节水（物理过滤设施）等方向发展。

图 5-1　刺参池塘生态苗种培育设施（图片拍摄者：刘石林）

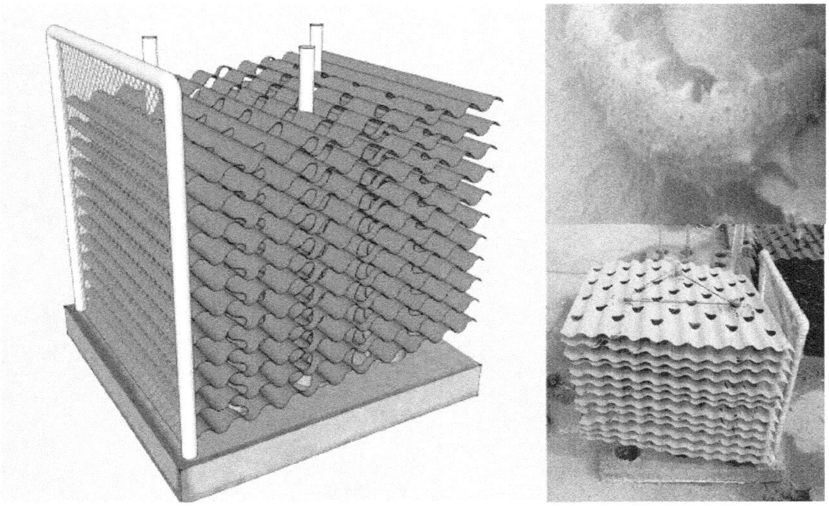

图 5-2　多层板式立体海珍礁及其应用效果（制图与图片拍摄者：张立斌）

第二节　浮筏礁体设施

一、浮筏礁体设施结构与布局

浮筏礁体设施主要以筏式养殖设施为基础。筏式养殖的基本形式有两种：一种是浮台式（史继孔，1986），其结构参照网箱养鱼所采用的木（竹）结构组合式筏架，适于风浪较小并可避风的海区使用；另一种为延绳式（张汉华等，1997），通常适合水深流急的海区使用。目前这两种筏架在世界范围内都有使用，浮台式筏架的优点是养殖对象排列较集中便于操作和管理，但相对于延绳式筏架，其单位面积产量受水流及食物丰度的影响较大，而且浮台式筏架还影响海区景观，并与游钓、游艇、军事等用途相冲突，因此在西方国家应用较少。在我国，浮台式筏架在南方应用比较广泛，北方则主要为延绳式。

延绳式筏架主要有两大类：一类为单筏，由一绠两橛构成，一个筏体由两个橛子与海底固定；另一类为框筏，由单筏组合而成，由大绠构成框架，用框架大绠固定单筏，框架大绠上不加浮子，只起形成框架的作用。单筏结构较框筏简单，抗风浪能力强，是我国目前贝藻养殖的主要设施。

筏式养殖有多种养殖模式，如垂养、平养、单养或混养。其中，垂养和单养占主导地位，平养主要用于藻类养殖，而垂养则主要用于贝类的养殖。混养是一种值得推广的生态养殖模式，可以利用不同养殖对象在养殖过程中的生态互补性，达到生态高效、优化养殖环境的目的（图 5-3）。

图 5-3　山东荣成的贝藻筏式养殖海区（图片拍摄者：杨红生）

二、浮筏礁体设施发展趋势

用作海洋牧场浮筏礁体设施的筏式养殖最早是日本发明的（王经坤等，2008），后来在全世界的海水养殖中得到广泛运用。在日本，筏式养殖被广泛应用于牡蛎和大型藻类的养殖。在欧美，筏式养殖技术被广泛应用于牡蛎（Brown and

Hartwick，1988b；Brown and Hartwick，1988a；Hidu 等，1981）、贻贝（Chaitanawisuti and Menasveta，1987；Dare and Davies，1975；Trottet 等，2008；Okumus and Stirling，1998）及扇贝的养殖。我国从 20 世纪 50 年代海带筏式养殖技术的完善和成熟开始，至今已经发展成为涉及多个经济物种的筏式养殖，利用筏式工程设施养殖的藻类有海带（方建光等，1996；李凤晨和李豫红，2003）、紫菜（朱仲嘉和余瞻，1991）、龙须菜（曾福来，2003；安鑫龙等，2009；刘思俭，2001）、麒麟菜（郑冠雄，2008；郑国洪，2006）、石花菜（张海智，2003；蔡清海和吴天明，2001）、羊栖菜（褚红永等，1997；孙圆圆等，2009）等，贝类有扇贝（陈清建和周友富，1998；Xiao et al.，2005；孙建璋等，2003；王孝伦和丁田军，2003）、牡蛎（杨红生和周毅，1998）、贻贝（张福绥，1993），海珍品有鲍（王兴章等，1999；孔泳滔等，2000）、海参（王兴强等，2006）、海胆（周玮等，2008）、蟹类（王文堂和丁原，2002）等。筏式养殖的广泛应用，为世界水产养殖业创造了巨大的经济效益、社会效益和生态效益。

目前国内外有关筏式养殖结构与生态养殖技术的研究多局限于近岸水域，对近岸筏式养殖的养殖模式、混养种类和搭配比例、混养种类间的生态互利机制等方面都开展了一系列研究。

在筏式生态养殖方面，养殖种类、形式过于单一，导致生态失衡，养殖生物大规模死亡现象时有发生（李文姬和谭克非，2009；邓登等，2009；宋微波等，2001），对多元生态养殖技术缺乏深入研究。在生态养殖技术方面，各国都进行了一系列探索，包括养殖种类的选择，养殖种类搭配，养殖密度，污损生物附着、结构布局等方面。韦玮等（2005）对贝藻混养的生态互利机制做了初步研究；孔泳滔等（1999）研究发现皱纹盘鲍与光棘球海胆越冬期的筏式混养可减少苔藓虫的附着；Ross 等（2004）研究发现欧洲大扇贝（*Pecten maximus*）的筏式养殖中混养海胆（*Psammechinus miliaris*）和寄居蟹（*Pagurus* spp.）可显著减少养殖笼和扇贝上污损生物的附着；杨淑岭等（2009）在筏式鲍养殖系统中混养刺参，刺参可清除并利用养殖系统中的生物沉积物，有利于修复和优化浅海养殖系统；Paltzat 等（2008）发现可在筏式系统中混养红参（*Parastichopus californicus*）和太平洋牡蛎（*Crassostrea gigas*），红参可再利用太平洋牡蛎的沉积物，以其粪便和假粪作为食物来源；Zhou 等（2006）研究发现刺参与双壳贝类（扇贝）的筏式混养不仅可以减少贝类养殖对环境造成的污染，同时双壳贝类的粪便和假粪可作为刺参食物的重要组成部分。

我国的浅海筏式养殖已有几十年的发展历史，通过自主研发与集成创新的结合及生产应用，使我国的筏式养殖取得了技术和产业规模的巨大进步。我国的筏式养殖规模已居世界首位，养殖产量占国内海水养殖总产量的一半以上，单产也达到了较高水平。但是同时也可以看到，我国的海水筏式养殖设施的种类比较单一，特别是针对一些特殊生态习性的养殖生物（如海参、鲍）的养殖设施开发不够，有关养殖设施及其工程结构的研究较少。另外，我国近海水深普遍较浅，在缺少垂直空间使用浮沉式结构及其技术的情况下，只能依靠养殖设施的强度来抵御风浪，使养殖生产抵抗自然风险的能力降低。

国际上，围绕养殖结构（Linfoot and Hall，1986）、养殖设施与规划（Katoh，1982）、养殖设施（网笼、固定锚固设施）优化（Beveridge，1987；Fredriksson et al.，2000）、抗风浪（Haritos and He，1992；Bessonneau and Marichal，1998；Tsukrov et al.，2003）、筏式养殖结构设计标准（Tsukrov and Kachanov，2000）等方面也开展了诸多研究。

筏式养殖设施作为海洋牧场浮式礁体的重要设施，在海藻等初级生产力提高及贝藻生态养殖中发挥了巨大的作用，但其在养殖实践过程中也经历了不断创新和改进的历程。当前，筏式养殖也呈现出所涉水域越来越深、适应能力越来越强、机械化程度更高等新的发展趋势，因此在设施研制方面还需要投入更多的精力，对设施进行更有针对性的设计和改进。

第三节　海底人工增养殖设施

一、海底人工增养殖设施种类与结构

海底人工增养殖设施是海洋牧场建设的重要基础，是对海水底播增养殖设施的改造升级，也是实现海洋牧场绿色高效发展的重要支撑。近年来，由于海参、鲍等海珍品市场的不断扩大，底播增养殖业发展异常迅速，底播型海洋牧场配套的海底人工增养殖设施研发迅即展开。

国际上底播增养殖设施主要应用于实验研究。Vélez 等（1995）曾设计了一种底播养殖笼养殖热带扇贝［*Euvola*（*Pecten*）*ziczac*］比较筏式养殖与底播养殖的差异，但仅限于实验目的；Maeda-Martínez 等（2000）利用网孔为 19mm 的高密度聚乙烯网衣研制了一种 50m×1m 的新型扇贝底播养成设施，该设施具有 50 个 0.2m^3 的独立养殖笼，通过两端 1.5m 长的木棒支撑整个设施的养殖空间，应用该设施养殖的扇贝（*Argopecten ventricosus*）具有较高的生长率和成活率。

我国在浅海自然海域开展底播增养殖的种类较多，主要有虾夷扇贝（李永民等，2000）、皱纹盘鲍（王义荣和冯月群，2002）、刺参（王学端，2009；孙德禹和陈爱国，2006）、中国蛤蜊（徐维柱等，2008）、魁蚶（孙鹏飞等，2009）、毛蚶（杜尚昆和杜桂芝，2010）、菲律宾蛤仔（杨鸣等，2008）等，但其中除刺参、鲍等需要在养殖海区投放石块、水泥构件等附着基外，其他大部分养殖种类均是在适宜增养殖的海区通过直接播撒苗种或者自然采苗的方式实现经济物种的增养殖。

近几年，中国科学院海洋研究所在底播增养殖设施研发方面开展了大量工

作，主要是坚持“原理突破—科学设计—设施创制—集成应用”的思路，在关键设计参数量化、最适材料筛选、专用设施研制等方面取得了重要突破，创新发明了系列海底人工增养殖设施，有力推动了底播型海洋牧场装备技术的革新与升级。

针对近岸海湾型海洋牧场，特别是软泥底质海湾无法开展刺参底播增养殖的技术瓶颈，发明了牡蛎壳海珍礁。牡蛎壳海珍礁采用聚乙烯线编织网，内装25～75kg的牡蛎壳和配重石块制作而成，单体直径40～100cm，10～30个牡蛎壳海珍礁单体灵活组合构建礁群（图5-4）。设施便于刺参攀爬，并可根据海域海况和底质条件调节配重大小和礁群组建规模。牡蛎壳海珍礁的刺参栖息密度高达17.8～40头/m^2，亩产量达300kg（Zhang et al.，2015；Xu et al.，2014）。

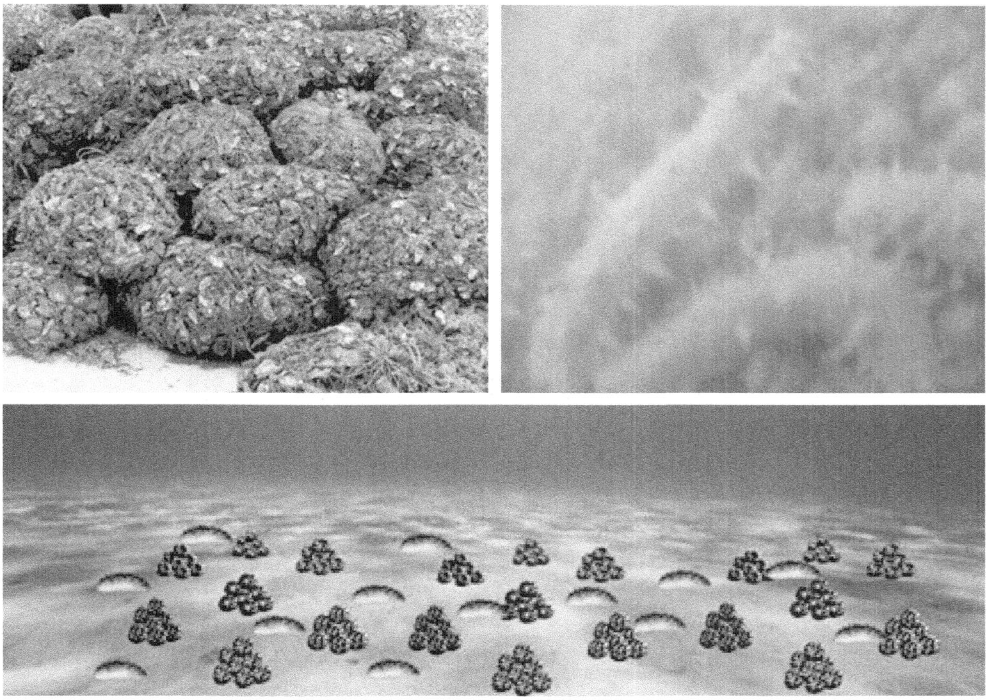

图5-4 牡蛎壳海珍礁及其应用效果（图片拍摄者：张立斌；制图：许强）

针对离岸岛礁型海洋牧场，发明了多层组合式海珍礁、大型藻类抗风浪沉绳式养殖设施、海龙底播式海水增养殖设施。多层组合式海珍礁为混凝土材质，由3～5层阶梯形水泥板和两个立柱套装而成，层板间距5～20cm，单体重300～500kg；阶梯形设计可保证各层板均能接受充足光照，利于大型藻类生长；礁体层板间隙为两侧通透半封闭空间，不仅能保证内部优良的水交换，而且为刺参和各种趋礁性鱼类提供躲避风浪和捕食者的场所（图5-5）。大型藻类抗风浪沉绳式养

图 5-5 多层组合式海珍礁及其应用效果（制图与图片拍摄者：许强）

殖设施模拟了大型藻类海底直立生长的模式，抗流能力强，保证其在浪大流急海域的正常生长，规模投放可在人工礁区形成“海底森林”，营造优良的生境，显著提高了岛礁区域海藻床覆盖率，增加了刺参的天然饵料供给（图 5-6）。海龙底播式海水增养殖设施由 PVC 管平行固定在聚乙烯绳上，外罩网衣制作而成，PVC 管间形成多个独立的养殖笼。平铺式网衣可附着大型藻类形成海藻床，网笼内可混养刺参、扇贝（图 5-7）。综合应用以上设施，构建了“参-鱼-贝-藻”生态增养殖模式，实现了浪大流急海域以刺参为主的生态多元化增养殖（Zhang et al.，2014）。

图 5-6 大型藻类抗风浪沉绳式养殖设施及其应用效果（图片拍摄者：许强）

图 5-7　海龙底播增养殖设施（图片拍摄者：张立斌、于宗赫）

二、人工鱼礁

人工鱼礁是人为放置在海底的一个或多个自然或者人工构造物，它能够改变与海洋生物资源有关的物理、生物及社会经济过程（Seaman，2000），并可改善海域生态环境，营造海洋生物栖息的良好环境，为鱼类等提供繁殖、生长、索饵和庇敌的场所，达到保护、增殖和提高渔获量的目的（陶峰等，2008）。人工鱼礁是资源养护型海洋牧场建设的核心，对于修复和改善海洋生态环境、增殖和优化渔业资源、促进海洋经济持续健康发展等方面具有重要的意义（林军和章守宇，2006；杨吝等，2005b；于广成等，2006；Baine，2001）。

（一）人工鱼礁发展概述

人工鱼礁研究和应用进展迅速。日本的鱼礁建设历史悠久，早在 1789～1801 年就开始建造鱼礁，进入 20 世纪 90 年代，日本的人工鱼礁建设产业已形成标准化、规模化、制度化的体制，每年投入沿海人工鱼礁建设资金为 600 亿日元，建礁体积每年约 600 万空方（刘惠飞，2001）。韩国政府也非常重视人工鱼礁的建设，1973～2001 年，韩国政府共投资约 5500 亿韩元（折合人民币约 40 亿元），投放礁体 700 万 m^3，建成礁区 1200 座、面积 14 万 hm^2（陈应华，2009）；2001～2007 年共投资 20 亿美元。美国的人工鱼礁也有 100 多年的历史，但使用现代材料建造大型鱼礁开始于 20 世纪 60 年代初。美国的人工鱼礁主要用于沿岸游钓渔业，规划的主体是州政府，人工鱼礁建设者主要是企业、民间组织（钓鱼协会、潜水协会等），大西洋沿岸的纽约州、新泽西州、罗德岛州、南卡罗来纳州、佛罗里达州，太平洋沿岸的加利福尼亚州、华盛顿州都建造了大量鱼礁（王志杰，1983；于沛民和张秀梅，2006）。英国、德国、意大利、葡萄牙、苏联、斯里兰卡、泰国、印度尼西亚、菲律宾、朝鲜、古巴、墨西哥及澳大利亚等许多沿海国家都在20世纪60～70年代以后陆续动工建设沿海人工鱼礁渔场，对自然海域鱼、虾、贝、藻等生物资源和环境的修复起到了非常重要的作用（Baine，2001）。

在我国，台湾于1974年由农业委员会和渔业局进行规划与协调，开始有计划地在台湾沿岸水域投放人工鱼礁（易建生，1993），截至2004年年底，台湾已建成人工鱼礁区85处，投放各类礁体18万余个，总投资折合新台币13亿元，礁区遍布台湾岛四周和澎湖列岛（杨吝等，2005a）。香港于1995年7月宣布拨款1.08亿港元推行“人工鱼礁计划”，此计划旨在通过建设人工鱼礁来改善本地的渔业资源和修复海洋生态系统，是改善香港海洋生态而优先推行的几个项目之一，连同其他敷设项目共投放了近17万空方的旧船、混凝土、矿石和轮胎人工鱼礁。香港立法会于1998年6月通过议案，5年内拨款6亿港元建设香港水域的人工鱼礁渔场（杨吝等，2005a）。大陆沿海的人工鱼礁建设事业开始于20世纪70年代末。目前，沿海各个省份（如辽宁、山东、河北、浙江、江苏、福建、广东、海南等省）都已完成或正在进行人工鱼礁的规划，人工鱼礁区已在沿海初具规模。

（二）人工鱼礁分类

山东省海洋与渔业厅（2005）发布的《山东省渔业资源修复行动计划人工鱼礁项目技术规程（试行）》阐释了鱼礁单体、单位鱼礁、鱼礁群、鱼礁带和人工鱼礁渔场的定义。鱼礁单体是指一个整体结构或组装结构的能作为鱼礁的构造物；单位鱼礁是按一定方位和方式设置的一个或者多个鱼礁单体，是最小规模的人工鱼礁；鱼礁群是多个单位鱼礁统一配置而成的人工鱼礁；鱼礁带是将鱼礁群与鱼礁群进行跨区域配置的大范围的人工鱼礁渔场；人工鱼礁渔场是具有生产能力的鱼礁群或鱼礁带。

根据投放的不同目的和用途，人工鱼礁可以分为增殖型鱼礁、渔获型鱼礁和游钓型鱼礁3种。增殖型鱼礁一般放置于浅海或重要保护物种的栖息地，主要用于放养扇贝、海参、鲍、海胆等海珍品和保护珍惜濒危物种，起到增殖和保护资源的作用；渔获型鱼礁一般设置于鱼类的洄游通道，主要是诱集鱼类形成渔场，达到提高渔获量的目的；游钓型鱼礁一般设置于滨海城市旅游区的沿岸海域，用于休闲、垂钓、健身活动等（于广成等，2006）。根据增殖对象生物的不同，人工鱼礁又可分为藻礁、鲍礁、参礁等，而增殖海参、鲍等的礁体又可统称为海珍礁。根据造礁材料，人工鱼礁又可以分为混凝土构件礁、车船礁、石块礁等。

根据不同用途和增殖对象需求，各国因地制宜研制了不同构型的人工鱼礁，人工鱼礁建设在保护海洋生态系统，恢复渔业资源方面起到了重要作用。

（三）人工鱼礁规划、布局与管理

人工鱼礁规划、评价与管理主要包括材料选择、结构设计、水动力学特征分析、选址、布局涉及效果评价、效益评价、综合管理等方面（张立斌和杨红生，2012）。

1. 材料选择

用于建造人工鱼礁的材料种类很多（Baine，2001），礁体材料的选择直接影响礁体的结构特征和礁区生物的增养殖效果。根据材料的来源不同，人工鱼礁使用的材料可分为天然材料、废弃材料和人造材料三大类（陈应华，2009；赵海涛等，2006）。天然材料主要有竹子（Pickering and Whitmarsh，1997）、木材、贝壳（Coen and Luckenbach，2000）、石块（DeMartini et al.，1989）等，这类材料一般不会对海洋环境造成污染，但可塑性和耐久性较差。废弃材料包括废旧火车车厢、无轨电车车身、废旧汽车（Pickering and Whitmarsh，1997）、废旧飞机、废旧船只（Fitzhardinge and Bailey-Brock，1989）、退役军舰（Dowling and Nichol，2001）、混凝土涵管、废旧轮胎（Campos and Gamboa，1989）、粉煤灰、烟气脱硫石膏（Pickering，1996）、油气生产平台（McGurrin et al.，1989；Jensen，2002）、防浪堤（Ambrose，1994）等，这类材料在投放前一般都需要分拣、评估、清洗和改造，尽可能减少其对海洋环境带来的负面影响。人造材料主要包括塑料构件、玻璃纤维（Pickering，1996）、聚氯乙烯（Alevizon and Gorham，1989）、瓦片（Bohnsack and Sutherland，1985）、钢材、钢筋混凝土（陈勇等，2002）等，这类材料具有较强的可塑性，可根据鱼礁用途和目标海域的环境条件利用一种或多种材料制成各种形状和结构。一个礁体的不同位置也因需求不同而使用多种不同材料，以实现礁体不同部位的生态功能。

2. 结构设计

礁体设计对礁体效果的发挥至关重要，主要包括礁体材料、重量、形状、几何尺寸、内部结构等因素（Bohnsack and Sutherland，1985；Kim et al.，1994）。赵海涛等（2006）提出了确保可行性、不同高度礁体配合投放、良好透空性、增大礁体表面积和良好透水性等设计原则，并介绍了设计过程中涉及的基底承载力、滑移稳定性和倾覆稳定性等验算方法。由于不同水生生物具有不同的集聚偏好和行为特征，在礁体设计过程中应考虑生物因素；同时鱼礁投放后，海流可能会引起礁体的滑移、倾覆、沉陷和掩埋，礁体设计中也应考虑水动力学特征和物理稳定性问题（陶峰等，2008）。礁体的材料、重量、尺寸、结构复杂性、表面粗糙度等应根据规划要求与生物因素和水动力学特征相适应（Bohnsack，1989；Beets and Hixon，1994；Anderson et al.，1989；Connell and Jones，1991；Sherman et al.，2002）。

3. 水动力学特征分析

人工鱼礁水动力学特征研究可以为人工鱼礁的选址和设计的优化提供科学依据。了解人工鱼礁水动力学性能需要首先研究人工鱼礁受水流作用时受力的情况和人工鱼礁内部及其周围流场的实际分布情况，其研究方法主要有理论分析、模型实验和数值模拟等（姜昭阳，2009）。黑木敏郎等（1964）与中村充（1979）在回流水槽中，观察和测定了圆筒形、四角形鱼礁模型周围水流的变化。Fujihara等（1997）运用数值计算法对设置鱼礁后的定常层流水域的流场变化进行研究，得到了鱼礁流场的上升流范围及分布特点。国外学者的研究表明：在鱼礁的阻流作用下，鱼礁下游的流场根据紊动程度可分为紊流区、过渡区和未受扰动区 3 个区域，通透性礁体和非通透性礁体所产生的紊流区长度比和高度比均不同，通透性礁体的高度比小于 1，长度比小于 4，而非通透性礁体的高度比一般要大于 1 而略小于 2，而长度比小于 14（Seaman，2000）。

4. 布局设计

适宜的鱼礁规模和礁体布局方式是人工鱼礁取得理想效果的重要保证（陈应华，2009）。鱼礁区的规模至少要达到 4000 空方才能使鱼礁起到应有的作用（刘同渝，2003）。Ogawa 等（1977）研究表明，礁体规模在 400～4000 空方的范围内，鱼礁区的生产力随礁体规模的增加而增大。单位礁体之间的间距也会影响人工鱼礁区的生物量，不同种类及规格的鱼类对相邻单位鱼礁之间的间距有不同的反应，Jordan 等（2005）研究表明，在一定范围内，单位鱼礁区鱼类的种类和丰度随着单位鱼礁间距的增加而增加。

5. 效果评价

生物诱集效果的评价是验证人工鱼礁功能最直接、最有效的方式，也是当前国内外人工鱼礁研究的热点。由于人工鱼礁与自然基质具有很高的表观相似度，因此投放人工鱼礁是缓解鱼类资源自然生境损失的有效手段（Pratt，1994）。之前的很多研究表明，人工鱼礁区域和自然生境之间生物资源的种类有很大的相似度，但不同的研究结果却不尽相同（Clynick et al.，2008）。部分研究表明，人工鱼礁区域的生物多样性高于附近的天然礁区（Stephens et al.，1994；Rilov and Benayahu，2000）；刘舜斌等（2007）与张虎等（2005）的研究发现建成稳定后的人工鱼礁区域具有明显的集鱼效果，礁区内的生物多样性和生产力明显提高、群落结构得到改善，渔获量和经济物种所占比例均高于邻近的天然礁区和自然海区；然而也有一些研究发现附近天然礁区的生物多样性要高于人工鱼礁区域（Burchmore et al.，1985；Rooker et al.，1997）。

人工鱼礁的效益评价是保护人工鱼礁投放区域生态环境，保证人工鱼礁取得良好效果的关键环节。关于人工鱼礁的经济效益、生态效益和社会效益的研究多为描述性的（何国民等，2001）。Pitche 等（2002）采用生态系统空间模拟技术（ECOSPACE）预测了香港禁捕保护区内人工鱼礁的资源和渔业的效益。Pickering 等（1999）运用成本效果分析（CEA）、成本效益分析（CBA）和条件价值评估（CVM）等方法从生态学角度评价了人工鱼礁修复近海生态系统的潜力。林光纪（2005）以现代公共物品经济学分析了我国正在进行的人工鱼礁建设，初步分析认为人工鱼礁物品划分为公共性、私人性、俱乐部性和拥挤性人工鱼礁等 4 类。刘金霞等（2008）通过对不同人工鱼礁造礁材料的成本和投放成本的调查，从经济学成本管理的角度出发，对不同造礁材料的人工鱼礁产生的经济效益进行了初步的测算和分析。

第四节　新技术与新工艺在海洋牧场工程设施中的应用

工程设施是实现海洋牧场“工程化、机械化、自动化、信息化”建设的重要载体和支撑，也代表了现代化海洋牧场的发展方向。计算机、新工艺、自动化、气动、防腐蚀、防污损（附着物）、抗紫外线（防老化）等高新技术在海洋牧场工程设施中的应用，大大地提高了海洋牧场设施的性能，使操作与管理更方便、更规范。

一、工程技术应用与发展趋势

自动化等工程技术在海洋牧场建设尤其是工厂化苗种扩繁和养殖、深水网箱养殖中应用日益广泛。鱼用多功能自动投饵机（图 5-8）可自动投饵和自动校正投饵量，能方便地把硬颗粒饲料、软颗粒饲料或冻鲜小杂鱼投入到养殖网箱中（周晓林等，2003）；远程气力输送投饵机在深水抗风浪网箱养殖中的应用，大大地节省了离岸深水型海洋牧场生产和管理的劳动力，提高了生产和管理效率；鱼规格自动分级设备（即分鱼机）可以通过更换不同间距的格栅平面，对不同养殖品种和不同规格的鱼进行分级，缩短了分级时间，降低了鱼死亡数量和工人劳动强度（郑国富等，2006）；数鱼机（图 5-9）一般与分鱼机配合使用，可以实现鱼类分级的同时，对不同规格的鱼分别计数和称重等功能，从而能够对养殖鱼类的数量和规格进行自动记录分析，保证精细化的养殖管理操作过程。鱼群安全状态声学监控仪采用高性能声呐探测系统，可实时监测养殖系统中的鱼群鱼量分布和活动状态，减少养殖风险（闽严，2006）。

图 5-8 国内某企业研发的室内自动投饵机（左：便携式；右：轨道式）
（图片拍摄者：陈华荣、邱天龙）

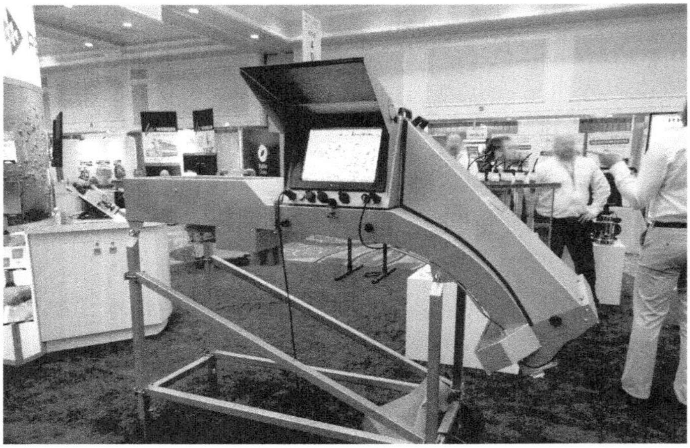

图 5-9 国外某公司研发的数鱼机（图片拍摄者：邱天龙）

二、信息技术应用与发展趋势

信息技术在海洋牧场建设和管理中的应用，为海洋牧场的生态安全和环境保障提供了有力的支撑。计算机模拟技术在波浪和水流对养殖设施结构影响中的应用（Fredriksson et al.，2003；Tsukrov and Kachanov，2000；Colbourne and Allen，2001），为海洋牧场关键设施布局优化提供了依据；基于无线传感器网络的水产养殖水质监测系统通过传感器节点负责水质数据采集功能，并通过无线传感器网络将数据发送给汇聚节点后将数据传送给监测中心，结合基于物联网 Android 平台的水产养殖远程监控系统应用，实现了对海洋牧场环境的远程实时监测（黄建清等，2013；李慧等，2013）；基于射频识别（RFID）和产品电子代码（EPC）等的水产品供应链可追溯技术，实现了对海洋牧场的养殖管理、加工管理、配送管理、销售管理、查询监管的全程跟踪与追溯，提升了海洋牧场的食品安全保障水平（颜波等，2013）。

近年来，中国科学院海洋研究所联合山东蓝色海洋科技股份有限公司共建了海洋牧场实验室，将信息技术引入海洋牧场建设，研发了海洋牧场建设装备设施，构建了“互联网+生态牧场”生产与管理体系，建成了涵盖海洋气象信息预报、船舶运行与管理、环境资源实时监控的海洋牧场综合监控系统。海洋气象信息预报系统实现了涵盖气象、气温、风力、风向、浪涌的预警预报；船舶管理系统利用高频对讲、GPS 船只监控终端，实时发布人员、作业船动向及工作状态，实现船只调度的便捷化；环境资源实时监控系统实时传输海洋牧场建设区域温度、盐度、溶解氧、叶绿素、流速等环境数据和底栖生物、游泳生物等资源监控图像。该生产与管理体系实现了科技平台网络化、合作模式多赢化、牧场生产生态化和过程管理信息化，保障了海洋牧场的生态环境安全与生物资源的持续产出（中国科学院海洋研究所，2016）（图 5-10）。

图 5-10　海洋牧场实验室及数据采集分析平台（图片拍摄者：阚仁涛）
A. 海洋牧场实验室；B. 环境资源数据采集系统；C. 数据分析与指挥中心；D. 环境监测数据显示系统

三、新能源技术应用与发展趋势

现代海洋牧场建设应尽可能引进新能源技术，提高产能效率，降低牧场运营过程中的能源消耗成本。工厂化苗种扩繁与养殖中，部分水产企业使用太阳能部分替代锅炉加热海水，使用风力提水机替代海水泵抽取海水，使用风力发电机或太阳能发电装置为锅炉水泵、气泵、紫外消毒装置、照明设备等提供电力，使用循环水设备减少热量排放，使用水源热泵回收热量。不同企业的利用方式不尽相同，可以单独使用，或在新能源之间、新能源与传统能源之间组合使用（赵鹏等，2011）。

太阳能、风能技术已非常成熟，可广泛应用于离岸较远的开放海域海洋牧场区域，潮流能也是离岸海洋牧场海域应用前景较好的能源之一。将水面获得的能源输送至海底，为深水海域提供照明、提升深海的初级生产力水平也是未来海洋牧场能源设施技术的重要研发方向之一。太阳能、风能等新能源在海洋牧场环境资源监测中应用日益广泛，解决了远离陆地的能源持续供给问题，保障了海洋牧场的生态安全和优质健康海产品的持续产出（张立斌，2010）。

主要参考文献

安鑫龙, 齐遵利, 李雪梅, 等. 2009. 大型海藻龙须菜的生态特征. 水产科学, 28: 109-112.
蔡清海, 吴天明. 2001. 人工养殖石花菜技术措施. 中国水产: 56-57.
陈清建, 周友富. 1998. 栉孔扇贝养殖技术. 科学养鱼: 24.
陈亚琴. 2007. 刺参池塘养殖技术. 水产养殖, 28: 19-20.
陈应华. 2009. 大亚湾大辣甲南人工鱼礁区的生态效应分析. 暨南大学博士研究生学位论文.
陈勇, 于长清, 张国胜, 等. 2002. 人工鱼礁的环境功能与集鱼效果. 大连水产学院学报, 17: 64-69.
褚红永, 衣景来, 张学仁, 等. 1997. 羊栖菜筏式养殖试验报告. 齐鲁渔业, 14: 16-18.
邓登, 麦康森, 李晓明, 等. 2009. 栉孔扇贝夏季大规模死亡的神经网络预测模型. 水产学报, 33: 438-444.
杜尚昆, 杜桂芝. 2010. 毛蚶幼贝底播密度试验. 河北渔业: 22-23.
方建光, 孙慧玲, 匡世焕, 等. 1996. 桑沟湾海带养殖容量的研究. 海洋水产研究, 17: 7-17.
何国民, 曾嘉, 梁小芸. 2001. 人工鱼礁建设的三大效益分析. 中国水产: 65-66.
黄建清, 王卫星, 姜晟, 等. 2013. 基于无线传感器网络的水产养殖水质监测系统开发与试验. 农业工程学报, 29: 183-190.
贾敬敦, 蒋丹平, 杨红生, 等. 2014. 现代海洋农业科技创新战略研究, 北京: 中国农业科学技术出版社.
姜昭阳. 2009. 人工鱼礁水动力学与数值模拟研究. 中国海洋大学博士研究生学位论文.
孔泳滔, 王琦, 程振明, 等. 1999. 皱纹盘鲍与光棘球海胆越冬期筏式混养的初步研究. 水产科学, 18: 12-14.
孔泳滔, 王琦, 程振明, 等. 2000. 皱纹盘鲍筏式养殖中的污损生物及其防治. 海洋环境科学, 19: 40-43.
李凤晨, 李豫红. 2003. 海带筏式养殖技术要点. 河北渔业, 129: 17, 20.
李慧, 刘星桥, 李景, 等. 2013. 基于物联网 Android 平台的水产养殖远程监控系统. 农业工程学报, 29: 175-181.
李吉强, 郝小星, 高伟, 等. 2004. 虾池垒石养殖刺参技术. 科学养鱼: 26, 33.

李鲁晶, 霍峻. 2007. 刺参池塘生态养殖模式技术开发. 中国水产: 32-33, 35.
李文姬, 谭克非. 2009. 日本解决虾夷扇贝大规模死亡的启示. 水产科学, 28: 609-612.
李永民, 王向阳, 刘义海. 2000. 虾夷扇贝底播增殖技术. 水产科学: 19, 35.
林光纪. 2005. 人工鱼礁物品经济学特性. 福建水产: 6-10.
林军, 章守宇. 2006. 人工鱼礁物理稳定性及其生态效应的研究进展. 海洋渔业, 28: 258-262.
林培振. 2007. 池塘编织布造礁海参养殖技术. 中国水产: 49.
刘惠飞. 2001. 日本人工鱼礁建设的现状. 现代渔业信息, 16: 15-17.
刘金霞, 王琦, 谷德贤. 2008. 不同材料类型人工鱼礁建设的经济效益浅析. 河北渔业, 6: 3-6, 11.
刘舜斌, 汪振华, 林良伟, 等. 2007. 嵊泗人工鱼礁建设初期效果评价. 上海水产大学学报, 16: 297-302.
刘思俭. 2001. 我国江蓠的种类和人工栽培. 湛江海洋大学学报, 21: 71-79.
刘同渝. 2003. 国内外人工鱼礁建设状况. 渔业现代化: 36-37.
闽严. 2006. 三种大型抗风浪网箱配套设施已通过省级专家鉴定. 现代渔业信息: 21, 32.
秦传新, 董双林, 牛宇峰, 等. 2009. 不同类型附着基对刺参生长和存活的影响. 中国海洋大学学报, 39: 392-396.
山东省海洋与渔业厅. 2005. 山东省渔业资源修复行动计划. 人工鱼礁项目技术规程(试行): 1-13.
佘远安. 2008. 韩国、日本海洋牧场发展情况及我国开展此项工作的必要性分析. 中国水产: 22-24.
史继孔. 1986. 褶牡蛎养殖新方法. 中国水产: 21.
宋微波, 王崇明, 王秀华, 等. 2001. 栉孔扇贝大规模死亡的病原研究新进展. 海洋科学, 25: 23-26.
孙德禹, 陈爱国. 2006. 浅海底播投石增养殖刺参技术开发. 齐鲁渔业, 23: 3-4.
孙建璋, 王孟兴, 褚长建. 2003. "蓬莱红"栉孔扇贝养殖试验. 渔业现代化: 18-19.
孙鹏飞, 徐维柱, 王卫民, 等. 2009. 浅海底播养殖魁蚶试验. 水产养殖: 14.
孙圆圆, 孙庆海, 孙建璋. 2009. 温度对羊栖菜生长的影响. 浙江海洋学院学报(自然科学版), 28: 342-347.
孙振兴. 2004. 刺参养殖技术之三:池塘刺参养殖若干技术问题的探讨. 中国水产: 56-58.
陶峰, 贾晓平, 陈丕茂, 等. 2008. 人工鱼礁礁体设计的研究进展. 南方水产, 4: 64-69.
王峰, 雷霁霖, 高淳仁, 等. 2013. 国内外工厂化循环水养殖研究进展. 中国水产科学, 20: 1100-1111.
王经坤, 刘镇昌, 杨红生. 2008. 筏式养殖筏架虚拟设计及仿真研究. 渔业现代化, 35: 32-35.
王文堂, 丁原. 2002. 三疣梭子蟹的浅海筏式养殖技术. 齐鲁渔业, 19: 13-14.
王孝伦, 丁田军. 2003. 浅析海湾扇贝的养成技术. 中国水产: 61-63.
王兴强, 曹梅, 阎斌伦. 2006. 刺参养殖技术. 河北渔业, 149: 21-23.
王兴章, 李云恩, 赵明堂, 等. 1999. 皱纹盘鲍筏式养殖技术. 海洋渔业: 127-129.
王学端. 2009. 贝壳装包造礁底播海参养殖试验. 齐鲁渔业, 26: 24.
王义民, 张少华, 张秀丽, 等. 2004. 可移动式轻便隐蔽物在池塘养参中的应用研究. 齐鲁渔业, 21: 9-10.
王义荣, 冯月群. 2002. 皱纹盘鲍底播增养殖技术. 齐鲁渔业, 19: 11.
王志杰. 1983. 国外人工鱼礁及其集鱼效果. 河北渔业: 36-40.
韦玮, 方建光, 董双林. 2005. 贝藻混养生态系互利机制中的作用因子. 中国水产科学，12(2): 220-224.

徐维柱, 徐维敬, 刘红蕾. 2008. 丁子湾中国蛤蜊浅海底播增养殖技术. 齐鲁渔业: 25, 34.
颜波, 石平, 黄广文. 2013. 基于 RFID 和 EPC 物联网的水产品供应链可追溯平台开发. 农业工程学报, 29: 172-183.
杨红生, 周毅. 1998. 滤食性贝类对养殖海区环境影响的研究进展. 海洋科学: 42-44.
杨化林, 单晓鸾. 2007. 巧造海参礁. 齐鲁渔业: 24, 29.
杨金龙, 吴晓郁, 石国峰, 等. 2004. 海洋牧场技术的研究现状和发展趋势. 生态养殖: 48-50.
杨吝, 刘同渝, 黄汝堪. 2005a. 人工鱼礁建设实绩考察. 现代渔业信息, 20: 6-8, 20.
杨吝, 刘同渝, 黄汝堪. 2005b. 中国人工鱼礁理论与实践. 广州: 广东科技出版社.
杨鸣, 任一平, 徐宾铎, 等. 2008. 胶州湾移植底播菲律宾蛤仔秋季性腺发育研究. 海洋湖沼通报: 96-103.
杨淑岭, 刘刚, 丁增明, 等. 2009. 浅海筏式刺参与鲍鱼混养技术. 现代农业科技: 226, 229.
易建生. 1993. 台湾人工鱼礁的发展现状. 南海研究与开发: 27-33.
于广成, 张杰东, 王波. 2006. 人工鱼礁在我国开发建设的现状及发展战略. 齐鲁渔业, 23: 38-41.
于沛民, 张秀梅. 2006. 日本美国人工鱼礁建设对我国的启示. 渔业现代化: 6-7, 20.
曾福来. 2003. 龙须菜养殖新技术. 福建农业: 22.
张福绥. 1993. 中国海洋科学研究及开发. 青岛: 青岛出版社.
张国胜, 陈勇, 张沛东, 等. 2003. 中国海域建设海洋牧场的意义及可行性. 大连水产学院学报, 18: 141-144.
张海智. 2003. 石花菜的增养殖方法. 特种经济动植物: 32.
张汉华, 杨渡远, 黄国光, 等. 1997. 大亚湾翡翠贻贝增养殖技术及效果的研究. 中国水产科学, 4: 28-35.
张虎, 朱孔文, 汤建华. 2005. 海州湾人工鱼礁养护资源效果初探. 海洋渔业, 27: 38-43.
张立斌. 2010. 几种典型海域生境增养殖设施研制与应用. 中国科学院研究生院(海洋研究所).
张立斌, 杨红生. 2012. 海洋生境修复和生物资源养护原理与技术研究进展及展望. 生命科学, 24: 1062-1069.
赵海涛, 张亦飞, 郝春玲, 等. 2006. 人工鱼礁的投放区选址和礁体设计. 海洋学研究, 24: 69-72.
赵鹏, 李贤, 周兴, 等. 2011. 海水工厂化养殖能耗及新能源应用调研分析. 渔业现代化, 38: 21-26.
赵中堂. 1995. 我国沿海海上人工鱼礁参礁的现状及其管理问题. 海洋通报, 14: 79-84.
郑冠雄. 2008. 海南省麒麟菜 *Eucheuma murioatum* (Gmel) Weber van Bosse 养殖模式与效益分析. 现代渔业信息, 23: 19-21.
郑国富, 唐衍力, 邵青, 等. 2006. 养殖鱼规格分级设备试验研究. 江西水产科技: 43-46.
郑国洪. 2006. 浅海浮筏式养殖麒麟菜技术初探. 中国科技信息: 77-78.
中国科学院海洋研究所. 2016-4-15. 坚持生态优先　构建海洋牧场. 中国科学院海洋研究所, http://www.qdio.cas.cn/xwzx/kydt/201604/t20160415_4584562.html[2016.11.06].
周玮, 孙俭, 王俊杰, 等. 2008. 我国海胆养殖现状及存在问题. 水产科学, 27: 151-153.
周晓林, 姬广闻, 焦仁育, 等. 2003. 网箱养鱼自动投饵机的设计与应用. 淡水渔业, 33: 36-37.
朱仲嘉, 余瞻. 1991. 中国紫菜养殖. 广西科学院学报, 7: 70-91.
黑木敏郎, 佐藤修, 尾崎晃. 1964. 鱼礁構造の物理学的研究 I.
中村充. 1979. 流環境から見ゐ人工礁漁场. 水産土木, 15: 5-12.
Alevizon W S, Gorham J C. 1989. Effects of artificial reef deployment on nearby resident fishes. Bulletin of Marine Science, 44: 646-661.

Ambrose R F. 1994. Mitigating the effects of a coastal power plant on a kelp forest community: rationale and requirements for an artificial reef. Bulletin of Marine Science, 55: 694-708.

Anderson T W, DeMartini E E, Roberts D A. 1989. The relationship between habitat structure, body size and distribution of fishes at a temperate artificial reef. Bulletin of Marine Science, 44: 681-697.

Baine M. 2001. Artificial reefs: a review of their design, application, management and performance. Ocean & Coastal Management, 44: 241-259.

Beets J, Hixon M A. 1994. Distribution, persistence, and growth of groupers (Pisces: Serranidae) on artificial and natural patch reefs in the Virgin Islands. Bulletin of Marine Science, 55: 470-483.

Bessonneau J S, Marichal D. 1998. Study of the dynamics of submerged supple nets (applications to trawls). Ocean Engineering, 25: 563-583.

Beveridge M C M. 1987. Cage aquaculture. Fishing News Books Ltd, Farnham, U. K.

Bohnsack J A. 1989. Are high densities of fishes at artificial reefs the result of habitat limitation or behavioral preference? Bulletin of Marine Science, 44: 631-645.

Bohnsack J A, Sutherland D L. 1985. Artificial reef research: a review with recommendations for future priorities. Bulletin of Marine Science, 37: 11-39.

Brown J R, Hartwick E B. 1988a. Influences of temperature, salinity and available food upon suspended culture of the Pacific oyster, *Crassostrea gigas*: Ⅰ. Absolute and allometric growth. Aquaculture, 70: 231-251.

Brown J R, Hartwick E B. 1988b. Influences of temperature, salinity and available food upon suspended culture of the Pacific oyster, Crassostrea gigas: Ⅱ. Condition index and survival. Aquaculture, 70: 253-267.

Burchmore J J, Pollard D A, Bell J D, et al. 1985. An ecological comparison of artificial and natural rocky reef fish communities in Botany Bay, New SouthWales, Australia. Bulletin of Marine Science: 70-85.

Campos J A, Gamboa C. 1989. An artificial tire-reef in a tropical marine system: a management tool. Bulletin of Marine Science, 44: 757-766.

Chaitanawisuti N, Menasveta P. 1987. Experimental suspended culture of green mussel, *Perna viridis* (Linn.), using spat transplanted from a distant settlement ground in Thailand. Aquaculture, 66: 97-107.

Chen J. 2003. Overview of sea cucumber farming and sea ranching practices in China. SPC Beche-de-mer Information Bulletin, 18: 18-23.

Chen J. 2004. Present status and prospects of sea cucumber industry in China. FAO Fisheries Technical Paper: 26.

Clynick B G, Chapman M G, Underwood A J. 2008. Fish assemblages associated with urban structures and natural reefs in Sydney, Australia. Austral Ecology, 33: 140-150.

Coen L D, Luckenbach M W. 2000. Developing success criteria and goals for evaluating oyster reef restoration: Ecological function or resource exploitation? Ecological Engineering, 15: 323-343.

Colbourne D B, Allen J H. 2001. Observations on motions and loads in aquaculture cages from full scale and model scale measurements. Aquacultural Engineering, 24: 129-148.

Connell S D, Jones G P. 1991. The influence of habitat complexity on postrecruitment processes in a temperate reef fish population. Journal of Experimental Marine Biology and Ecology, 151: 271-294.

Dare P J, Davies G. 1975. Experimental suspended culture of mussels (*Mytilus edulis* L.) in Wales using spat transplanted from a distant settlement ground. Aquaculture, 6: 257-274.

DeMartini E E, Roberts D A, Anderson T W. 1989. Contrasting patterns of fish density and abundance at an artificial rock reef and a cobble-bottom kelp forest. Bulletin of Marine Science, 44: 881-892.

Dowling R K, Nichol J. 2001. The HMAS swan artificial dive reef. Annals of Tourism Research, 28: 226-229.

Fabi G, Spagnolo A, Bellan-Santini D, et al. 2011. Overview on artificial reefs in Europe. Brazilian journal of oceanography, 59: 155-166.

Fitzhardinge R C, Bailey-Brock J H. 1989. Colonization of artificial reef materials by corals and other sessile organisms. Bulletin of Marine Science, 44: 567-579.

Fredriksson D W, Swift M R, Irish J D, et al. 2003. Fish cage and mooring system dynamics using physical and numerical models with field measurements. Aquacultural Engineering, 27: 117-146.

Fredriksson D W, Swig M R, Muller E, et al. 2000. Open ocean aquaculture engineering: system design and physical modeling. Marine Technology Society journal, 34: 41-52.

Fujihara M, Kawachi T, Oohashi G. 1997. Physical-biological coupled modelling for artificially generated upwelling. Marine Biology: 69-79.

Haritos N, He D T. 1992. Modelling the response of cable elements in an ocean environment. Finite Elements in Analysis and Design, 11: 19-32.

Hidu H, Conary C, Chapman S R. 1981. Suspended culture of oysters: biological fouling control. Aquaculture, 22: 189-192.

Jensen A. 2002. Artificial reefs of Europe: perspective and future. ICES Journal of Marine Science: S3-S13.

Jordan L K B, Gilliam D S, Spieler R E. 2005. Reef fish assemblage structure affected by small-scale spacing and size variations of artificial patch reefs. Journal of Experimental Marine Biology and Ecology, 326: 170-186.

Katoh J. 1982. A case for fisheries engineering and its application to the planning of coastal aquaculture facilities in Japan. Aquacult Eng, 1: 35-44.

Kim C Gil, Lee J Woo, Park J Suck. 1994. Artificial reef designs for Korean coastal waters. Bulletin of Marine Science, 55: 858-866.

Linfoot B T, Hall M S. 1986. Analysis of the motions of scale-model sea-cage systems. *In*: IFAC Symposium: Aquaculture'86. Automation and Data Processing in Aquaculture, Trondheim, Norway, August: 18-21.

Maeda-Martínez A N, Ormart P, Mendez L, et al. 2000. Scallop growout using a new bottom-culture system. Aquaculture, 189: 73-84.

McGurrin J M, Stone R B, Sousa R J. 1989. Profiling United States Artificial Reef Development. Bulletin of Marine Science, 44: 1004-1013.

Ogawa Y, Takeuchi S, Hattori A. 1977. An estimate for the optimum size of artificial reef Bulletin of the Japanese Society of Fisheries Oceanography (Japan): 39-45.

Okumus I, Stirling H P. 1998. Seasonal variations in the meat weight, condition index and biochemical composition of mussels (*Mytilus edulis* L.) in suspended culture in two Scottish sea lochs. Aquaculture, 159: 249-261.

Paltzat D L, Pearce C M, Barnes P A, et al. 2008. Growth and production of California sea cucumbers (*Parastichopus californicus* Stimpson) co-cultured with suspended Pacific oysters (*Crassostrea gigas* Thunberg). Aquaculture, 275: 124-137.

Pickering H. 1996. Artificial reefs of bulk waste materials: a scientific and legal review of the suitability of using the cement stabilised by-products of coal-fired power stations. Marine Policy, 20: 483-497.

Pickering H, Whitmarsh D. 1997. Artificial reefs and fisheries exploitation: a review of the "attraction versus production" debate, the influence of design and its significance for policy. Fisheries Research, 31: 39-59.

Pickering H, Whitmarsh D, Jensen A. 1999. Artificial Reefs as a Tool to Aid Rehabilitation of Coastal

Ecosystems: Investigating the Potential. Marine Pollution Bulletin, 37: 505-514.

Pitcher T J, Buchary E A, Hutton T. 2002. Forecasting the benefits of no-take human-made reefs using spatial ecosystem simulation. ICES Journal of Marine Science, 59: S17-S26.

Pratt J R. 1994. Artificial habitats and ecosystem restoration: managing for the future. Bulletin of Marine Science, 55: 268-275.

Rilov G, Benayahu Y. 2000. Fish assemblage on natural versus vertical artificial reefs:the rehabilitation perspective. Marine Biology, 136: 931-942.

Rooker J R, Dokken Q R, Pattengill C V, et al. 1997. Fish assemblages on artiÞcial and natural reefs in the Flower Garden Banks National Marine Sanctuary, USA. Coral Reefs, 16: 83-92.

Ross K A, Thorpe J P, Brand A R. 2004. Biological control of fouling in suspended scallop cultivation. Aquaculture, 229: 99-116.

Salvanes A G V. 2001. Ocean Ranching. *In*: John H S, Karl K T, Steve A T. Encyclopedia of Ocean Sciences. Academic Press, Oxford: 146-155.

Seaman W. 2000. Artificial reef evaluation: with application to natural marine habitats. CRC Press, Boca Raton.

Sherman R L, Gilliam D S, Spieler R E. 2002. Artificial reef design: void space, complexity, and attractants. ICES Journal of Marine Science, 59: S196-S200.

Stephens Jr J S, Morris P A, Pondella D J, et al. 1994. Overview of the Dynamics of an Urban Artificial Reef Fish Assemblage at King Harbor, California, USA, 19741991: A Recruitment Driven System. Bulletin of Marine Science, 55: 1224-1239.

Trottet A, Roy S, Tamigneaux E, et al. 2008. Impact of suspended mussels (*Mytilus edulis* L.) on plankton communities in a Magdalen Islands lagoon (Québec, Canada): a mesocosm approach. Journal of Experimental Marine Biology and Ecology, 365: 103-115.

Tsukrov I, Eroshkin O, Fredriksson D, et al. 2003. Finite element modeling of net panels using a consistent net element. Ocean Engineering, 30: 251-270.

Tsukrov I, Kachanov M. 2000. Effective moduli of an anisotropic material with elliptical holes of arbitrary orientational distribution. International Journal of Solids and Structures, 37: 5919-5941.

Vélez A, Freites L, Himmelman J H, et al. 1995. Growth of the tropical scallop, *Euvola (Pecten) ziczac*, in bottom and suspended culture in the Golfo de Cariaco, Venezuela. Aquaculture, 136: 257-276.

Xiao J, Ford S E, Yang H, et al. 2005. Studies on mass summer mortality of cultured zhikong scallops (*Chlamys farreri* Jones et Preston) in China. Aquaculture, 250: 602-615.

Xu Q, Zhang L, Zhang T, et al. 2014. Effects of an artificial oyster shell reef on macrobenthic communities in Rongcheng Bay, East China. Chinese Journal of Oceanology and Limnology, 32: 99-110.

Zhang L, Yang H, Xu Q, et al. 2010. A new system for the culture and stock enhancement of sea cucumber, *Apostichopus japonicus* (Selenka), in cofferdams. Aquaculture Research, 42: 1431-1439.

Zhang L, Gao Y, Zhang T, et al. 2014. A new system for bottom co-culture of the scallop, *Patinopecten yessoensis*, with the sea cucumber, *Apostichopus japonicus*, and the sea urchin, *Anthocidaris crassispina*, in shallow water in China. Aquacult Int, 22: 1403-1415.

Zhang L, Zhang T, Xu Q, et al. 2015. An artificial oyster-shell reef for the culture and stock enhancement of sea cucumber, *Apostichopus japonicus*, in shallow seawater. Aquaculture Research, 46: 2260-2269.

Zhou Y, Yang H, Liu S, et al. 2006. Feeding and growth on bivalve biodeposits by the deposit feeder *Stichopus japonicus* Selenka (Echinodermata: Holothuroidea) co-cultured in lantern nets. Aquaculture, 256: 510-520.

第六章　资源关键种行为特征与驯化控制

林承刚　潘　洋　张立斌

摘要：海洋牧场作为一种新型的增养殖渔业系统，需采用先进的资源物种驯化控制技术对其中增殖或移植的资源生物进行科学的管理，以增加其资源量，并实现具有计划性和高效率的收获捕捞。本章介绍了海洋牧场资源关键种的行为生态特性，主要涉及游泳性鱼类和大型底栖生物在光照、声音、水流、激素等因子调控下的运动、摄食、繁殖行为，以及根据其行为特性设计应用的相应海洋牧场资源关键种驯化控制设施装备。

关键词：关键种，行为，驯化，控制

第一节　行为研究与驯化方法

海洋牧场作为一种新型的增养殖渔业系统，有别于传统的在有限可控空间里进行的工厂化、池塘围堰养殖模式，而是在非可控的自然开阔区域进行增养殖，传统的管理、捕捞方式无法开展，需采用先进的资源物种控制技术对其中增殖或移植的资源生物进行科学的管理，维持或增加其资源量，并实现有计划且高效率的收获捕捞（Bass and McKibben，2003；李波和宋金超，2011）。保持甚至增加海洋牧场中的资源生物量，掌握甚至控制资源生物的分布情况成为管理海洋牧场必须面对的两个关键问题。为解决上述两个问题，需开展海洋牧场资源关键种的行为研究，了解掌握关键资源生物的生理行为和生态特性，并根据其特性设计相应的控制设施，以达到资源关键种驯化与行为控制的目的，实现海洋牧场的高效运行。

一、行为研究

行为学是研究动物个体和动物社群为适应内外环境变化（刺激）所作出的反应的学科。早在距今一万多年前的旧石器时代，人类开始家养动物后即开始观察了解动物的生活周期和行为，开始出现动物行为学的萌芽，经过一个缓慢发展的阶段，到 17、18 世纪逐渐系统化，开始比较不同物种行为的研究并进行行为的理论探讨。达尔文于 1859 年发表《物种起源》，对动物行为学研究产生深远影响。19 世纪末，迷宫等原始行为学研究方法开始被应用于研究老鼠的学习行为。20

世纪是动物行为学迅速发展和真正延伸的世纪，但前期还主要集中在鸟、哺乳类等高等动物，后期逐渐涉及以鱼类为代表的海洋生物，研究了鱼类的摄食、生殖、游泳、呼吸、避敌、攻击等运动形式，以及发声、改变体色等非运动形式，无论是运动形式还是非运动形式，均与环境刺激有关，因此可以将鱼类个体对环境的反应称之为行为，如鱼类的趋光性、趋音性、趋流性、趋礁性等行为。随着研究的深入，海洋生物行为学的研究领域逐渐拓展到虾、贝、参等重要资源或经济生物，研究其在不同环境条件下的行为特性，为寻求有效的行为控制手段奠定了理论基础，如对虾的潜底和浮现等行为；贝类的迁移、自残等行为；刺参的避光、趋流等行为。为更加科学准确的研究鱼、虾、贝、参等海洋生物的行为，诸多行为学研究方法应运而生。

1. 实验水槽观察法

因为在自然海区，环境条件较为复杂多变，难以实现准确调控，因此多利用实验室内的水槽或者水族箱，在人为控制条件下对鱼类等海洋生物进行观察，以研究其运动机理及生理变化。运用此方法，既要保证实验水槽具有足够的实验空间，又需要对周围环境进行严格的控制，避免声音、光照、磁场、水流、温度、盐度、溶解氧等环境因素对其产生的干扰。实验水槽比较典型的有英国阿伯丁海洋研究所的环形水槽，该水槽直径 10m，具有 1.5m 宽的环形通道宽，环形轨道上方和中央圆槽中配备的摄像机可从上方、侧面同时观察记录实验对象的运动行为，可开展鱼群中个体相对位置和姿态，游泳耐久力等诸多实验。还有 Takagi 等（1993）使用大小、形状、功能不同的实验水槽，观察分析了鱼类的集群运动行为；Fangstam（1993）利用直径 11m 的实验水槽，配合被动式集成应答标志（passive integrated transponder tag，PIT tag）研究了鲑鱼顺流而下的速度。

随着科技的进步，计算机视觉捕捉分析技术也广泛应用到海洋生物的行为生态学研究之中。Rillahan 等（2011）利用高分辨率超声遥测系统及摄影机记录了大西洋鳕的三维运动信息，精确描绘其运动轨迹，定量研究其运动行为。石小涛等（2014）利用视频采集系统和 SwisTrack 软件分析了鲢幼鱼的游泳行为。林承刚（2014）、潘洋（2015）利用缩时摄像机和红外摄像机，观察计算了刺参的运动速度及在水流作用下的运动规律（图 6-1）。

2. 潜水观察法

伴随 20 世纪 60 年代便于潜水员携带的水下呼吸系统（self-contained underwater breathing apparatus，SCUBA）和 70 年代末的水下有缆水下机器人（remote operated vehicle，ROV）和无缆水下机器人（autonomous underwater vehicle，AUV）的出现，以及低照度摄像机（low light video camera）的发明，海洋生物的行为学研究从室内走向野外。科学家、潜水员可以借助专用设备在水下直接对海洋生物的

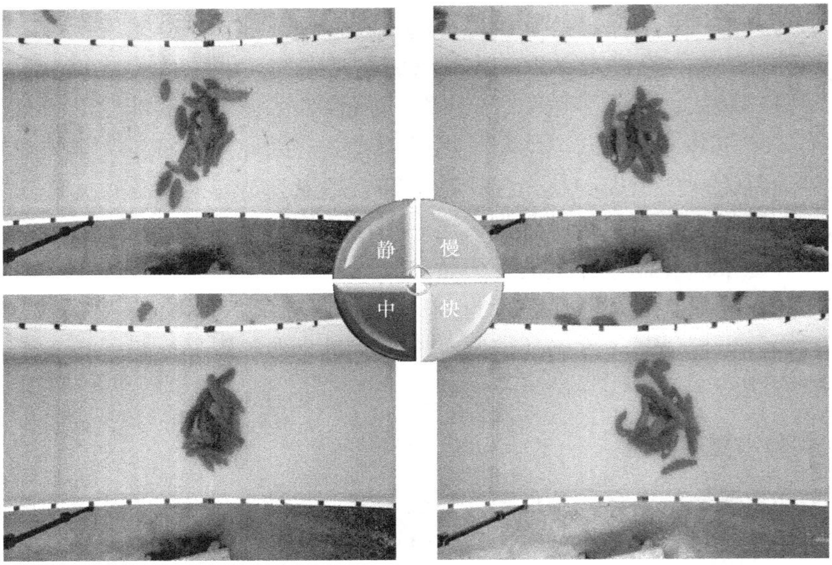

图 6-1　缩时摄像机下不同水流条件下的刺参运动情况（林承刚，2014）

行为进行观测、拍摄、记录，或将视频、图像信息直接传回水面调查船或实验室以进行遥控观察，能够了解鱼类在自然环境中的真实行为和习性，以及鱼类对渔船、渔具等非自然因素的行为反应（Girolamo and Mazzoldi，2001；Trudel and Boisclair，2005）。20 世纪 60 年代，我国东海水产研究所曾组织科学家潜水队，在南海海域进行鱼类行为观察。英国科学家发现水下呼吸系统在工作过程中产生的气泡和声音，会对观察对象的行为产生影响，甚至造成鱼类的条件反射（Popper and Schilt，2008）。因此，潜水员和机器人进行水下观察时，必须避免观察装置和人员对观察对象的非必要影响，避免人工光源、排气噪声和气泡等人为的干扰（周应祺，2011）。Mesquita 和 Godinho（2008）使用频闪灯，在暗环境中实现不影响鱼类行为条件下的图像采集。除人为影响以外，自然条件（水下能见度等）和气候环境（急流等）及观测时间等会对观察效果和研究人员的工作产生限制。现代 Deep Vision 技术可提供水下高清晰的摄像影像（Warrante，2004）。随着电子信息水平和缩时摄像技术的提高，水下缩时摄像机已经可以胜任长时间（2 个月）、自动化的水下视频采集工作。英国阿伯丁海洋实验室研制了水下遥控运载装置，可通过遥控运载装置上的摄像机，对观察对象以最佳的位置或角度进行长时间拍摄、观察，而不会对观察对象产生干扰（图 6-2）。

3. 超声波影像分析法

在较大尺度上，通过多波束扫描、网口、数字三维声呐等获得高分辨率超声波回波影像，有助于实时监控鱼类个体或群体相对船体、网具、礁区的位置，观

图 6-2　莱州湾海洋牧场人工鱼礁区生物情况（图片拍摄者：潘洋）

察鱼群的进网过程，从而及时调整网具，提高捕捞效率。对于鱼群的群体分布研究，利用高频率超声波可以获得清晰的鱼类个体或群体影像，进而结合现代数字技术将超声波回波信号转化成能够显示水下空间和鱼群的三维立体影像（Gerlotto and Paramo，2003）。此外，很多科学家利用多波束垂直扫描声呐来提取鱼群的空间位置、形态结构和能量等参数，分析鱼群的分布模式等（Paramo et al.，2007；Gerlotto and Paramo，2003；Perrot et al.，2010）。刘辉（2014）即利用 EY-60 回声探测仪对海州湾海洋牧场海域的花鲈生物量进行了探测（图 6-3）。Paramo 等

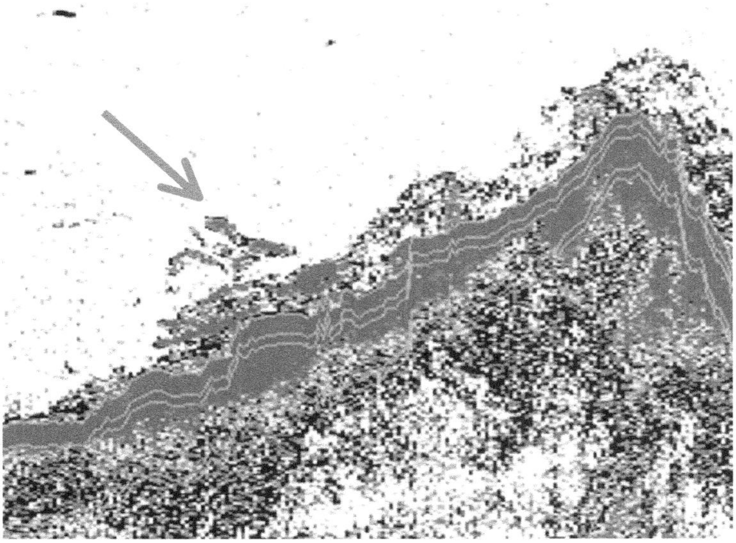

图 6-3　海州湾海洋牧场花鲈回声图（刘辉，2014）

（2007）采用 SBI Viewer 软件对扫描声呐获得的影像进行了处理，得出了能够反映鱼群次群体、密集核心和空泡等分布特征的三维视图，进而采取主成分分析法分析鱼群的结构特征，为鱼群的分布与结构、资源密度的分布与种群的关系等研究提供了新的方法。

4. 标志放流法

20 世纪 90 年代前，有关鱼类洄游的研究只存在一些定性的描述。数据存储标志、声学定位标志、移动的和固定的声学传感器、扫描激光系统等新兴技术的产生，使自然界中鱼类行为的定量研究成为可能（Walsh et al.，2002；Lutcavage et al.，1999；De et al.，2001；Polovina et al.，2001）。例如，高精度全球定位系统（global positioning system，GPS）传感器为鱼类个体的运动提供了准确的时空数据，是研究金枪鱼等大型鱼类运动轨迹和洄游路线的有效手段（Walsh et al.，2002；Lutcavage et al.，1999）；将标牌、磁针、刻痕针、数码芯片等附在鱼体身上或插入体内，有助于在标志放流过程中准确鉴别鱼类个体，分析鱼类洄游路径等（图 6-4）（陈锦淘和戴小杰，2005）；结合遥感获得的环境资料，利用遥感技术能够综合分析推测鱼类运动与环境的关系等；通过卫星数据收集系统（data collect system，DCS）有助于研究标志放流的鱼群分布特征（官文江等，2007）；利用电子数据存储标记同时检测鱼类和贝类的运动、洄游和对网具的反应等（De et al.，2001）。

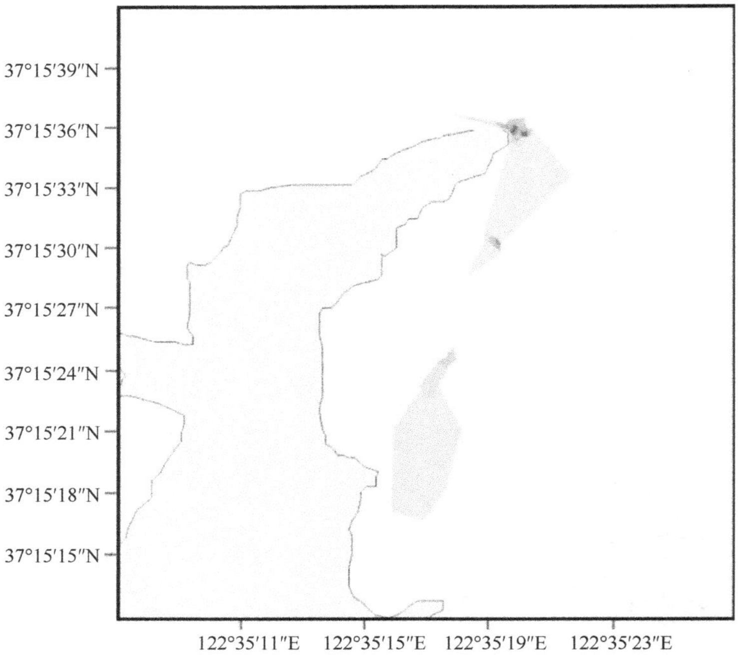

图 6-4　利用声学遥测技术绘制的荣成湾海洋牧场区域许氏平鲉栖息地范围（孙璐，2013）

5. 数学模型模拟和仿真法

在实验室研究和实地观察的基础上，计算机技术的发展使学者建立鱼群动态模型、开展模拟仿真研究成为可能。即基于对鱼类个体或者鱼群的运动、空间分布的变化和行为反应等的观察记录，建立数学模型，从而进一步分析鱼群的运动模式和行动的规律，研究鱼群的突现性（emergent properties）等。建立模型及模拟仿真的方法，已经成为鱼类行为学研究的重要手段（柳玲飞等，2010；Cambui and Rosasm，2012）。"唯像学"通过比较模拟结果与实际观察资料，用其相似程度来判别、推断和分析鱼群行为的内在机制，从而筛选出具有重要影响的因子，该方法的显著特点是以大量观察的现象为主，通过对比分析探索影响因子（周应祺，2011）。Breder（1959）首创了通过数学模型研究鱼群动态结构的方法。在模型研究中，Aoki（1982）首次在模型中将鱼的视野分为排斥、平行、吸引和搜索4区，Huth和Wissel（1992）进一步修正了Aoki的研究模型；Reynolds（1987）首次提出碰撞规避（collision avoidance）、速率匹配（velocity matching）、中心聚集（flock centering）等规则；Grimm（1999）将生态学中基于个体行为模型（individual based models，IBM）理念应用于鱼群动态研究中。Viscido等（2005，2007）建立了群体模型，探讨鱼群群体突现行为及对群体结构和形成受群体大小、被影响的邻居鱼数目等的影响情况。Couzin等（2005）建立了动态模型，对于拥有信息的个体影响群体行动的过程和效率进行了模型模拟分析，结果表明，当群体数量越大，所需的信息个体的比例越小，就可以通过引导使整个群体到达目的地。

二、驯化方法

在传统畜牧业中，驯化（acclimatization）是指外来动植物通过改变其遗传性状以适应新环境的过程，或将其从野生状态改变为家养或栽培的过程。在水产领域，主要涉及"引种驯化"，是指将鱼类等水生生物移植到与原产地自然条件不同的新水域，移植生物在一定程度上改变原本的形态结构、生理特性以适应新的水域环境，一般包括饵料驯化、盐度驯化、温度驯化等。引种驯化可分两个时期，第一个时期为单生命周期，从对当年鱼进行移植开始，到当地发现新生的当年鱼为止。单生命周期又可分为存活阶段、繁殖阶段和后代成活阶段。其中存活阶段是生理适应阶段，如果移植鱼无法繁殖，驯化也将就此中止。例如，将鲢、鳙、草鱼移植于没有大型河流的湖泊、水库中，繁殖成功率极低，该移植方式只能算作育肥饲养或阶段放养。繁殖阶段某些鱼类可以在新水域中正常产卵，但产出的卵难以存活。例如，鲢、鳙、草鱼在大中型水库，产出的卵由于河道过短、产卵场距离河口过近等原因，很快就流入静水中，因溶氧不足或被泥沙掩埋而死亡。后代成活阶段的移植鱼类可以正常生存、繁殖，后代也能够存活。例如，放养团头鲂于有水草的湖泊水库，团头鲂一般能够繁殖可成活后代；放养产漂流性鱼卵的鱼类也偶有后代成活的可能。多生命周期是指移植驯化工作不仅获得了生物学效果，还形成了稳定且经得起捕捞的鱼群，移植驯化的目的是产生渔业效应，被称为顺化（naturalization）。

海洋牧场的管理和收获过程主要涉及行为驯化。针对鸟类、哺乳动物等高等动物，驯化是动物个体后天获得的行为，在动物先天的本能行为基础上建立的人工条件反射。其主要行为驯化方法分为早期发育阶段驯化、个体驯化与集群驯化、直接驯化与间接驯化、性活动期的驯化。海洋牧场资源生物以鱼、虾、贝、参等低等动物为主，采取高等动物的驯化方法成效较低，需综合考虑资源关键种的行为生态学特性和海洋环境特点，设计出适用于海洋生物的行为驯化方法及设施。

第二节　摄食行为控制

一、摄食行为影响因素

水生动物的摄食行为是其摄食习性的具体表现，由食欲激发、探究、吞咽（或吐出）、饱食、饥饿的连锁反应才得以完成，并且受神经系统控制（王渊源和王全阳，1992）。苏联学者将摄食行为划分为获得食物存在的信号、寻找和发现信号源及鉴别食物的适口性 3 个阶段及 5 个时相，见图 6-5。

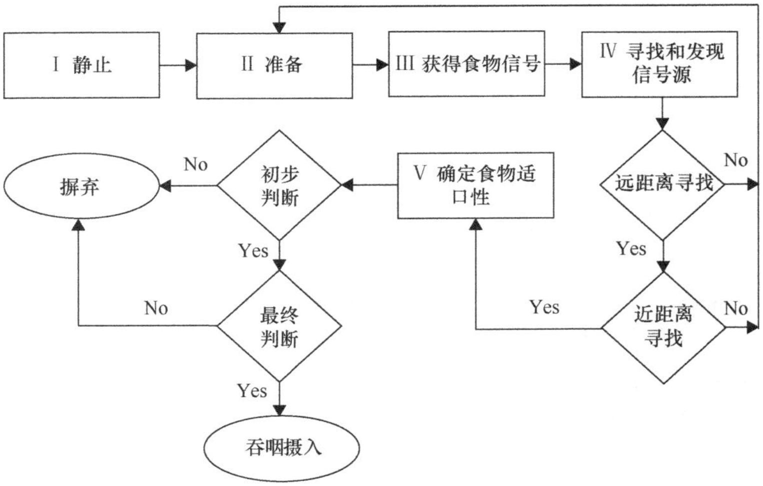

图 6-5　摄食行为过程

患病及生殖期、越冬期和大的地磁或地震爆发前的一些鱼类均处于第 I 时相，而这一时相的鱼感觉不到食物信号。三须鳕的实验表明，达到一定饱食度的鱼类即处于静止时相，所有鱼类可能均具有这一特性。随着饥饿或食物消化、康复或产卵结束，鱼由静止时相转入启动状态，对食物信号的敏感性和摄食行为的出现的准备程度均与这一状态有关，处于第Ⅱ时相的鱼比较活跃，据此而选择更易于获得食物信号的栖息区。在感受到任何模式的信号后，均可进入第Ⅲ时相。但最常见的是，机体在最远距离接收到的那种感觉系统能够首先接收信号。距离性感觉系统包括嗅觉、视觉、听觉、震觉（侧线）及电觉，某些情况下也包括味觉，可能还包括普通化学感觉。由于每种鱼的摄食方式、生态学特性及各种生物和非生物因素存在差异，使得在获得食物信号上，不同距离性感觉系统起的作用也不同。某一感觉系统在第Ⅲ时相所起的作用，首先取决于其机能的发达程度，即作用距离，关于某一感觉器官对食物信号的最大感受距离的资料不足，已有研究成果见表 6-1。

表 6-1　感觉器官对食物信号的感受距离

距离＼感觉	口腔味觉	触觉	化学感觉	电觉	外周味觉	侧线	视觉	听觉	嗅觉
＞100m									√
25～100m								√	√
1～25m							√	√	√
0.25～1m					√	√	√	√	√
0～0.25m		√	√	√	√	√	√		
0m	√	√							

在参与第Ⅲ时相的感官中，嗅觉作为多种鱼的感知距离最远的一种感觉，发挥着特殊作用。其余感官的作用距离较短，但定向较为精确（使鱼游向信号源），这一特点对第Ⅳ时相摄食（寻找并发现食物）有重要意义。

鱼类等水生生物的摄食行为是多种感觉器官共同作用的结果。然而，不同生态习性的生物在摄食行为中起主导作用的感觉器官是不同的。例如，花鲈孵化后 6 小时仔鱼视网膜开始分化，20 小时分化完成，52 小时形成视神经，5 天仔鱼开始摄食，视觉功能化，此时视觉是仔鱼摄食的唯一感觉，其他感觉还没发育，刚功能化的视网膜中只有视锥细胞。27 天的稚鱼，视网膜中出现视杆细胞，产生视网膜运动反应。45 天变态后的幼鱼该反应更加明显。由于刚开口的花鲈仔鱼是纯视锥型的眼睛，故对弱光的反应性很差，由于视锥细胞对弱光反应较差及仔鱼内在的摄食节律特点，晚上在 101lx 光照下，仔鱼不摄食。随着眼睛的发育，仔鱼在夜晚光照条件下逐渐开始摄食。变态后幼鱼的视网膜逐渐发育完善，视锥、视杆细胞都已发育，花鲈摄食能力增强，摄食成功率也提高（王小平等，1999）。金乌贼的摄食主要依靠视觉，研究表明金乌贼在视野上方食饵的成功率约比摄食下方或前方时低 20%（郝振林，2007）。

嗅觉在鲨鱼类定位食物的过程中具有非常重要的作用。例如，在正常状态下星鲨能够觅食事先放置的蟹肉，星鲨的两个鼻孔被棉花塞住后，就不能识别和定位蟹肉的位置。如果只有 1 个鼻孔被塞住，星鲨会向未塞孔的一侧转向。另外，增加食物的浓度也能诱导鲨鱼迅速转向食物刺激更加强烈的一侧（Parker，1922）。刺参可通过嗅觉和触觉选择饲料，石莼粉饲料和海带粉饲料对刺参的诱集效果较好（夏苏东，2012）。海马一般是依靠视觉、嗅觉来搜寻食物，偏爱活饵。面对活饵，海马会逐渐靠近并追逐，当吻即将触及小虾时，海马的颊部马上鼓起，伸张管状长吻，将小虾吞食进去（赵平孙等，2003）。Mackie 和 Adron（1978）采用吞颗粒法研究了大菱鲆（*Scophthalmus maximus*）的诱食剂，发现食物的化学刺激能诱引大菱鲆的捕食反应（王新安和马爱军，2007）。

鱼类利用侧线对水下波的感受进行捕食的例子较为普遍（图 6-6）。例如，半滑舌鳎主要依靠侧线摄食，其侧线能够感受到猎物的低频振动，嗅觉起辅助作用，头部各边缘部位和躯干中上部各鳍也具有部分作用，而视觉在捕食中的作用不大，味觉在食物吞咽过程的作用较大（王新安，2007）。线纹单唇鳉（*Aplocheilus lineatus*）能够利用头部发达的侧线捕食落于水面的陆生昆虫（Bleckmann，1986）。狗鱼（*Esox lucius*）捕食时，一般可捕获前方 5～10cm 的活饵料鱼，外科手术去除狗鱼侧线后，其捕食能力丧失，表明侧线在狗鱼的捕食中具有重要作用。

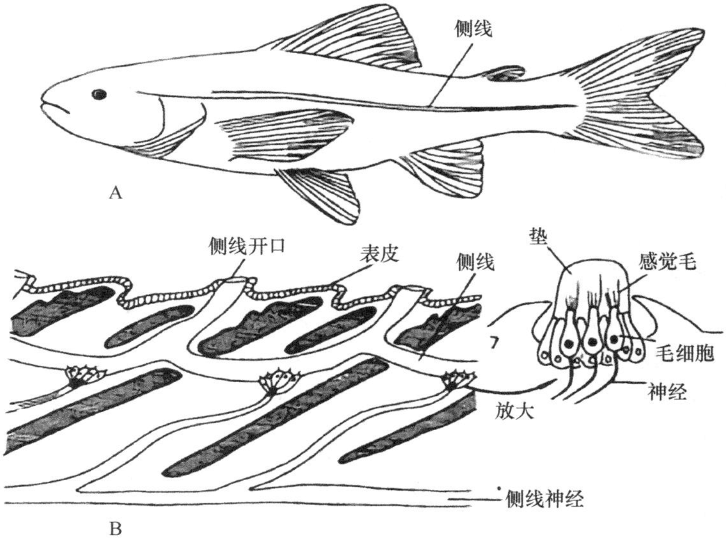

图 6-6　鱼的侧线感觉器官（图片来源：http://www.yakp.org.cn/DocHtml/627/2008/9/12/631735009797.html[2017-01-17]）

由于声音在水中的传播距离长，衰减速度缓慢，并且能够避免水浊度和光线强度的影响，听觉与视觉、嗅觉等感觉相比，具有显著优势。因此，声音可以作为对水生生物很好的刺激因子。作为一个潜在的控制水生生物行为的因子，与之相关的研究，在鱼类中开展较多。所有被研究的鱼类均能够感知声音（Fay and

Popper，2000；Kasumyan，2005；Popper and Fay，2011）。内耳（鱼类没有外耳和中耳）和侧线（Popper et al.，2003；Ramcharitar et al.，2004）是鱼类感知声音的主要感知系统。在不同鱼类中，内耳可以感知几百甚至几千赫兹的声音，而侧线可以感知小于100Hz的低频声音，也有学者认为侧线主要通过感知水流运动的变化来感知声音（Slabbekoorn et al.，2010）。

质点运动和压力脉动是感知声音的两个主要途径。鱼类的内耳和侧线中的听觉毛细胞与哺乳类十分相似，能够感受质点运动并产生机械刺激，进而产生电信号传导到神经细胞。侧线系统分布在鱼类身体两侧及最为重要的头部区域，具有侦测水流方向和接收短距离内（1～2倍体长）的低频声波等重要作用。与侧线相比，内耳能够接收较为高频或较远距离传播而来的声音。不同鱼类形态学结构的进化程度及听觉系统的完善程度存在差异，对声音的绝对灵敏度和频率范围也不尽相同（Fay and Popper，2000；Kasumyan，2005；Popper and Fay，2011）（图6-7）。一般情况下，鱼类接收声音的最佳频率是30～1000Hz，具有一般听觉的鱼类可能只能接收到50Hz到500Hz或600Hz的声音，有些种类则能够侦测到3000～5000Hz的声音，还有一些特殊类群可以接收到次声波或超声波。在一定程度上也能证明次声波和超声波也可能成为控制鱼类行为的有效环境因子。例如，欧鲽（*Pleuronectes platessa*）和大西洋鲑鱼对低于50Hz的音频具有较高的敏感度（Karlsen，1992；Enger and Karlsen，1993），可以使用次声波控制大西洋鲑进入一个被次声波覆盖的区域（Knudsen et al.，1994）。Astrup和Møhl（1993）发现大西洋鳕对38kHz的回声探测仪有行为反应，还有众多研究证明鲱科鱼对于128kHz的超声波脉动有反应。俄国科学家发现某种鲤和雀鳝也能侦测到超声波，对于125kHz的超声波和160kHz的伴生电磁场有反应，但这一研究缺乏翔实的数据支撑。

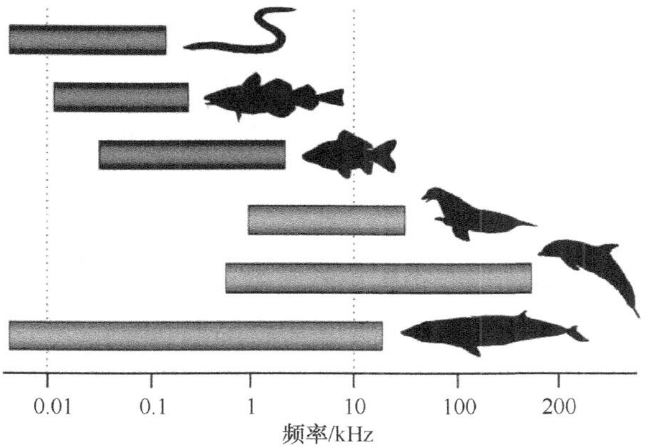

图6-7　水生生物接收声音的频率范围（Slabbekoorn et al.，2010）

二、控制方法

国际上，欧美等国家已将音响驯化技术应用于深海网箱养殖上。Tlusty 等（2008）采用音响驯化来控制逃逸的鱼群并将其召回至深海网箱，研究表明 50～400Hz 的音频能够较好地控制大西洋大马哈鱼和虹鳟，而 250Hz 的音频能够同时控制两种鱼摄饵，大马哈鱼和虹鳟的最大聚集率分别达到 85%和 96%。日本开发建设了音响驯化型海洋牧场，并将真鲷、牙鲆、黑鲷等近海经济鱼类作为驯化对象。日本对真鲷音响驯化的研究始于 20 世纪 70 年代初期，真鲷音响驯化研究的理论基础是条件反射（毕庶万，1982）。其目的是在音响发声和真鲷摄食之间建立条件反射，把鱼引诱到一定水域，以提高饵料的利用率（图 6-8）。这种方法不仅可以用于栽培渔业上作为保护稚鱼育成的重要手段，而且可以采用粗放式进行围网养殖。通过尽量减少鱼的逸散，提高饵料的利用率和鱼群的捕捞率，大大地提高了栽培渔业和养殖渔业的生产效率。

图 6-8　日本长崎市纲场湾海洋牧场音响投饵系统（杨宝瑞和陈勇，2014）

我国鱼类的摄食行为控制，主要是利用饵料的气味和化学成分对鱼类形成有效地刺激，鱼类通过嗅觉器官感受饵料发出的这种刺激，从而找到食物。我国关于鱼类的音响驯化还处于理论研究阶段，但原始的声音驯化方法却很早就开始使用。例如，詹会祥等（2011）对昆明裂腹鱼进行驯化时，采用敲击法驯食，即一边投喂，一边用木棒敲击铁盒或瓷盆等。张国胜等（2004）学者在我国的音响驯化的理论研究方面处于前沿地位。程明华和徐如彦（1989）曾使用音响进行黑鲷的驯化实验，张国胜等（2004）和张磊（2014）也使用简单频率声音对黑鲷、真鲷进行音响驯化实验，证实了其有效性（图 6-9）。

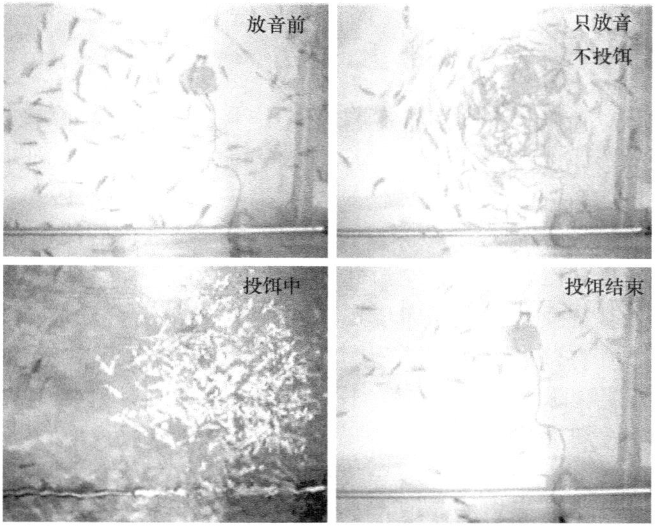

图 6-9　黑鲷鱼群音响控制后期效果（张磊，2014）

第三节　繁殖行为控制

性别控制研究对于海洋牧场关键种（如鱼类）具有重要的意义。不同性别鱼类的成熟年龄、繁殖方式、生长率、体型大小等多种生物学性状之间存在差异，生产全雌或全雄苗种进行单性养殖可以提高经济效益。因为鱼类性成熟后，性腺发育会消耗大部分能量。例如，鲤鱼在充分成熟后，其卵巢最高可占体重的 26%～30%，因此研究对鱼类性别的控制技术在生产上具有很大的现实意义。此外，研究鱼类的性别控制，还有利于进一步阐明鱼类性别决定机制等理论问题。

一、繁殖行为控制原理

鱼类真正的生理性别分化是从生殖嵴形成后开始的。生理性别即表现型性别，是在性别遗传机制作用下控制的生殖生理生化过程。鱼类的遗传性别在受精时刻便已决定，但鱼类性腺的分化却是一个渐进的过程。

二、繁殖行为控制技术

1. 中间杂交法

王楚松等（1989）用奥利亚罗非鱼♂与尼罗罗非鱼♀交配获得的奥尼鱼，雄性占 94.63%～97.87%。当两种罗非鱼亲本的配子是同型（ZZ♂，XX♀）时，其后代100%为雄性。在理论上，奥利亚罗非鱼♂×尼罗罗非鱼♀的后代也应都为雄性。因此，罗非鱼的种间杂交可产生全雄鱼后代。

2. 性反转法

通过雄性激素将雌鱼诱导为雄鱼的研究在许多鱼类中已经获得成功。例如，通过向鱼饲料中添加甲睾酮和 19-去乙炔基睾丸酮，可抑制幼鱼的卵巢发育，使其生殖腺原基向精巢分化，而使群体性别趋向雄性化（刘筠，1993）。据曹丽琴等（1994）报道，用甲睾酮处理幼鱼的发育时期越早，雄性化的比率越高。对于卵胎生鱼类珍珠玛丽鱼和红剑尾鱼，幼鱼性腺分化时同时具有两种性别的性原基，当它们的生殖腺原基皮质部优先向卵巢发育时，髓质部仍有精原囊存在。在甲睾酮的作用下，卵巢发育停滞以致逐渐萎缩，而精原囊得以增殖并分化，最终雌鱼变成了雄鱼（郑曙明和陈章宝，1997）。不同浓度的甲睾酮对鱼类性别发育的诱导效果也是不同的，低剂量（1×10^{-6}～5×10^{-6} g/L）甲睾酮可促进鲤鱼幼鱼向雄性分化，中剂量（10×10^{-6}～50×10^{-6} g/L）会导致金鱼、罗非鱼产生雌性化效应，而高剂量则会引起虹鳟、草鱼、鲤不育（楼允东等，1994）。

诱导鱼类性别向雌性分化的激素包括 17β-雌二醇、乙基雌二醇、苯甲酸雌二醇、己烯雌酚、雌酮、雌二醇等。不同雌激素诱导鱼类雌性化的能力不同，在10mg 己烯雌酚/kg 饵料的诱导作用下，能够有效将虹鳟雄鱼转变为雌鱼（刘学讯和孙砚胜，2000）。

3. 三倍体不育性的利用

已知的三倍体是不可育的，鱼类三倍体因将大部分营养物质用于生长而非性腺发育，因此三倍体个体比一般二倍体大 3～4 倍。Lincoln 和 Scott（1983）曾对虹鳟受精后 0～45min 的卵进行 10～15min 热（27～28℃）处理后，得到了虹鳟三倍体。上野紘一把受精后 5min 的香鱼卵浸在 0～0.2℃的冰水中约 1 小时，诱发三倍体（$3n$=84）达 93.2%，而且越冬后仍能继续生长。在埃及罗非鱼上也进行诱发三倍体的试验，把受精后 5min 的埃及罗非鱼卵浸于 10℃水中 30min，或 15℃水中 45min，10～12 个月后发现，雌鱼和雄鱼均是不可育的。人工诱导鱼类三倍体的理化因素包括低温、高温、超声波、射线等物理因素，以及细胞松弛素 B、聚乙二醇、秋水仙素等化学试剂（Ueno et al.，1986）。

4. 人工雌核发育

根据天然雌核发育的原理能够进行人工雌核发育。在天然雌核发育中，精子入卵后不能在卵质中自然核化，卵子自身不进行第二次成熟分裂，不排出第二极体。在人工雌核发育中，在精子入卵之前，人为地对精子进行遗传物质失活处理，并阻止卵子的第二次成熟分裂和排出第二极体。

因此，根据天然雌核发育的原理，鱼类的人工雌核发育包括两方面技术处理：①使精子遗传物质失活；②人工诱导二倍体的形成。使精子遗传物质失活有两种方法：第一种方法采用 Co 射线照射，Co 射线具有强大的穿透力，能够导致染色体断裂，便于处理大量精子；第二种方法采用紫外线照射，其特点是穿透力不强，紫外线不仅可以破坏精子头部 DNA 的结构，还保持了精子的活动能力，激活卵子发育。人工雌核发育的另一个关键技术是诱导雌核二倍体的形成。通常诱导二倍体形成可在两个不同发育阶段进行：一是在受精后不久抑制第二极体排出；二是抑制第一次卵裂。诱导方法包括温度（冷休克或热休克）、静水压和化学（秋水仙素）等。

5. 人工雄核发育

雄核发育是通过正常的精子和失活的卵子受精实现的。通过雄核发育产生的单倍体鱼，其染色体为正常二倍体的一半，只包括一套染色体组，并在胚胎发育时表现出典型的单倍体综合征。因此，需要对雄核发育诱导出的受精卵进行染色体二倍化处理，主要方法是利用温度或静水压抑制受精卵的第一次卵裂，使来自父本的染色体加倍，得到雄核发育二倍体。

赵振山等（1997，1998，2000，2002）通过冷、热休克已成功获得了泥鳅和大鳞副泥鳅雄核发育纯合二倍体，其染色体完全来源于父本。雄核发育也可用于性别控制，如用 XX 雌鱼和 YY 雄鱼杂交得到全雄鱼（XY），或通过雄核发育会诱导 YY 超雄鱼。在生产实践中，对于雄鱼生长明显快于雌鱼的种类（如罗非鱼、黄颡鱼等），雄核发育具有十分重要的意义。

三、繁殖行为控制的影响因素

1. 激素

鱼类通过脑—脑垂体—性腺轴（BPG）调控性腺的发育和成熟。雌二醇（E2）是诱导和维持卵巢发育的重要性类固醇激素，雌性中雌二醇（E2）的水平明显高于雄性。而在雄性性腺中存在睾酮（T）、11-酮基睾酮（11-KT），后者是精巢发育的诱导源（Jiang et al.，1996）。基于上述原理，将处于性腺分化关键时期的幼鱼用雌性激素处理，可使其中遗传表型为雄性的个体发生性逆转，转变为表型为雌性的个体（Piferrer，2001；Devlin et al.，2002）。该方法已被应用于牙鲆中（Tanaka，1988；Tabata et al.，1989）。

在牙鲆雌性化诱导中，主要使用雌性激素 17β-雌二醇和雌酮对其进行诱导。诱导方法包括药饵投喂法和药饵浸浴结合法。宁鑫（2011）用 17β-雌二醇浸泡漠斑牙鲆幼鱼 120 天后发现，雌性化比例达 71.3%。孙鹏（2009）投喂 2mg/L E2 后发现，能诱导出 100%的雌性牙鲆群体。研究表明，雌激素诱导可以促进漠斑牙鲆卵巢发育（宁鑫，2011），E2 处理可以显著降低雄性个体合成雄性激素的能力，对 11-KT 合成量的影响尤为明显（Labadie and Budzinski，2006）。因此，在牙鲆性别决定的关键时期，可以采用外源 E2 处理来诱导雌性化发生，但随着 E2 浓度的增加，幼鱼的死亡率也明显升高（林浩然，1984；Tanaka，1988；宁鑫，2011）。因此，在诱导过程中性激素的用量需要严格控制，保证既能提高牙鲆雌性化程度，又不至于大幅降低幼鱼的成活率。

2. 温度

水温是影响鱼类发育的重要生态因子，对牙鲆性腺的发育、排卵及胚胎发育均有重要影响（木云雷等，1999；司飞等，2008）。研究表明，基因型为XX的雌性牙鲆在受到外界因素的干扰时很容易转变成生理学雄性鱼，在正常温度（17.5～22.5℃）下，牙鲆、漠斑牙鲆幼鱼的雌雄比例为 1∶1，但在较高或者较低温度时，它们的雄性（在性腺分化时期）比例都明显提高，随着培养温度的上升，雄性比例也不断增加（Yamamoto，1999；Colburn et al.，2009）。孙鹏（2009）发现常温和 21℃低温组的雄性牙鲆比例分别为 51.6%、60%，而高温组（24℃、28℃）分别高达 73.3%、87.3%。Kitano 等（2000）对牙鲆群体进行 27℃高温处理后，得到了 100%由遗传型雌性转变成的雄性表型的牙鲆群体。

第四节　运动行为调控

运动行为是海洋生物最基本的行为之一，动物需要寻找食物与遮蔽场所，水生动物的运动是防御、觅食等活动的基础，直接决定其分布状态与栖息地选择特征（Huntley and Zhou，2004；Incze et al.，2001；Welch et al.，1999；Zhou and Dorland，2004）。鱼类作为海洋牧场的重要组成部分之一，其行为控制也是海洋牧场的关键技术要素之一。研究表明，鱼类的空间运动和分布对渔场的可持续发展起到了重要作用，不仅能够用于推测渔业资源分布，还能用于鱼类的选择性采捕（Abernethy et al.，2007；Alós et al.，2012；Bertrand et al.，2004）。渔场的有效管理需要借助空间生态的方法，从而能够较为全面地呈现出空间对于渔场的可持续发展起到的重要作用（Cabanellas-Reboredo et al.，2014）。由于渔场空间生态管理方法较为复杂，传统渔业管理多是基于均匀场景，却忽略了鱼类运动引起的鱼类分布的空间异质性（Lorenzen et al.，2010；Post et al.，2008）。在野生环境中，鱼类空间分布数据不足也是鱼类种群衰退的一个重要原因（Lorenzen et al.，2010；Parkinson et al.，2004；Hilborn and Walters，1992；Koeck et al.，2013；Botsford et al.，2009）。研究海洋生物运动行为对海洋牧场的布局、选址和管理等方面都非常重要。

一、控制原理

目前在海洋牧场构建过程中，为了保证放养的鱼类不会从海洋牧场流失，并吸引野生鱼类进入海洋牧场，必须对鱼类的行为进行驯化和控制。因此，对鱼类运动行为进行控制的前提是查明鱼类趋向性行为的原理。

1. 避害行为

当环境中出现惊恐物质时，鱼群会产生相应的恐慌和躲避行为。一条鱼受伤后，其皮肤会释放出一种化学物质，这种化学物质对鱼群中的其他鱼具有惊吓作用，被鱼群中的其他鱼感知之后会散开，产生躲避行为。在野外实验中发现，当惊恐物质产生后，即使鱼群再次集结，也会远离受伤鱼数小时甚至数天。Frisch（1938）认为这种惊恐物质是受伤的鱼类个体通过血液循环从皮肤中释放出来的，可被其他鱼类通过嗅觉感受到。Bond 等（1982）发现，鲤科鱼类感知到狗鱼的气味后会表现出典型的惊恐反应，包括剧烈的游动、蹿出水面及突然不动等。

2. 趋味行为

化学作用会对鱼类产生强烈的生理刺激性，导致鱼类个体的生理代谢和行为产生明显的变化。为了实现人工制造气味引诱鱼类，近来，不少学者对能够引起鱼类索饵行为的物质进行了广泛地研究。Olmster 研究了各种饵料对杜父鱼（*Ameiurus nebulosus*）的引诱性。他将固体饵料用棉花包好放入水槽，测量鱼在 30min 内触碰棉花的次数，以表征引诱力的相对值；对于液体饵料，则将其注入鱼的前鼻附近，通过观察鱼的呼吸、须的动作、吞咽、游泳等状态来判定其是否反应。Adrian 发现，蚯蚓和牛肝对鱼类有较强的引诱性，测定了在蚯蚓和新鲜的牛肝的引诱下，鱼类嗅神经的放电情况。Vanwel 研究了 7 种氨基酸、6 种芳香物质、5 种核酸及相关物质，以及维生素、蛋白质等共计约 40 种化合物对小的黄鳍金枪鱼的引诱作用。研究发现，鱼对油丝氨酸、天冬氨酸、精氨酸、对甲氧基苯丙烯和维生素 B_{12} 具有感知的能力，但没有表现出显著的趋向性。其他学者的研究都表明纯化学品对鱼类的诱引效果没有自然物质显著。因此，可推测对鱼类产生引诱并不是单一的某种化学成分的作用，而是多种化学成分综合产生作用的结果。在渔业生产上，往往使用人工诱引物用于提高诱鱼和集鱼效果。

3. 趋光行为

鱼类视网膜中包括圆柱细胞和圆锥细胞两种视细胞。其中，圆柱细胞的光刺激阈值为 100～102lx，圆锥细胞的阈值为 5～10lx，阈值越低，表明光敏感性越高；阈值越高，表明光敏感性越低。此外，视网膜在不同光亮条件下的适应状态也会影响光刺激阈值。光刺激阈值在暗适应时减小，灵敏度增加；在明适应时增大，灵敏度降低。不同光亮适应状态下，视网膜的运动（指视网膜上的色素细胞与感光细胞在不同光照强度下的相对运动）也会影响光刺激阈值。

鱼类的趋光性是指鱼类对光刺激产生定向运动的特性，包括正趋光性和负趋光性。正趋光性是指鱼类朝向光源的定向运动，负趋光性是指远离光源的定向运动。鱼类的趋光性与种类有关，不同种鱼类的趋光性不同。大多数上层鱼类具有正趋光性，一些底层鱼类具有负趋光性，负趋光性鱼类一般在 0.1～0.01lx 照度时才活动。某些鱼类在幼鱼期是正趋光的，而在成鱼时为不趋光或具有负趋光性，如香鱼、鳗鲡等，这些鱼的仔鱼在白天时下潜于水底活动，傍晚后才上浮于表层水体活动。渔业生产上的灯诱渔业即利用了鱼类的正趋光性。

4. 趋流行为

趋流性指游泳鱼类在逆流游泳时表现出头部顶流的行为，是鱼类的一种天性。鱼类的感觉器官受到水流的刺激后，能够产生相应的活动方式及反应机制。何大仁（1998）发现，中上层鱼类大多具有趋流性，它们能始终保持逆流姿态，并根据水流的流速和流向调整游泳速度和方向。红鳍银鲫在静水游泳活动时没有特定的方向性，但当水流流速达到 0.3m/s 以上时其趋流率达到 85%～98%，出现群体逆流而上的现象（宋波澜，2008）。通过对远东多线鱼、六线鱼（今井义弘和高谷义幸，1998）和黑鳕等海洋鱼类（张硕和陈勇，2005）在回形水槽中的趋流性研究发现，鱼的趋流率在静水和流速较低的情况下为 48%～82%，鱼的趋流率随着流速的增加而增加，当流速达到 0.6m/s 时，趋流率接近 100%。

许多海洋底栖生物的运动和分布都受到海底水流的影响，海胆（*Echinometra oblonga*）分布在水流湍急的地方，而海胆（*Echinometra mathaei*）却分布在水流平缓的区域（Russo，1977）。当接近猎物时，海星（*Asterias vulgaris*）可以逆流运动进行觅食（Morissette and Himmelman，2000），而一项研究还发现，该物种在室内模拟条件下无论是否有食物出现，均可进行逆流运动（Drolet and Himmelman，2004）。与海星（*Asterias vulgaris*）行为鲜明对比，海星（*Asterias forbesi*）却对水流不表现出趋向性（Dale，1997）。本实验中，在水流流速低于 14.7cm/s 时，刺参的运动行为对水流不表现出明显的趋向性，然而当水流达到 29.3cm/s 时，三种规格的刺参均一致地表现出顺流而下的运动趋向性。另有研究表明，当水流持续增大时，虽然刺参能够结实地吸附在底质上，但是它们会停止运动（Qiu et al.，2014）。因为随着水流地增大，刺参用在吸附行为上的能量消耗也将增大，直至所有分配于运动上的能量全部消耗在管足的吸附行为上，而只能勉强固着身体以抵抗水流的冲击，随着水流的冲击而顺流运动，因此在强水流中，刺参表现出顺流运动的趋向性。

不同的棘皮动物对水流的行为反应也不相同，海星（*Asterias vulgaris*）在逆流运动时可以在垂直水流的方向上运动（Drolet and Himmelman，2004）。作为一种所搜行为的表现，垂直于水流方向上的运动也曾在海星（*Leptasterias polaris*）（Rochette et al.，1994）和北蛾螺（*Buccinum undatum*）（Sainte-Marie，1991）中被报道。海胆 *Echinometra oblonga* 和 *Echinometra mathaei* 总体上只沿着与水流平行的方向运动，极少在垂直于水流方向上运动（Russo，1977），由于海胆管足的吸附能力很弱，而使它们难以抵抗水流的冲击，从而只能在与水流平行的方向上运动。在本实验中，在水流流速低于 14.7cm/s 时，刺参既能像海星一样可以在垂直水流的方向上进行探索和运动又能像海胆一样只能在沿着水流的方向上运动，既表现出顺流趋向性，也表现出逆流趋向性。

5. 趋音行为

鱼类的趋音性是指鱼类能够依靠内耳和侧线对不同的声音刺激产生各种各样的行为反应。研究鱼类趋音性行为可以为声音在渔业及海洋牧场构建的应用中提供生物学依据。鱼类的趋音性包括正趋音性和负趋音性两种类型。正趋音性是指鱼类对声音刺激较为敏感，在受到声音刺激后会趋向声源运动。“声诱渔业”就是以鱼类的正趋音性为基础的（图 6-10）。负趋音性是指鱼类对声音刺激也较为敏感，但受到声音刺激后会避开声源运动。渔业生产中，常利用鱼类负趋音性来阻拦和驱赶鱼群。但并非所有的鱼类都会出现趋音性，有些鱼类对声音刺激的反应非常迟钝，甚至毫无反应，表现为中性反应。

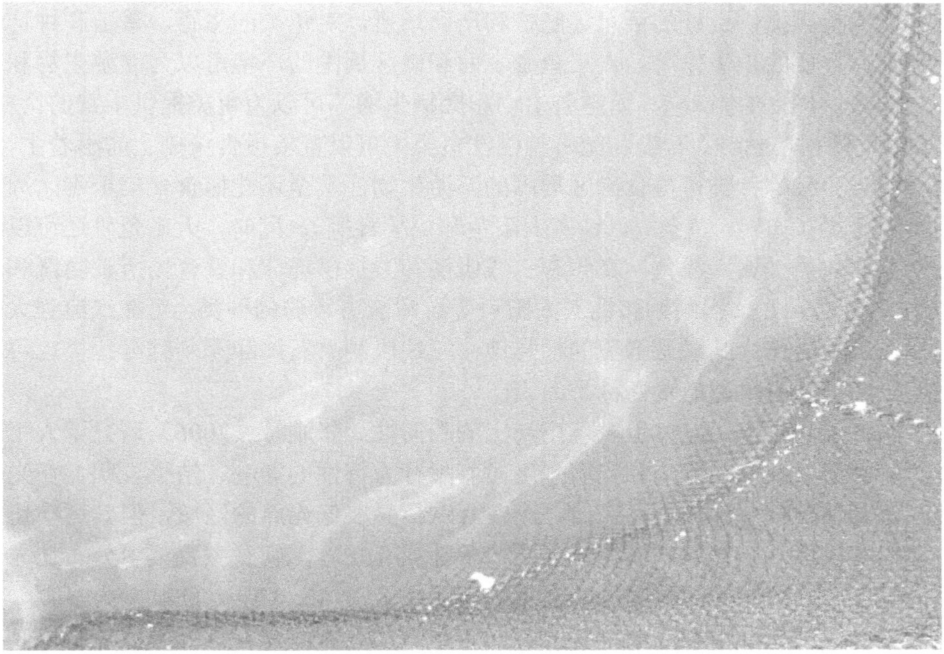

图 6-10　网箱音源附近黄姑鱼的聚集现象（陈德慧等，2011）

研究发现，在不同性质的声音刺激下，鱼类的反应不同。一般情况下，鱼类对同类摄食时的游泳声、摄食声和求偶声等呈正趋音性；而对同类的负伤声和逃避声、外敌的摄食声和游泳声，以及渔船、渔具发出的异常声等呈负趋音性。鱼类的趋音行为反应规律在其生物生态学过程的各个方面（如索饵、生殖及防御等行为）中起重要作用。鱼类对不断变化音调和强度的声音反应敏感，对频率和强度不变的声音刺激适应得非常迅速，长时期处在这种声音条件下的鱼类，其听力会明显下降，即使对这种性质的声音有正趋音性（或负趋音性）的趋势，最终也将会变为中性反应。

6. 趋电行为

鱼类在电场中的行为受种类、体长、代谢强度及外界水温、电场作用时间等各种因素的影响。在渔业的实际应用中，电杀、电诱和电捕即以鱼类对电的行为反应特征作为基础。电杀一般用（5～10s）的高电压进行刺激，常应用于鲨鱼。电诱主要是利用鱼类对直流电的趋阳性而设计的电导装置。电捕是通过用特殊的设备将电输入水中形成电场，处在电场中的鱼会产生趋阳、呼吸加快，肌肉收缩等一系列反应，最后出现麻痹或休克而被捕获。

7. 趋礁行为

趋礁行为是指许多鱼类对人工鱼礁表现出明显的趋向性的行为特征。人工鱼礁可以为鱼类提供良好的栖息、庇护和产卵场所，对鱼类的生存、繁殖和种群维持都具有重要的积极作用。人工鱼礁表面和礁区周围的环境可以为浮游生物和底栖生物提供优良的附着基，而浮游生物和底栖生物等可以为鱼类提供丰富的饵料。例如，丝鳍粗单角鲀、石鲷和鲀等趋礁性鱼类中可以直接摄食鱼礁上的附着生物，鲱科鱼类和鲹等种类可摄食礁区周围的浮游生物，甚至还能捕食聚集于礁区周围的小型鱼类（如鰤、黄条鰤、钝灰太阳鱼和褐牙鲆等）。同时，人工鱼礁还可以为一些抱卵鱼类（如六线鱼、真鲷和三线矶鲈等）提供产卵和繁育场所、隐藏和庇护场所（图 6-11）。褐鲳鲉和钝灰太阳鱼等游泳能力较弱的种类，可在水流强大时选择人工鱼礁作为其躲避强流的栖息地；三线矶鲈、石鲷和无刺鳕等鱼类也可利用人工渔礁躲避大型肉食性种类的袭击。

底栖生物对人工礁体也表现出一定的趋向性。张硕等（2006）研究了人工礁体对刺参聚集效果的影响和光照强度对刺参行为特性的影响，结果表明，在光照和人工礁体两种条件均不存在时，刺参喜欢栖息在低光照的区域，但其运动仍有一定的随机性；在光照和人工礁体两种条件均存在时，刺参主要集中分布在人工礁体模型的内部或礁体所产生的阴影区域；体重（145±0.5）g 的刺参大多数分布在光强低于 10lx 的区域。林承刚（2011）也发现刺参喜欢在低光照区域活动，在黑暗或低光照条件下，刺参运动较活跃，且较少分布于人工礁体上，而在强光

图 6-11　多层板式海珍礁（图片提供人：许强）

照射下，刺参会在人工礁体的阴影区域长时间停留。刺参对光的反应敏感，Lin 等（2013）研究了光照强度对青刺参和白刺参运动行为的影响，发现两种体色的刺参均为负趋光性，且白刺参对强光的耐受性更强，青刺参对强光更为敏感。

8. 趋磁行为

早期研究发现，利用磁场的方向定位行为广泛存在于细菌（Blakemore，1975）、软体动物（Lohmann，1987）、节肢动物（Walker et al.，1989；Phillips and Sayeed，1993）、鱼类（Quinn et al.，1981；Quinn and Brannon，1982；Walker et al.，1997）、两栖类（Phillips，1986；Phillips et al.，1995）、爬行类（Lohmann，1991）、鸟类（Wiltschko，1972；Walcott and Green，1974；Beck and Wiltschko，1998）和一些哺乳动物中（Mather and Baker，1981；Marhold et al.，1997）。已有研究表明，许多深海生物能够准确定位自己所在的位置及行走的路线（Holland et al.，1990；Klimley，1993；Papi et al.，1997），但这些生物利用何种外部刺激在长距离行动中确定方向还需进一步分析。

近 20 年来，许多实验表明不同水生脊椎生物均能够感知并回应自然界中的磁场（如两栖动物、鲑鱼属鱼、海龟等）。Phillips 在 1977 年首次发现水生脊椎生物蝾螈具有磁场定位能力，在室内实验条件下，穴居蝾螈经多次训练后能够根据磁场的方向平行或垂直移动。东部红点水螈经过训练也能够游向人工岸来躲避水温的突然变化，在没有人工岸的情况下，放于方向场的蝾螈能够自发游向训练的方向（Deutschlander et al.，1999；Fischer et al.，2001）。随后在两种鲑鱼属的物种中也发现了相似的能力（Quinn，1980；Taylor，1986）。大鳞大马哈鱼能够在单一磁场流的诱导下建立方向定位，而在无干扰场中添加辐射状磁场流时，大鳞大马哈鱼却由东向西运动（Taylor，1986）。刚孵化出的海龟的方向定位与磁场趋向和强度都有关（Lohmann and Lohmann，1996；Lohmann et al.，2001），当暴露于定向磁场的条件下，刚孵化出的海龟会朝着海的反方向运动，选取北大西洋中心周围的几处不同位置实验时，孵化出的海龟均能向着北大西洋中心运动。这种模式能够使海龟一直处于北大西洋中心回旋流中，以免被带入北部较冷的水域中（Lohmann and Lohmann，1996；Lohmann et al.，2001）。

二、运动行为控制方法

（一）闪光

闪光诱驱鱼技术被认为是鱼类潜在无损伤定向驱导技术之一（Arimoto et al.，1991），光源在短时间内的间歇性变化（包含颜色或光强）可形成闪光，一般会使鱼类产生避让行为（Sager et al.，1987）。

闪光灯制造的闪光是一种瞬时的光刺激，通过光强或光色在短时间内的周期性变化而对鱼类的视觉产生刺激，进而吸引或驱散鱼群（Arimoto et al.，1991）。研究表明，鱼类一般对闪光刺激表现出明显的回避行为。例如，银大马哈鱼（*Oncorhynchus keta*）和大鳞大马哈鱼（*Oncorhynchus tshawytscha*）对闪光灯刺激产生明显的回避行为（Nemeth et al.，1992）；灰西鲱（*Alosa pseudoharengus*）、大黄鱼（*Pseudosciaena crocea*）和香鱼（*Plecoglossus altivelis*）也会对闪光表现出明显的回避（Patrick et al.，1985）。基于这种行为反应特性，闪光可应用于水电站入口处对鱼类进行定向引导。罗佳等（2015）研究发现，在特定水流条件下，闪光对光倒刺鲃具有吸引作用，可能与特定的水流条件有关。

（二）气泡幕

目前，许多研究发现，气泡幕对鱼类行为具有阻拦和驱赶作用。在世界范围内，早在 20 世纪 30 年代就有国外学者开始研究气泡幕，有研究者提出设想，通过从气管中释放出压缩空气形成气泡墙而阻止鱼群的运动。当鱼群离气泡幕很远时，趋音性将鱼类吸引使其游向气泡幕；但当鱼群靠近气泡幕时，气泡幕便形成一道气泡墙阻碍鱼类前行，同时气泡上升振动发声，在视觉和听觉的共同作用下将鱼群吓走。Павлов 等（1983）研究表明，气泡幕对鱼类行为有影响，气泡幕的阻拦效果与气泡的密度有关，而气泡幕的密度是由单位长度气管表面的孔数、孔距、孔径及压缩空气的压力大小等决定的。然而气泡对鱼有一定的驱赶作用（川村军藏和荒牧孝行，1990），并利用该特点，将气泡幕应用在海洋牧场中。国内对于气泡幕的研究起步较晚，刘理东等（1988）研究了气泡幕对某些淡水鱼的阻拦效果。随后赵锡光等分别从气管的孔距、孔径、压缩空气压力等方面研究了气泡幕对黑鲷（*Acanthopagrus schlegelii*）的阻拦作用赵锡光和何大仁，1989，1997；赵锡光和刘理东，1998。陈勇等（2002）研究了不同密度固定气泡幕对红鳍东方鲀（*Fugu rubiripe*）的阻拦效果。

近年来，有关气泡幕的研究方法越来越多（张建生等，2007，2010），随着计算机技术、水下摄影技术、高性能光学及声学技术的应用与相关设备的研发，使现场观察气泡幕的形成并研究其对鱼类的阻拦和聚集效果成为可能。此外，通过数学模拟气泡幕的形成等过程，可对气泡的运动规律进行分析和计算，从而建立气泡幕中气泡随半径分布规律的数学物理模型，更好地研究气泡幕的光学特性（张建生和冀邦杰，2002）。

目前已有学者研究了气泡幕对不同鱼类行为的影响。气泡幕能制约绿鳕（*Pollachius virens*）和隆头鱼（*Labrus mixtus*）的行动，但对高眼鲽（*Platessa platessa*）、小头油鲽（*Microstomus kitt*）和黄盖鲽（*Limanda limanda*）的阻拦效果不明显（Steawart，1981）。Smith（1961）的研究表明，在透明度高、无强海流的海区条件中，气泡幕对鲱和油鲱具有引导和制约的作用，但对鲨鱼的阻碍没有显著的效果。Кузнсцов（1969）认为，气泡幕对许多近岸鱼类具有阻碍作用，如红眼鱼（*Scardinius erythrophthalmus*）、宽突鳕（*Eleginus nawaga*）、胡瓜鱼（*Osmerus eperlanus*）、多线鱼（*Pleurogrammus azonus*）、鲽科（Pleuronectidae）鱼、鲑科（Salmonidae）鱼及梅花鲈（*Acerina cernua*）。陈勇等（2002）在研究用于网箱养殖的红鳍东方鲀时，比较了四种不同压缩空气压力产生的不同密度的固定气泡幕对红鳍东方鲀的阻拦效果，为有效利用气泡幕在海洋牧场中控制鱼群行为提供了科学依据。

1. 气泡幕的视觉特征

气泡幕对鱼的阻拦效果与其视觉特征有关。当气泡幕在鱼视觉中表现为整片的气泡墙时具有较好的阻拦效果（图 6-12）。在室内实验条件下，研究显示：在气泡幕形成前，实验鱼可频繁穿越实验水槽的中线；在气泡幕刚形成时，实验鱼的行为特征发生明显的变化，在气泡幕的感官刺激下，位于气泡幕周围的实验鱼会躲避气泡幕然后静止不动，此时气泡幕开始表现出较强的阻拦作用；当气泡幕形成一段时间后，实验鱼会小范围内慢慢游向气泡幕，当游到气泡幕附近时立刻改变游动方向返回，或随水流上升到表层后再返回，但不穿越气泡幕；但随着气泡幕形成时间的增长，实验鱼在经过短时间的适应后，开始出现穿越气泡幕的行为，随后实验鱼表现出跟随效应而接二连三地穿越气泡幕，这时气泡幕便没有太大的阻拦效果。

图 6-12　气泡幕的阻拦作用（Matsuda et al.，2010）

气泡幕对鱼群的阻拦效果与光线的强弱和鱼眼感光敏感程度有关。Павлов 和 Пахоруков（1983）发现，所有在光照条件下停留在气泡幕前的鱼，在关闭光源 20min 后仍可通过气泡幕；而在黑暗条件下只会在最初的两分钟通过气泡幕。Breet 和 Alderdice（1958）也发现，白天有光条件下，气泡幕对鲑幼鱼的引导效果较好，但在黑暗条件下，对幼鱼的引导效果会大大下降。此外，Павков 和 Пахоруков（1983）在研究气泡幕密度变化对鱼类行为影响的实验中也发现，鱼类在感受气泡幕时，其视觉器官起主导作用。赵锡光等（1998）在室内水槽中研究失去视觉后的黑鲷对气泡幕的行为反应，结果发现黑鲷失去视觉以后，其游泳行为发生较大改变，活动也受到很大的限制，能够通过水池中线的尾数显著比空白对照低，气泡幕对其的阻拦效果显著降低，该现象说明在黑鲷感受气泡幕的过程中，其视觉起很重要的作用，但黑鲷在失去视觉后，气泡幕的阻拦作用并没有完全消失，也表明黑鲷的听觉器官和侧线等感觉器官也参与了气泡幕感知行为。

2. 气泡幕的声学特征

除了视觉途径外，气泡幕还通过听觉、地震感觉和触觉等对鱼类产生影响。气泡幕产生的声音可对鱼产生较强的听觉刺激，而且声学特性不同，对鱼的听觉作用也不同（张沛东等，2004）。在气泡幕的形成初期，排气管放气瞬间产生的声响会使实验鱼惊恐并四处逃逸，但随着实验鱼对气泡幕的适应，气泡幕的阻拦效果会降低，不能形成绝对的屏障。不同鱼类对气泡幕的适应情况也不同。赵锡光和刘理东（1998）研究发现黑鲷对气泡幕没有明显的适应现象。但陈勇等（2002）发现不同密度的气泡幕对红鳍东方鲀的平均阻拦率随着试验次数呈下降趋势，说明红鳍东方鲀对气泡幕能逐渐适应。

（三）人工鱼礁

人工鱼礁是海洋牧场的重要组成部分。人工鱼礁的投放会引起周围海域物理环境的变化，从而进一步影响生态环境的变化。由于人工鱼礁能够产生饵料效应、流场效应、庇护场效应、环境变化效应、阴影效应和音响效应等多种效应，可以在不同程度上诱使多鱼类聚集，从而进一步增加礁区周围海域的生物量。

人工鱼礁的饵料效应主要表现在，人工渔礁投放后，其附着生物、底栖生物和浮游生物的种类、数量及丰度将随着时间的推移而增加。水温、水深、盐度、海流和气候条件等多种环境因子及礁体投放时间和礁体材料等因素均会影响附着生物群落的种类组成和数量。同时，人工鱼礁对鱼类的诱集效应则受附着生物的种类组成与数量变化的直接影响。

日本对人工渔礁的研究起步较早，20 世纪 60～70 年代就有日本学者开始研究人工鱼礁对鱼类行为的影响，从人工鱼礁对近海鱼类诱集效应出发，开展了一系列室内实验，结果表明鱼群移入或迁出人工渔礁的行为与鱼礁区周围的生态条件，如水流、温度、光照、饵料及敌害等条件有着密切的关系。近年来，国外学者在鱼类趋流性方面开展了大量研究。安永义畅（1984）、安永义畅和日向野纯也（1991）通过水槽实验研究了人工鱼礁对真鲷和日本竹荚鱼（*Trachurus japonicus*）等趋流性的影响。今井义弘和高谷义幸（1998）研究了远东多线鱼（*Pleurogrammus azonus*）和六线鱼等在回流水槽中的趋流性和耐流性。森口朗彦和高木仪昌（2003）发现，影响礁区周围的鱼类行为的主要因素是饵料密度和庇护空间等。日本学者（岡本峰雄等，1979；增沢寿，1974）通过水下摄像和潜水方式研究了斑鳍光鳃（*Chromis notata*）、黑鳃梅童鱼（*Collichthys niveatus*）、真鲷和褐牙鲆等在人工鱼礁中的行为特性，结果发现，不同构造和形状的鱼礁可诱集不同的鱼类：内部可形成小空间的鱼礁诱集中小型鱼类较多，而真鲷却在多个小型鱼礁单体排列而成的鱼礁群中数量较多；鱼礁的构造越复杂，其诱集鱼类的种数和生物量越多（Spieler and Gilliam，2001）。Danna 等（2004）通过研究人工鱼礁对少带重牙鲷（*Diplodus sargus lineatus*）行为的影响，认为在人工鱼礁区内放养少带重牙鲷可以有效增大其资源量。奥村重信等（2002）对赤点石斑鱼（*Epinephelus akaara*）幼鱼的研究结果表明，幼鱼喜欢聚集于遮蔽性强、内部缝隙小的鱼礁。Einbinder 等（2005）分析了饵料的分布情况对人工鱼礁集鱼效果的影响。Miller（2002）对人工鱼礁周围的生态因子进行了研究，发现人工鱼礁的鱼类增殖效果与水质和水温有关。Santosm 等（2002）通过对人工鱼礁三年半的跟踪监测，分析了礁区内的聚鱼数量、种类和渔业资源的变动状况，以及其对周围海域物理、化学和生态环境等的影响效应。此外，还有学者通过分析鱼体尾鳍的振动频数研究了几种淡水鱼的趋流性（梨本胜昭，1980，1983；小川良德和竹村嘉夫，1966；萩野静也，1998；柿本皓，1984）

我国目前有关人工鱼礁生态诱集技术的研究主要集中在室内模拟条件下不同结构的模型礁对各种鱼类的诱集效果等方面（图 6-13 和图 6-14）。研究发现，许氏平鲉（*Sebastods schlegelii*）、幼鲍属（*Haliotis*）贝类和幼海胆（*Hemicentrotus pulcherrimus*）等底栖性种类对不同模型礁均表现出显著的趋礁性反应（陈勇等 2002，2006）。吴静等（2004）发现褐牙鲆对不同模型礁也具有明显的趋礁性反应。何大仁和丁云（1995）与何大仁和施养明（1995）研究了鱼礁模型对黑鲷和赤点石斑鱼的

图 6-13　增殖型人工鱼礁（图片拍摄者：宋肖跃）

图 6-14　游钓型人工鱼礁（图片拍摄者：丁奎）

诱集效果，发现三种规格的模型礁对两种鱼的诱集效果没有显著差异，但实验鱼均对模型礁表现出显著的趋礁反应。张硕等（2008）在研究人工渔礁对大泷六线鱼（*Hexagrammos otakii*）和许氏平鲉幼鱼个体的诱集效果时发现，不管水槽内有没有模型礁，这两种鱼均喜欢栖息在水槽两端的角落或侧壁。

第五节　展　　望

1. 将行为控制的对象由传统的高等脊椎动物向低等无脊椎动物拓展

现阶段，海洋牧场资源生物的行为驯化对象主要是鱼类，而对虾、贝、刺参等较为低等的海洋生物，虽然已经开展了行为学理论研究，但研究的环境因子主要为水温、盐度、溶氧等宏观环境因素，难以在海洋牧场这样大尺度的空间进行调控，因此也难以开展相应的配套行为控制设施的研发。借鉴鱼类经验，大尺度可调控环境因素研究主要集中在光照、声音两方面，陈学雷等（2003）研究了光照对日本对虾仔虾相残的影响，徐鹏翔等（2012）研究了光照对南极磷虾行为的影响，王馨（2014）研究了光照对三疣梭子蟹趋光行为的影响；陈勇等（2006）研究了模型礁对幼鲍幼胆行为的影响；张硕等（2006）、张辉等（2009）、林承刚（2014）、潘洋（2015）、孙佳敏（2015）等研究了光照、光色、声音、磁场、压强等因素对刺参摄食、运动行为的影响；赵冲（2014）研究了海刺猬和中间球海胆的遮蔽行为。下阶段需要深入研究光照、声音等因素对虾、贝、参等海洋生物的影响机理及效果，以此为依据设计相应设施，以达到行为控制的目的。将行为控制的对象由传统的高等脊椎动物向低等无脊椎动物拓展。

2. 行为调控与海洋牧场环境监测相结合

行为控制装备不仅可以实现海洋牧场资源关键种的行为控制，而且可以作为一个海洋监测平台，实现对鱼情、气象、海洋环境等信息的实时反馈。因此，应开展行为控制装备与环境监测系统、信息传输系统的对接，实现资源关键种的行为控制与环境监测一体化装备的整合。

3. 与休闲渔业等相结合

行为控制装备不仅可以应用于生产型海洋牧场中主要资源生物的行为控制，也可以作为休闲渔业的配套设施，尤其是养殖垂钓型的休闲渔业，可在小范围内聚集大量目标鱼种，增加钓客的垂钓兴致，极大地丰富休闲渔业的经营项目，提高休闲渔业的经济和社会效益。

主要参考文献

白庆余. 1984. 药用动物人工养殖生物学基础. 中药材, (4): 3.

白艳勤, 路波, 罗佳, 等. 2013. 草鱼、鲢和瓦氏黄颡鱼幼鱼感应流速的比较. 生态学杂志, 32(8): 2085-2089.

毕庶万. 1982. 日本真鲷的音响驯化. 海洋科学, 6(1): 58-59.
曹丽琴. 1994. 罗非鱼单性化试验研究. 水产学报, 18(1): 20-30.
曹丽琴, 陶永刚, 谈慧珍. 1994. 红罗非鱼单性化试验研究. 水产学报, (1): 75-79.
陈德慧, 刘洪生, 胡庆松, 等. 2011. 网箱中黑鲷音响驯化的诱集效果研究. 中国水产学会学术年会.
陈锦淘, 戴小杰. 2005. 鱼类标志放流技术的研究现状. 上海水产大学学报, 14(4): 451-455.
陈学雷, 林琼武, 李少菁, 等. 2003. 日本对虾仔虾相残的实验研究. 厦门大学学报(自然科学版), 42(3): 358-362.
陈勇, 吴晓郁, 邵丽萍, 等. 2006. 模型礁对幼鲍、幼海胆行为的影响. 大连水产学院学报, 21(4): 361-365.
陈勇, 于长清, 张国胜, 等. 2002. 人工鱼礁的环境功能与集鱼效果. 大连水产学院学报, 17(1): 64-68.
陈勇, 张沛东, 张硕, 等. 2002. 不同密度固定气泡对红鳍东方纯的阻拦效果. 大连水产学院学报, 17(3): 324-329.
程明华, 徐如彦. 1989. 黑鲷音响驯化初步试验. 海洋科学, 13(3): 65-67.
丁国民, 刘建泉. 2002. 马鹿的驯化与放牧技术. 特种经济动植物, 5(2): 6-7.
官文江, 陈新军, 潘德炉. 2007. 遥感在海洋渔业中的应用与研究进展. 大连水产学院学报, 22(1): 62-66.
郝汉舟, 杨桂军, 谢从新. 2004. 鱼类人工性别控制. 水产科学, 23(7): 42-44.
郝振林. 2007. 金乌贼的行为习性及标志技术的研究. 中国海洋大学硕士研究生学位论文.
何大仁. 1998. 鱼类行为学. 厦门: 厦门大学出版社: 141-145.
何大仁, 丁云. 1995. 鱼礁模型对赤点石斑鱼的诱集效果. 台湾海峡, 14(4): 394-398.
何大仁, 施养明. 1995. 鱼礁模型对黑鲷的诱集效果. 厦门大学学报(自然科学版): 34.
李波, 宋金超. 2011. 海洋牧场: 未来海洋养殖业的发展出路. 吉林农业 c 版, (4): 3-3.
梁旭方, 何大仁. 1998. 鱼类摄食行为的感觉基础. 水生生物学报, 3: 278-284.
林承刚. 2011. 人工参礁重要结构参数的研究与效果比较. 中国海洋大学硕士研究生学位论文.
林承刚. 2014. 四种物理环境因素对刺参运动和摄食行为的影响. 中国科学院研究生院(海洋研究所)博士研究生学位论文.
林浩然. 1984. 鱼类内分泌学研究的动向. 水生生物学集刊, 8(3): 363-370.
刘辉. 2014. 典型岛礁海域生物资源修复效果监测和评价技术研究与应用. 中国科学院研究生院(海洋研究所)博士研究生学位论文.
刘筠. 1993. 中国养殖鱼类繁殖生理学. 第一版. 北京: 农业出版社: 22-143.
刘理东, 何大仁. 1988. 五种淡水鱼对固定气泡幕反应初探. 厦门大学学报(自然科学版), 27(2): 214-219.
刘学迅, 孙砚胜. 2000. 虹鳟鱼雌性化及其鱼子酱加工的初步研究. 动物学杂志, 35(2): 31-35.
柳玲飞, 周应祺, 钱卫国, 等. 2010. 红鼻鱼群体结构的数学建模与仿真研究. 水产学报, 34(12): 1869-1876.
楼允东. 1986. 鱼类性别研究. 水产学报, 10(1): 111-120.
楼允东, 宋天复, 正逸妹, 等. 1994. 异育银鲫性别控制的研究. 水产学报, 18(3): 169-176.
罗琛, 刘筠. 1991. 人工诱导草鱼和鲫鱼雌核发育的研究. 湖南师范大学自然科学学报, 14(2): 154-159.
罗佳, 白艳勤, 林晨宇, 等. 2015. 不同流速下气泡幕和闪光对光倒刺鲃趋避行为的影响. 水生生物学报, 39(5): 1065-1068.
木云雷, 刘悦, 王鉴, 等. 1999. 水温和光照对牙鲆亲鱼性腺成熟和产卵的影响. 大连水产学院学报, 14(2): 62-65.
宁鑫. 2011. 漠斑牙鲆性分化及性别控制技术的初步研究. 上海海洋大学硕士研究生学位论文: 59-67, 28-35.
潘洋. 2015. 刺参运动节律行为的数量化研究. 中国科学院大学博士研究生学位论文.
石小涛, 胡运桑, 王博, 等. 2014. 运用免费计算机软件 SwisTrack 分析鲢幼鱼游泳行为. 水生生物学报, 1(3): 588-591.
史为良. 2000. 水产动物引种驯化的理论和技术(一). 当代水产, 5: 40-41.
司飞, 刘海金, 孙朝徽, 等. 2008. 温度对牙鲆胚胎发育的影响. 大连水产学院学报, 23(6): 476-478.
宋波澜. 2008. 水流因子对红鳍银鲫(*Barbodes schwanenfeldi*)游泳行为、生长和生理生态影响的研究. 暨南大学博士研究生学位论文.
宋波澜, 林小涛, 王伟军, 等. 2008. 不同流速下红鳍银鲫趋流行为与耗氧率的变化. 动物学报, 54(4): 686-694.
孙佳敏. 2015. 刺参摄食行为和消化生理的实验研究. 中国海洋大学硕士研究生学位论文.
孙璐. 2013. 许氏平鲉与刺参生物遥测技术的构建与应用. 中国科学院研究生院(海洋研究所).
孙鹏. 2009. 牙鲆性腺分化发育及类固醇激素 T 和 E2 对性腺分化的影响. 中国科学院海洋研究所: 71-73, 62-69, 80-84.
王楚松, 夏德全, 胡玫. 1989. 奥尼鱼杂种优势的研究. 淡水渔业, 16: 14-15.
王军. 2014 . 麦穗鱼群体结构与视觉关系的研究. 上海海洋大学硕士研究生学位论文.
王小平, 单保党, 洪万树, 等. 1999. 花鲈视觉发育与摄食行为的关系. 厦门大学学报(自然科学版), (2): 323-327.
王新安. 2007. 半滑舌鳎摄食机理的研究. 中国海洋大学硕士研究生学位论文.
王新安, 马爱军. 2007. 化学感觉和机械感觉与鱼类摄食行为关系的研究进展. 渔业科学进展, 28(6): 104-108.
王馨. 2014. 光照对三疣梭子蟹行为、呼吸代谢和生长影响的研究. 中国海洋大学硕士研究生学位论文.
王渊源, 王全阳. 1992. 鱼虾的摄食行为. 海洋渔业, (2): 66-68.
吴静, 张硕, 孙满昌, 等. 2004. 不同结构的人工鱼礁模型对牙鲆的诱集效果初探. 海洋渔业, 26(4): 394-398.
夏苏东. 2012. 刺参幼参摄食行为与蛋白质营养需要研究. 中国科学院研究生院(海洋研究所).
徐鹏翔, 李莹春, 朱国平, 等. 2012. 光照条件下南极磷虾的行为观察. 水产学报, 36(2): 300-305.
杨宝瑞, 陈勇. 2014. 韩国海洋牧场建设与研究. 当代中国出版社.
于晓明, 张秀梅. 2011 . 鱼类游泳能力测定方法的研究进展. 南方水产科学, 7(4): 76-84.
詹会祥, 王朝荣, 晏宏, 等. 2011. 昆明裂腹鱼驯化养殖技术研究. 渔业致富指南, (21): 68-71.
张国胜, 田涛, 许传才, 等. 2004. 利用音响驯化提高黑鲷对饵料的利用率. 大连海洋大学学报, 19(3): 204-207.
张辉, 王印庚, 荣小军, 等. 2009. 刺参的趋光性以及对附着基颜色的感应行为. 生态学杂志, 28(3): 477-482.
张建生, 常洋, 崔红. 2010. 模拟尾流气泡幕的灰度图像分析. 西安工业大学学报, 30(5): 517-520,

544.
张建生, 冀邦杰. 2002. 尾流气泡幕光学特性的数理模型. 光子学报, 31(8): 1032-1036.
张建生, 林书玉, 苗润才, 等. 2007. 基于图像处理的模拟尾流气泡幕研究. 光子学报, 36(12): 2371-2376.
张磊. 2014. 海洋牧场鱼类驯化技术研究及装备设计. 上海海洋大学硕士研究生学位论文.
张沛东, 张国胜, 张秀梅, 等. 2004. 音响驯化对鲤鱼和草鱼的诱引作用. 集美大学学报(自然科学版), 9(2): 110-115.
张硕, 陈勇. 2005. 黑鳕幼鱼趋流性的初步研究. 上海水产大学学报, 14(3): 282-287.
张硕, 陈勇, 孙满昌. 2006. 光强对刺参行为特性和人工鱼礁模型集参效果的影响. 中国水产科学, 13(1): 20-26.
张硕, 孙满昌, 陈勇. 2008. 人工鱼礁模型对大泷六线鱼和许氏平鲉幼鱼个体的诱集效果. 大连水产学院学报, 23(1): 13-19.
赵冲. 2014. 海刺猬和中间球海胆遮蔽行为的研究. 中国海洋大学博士研究生学位论文.
赵平孙, 文子能, 周生禄. 2003. 人工养殖条件下大海马幼鱼的生长. 渔业科学进展, 24(3): 15-19.
赵锡光, 何大仁. 1989. 几种孔径气泡幕对黑鲷的阻拦作用. 厦门大学学报(自然科学版), 28(1): 83-87.
赵锡光, 何大仁. 1997. 黑鲷和青石斑鱼对气泡幕反应的比较. 青岛海洋大学学报(自然科学版), 27(1): 33-40.
赵锡光, 何大仁, 刘理东. 1997. 不同孔距固定气泡幕对黑鲷的阻拦效果. 海洋与湖沼, 28(3): 285-293.
赵锡光, 刘理东. 1998. 气泡幕对黑鲷阻拦作用机制初探. 海洋与湖沼, 29(1): 35-40.
赵振山, 高贵琴, 吴青江. 2002. 两种泥鳅杂交及人工诱导大鳞副泥鳅雄核发育的染色体变化. 大连水产学院学报, 17(1): 15-19.
赵振山, 吴青江. 1998. 人工诱导大鳞副泥鳅雄核发育二倍体克隆鱼的产生. 遗传学报, 25(5): 416-421.
赵振山, 吴青江, 黄峰. 1997. 冷休克诱导鳞副泥鳅雄核发育纯合二倍体的产生. 华中农业大学学报, 25(增刊): 55-61.
赵振山, 吴青江, 刘辉宇. 2000. 大鳞副泥鳅雄核发育单倍体早期发育. 动物学报, 46(3): 353-356.
郑曙明, 陈章宝. 1994. 甲基睾酮对孔雀鱼、玛丽鱼性逆转的研究. 四川畜牧兽医学院. 四川畜牧兽医学院渔工系首届学术讨论会论文汇编. 北京: 北京农业出版社: 27-32.
周应祺, 王军, 钱卫国, 等. 2013. 鱼类集群行为的研究进展. 上海海洋大学学报, 22(5): 734-743
周应祺. 2011. 应用鱼类行为学. 北京: 科学出版社: 181-182.
安永义畅. 1984. 小型环流水槽によるマダイ幼鱼の走流行动の观察. 水工研报告, 5: 1-23.
安永义畅, 日向野纯也. 1991. 鱼礁への鱼类の猬集と物理化学环境との关亻系に关する行动实験. 水工研技报, 13: 1-13.
奥村重信, 津村诚一, 丸山敬悟. 2002. 水槽実験によるキジハタ幼鱼保护礁の素材评価. 日本水产学会志, 68(2): 186-191.
川村军藏, 荒牧孝行. 1990. 鱼の气泡幕への反应感觉. 日本水产学会志, 56: 553-554.
岡本峰雄, 黑木敏郎, 村井彻. 1979. 人工鱼礁近傍の鱼群生态に关する予备的研究——猿岛北方鱼礁群の概要. 日本水产学会志, 45(6): 709-713.

今井义弘, 高谷义幸. 1998. 回流水槽による北海道西南沿岸の鱼类の行动观察. 北水试験报, 52: 9-16.

梨本胜昭. 1980. 鱼の尾の动きと游泳速度との关亻系. 日本水产学会志, 46(3): 307-312.

梨本胜昭. 1983. 鱼の游泳速度と尾部の振动数. 海洋科学, 15(4): 184-188.

萩野静也. 1998. 人工鱼礁の效果解析手法について. 水产土木, (10): 1-25.

森口朗彦, 高木仪昌. 2003. 鱼群探知机による鱼礁效果调查に关する新たな手法の提案. 水产工学研究所技报, 25: 7-19.

柿本皓. 1984. 新潟県沿岸域における鱼类の行动学的研究. 新潟県水试研报, 1: 147-152.

小川良德, 竹村嘉夫. 1966. 人工鱼礁に対する鱼群行动の试験的研究Ⅰ-Ⅵ. 东海水研报, 45: 107-161.

徐刚, 有元 貴文, 井上 実. 1988. マアジ Trachurusjaponicus の游泳速度の测定. 日本水产学会志, 54(9): 1493-1497.

增沢寿. 1974. 人工鱼礁と生产効果. 水产土木, 11(1): 19-25.

Abecasis D, Erzini K. 2008. Site fidelity and movements of gilthead sea bream (*Sparus aurata*) in a coastal lagoon (Ria Formosa, Portugal). Estuarine Coastal and Shelf Science, 79(4): 758-763.

Abernethy K E, Allison E H, Molloy P P, et al. 2007. Why do fishers fish where they fish? Using the ideal free distribution to understand the behaviour of artisanal reef fishers. Canadian Journal of Fisheries and Aquatic Sciences, 64(11): 1595-1604.

Alós J, Cabanellas-Reboredo M, Lowerre-Barbieri S. 2012. Diel behaviour and habitatutilisation by the pearly razorfish during the spawning season. Marine Ecology Progress Series, 460: 207-220.

Alós J, Palmer M, Arlinghaus R. 2012. Consistent selection towards low activity phenotypes when catchability depends on encounters among human predators and fish. PLoS ONE, 7(10): e48030.

Aoki I. 1982. A Simulation Study on the schooling mechanism in fish. Bulletin of the Japanese Society of Scientific Fisheries, 48(8): 1081-1088.

Arimoto T, Akiyama S, Kikuya K, et al. 1991. Fish-herding effect of an air bubble curtain and its application to setnet fisheries. Fish Behavior in Relation to Fishing Operations, 196: 155-160.

Astrup J, Møhl B. 1993. Detection of Intense Ultrasound by the Cod Gadus Morhua. Journal of Experimental Biology, 182(1).

Bass A H, Mckibben J R. 2003. Neural mechanisms and behaviors for acoustic communication in teleost fish. Progress in Neurobiology, 69(1): 1-26.

Beck W, Wiltschko W. 1998. Magnetic factors control the migratory direction of pied flycatchers (*Ficedula hypoleuca Pallas*). Acta XIX Congress of International Ornithology.

Bertrand S, Bertrand A, Guevara-Carrasco R, et al. 2007. Scale-invariant movementsof fishermen: the same foragning strategy as natural predators. Ecological Applications, 17(2): 331-337.

Bertrand S, Díaz E, Ñiquen M. 2004. Interactions between fish and fisher's spatial distribution and behaviour: an empirical study of the anchovy (*Engraulis ringens*) fishery of Peru. ICES Journal of Marine Science: Journal du Conseil, 61(7): 1127-1136.

Blakemore R P. 1975. Magnetotactic Bacteria. Science. Science, 190(4212): 377-379.

Bleckmann H. 1986. The Behaviour of Teleost Fishes.

Block B A, Teo S L H, Walli A, et al. 2005. Electronic tagging and population structure of Atlantic bluefin tuna. Nature, 434(7037): 1121-1127.

Bond C E, Decalesta D S, Bond C E, et al. 1982. Growing catfish in Oregon—does it pay? Corvallis Or Extension Service Oregon State University.

Botsford L W, Brumbaugh D R, Grimes C, et al. 2009. Connectivity, sustainability, and yield: bridging the gap between conventional fisheries management and marine protected areas. Reviews in Fish Biology and Fisheries, 19(1): 69-95.

Botsford L W, Micheli F, Hastings A. 2003. Principles for the design of marine reserves. Ecological Applications, 13(sp 1): 25-31.

Breder C M. 1959. Studies of social grouping in fishes. Bulletin of the American Museum of Natural History, 117(6): 399-481.

Breet J R, Alderdice D F. 1958. Research on guiding young salmon at two Brinsh Columbia field ststions. Bulletin of the Fisheries Research Board of Canada, (117): 1-75.

Cabanellas-Reboredo M, Alós J, March D, et al. 2014. Where and when will they go fishing? Understanding fishing site and time choice in a recreational squid fishery. ICES Journal of Marine Science, 71(7): 1760-1773.

Cambui D S, Rosas A. 2012. Density induced transition in a school of fish. Physica A, 391: 3908-3914.

Colburn H R, Nardi G C, Borski R J, et al. 2009. Induced meiotic gynogenesis and sex differentiation in summer flounder (*Paralichthys dentatus*). Aquaculture, 289(1-2): 175-180.

Cooke S J, Hinch S G, Wikelski M, et al. 2004. Biotelemetry: a mechanistic approach to ecology. Trends in Ecology & Evolution, 19(6): 334-343.

Couzin I D, Krause J, Franks N R, et al. 2005. Effective leadership and decision-making in animal groups on the move. Nature, 433: 513-516.

Dale J. 1997. Chemosensory Search Behavior in the Starfish *Asterias forbesi*. The Biological Bulletin, 193(2): 210-212.

Danna G, Giacalone V M, Pipitone C, et al. 2004. Releasing of hatchery-reared juveniles of the white seabream *Diplodus sargus* (L., 1758) in the Gulf of Castellammare artificial reef area (NW Sicily). Aquaculture, 233(1): 251-268.

De Metrio G, Arnold G P, De la Serna J M, et al. 2001. Further results of tagging Mediterranean bluefin turm with pop-up satellite detected tags. Collection Volume Science Paper ICCAT, 52: 776-783.

Deutschlander M E, Phillips J B, Borland S C. 1999. The case for light-dependent magnetic orientation in animals. Journal of Experimental Biology, 202: 891-908.

Devlin R H, Nagahama Y, Devlin R H, et al. 2002. Sex determination and sex differentiation in fish: an overview of genetic, physiological, and environmental influences. Aquaculture, 208(3-4): 191-364.

Drolet D, Himmelman J H. 2004. Role of current and prey odour in the displacement behaviour of the sea star *Asterias vulgaris*. Canadian Journal of Zoology, 82: 1547-1553.

Einbinders, Perelberga, Shaprutbo, et al. 2005. Effects of artificial reefs on fish grazing in theirvicinity: Evidence from algae presentation experiments. Marine Environmental Research, (56): 1-10.

Enger P S, Karlsen H E. 1993. Detection and reaction of fish to infrasound. Ices Mar. sci. symp.

Fangstam H. 1993. Individual downstream swimming speed during the natural smolting period among young of Baltic salmon (*Salmo salar*). Canadian Journal of Zoology, 71(9): 1782-1786.

Fay R R, Popper A N. 2000. Evolution of hearing in vertebrates: the inner ears and processing. Hearing Research, 149(1-2): 1-10.

Fischer J H, Freake M J, Borland S C, et al. 2001. Evidence for the use of magnetic map information by an amphibian. Animal Behaviour, 62: 1-10.

Frisch K V. 1938. The sense of hearing in fish. Nature, 141(3557): 8-11.

Gerlotto F, Paramo J. 2003. The three-dimensional morphology and internal structure of clupeid schools as observed using vertical scanning multibeam sonar. Aquatic Living Resources, 16: 113-122.

Girolamo M D, Mazzoldi C. 2001. The application of visual census on Mediterranean rocky habitats. Marine Environmental Research, 51(1): 1-16.

Grimm V. 1999. Ten years of individual-based modelling in ecology: what have we learned and what could we learn in the future. Ecological Modelling, 115: 129-148.

Heupel M R, Semmens J M, Hobday A J. 2006. Automated acoustic tracking of aquaticanimals: scales, design and deployment of listening station arrays. Marine and Freshwater Research, 57(1): 1-13.

Heupel M R, Simpfendorfer C A. 2005. Using acoustic monitoring to evaluate MPAs for shark nursery areas: The importance of long-term data. Marine Technology Society Journal, 39(1): 10-18.

Hilborn R, Walters C. 1992. Quantitative fisheries stock assessment: choice, dynamics and uncertainty. New York: Chapman and Hall Inc.

Holland K N, Brill R W, Chang R K C. 1990. Horizontal and vertical movements of yellowfin and bigeye tuna associated with fish aggregating devices. Fishery Bulletin U. S., 88: 493-507.

Huntley ME, Zhou M. 2004. Influence of animals on turbulence in the sea. Marine Ecology Progress Series, 273: 65-79.

Huth A, Wissel C. 1992. The simulation of the movement of fish schools. Journal of Theoretical Biology, 156(3): 365-385.

Incze L S, Hebert D, Wolff N, et al. 2011. Changes in copepod distributions associated with increased turbulence from wind stress. Marine Ecology Progress Series, 213: 229-240.

Jadot C, Donnay A, Acolas M L, et al. 2006. Activity patterns, home-range size, and habitat utilization of Sarpa salpa (Teleostei: Sparidae) in the Mediterranean Sea. Ices Journal of Marine Science, 63(1): 128-139.

Jhingran V G. 1982. Fish and fisheries of India. Hindustan Publishing Corporation, Delhi: 666.

Jiang J Q, Kobayashi T, Ge W, et al. 1996. Fish testicular 11 beta-hydroxylase: cDNA cloning and mRNA expression during spermatogenesis. FEBS Letters, 397(2-3): 250-252.

Karlsen H E. 1992. Infrasound sensitivity in the Plaice. Journal of Experimental Biology, 171(4): 173-187.

Kasumyan A O. 2005. Structure and function of auditory system in fish. Journal of Ichthyology, 45(Suppl 2): S223-S270.

Kim Y H, Wardle C S, An Y S. 2008. Herding and escaping responses of juvenile roundfish to square mesh window in a trawl cod end. Fisheries Science, 74: 1-7.

Kitano T, Takamune K, Nagahama A Y, et al. 2000. Aromatase inhibitor and 17α-methyltestosterone cause sex- reversal from genetical females to phenotypic males and suppression of P450 aromatase gene expression in Japanese flounder (*Paralichthys olivaceus*). Molecular reproduction and development, 56(1): 1-5.

Klimley A P. 1993. Highly directional swimming by scalloped hammerhead sharks, Sphyrna lewini, and substrate irradiance, temperature, bathymetry and geomagnetic field. Marine Biology, 117: 1-22.

Knudsen F R, Enger P S, Sand O. 1994. Avoidance responses to low frequency sound in downstream migrating Atlantic salmon smolt, *Salmo salar*. Journal of Fish Biology, 45(2): 227-233.

Koeck B, Alós J, Caro A, et al. 2013. Contrasting fish behavior in artificial seascapes with implications for resources conservation. PLoS ONE, 8(7): e69303.

Koeck B, Pastor J, Saragoni G, et al. 2014. Diel and seasonal movement pattern of thedusky grouper *Epinephelus marginatus* inside a marine reserve. Marine environmental research, 94: 38-47.

Kramer D, Chapman M. 1999. Implications of fish home range size and relocation formarine reserve function. Environmental Biology of Fishes, 55(1-2): 65-79.

Labadie P, Budzinski H. 2006. Alteration of steroid hormone profile in juvenile turbot (*Psetta maxima*) as a consequence of short-term exposure to 17α-ethynylestradio. Chemosphere, 64(8): 1274-1286.

Lin C, Zhang L, Liu S, et al. 2013. A comparison of the effects of light intensity on movement and growth of albino and normal sea cucumbers (*Apostichopus japonicus* Selenka). Marine and Freshwater Behaviour and Physiology, 46: 351-366.

Lincoln R F, Scott A P. 1983. Production of all-female triploid rainbow trout. Aquaculture, 30(1): 375-380.

Lohmann K J. 1987. Lunar—modulated geomagnetic orientation by a marine mollusk. Science, 235(4786): 331-334.

Lohmann K J. 1991. Magnetic orientation by hatchling loggerhead sea turtles (*Caretta caretta*). Journal of Experimental Biology, 155(1): 37-49.

Lohmann K J, Cain S D, Dodge S A, et al. 2001. Regional magnetic fields as navigational markers for sea turtles. Science, 294: 364-366.

Lohmann K J, Lohmann C M F. 1996. Orientation and open-sea navigation in sea turtles. Journal of Experimental Biology, 199: 73-81.

Lorenzen K, Steneck R S, Warner R R, et al. 2010. The spatial dimensions of fisheries: putting it all in place. Bulletin of Marine Science, 86(2): 169-177.

Lutcavage M, Brill R W, Skomal G B, et al. 1999. Results of pop-up satellite tagging of spawning size class fish in the Gulf of Maine: do North Atlantic bluefin tuna spawn in the mid-Atlantic. Canadian Journal of Fisheries and Aquatic Sciences, 56: 173-177.

Mackie A M, Adron J W. 1978. Identification of inosine and inosine 5'-monophosphate as the gustatory feeding stimulants for the turbot, *Scophthalmus maximus*. Comparative Biochemistry & Physiology Part A Physiology, 60(1): 79-83.

Marhold S, Burda H, Kreilos I, et al. 1997. Magnetic orientation in the common mole-rat from Zambia. *In*: Orientation and navigation—birds, humans and other animals. Royal Instit of Navig, Oxford, 5-1-5-9.

Mather J G, Baker R R. 1981. Magnetic sense of direction in woodmice for route-based navigation. Nature, 291: 152-155.

Matsuda K, Nohara S, Nomura T, et al. 2010. A basic study to determine the barrier effect of an air bubble curtain in the whiteleg shrimp, *Litopenaeus vannamei*. NSUGAF 76(2): 210-212.

Mesquita F O, Godinho H P, Azevedo P G, et al. 2008. A preliminary study into the effectiveness of stroboscopic light as an aversive stimulus for fish. Applied Animal Behaviour Science, 111(3): 402-407.

Miller M W. 2002. Using ecological processes to advance artificial reef goals. Journal of Marine Science, (59): 27-31.

Morissette S, Himmelman J H. 2000. Decision of the asteroid Leptasterias polaris to abandon its prey when confronted with its predator, the asteroid *Asterias vulgaris*. Journal of Experimental Marine Biology and Ecology, 252: 151-157.

Nemeth R S, Anderson J J. 1992. Response of Juvenile Coho and Chinook Salmon to Strobe and Mercury Vapor Lights. North American Journal of Fisheries Management, 12: 684-692.

Papi F, Luschi P, Crosio E, et al. 1997. Satellite-tracking experiments on the navigational ability and migratory behaviour of the loggerhead turtle *Caretta caretta*. Marine Biology, 129: 215-220.

Paramo J, Bertrand S, Villalobos H, et al. 2007. A three-dimensional approach to school typology using vertical scanning multibeam sonar. Fisheries Research, 84(2): 171-179.

Parker G H. 1922. Smell, taste, and allied senses in the vertebrates. J B. Lippincott Company.

Parkinson E A, Post J R, Cox S P. 2004. Linking the dynamics of harvest effort to recruitment dynamics in a multistock, spatially structured fishery. Canadian Journal of Fisheries and Aquatic Sciences, 61(9): 1658-1670.

Parsons D, Egli D. 2005. Fish movement in a temperate marine reserve: new insights through application of acoustic tracking. Marine Technology Society Journal, 39(1): 56-63.

Patrick P H, Christie A E, Sager D R, et al. 1985. Responses of fish to a strobe light/air-bubble barrier. Fisheries Research, 3: 157-172.

Pedersen M W, Weng K C. 2013. Estimating individual animal movement fromobservation networks. Methods in Ecology and Evolution, 4(10): 920-929.

Perrot Y, Guillard J, Josse E. 2010. Convergence and divergence between two multibeam sonars (SIMRAD SM20 and RESON SeaBat 6012) used to extract the spatial, morphologic and energy parameters of fish schools. Fisheries Research, 106: 378-385.

Phillips J B. 1986. Magnetic compass orientation in the eastern redspotted newt (*Notophthalmus viridescens*). J Comp Physiol A, 158: 103-109.

Phillips J B, Adler K, Borland S C. 1995. True navigation by an amphibian. Animal Behaviour, 50: 855-858.

Phillips J B, Sayeed O. 1993. Wavelength-dependent effects of light on magnetic compass orientation in Drosophila melanogaster. Journal of Comparative Physiology A, 172(3): 303-308.

Piferrer F. 2001. Endocrine sex control strategies for the feminization of teleost fish. Aquaculture, 197(1-4): 229-281.

Polovina J J, Howelle E, Kobayashi D R, et al. 2001. The lransition zone chlorophyll front, a dynamic global feature defining migration and forage habitat for marine resources. Progress in Oceanography, 49: 469-483.

Popper A N, Fay R R. 2011. Rethinking sound detection by fishes. Hearing Research, 273(1-2): 25-36.

Popper A N, Fay R R, Platt C, et al. 2003. Sound Detection Mechanisms and Capabilities of Teleost Fishes. Sensory Processing in Aquatic Environments: 3-38.

Popper A N, Schilt C R. 2008. Hearing and Acoustic Behavior: Basic and Applied Considerations. Fish Bioacoustics, 17-48.

Post J R, Persson L, Parkinson E A, et al. 2008. Angler numerical response across landscapes and the collapse of freshwater fisheries. Ecological Applications, 18(4): 1038-1049.

Qiu T, Zhang L, Zhang T, Yang H. 2014. Effects of mud substrate and water current on the behavioral characteristics and growth of the sea cucumber *Apostichopus japonicus* in the Yuehu lagoon of northern China. Aquacult Int 22: 423-433.

Quinn T P. 1980. Evidence for celestial and magnetic compass orientation in lake migrating sockeye salmon fry. Journal of Comparative Physiology A, 137(3): 243-248.

Quinn T P, Brannon E L.1982. The use of celestial and magnetic cues by orienting sockeye salmon smolts. Journal of Comparative Physiology A, 147(4): 547-552.

Quinn T P, Merrill R T, Brannon E L. 1981. Magnetic field detection in sockeye salmon. Journal of Experimental Zoology, 217(1): 137-142.

Ramcharitar J U, Deng X, Ketten D, et al. 2004. Form and function in the unique inner ear of a teleost: the silver perch (*Bairdiella chrysoura*). Journal of Comparative Neurology, 475(4): 531-539.

Reynolds C W. 1987. Flocks, herds, and schools: a distributed behavioral model. Computer Graphics, 21(4): 25-34.

Rillahan C, Chambers M D, Howell W H, et al. 2011. The behavior of cod (*Gadus morhua*) in an offshore aquaculture net pen. Aquaculture, 310: 361-368.

Rochette R, Hamel J F, Himmelman J H. 1994. Foraging strategy of the asteroid *Leptasterias polaris*: role of prey odors, current and feeding status. Marine Ecology Progress Series, 106: 93-100.

Russo A R. 1977. Water Flow and the Distribution and Abundance of Echinoids (*Genus echinometra*) on an Hawaiian Reef. Marine and Freshwater Research, 28: 693-702.

Sager D R, Hocutt C H, Stauffer J R. 1987. Estuarine fish responses to strobe light, bubble curtains and strobe light/bubble-curtain combinations as influenced by water flow rate and flash frequencies. Fisheries Research, 5(4): 383-399.

Sainte-Marie B. 1991. Whelk (*Buccinum undatum*) movement and its implications for the use of tag-recapture methods for the determination of baited trap fishing parameters. Canadian Journal of Fisheries and Aquatic Sciences, 48: 751-756.

Santosm N, Monteirocc, Gasparmb. 2002. Diurnal variations in the fish assemblage at an artificial reef. ICES Journal of Marine Science, (59): 32-35.

Slabbekoorn H, Bouton N, Van Opzeeland I, et al. 2010. A noisy spring: the impact of globally rising underwater sound levels on fish. Trends in Ecology and Evolution, 25(7): 419-427.

Smith K A. 1961. Air-curtain fishing for marine sardines. Commercial Fisheries Review, 23(3): 1-14.

Spieler R E, Gilliam D S. 2001. Artificial substrate and coral reef restoration: what do we need to know to know what we need. Bulletin of Marine Science, 69(2): 1013-1030.

Steawart P A M. 1981. An investigation into the reactions of fish to electrified barriers and bubble curtains. Fisheries Research, (1): 3-22.

Tabata K. 1989. Artificial feminization of hirame Paralichthys olivaceus by administration of beta-estradiol, and estimation of stage of sexual differentiation. Bulletin of Hyogo Prefectual Fisheries Experimental Station, 26: 19-36.

Takagi T, Nashimoto K, Yamamoto K, et al. 1993. Fish Schooling Behavior in Water Tanks of Different Shapes and Sizes. Nihon-suisan-gakkai-shi, 59(8): 1279-1287.

Tanaka H. 1988. Effects of estradiol-17β on gonadal sex differentiation in flounder, *Paralichthys olivaceus*. Bulletin of National Research Institute of Aquaculture, 13: 17-23.

Taylor P B. 1986. Experimental evidence for geomagnetic orientation in juvenile salmon, *Oncorhynchus tshawyscha* Walbaum. Journal of Fish Biology, 28: 607-623.

Tlusty M F, Andrew J, Baldwin K, et al. 2008. Acoustic conditioning for recall/recapture of escaped Atlantic salmon and rainbow trout. Aquaculture, 274(1): 57-64.

Trudel M, Boisclair D. 2005. Estimation of fish activity costs using underwater video cameras. Journal of Fish Biology, 48(1): 40-53.

Ueno K, Ikenaga Y, Kariya H. 1986. Potentiality of application of triploidy to the culture of Ayu, Plecoglossus altivelis temminck et Schlegel. The Japanese Journal of Genetics, 61(1): 71-77.

Viscido S V, Parrish J K, Daniel G. 2005. The effect of population size and number of influential neighbors on the emergent properties of fish schools. Ecological Modeling, 183: 347-363.

Viscido S V, Parrish J K, Grunbaumc D. 2007. Factors influencing the structure and maintenance of fish schools. Ecological Modeling, 206: 153-165.

Walcott C, Green R P. 1974. Orientation of homing pigeons altered by a change in the direction of an applied magnetic field. Science, 184: 180-182.

Walker M M, Bitterman M E, Walker M M, et al. 1989. Honeybees can be trained to respond to very small changes in geomagnetic field intensity. Journal of Experimental Biology: 489-494.

Walker M M, Diebel C E, Haugh C V, et al. 1997. Structure and function of the vertebrate magnetic sense. Nature, 390(6658): 371-376.

Walsh S J, Engas A, Ferro R, et al. 2002. To catch or conserve more fish: the evolution of fishing technology in fisheries science. ICES Marine Science Symposia, 215: 493-503.

Warrant E. 2004. Vision in the dimmest habitats on Earth. Journal of Comparative Physiology A, 190(10): 765-789.

Welch J M, Forward R B, Howd P A. 1999. Behavioral responses of blue crab Callinectes sapidus postlarvae to turbulence: implications for selective tidal stream transport. Marine Ecology Progress Series, 179: 135-143.

Wiltschko W. 1972. The influence of magnetic total intensity and inclination on directions chosen by migrating European robins. *In*: Galler S R, Schmidt-Koenig K, Jacobs G J, et al. Animal Orientation and Navigation. Washington DC: US Government Printing Office: 569-578.

Yamamoto E. 1999. Studies on sex-manipulation and production of cloned populations in hirame, Paralichthys olivaceus (*Temminck et Sehlegel*). Aquaculture, 173(1-4): 235-246.

Zhou M, Dorland R D. 2004. Aggregation and vertical migration behavior of Euphausia superba. Deep-Sea Research Part Ⅱ-Topical Studies in Oceanography, 51: 2119-2137.

Кузнсцов Ю А. 1969. Влияние возэущнця завес напаведеvне рцбц. Рцбиое Хозяйство, (9): 53-55.

Павлов ДС, Пахоруков А М. 1983. Биологические основы защиты рыб от попадания в водозаборные соо-ружения. М.: Лёгкая и пищевая пром-сть: 264с.

第七章　海洋生物资源养护

张　涛　于宗赫　刘石林　刘广斌　孙　伟　柏雨岑　高　燕

摘要： 本章介绍了海洋生物资源养护的历史、现状及存在问题，论证了资源关键种对海洋生物资源养护的关键性作用及其繁育增殖、适宜性评价方法和采捕策略，阐释了海洋生物资源养护的原理和管理方法及养护效果的监测与评价技术，指出海洋牧场建设过程中，必须坚持创新、协调、绿色、开放、共享的发展理念，在海区承载力范围之内，实现海洋渔业现代化和健康可持续发展。

关键词： 生物资源，关键种，增殖，捕捞

20 世纪中叶以来，由于高强度的渔业捕捞、污染物的大量排放及围填海工程建设等原因，许多海洋野生生物栖息环境遭到破坏，近海渔业资源严重衰退，濒危程度不断加重。单纯依靠渔业资源生物自然繁殖已难以恢复受损的渔业资源。研究表明，当某个特定海域的经济生物资源种群受环境污染及过度捕捞等影响的程度超过其自身调节能力后，就会引起资源下降乃至枯竭。近年来的研究结果和实践经验表明，建设海洋生态牧场是保护海洋生态环境和修复生物资源行之有效的措施。

增殖放流、投放人工鱼礁和建立保护区，是海洋牧场建设的可靠手段，对保护生态环境和修复渔业资源起到了积极作用。增殖放流，是利用人工方法向天然水域投放鱼、虾、贝、藻、参等水生生物的卵、幼体或成体以增加种群数量，改善和优化水域的渔业资源群落结构，从而达到增殖渔业资源、改善水域环境、保持生态平衡的行为。欧美国家和日本对增殖放流研究较早，并在实际工作中取得了显著效果。其中日本早在 1961 年即已开展渔业资源增殖研究。到 1986 年，日本增殖放流种类的品种已达到 80 多种，包括贝类、鱼类、虾蟹类及藻类，其中有近 30 种的放流规模达到百万尾单位以上，渔业资源修复效果显著。据统计，日本捕捞的 21 万 t 鲑几乎都来自增殖放流（宋娜等，2010）。

近年来，我国逐渐加大海洋牧场建设力度，尤其重视水产资源增殖放流和人工鱼礁建设。我国早在 20 世纪 70 年代中后期即已开展对虾增殖放流，规模化增殖放流工作则始于 20 世纪 80 年代末。2006 年国务院发布《中国水生生物资源养护行动纲要》后，全国沿海各省市更是纷纷行动起来，积极组织开展海洋生物资源增殖放流活动和人工鱼礁建设。增殖放流方面，先后进行了海蜇（*Rhopilema esculentum*）、三疣梭子蟹（*Portunus trituberculatus*）、金乌贼（*Sepia esculenta*）、日本无针乌贼（*Sepiella japonica*）、鲮（*Liza haematocheila*）、真鲷（*Pagroscmus major*）、黑鲷（*Acanthopagrus schlegelii*）、大黄鱼（*Pseudosciaena crocea*）、褐牙鲆（*Paralichthys olivaceus*）、黄盖鲽（*Pseudopleuronectes yokohamae*）、六线鱼（*Hexagrammos otakii*）、许氏平鲉（*Sebastods schlegelii*）、虾夷扇贝（*Patinopecten yessoensis*）、魁蚶（*Scapharca broughtonii*）、刺参（*Apostichopus japonicus*）和皱纹盘鲍（*Haliotis discus hannai*）等种类（图 7-1～图 7-12）的增殖放流。2011～2014 年，全国共放流鱼、虾、蟹、贝等苗种 1283.5 亿单位，资金总投入 38.97 亿元。我国的人工鱼礁建设始于 1979 年广西钦州地区 26 座试验性小型单体人工鱼礁的投放。1983 年起人工鱼礁建设受到中央的重视，农业部组织全国水产专家指导各地人工鱼礁试验，共投放了 2.87 万件人工鱼礁，总计 8.9 万空方。进入 21 世纪以来，广东、浙江、江苏、山东和辽宁等地掀起了新一轮人工鱼礁建设热潮，呈现出政府提供政策和资金支持、企业实施建设的特点。以山东为例，2005～2009 年，增殖放流和人工渔礁建设并进，增殖放流 20 余种海洋生物，投放苗种约 95.5 亿单位，投放礁体 226.6 万空方。资源回捕量共 18 万 t，总产值 49.2 亿元，直接投入与产出比为 1∶17，渔民人均增收 10 929 元。据不完全统计，2008 年以来，全国人工鱼礁建设规模超过 3000 万空方，礁区面积超过 500km^2，投入资金达到 20 亿元至

图 7-1　海蜇（*Rhopilema esculentum*）（图片拍摄者：张芳）

图 7-2 三疣梭子蟹（*Portunus trituberculatus*）（图片拍摄者：崔朝霞）

图 7-3 金乌贼（*Sepia esculenta*）（图片拍摄者：郑小东）

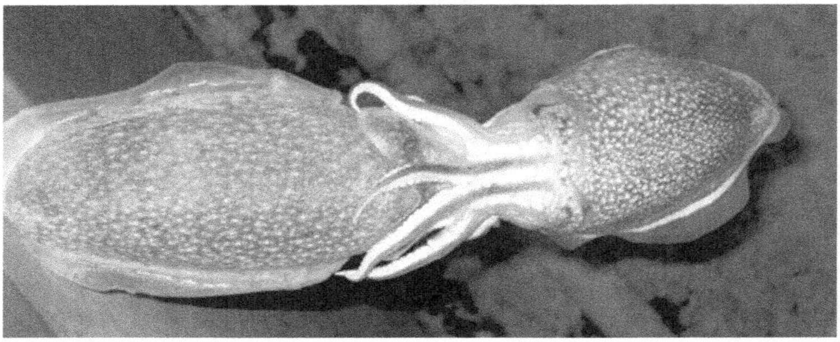

图 7-4 日本无针乌贼（*Sepiella japonica*）（图片拍摄者：郑小东）

图 7-5　鲛（*Liza haematocheila*）（图片拍摄者：刘静）

图 7-6　真鲷（*Pagrosomus major*）（图片拍摄者：张秀梅）

图 7-7　黑鲷（*Acanthopagrus schlegelii*）（图片拍摄者：刘辉）

30 多亿元。山东威海、烟台，河北秦皇岛及辽宁大连（獐子岛）等地近海实施的以人工鱼礁与增殖放流为主的海洋牧场，收效显著，其中用于海洋牧场建设的放流种类已超过 70 多种，包括中国对虾、虾夷扇贝、魁蚶、海蜇及鲛、牙鲆等海洋经济鱼类（王亚民和郭冬青，2011）。

图 7-8 大黄鱼（*Pseudosciaena crocea*）（图片拍摄者：刘静）

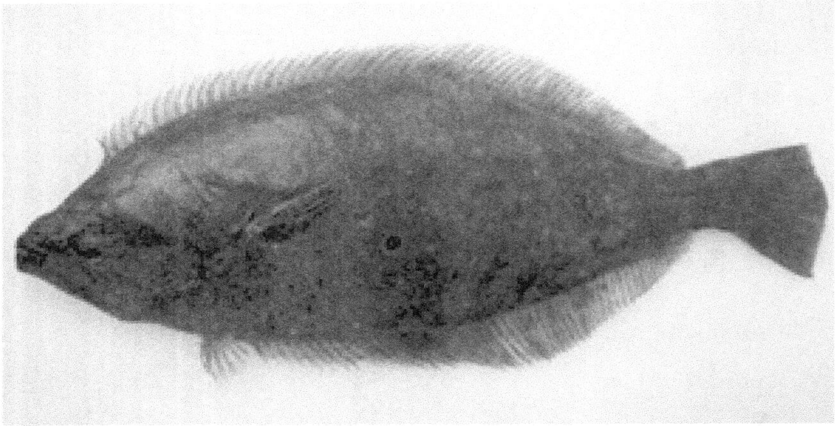

图 7-9 褐牙鲆（*Paralichthys olivaceus*）（图片拍摄者：张秀梅）

图 7-10 六线鱼（*Hexagrammos otakii*）（图片拍摄者：张迎秋）

图 7-11　许氏平鲉（*Sebastods schlegelii*）（图片拍摄者：张秀梅）

图 7-12　皱纹盘鲍（*Haliotis discus hannai*）（图片拍摄者：阙华勇）

2006 年，国务院颁布《中国水生生物资源养护行动纲要》指出，随着我国经济社会发展和人口不断增长，水产品市场需求与资源不足的矛盾日益突出。受诸多因素影响，目前我国海洋尤其是近海生态环境不断恶化，部分海域呈现生态荒漠化趋势，外来物种入侵危害日益严重，海洋生物资源严重衰退。海洋生态环境存在的主要问题有以下几个方面。

（1）污染导致海洋生态环境不断恶化。近年来，我国废水排放量呈逐年增加趋势，渔业水域污染事故不断增加，主要江河湖泊均遭受不同程度污染，近岸海域有机物浓度明显上升，无机氮普遍超标，赤潮等自然灾害频发，海洋生物的主要产卵场和索饵育肥场功能明显退化，海域生产力急剧下降。

（2）过度捕捞造成渔业资源严重衰退。我国是世界上捕捞渔船和渔民数量最多的国家，由于长期采取粗放型、掠夺式的捕捞方式，传统优质渔业品种资源衰退程度加剧，渔获物的低龄化、小型化、低值化现象严重，捕捞生产效率和经济效益明显下降。

（3）大量海洋生物栖息地遭到破坏。水利水电、交通航运和海洋海岸工程建设等活动，在创造巨大经济效益和社会效益的同时，对海洋生态环境也造成了不利影响，海洋生物的生存条件不断恶化，珍稀海洋野生动植物濒危程度加剧。

当外界条件的改变，特别是人类活动影响，超过经济生物资源种群自身的调节能力时，就会引起资源关建种生物量下降，甚至枯竭。因此，必须采取各种措施增加其补充量，以保持最佳的资源量。养护和合理利用海洋生物资源已经成为一项重要而紧迫的任务。

海洋生物资源养护需要遵循科学规律，采用一定的技术措施。一般来说，养护海洋生物资源包含以下工作内容（图 7-13）。

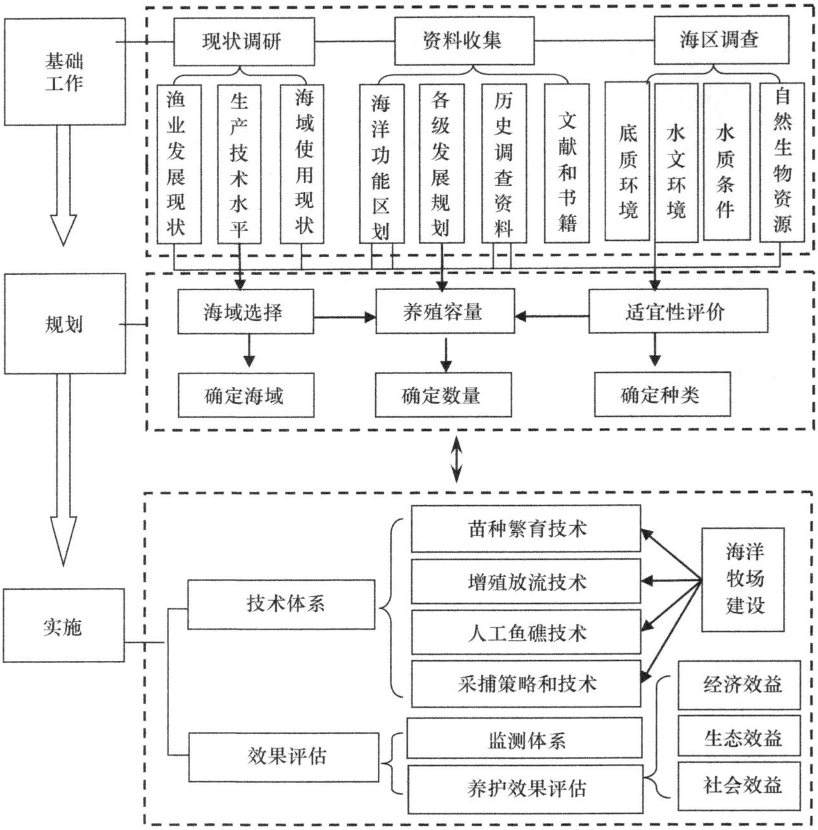

图 7-13　海洋生物资源养护主要工作技术内容

（1）基础性工作 对海洋生物资源养护海域开展本底调查，内容包括海洋动力因素（波浪、海流、潮汐）、海底地形与底质地貌状况、水质本底与污染物本底状况、海洋生物（叶绿素、浮游生物、游泳动物及底栖生物）资源现状等，充分考虑养护海域开发现状、渔业技术水平，结合历史资料及该区域的功能区划、发展规划等，做出该海域开展底栖渔业资源增殖的可行性分析。

（2）制定资源养护方案 根据基础性工作的综合分析结果，针对区位条件、自然禀赋等情况，充分考虑增殖种类对自然生态环境的影响，结合现有技术积累和工作经验，按照海域空间资源条件和底质类型选划海域，按照适应性评价结果确定养护种类，按照初级生产力分析和养殖容量评估确定养护规模和增殖密度。优先考虑各项技术成熟、易捕捞的种类，以 5 年为一个阶段有层次、有步骤地制订计划，最终实现自然增殖为主、人工增殖放流为辅的可持续发展目标。

（3）海洋生物资源养护的实施 优化养护种类的大规模健康苗种繁育技术，培育充足的优质苗种，按照规划方案，在确定增殖规格、密度、时机的基础上开展增殖放流，结合人工鱼礁（包括人工修复藻场）建设，建设海洋牧场，开展海洋生物资源养护。实施轮捕轮放，研发和利用新型捕捞设施与技术，提高捕捞作业的生态性。实施过程中，一方面要注意防止外来生物入侵、提高水产品安全质量等问题；另一方面，需要采用多种方法对生态环境质量、资源修复与增殖状况进行连续监测并评估养护效果，据此完善养护技术、提高养护效率，推动海洋资源可持续开发利用。

第一节 资源关键种

一、资源关键种的定义与种类

根据生态学的原理，生态系统中的一切物种都是相互作用和影响的。“关键种”（keystone species）概念及其依据的理论认为：生物群落内不仅存在着制约种分布与多度的相互作用关系，而且还存在着起关键作用的物种，即关键种，它对其他物种的分布和多度起着直接或间接的调控作用，决定着群落的稳定性、物种多样性和许多生态过程的持续或改变。换言之，关键种的存在对于维持群落的物种组成、生态系统的功能和物种多样性等比其他的物种更加重要。Paine（1969）首先将关键种的概念运用到海洋岩相潮间带（rocky intertidal zone）生态系统中的捕食者，认为潮间带群落的组成和结构在很大程度上是受处于食物网顶端营养级中的某一个当地种的活动控制，该物种的活动和多度是决定群落结构、整合性和持续性的关键。Mills 等（1993）认为，关键种应具备两个明显的标志：第一，它们的存在对保持其所在生物群落的组成、结构及多样性至关重要；第二，这些种与群落的其他成员紧密相关。

目前，对关键种的定义是指一旦该种灭绝将会引起连锁反应，并导致生物多样性减少和某一生态系统功能紊乱，在很多方面对维护生态系统的功能起着重要的作用。经过多年的研究，许多学者对“关键种”理论给予了充分的肯定，研究内容也从关键捕食者的调控作用，拓展到生态系统多样性和生态过程稳定性等诸多方面，并被用于不同营养级水平的许多物种，确定了关键捕食者、关键植食动物、关键病原体、关键寄生物、关键植物资源、关键改造者等不同“关键种”类型。目前，“关键种”理论已成为国际生态学的热点之一。

关键捕食者（keystone predator） Paine（1966，1969）注意到，当他在实验中将潮间带群落中的食肉动物海盘车（*Asterias rollestoni*）去除后，群落的物种多样性大大降低，仅仅一两个固着物种（贝类）成为群落的绝对优势种。关键捕食者之所以重要是因为它们能够控制群落中重要竞争者和其他捕食者的密度。例如，海獭（*Enhydra lutris*）能够限制海胆（*Strongylocentrotus* spp.）的密度而被称为关键种。去除实验表明，海獭的去除能产生一系列的连锁效应，首先是海胆的种群急剧增长，然后是作为海胆食物的海带的种群密度急剧下降和依靠海带为食物来源的其他物种消失。

关键猎物（keystone prey） Holt（1977，1984）认为，如果捕食者更喜爱的或容易获得的猎物在被捕食的情况下仍能维持其生态学多度，从而捕食者的密度也能得以维持，其结果是另外一猎物的密度也受到了制约，那么，这个猎物就可以称为关键猎物，因为它能够通过维持捕食者的密度而限制另外一种猎物的种群密度。

关键寄主（keystone host） Terborgh（1986）把热带森林中的灵长类、松鼠和鸟类等动物的重要食物，如棕榈的坚果、无花果和花蜜等称为关键资源，而把这些关键资源植物称为关键寄主。

关键植食动物（keystone herbivore） 因为有些动物的啃食能够改变生境，所以它们被称为关键植食动物。若该大型植食动物灭绝，很容易造成植被的改变，从而对物种组成、小哺乳动物、鸟类和昆虫等整个动物区系产生有害影响。通过控制关键植食动物的种群密度来控制放牧强度是进行草地管理的重要手段之一（Hunter et al.，1992）。

关键病原体/寄生物（keystone pathogen/parasite） 关键病原体/寄生物可以看做是关键捕食者概念的扩展。这些关键种可能控制某个关键捕食者的生态学多度和分布，因此，如果从群落中将其排除就会导致群落结构的变化（Scott，1988）。非洲采采蝇（Tsetse fly）是该类关键种的典型实例。有的采采蝇叮咬牛马后可使其致死，有的采采蝇能传播酣睡病。所以，采采蝇对大型动物的保护和农业活动的限制具有重要的作用。另外，采采蝇还影响哺乳动物的行为（Rogers and Randolph，1988）。

关键植物资源（keystone plant resources）　Soule 和 Wilcox 于 1980 年提出“关键植物资源”的概念，即“为复杂的动态关系提供关键性支持的典型植物”。在森林生态系统中，关键植物资源可以为众多的微生物、地衣、苔藓、有花植物，甚至昆虫、树栖动物提供附生栖息地，为各种鸟兽提供主要食物来源。

关键改造者（keystone modifier）　许多动物，如囊鼠、土豚、野兔、白蚁和蚂蚁等，由于它们可以通过移动大量的泥土、挖洞穴或通过其他途径而制造无植物的斑块，从而对整个生态系统产生极大的影响，这些动物称为关键改造者（Huntly and Inouye，1988）。例如，北美海狸（*Castor canadensis*）被称为关键种，是因为它们能够改变较大尺度范围内的水分和生物地球化学循环过程，甚至影响整个系统的生产力（Naiman et al.，1986）。

根据研究目的和研究方向的不同，不同学者在“关键种”的分类上也有很大区别，但分类的依据大多是在物种功能定位的基础上进行的。许再富（1995）根据野外考察和研究，把关键种分为两类：一类对生态系统具有积极的、重要的作用，一旦它们受到干扰，很多依赖它们而生存的物种也将受到严重威胁或即将消失；另一类则相反，具有潜在的消极作用，可称为“潜关键种”（potential keystone species），一旦它们获得发展的条件，它们将使原来生态系统中的大部分物种消失。因此，为保护生物多样性，对关键种应有不同的管理对策，既要重视前者的保护，又要重视后者的控制。杜洪业和徐程扬（2012）根据对森林生态系统的研究，将关键种分为控制潜在优势种的物种、提供营养资源的物种、具有共生关系的物种和改变生态系统生境的物种等 4 种类型，强调关键种类型并不是相互排斥的，而且单一的关键种类型也可能表现出不止一种类型的特征。

Conway 认为，在退化生态系统的重建和恢复中，关键种的恢复是生态系统结构和稳定性重建与维持的必需环节。对关键种进行增殖放流能够修复海洋牧场的生态环境、缓解渔业资源紧缺的现状，合理的增殖放流将可取得显著的经济、社会和生态效益（邓景耀，1989）。

二、资源关键种的作用

海洋牧场资源关键种的增殖放流涉及水域食物链的重组。在天然水域中规范增殖放流资源关建种，可以改善水域生态环境及资源群体结构，增加水生生物资源量并维持水域生态系统的生物多样性，能够有效地缓解当前渔业资源日益衰退的严峻形势。1984～2005 年，山东放流中国对虾 125.72 亿尾，回捕量达到 2.62 万 t，秋汛产值达 16.31 亿元；1991～2005 年增殖放流乌贼 6.22 亿头，回捕 4.79 万 t，产值 4.46 亿元；河北“十一五”期间主要增殖放流种类包括中国对虾、三疣梭子蟹、海蜇、牙鲆、鲅、半滑舌鳎、真鲷、毛蚶和杂色蛤等，累计放流各类苗种 43.42 亿单位，回捕量合计 4560t，总产值 7.29 亿元（倪静洁，2015）。构建海洋牧场资源关键种的选择应符合《水生生物增殖放流管理规定》（中华人民共和国农业部令第 20 号）的本地种或子一代，为本地原种或子一代的苗种或亲本。人工繁育育苗技术成熟，能大批量生产苗种，放流苗种要达到一定的规格，有利于其在自然环境中的成活生长；生长快、对环境适应能力强，能够适应放流海域生态环境。宜选择区域性活动范围小的种类，不宜选择洄游性鱼类。人工增殖放流种类主要考虑近岸、海湾、河口型鱼类，岩礁和底栖鱼类。根据增殖放流海区生物资源调查相关资料，筛选适宜该海域增殖放流的种类。可选择大黄鱼、黑鲷、黄鳍鲷、鲈、鲮等鱼类，还可考虑甲壳类及棘皮类等作为增殖放流物种（纪雅宁，2013）（图 7-14～图 7-18）。

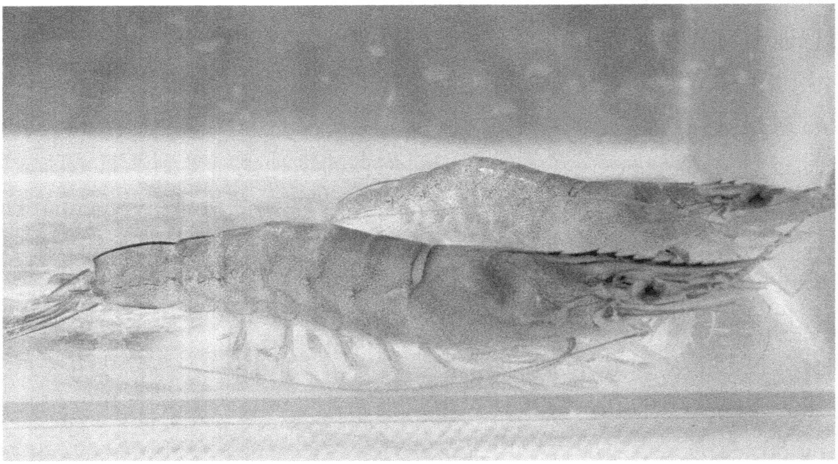

图 7-14　中国对虾（*Fenneropenaeus chinensis*）（图片拍摄者：李富花）

图 7-15　刺参（*Apostichopus japonicus*）（图片拍摄者：刘石林）

图 7-16　花鲈（*Lateolabrax maculatus*）（图片拍摄者：张迎秋）

图 7-17　毛蚶（*Scapharca subcrenata*）（图片拍摄者：李莉）

图 7-18　菲律宾蛤仔（*Ruditapes philippinarum*）（图片拍摄者：阙华勇）

关键种理论从系统调控的水平揭示了生态系统稳定性和物种多样性的一种维持机制，明确了生态系统和生物多样性保护的研究重点和方向，因为在某些生物群落中，是关键种的调控作用决定着群落结构的稳定、正常演替方向和物种之间的平衡。因此，资源关键种的作用主要体现在生物群落和生态系统水平上，对保护生物学和环境与资源保护具有重要的指导意义，使我们在生物多样性保护或受损生境恢复等实践中做到有所侧重，有的放矢。

增殖放流可在一定程度上满足恢复野生生物资源的需求，但是由于基础研究不足，增殖放流管理缺乏充分的科学依据和有效的技术支撑体系，而生产管理与技术研究的脱节则会导致难以制定行之有效的放流规划和目标，如此盲目地增殖放流很可能会造成海洋牧场生态失衡、种间关系破坏，原有生物群落受到胁迫等负面效应。另外，由于缺乏科学的管理，一些个人或者单位将常见养殖品种作为放流对象。这些养殖品种主要是以养殖生产为目的，具有高繁殖、低游泳、高增长的特性。这些品种基因的纯合度高、变异小，有的甚至还带有人工改良的外源基因。如果将这些品种放归自然环境，与土著种杂交，有可能改变土著种基因库，对土著种的遗传变异产生影响，造成基因组的单一和均一化，导致土著种群对环境突变抵抗力的减弱，增加细菌、病毒的入侵几率，甚至会对土著种群造成灭顶之灾。

三、种质资源

水产生物种质资源是指对水产生物的遗传性状的改良具有当前或潜在利用价值的遗传物质，它包括水生生物的家养种（种、系）和野生种（变种）。蕴藏种质的材料涵盖了生物的群体、个体、器官、组织或细胞（如精子、卵子等），也可以是染色体或 DNA 片段。在水产动物遗传育种中，如果在种质资源中缺少控制目标性状的基因，如果没有目标性状的方向性突变发生，无论用什么方法进行多少世代的选种，后代中也不可能出现所需要的性状。反之，一旦发现有特色的种质资源，便可据此提出新的育种目标，培育出新品种。现代的育种成就，从根本说来就是对新种质资源的发现、改良和利用，对种质资源挖掘越多，对其研究越深入，则将其选育成新品种的可能性就越大。大量证据表明，育种工作者的突破性成就，往往决定于关键性种质资源的发现和利用。

据统计，我国海洋生物约有 20 278 种，占世界海洋生物总数的 25%以上；其中，具有捕捞价值的鱼类有 2500 余种、头足类 84 种、对虾类 90 种、蟹类 685 种，海洋生物入药的种类有 700 种；海洋渔场 70 多个，约 280 万 km^2。舟山渔场是全国性的大渔场，水产资源丰富，共有鱼类 365 种、虾类 60 种、蟹类 11 种、贝类 134 种、藻类 154 种，以大黄鱼、小黄鱼、带鱼和乌贼 4 大家鱼为主要渔产；渤海湾渔场以盛产对虾著称，可养殖浅海和滩涂面积高达 380 万 hm^2；随着养殖技术的日益发展和进步，未来适合建设海洋牧场和发展海水增养殖业区域将会超过1000万hm^2。

以海参类为例。海参（Holothurian）属于棘皮动物门，是海参纲动物的泛称。全世界海参约有1200种（McElroy，1990），均属海洋种类，在我国海域分布的有140多种（张春云等，2004）。海参主要分布于世界各大洋的潮间带至万米水深的海域，绝大多数营底栖生活，附着在礁石、泥沙及海藻丛生的地带（廖玉麟，1997）。热带区海参资源呈多样性，不仅种类多，而且资源量大，其中印度洋—西太平洋区是世界上海参种类最多、资源量最大的区域，如印度尼西亚、菲律宾、马来西亚和南太平洋的新喀里多尼亚、斐济、巴布亚新几内亚等（Conand and Byrne，1993）。热带区海参资源主要有黑乳参（*Holothuria nobilis*）、白沙参（*Holothuria fuscogilva*）、糙海参（*Holothuria scabra*）、多色糙海参（*Holothuria scabra versicolor*）、棘辐肛参（*Actinoproga echinites*）、乌皱辐肛参（*Actinoproga miliaris*）、梅花参（*Thelenota ananas*）（图7-19）、绿刺参（*Stichopus chloronotus*）、花刺参（*Stichopus variegatus*）等。温带区海参资源主要有刺参（*Apostichopus japonicus*）、花刺参、绿刺参、梅花参、黑乳参等。据统计，目前世界海参产量的86%来自热带区。温带区海参资源呈单种性分布于太平洋东西两岸的中国、日本、韩国、加拿大、美国等，其中东岸以美国红海参（*Parastichopus californicus*）为主，西岸以刺参（*Apostichopus japonicus*）为主。日本海参主要产区在北海道，美国海参主要产区在华盛顿州，加拿大海参产区全部在不列颠哥伦比亚省。

图7-19　梅花参（图片拍摄者：于宗赫）

相关调查和统计数据显示，全世界有食用价值的海参约有 40 种，大多生活于潮间带或浅海。我国有 20 多种海参可供食用，常见的有刺参、花刺参、绿刺参、玉足海参（*Holothuria leucospilota*）、梅花参、蛇目白尼参（*Bohadschia argus*）、图纹白尼参（*Bohadschia marmorata*）、辐肛参（*Actinopyga lecanora*）、白底辐肛参（*Actinopyga maruitiana*）、棘辐肛参、黑乳参、糙海参、白肛海地瓜（*Acaudina leucoprocta*）和二色桌片参（*Mensamaria intercedens*）等。我国北方只有 1 种食用海参，即刺参，体呈圆柱状，一般长 20～40cm，宽 3～6cm，背面隆起，具有 4～6 行圆锥形大小不等的肉刺，腹面管足较密，排成不规则的纵带。口在前端，后端为肛门。口偏于腹面，周围具盾状触手 20 个。口背有 1 个乳突。体色多为栗褐色，亦有绿色、黄褐色、灰白色等，随生境不同而异。多栖息在水深 3～15m 的浅海中，喜波流静稳、海藻茂密的岩礁底或者细沙泥底。自北至南主要分布于我国辽宁、河北和山东沿岸浅海。尽管我国南海海参资源种类繁多，资源量大，但由于近年来的滥捕，捕捞个体趋于小型，自然资源量也日趋减少。

农业部自 2007 年开始逐步推进水产种质资源保护区建设，至 2013 年国家级水产种质资源保护区 428 处，国家级水生野生动植物自然保护区 22 处。至 2015 年，全国已建立国家级水产原良种场 80 处，另有各省市区投资建设的省级水产原良种场近 600 处。迄今为止，国家投资建设的引种育种中心 32 个；在保障体系建设方面，国家陆续投资兴建了一批“水产种质检测中心”，负责建立和完善水产种质评价标准，开发研究新、快、准的种质检测技术，以加强水产苗种和成品种质检测和质量监管工作。依托中国水产科学研究院各研究所和各省级水产研究所建立种质中心的分别位于哈尔滨、烟台、青岛、武汉、南京、广州，这六家水产种质检测中心均已登记备案并通过国家“双认证”。

四、苗种繁育

苗种是资源增殖的基础，苗种的数量与质量从根本上决定了海洋牧场建设的效果。为了避免生态入侵等危害，用于海洋牧场构建关键种的亲体和种苗应是当地种，其中种苗应当是当地种的原种或者子一代；确实需要放流其他种苗的，应当通过省级以上渔业行政主管部分组织专家论证。所用的亲本或者种苗必须经过检验检疫，确保健康无病害，无禁用药物残留。禁止使用外来种、杂交种、转基因种及其他不符合生态要求的种类进行海洋牧场构建（中华人民共和国农业部，2009）。资源关键种应当由有资质的生产单位进行繁育。其中，经济物种苗种必须来自于持有《水产种苗生产许可证》的生产单位，珍稀、濒危物种苗种必须来自于持有《水生野生动物驯养繁殖许可证》的苗种生产单位。渔业行政主管部门应该按照“公开、公平、公正”的原则，通过招标或者议标的方式确定种苗生产单位或采购用于放流的种苗（中华人民共和国农业部，2009）。

研究表明，利用自然捕捞的资源关键种建设海洋牧场会取得更好的效果，如日本北海道增殖放流的虾夷扇贝基本都采于自然海域，采苗后将其养殖到合适大小再进行增殖放流。经过多年努力，目前日本北海道区域扇贝年产量可达 30 万 t，是未放流以前最大产量的 4 倍，经济效益突出；中国水产科学研究院南海水产研究所从大亚湾采捕天然黑鲷苗经暂养后再进行人工放流，回捕率达 8%，效果明显。此种方法的局限性在于自然苗种必须来源丰富，故此并不适合所有增殖种类（陈睿毅等，2014）。

目前，国内用于海洋牧场增殖放流的苗种多采用养殖场人工繁育，这样有利于获得大量遗传背景清楚的苗种；但由于繁殖所用亲本群体较小，会导致放流群体的遗传多样性下降。因此，应加强对放流亲本的管理工作，及时淘汰大龄亲本并补充野生亲本，开展亲本对子代贡献率的研究，避免无效亲本群体过多而影响子代的遗传多样性。另外，与野生苗种相比，人工繁育苗种的觅食和躲避敌害的能力差，在自然环境的生存能力更低，所以增殖放流应选择健康强壮的苗种，这样才能提高其在自然环境下的存活率（陈睿毅等，2014）。

据统计，“十一五”末，全国已建成各类苗种场 15 306 个，其中具有人工繁殖与孵化能力的苗种场有 9086 个。2012 年年底，我国持证上岗的育苗场达到 11 631 家，估计实际育苗场数量达到 13 300 家以上（王清印，2013）。

“十一五”以来，农业部启动了“国家水产遗传育种中心”建设计划，已经立项的水产遗传育种中心建设项目有 25 个，涉及 23 种水产种类，包括冷水性鱼类、长江流域鱼类、鲫、鲆鲽类、罗非鱼、斑点叉尾鮰、鲢、中国对虾、南美白对虾、罗氏沼虾、斑节对虾、海产贝类等（图 7-20～图 7-22）。农业部先后制定并颁布了《国家级水产原良种场基本建设项目管理办法（试行）》《国家级水产原、良种场资格验收办法》等相关的管理办法，使全国水产苗种管理工作逐步走上制度化、规范化的轨道（王清印，2013）。2015 年，全国创建现代渔业种业示范场 21 家。

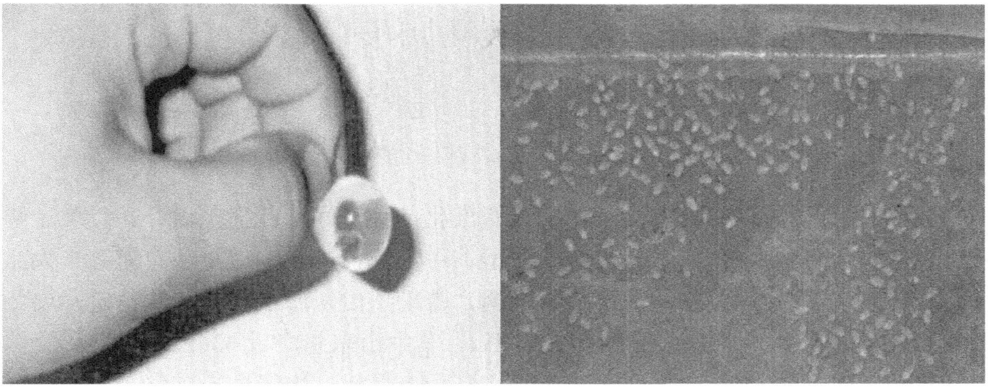

图 7-20　金乌贼苗种繁育（图片拍摄者：郑小东）

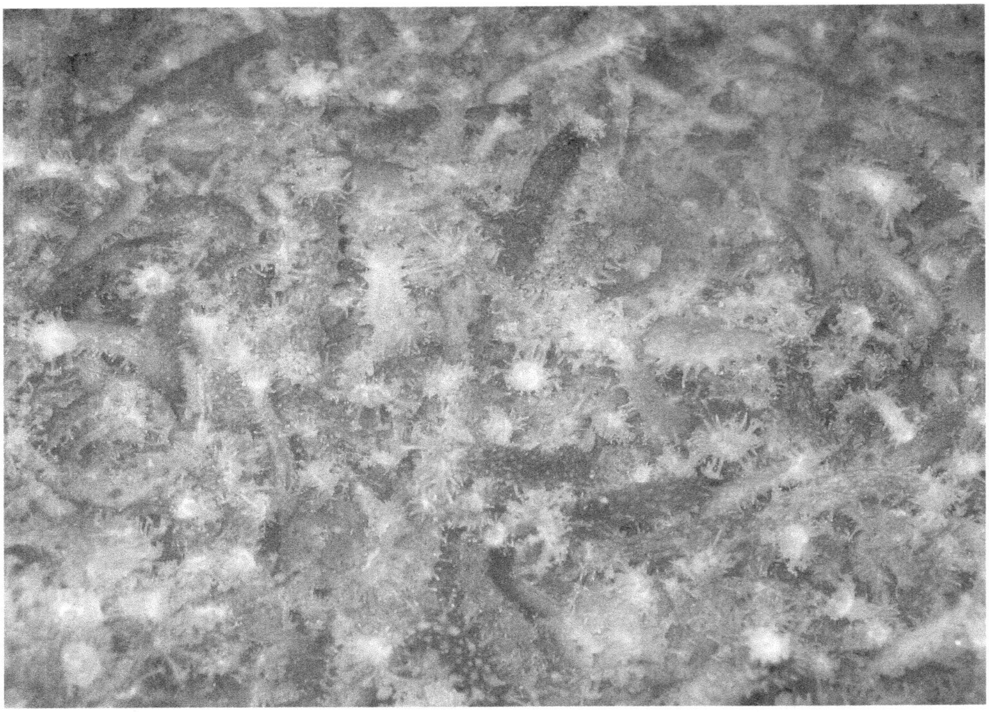

图 7-21　刺参苗种繁育（图片拍摄者：刘石林）

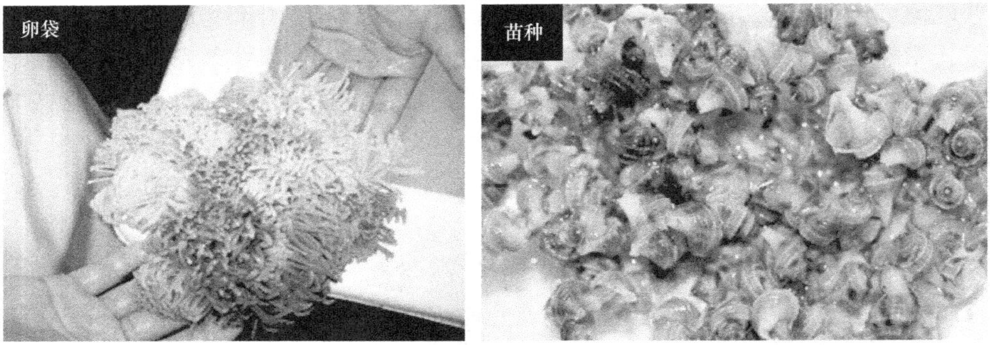

图 7-22　脉红螺苗种繁育（图片拍摄者：张涛）

以山东为例，山东拥有多个国家级标准化苗种生产示范县，对虾、贝类、鲆鲽鳎鱼类、鲍、海带、刺参、三疣梭子蟹、中华绒螯蟹、中华鳖和乌鳢等十大品牌列入国家地理标志，产业规模增长迅速，带动了山东海水养殖业的稳定发展。2012 年，全国海水养殖总产量 1643.81 万 t，其中山东总产量 436.2443 万 t；全国海水养殖总产值 2264.54 亿元，其中山东 655.61 亿元，均居全国首位。

优良品种是增养殖业健康持续发展的关键因素。山东是我国海洋生物优良品种的科研中心，成功培育养殖了海湾扇贝、凡纳滨对虾、大菱鲆等多个世界养殖优良品种；利用分子水平的基因转移、多倍体诱导、性别控制、细胞克隆等现代化技术培育出了三倍体牡蛎、全雌性对虾、转基因海带等10个海水养殖品种，使我国海水养殖业进入现代生物技术的新阶段；日本真海带、长叶海带的成功繁育及推广养殖，为山东海藻养殖增添了新品种、为海藻遗传育种提供了新的种质资源。

五、资源增殖

增殖，是采用放流、底播、移植等人工方式向海洋牧场投放资源关键种亲体、种苗等活性水生生物，以期增加其资源量的活动。将人工繁殖培育的苗种，在度过自然条件下死亡率高的发育阶段后，选择环境条件适宜、敌害少和饵料资源丰富的水域放流，使之充分利用水域的天然饵料资源自然生长，以补充和增加水域的自然资源量，在海洋渔业资源日益衰退的今天，是世界上公认的行之有效的恢复渔业资源的主要措施。在我国，增殖放流被认为是一项利国利民、功在当代、利在千秋的公益事业，深受广大群众的支持和拥护。我国传统的重要经济种类的补充基本上依赖于增殖放流（陈雷等，2014；张波等，2015）。

目前，我国各地组织开展的渔业资源增殖活动尚缺乏严密的规划，“放什么、放多少、怎么放”缺乏合理明确的科学依据和相应的技术规程规范；增殖资源的管理水平不高，增殖资源“如何保护、何时利用、利用多少合理”等目前尚无配套的增殖资源管理措施；放流后的实际资源增殖效果如何、对水域生态的修复作用到底有多大、如何进行评价调查等，仍缺乏较为规范的技术评估体系；放流效果的评价长期以来仅停留在定性分析上，缺乏定量的调查数据支撑。由于缺乏有效的手段对渔业资源的增殖放流效果进行监测和评估，使这项高投入工作的盲目性较大。长期以来水生动物的“放流/回收”率异常低下，难以获得预期的效果。同时，由于在技术上的限制，对放流的效果也无法作出客观正确的评价（倪静洁，2015）。

在增殖放流之前，必须对相关海域进行本底调查，摸清查清放流海域水环境、生物环境和渔业资源现状，以评价相关种类放流的适宜性（郭金龙等，2015）。苗种大小及密度的确定是增殖的关键所在，放流苗种的规格极大地影响增殖的成效和经济效益；小规格的放流苗种能减少中间培育环节和增殖放流成本，但苗种的适应环境能力差，直接影响放流后的成活率及回捕率（侯朝伟等，2015；罗虹霞等，2015）。较高的增殖密度能减少增殖放流的投放成本、提高单位水体的利用率，但也可能会影响增殖生物摄食、行为、耗氧量及免疫功能等而导致生物群体生长率和存活率下降（Allen，1974；Jørgensen et al.，1993；Yu et al.，2014）。因此，探索合理的增殖规格和增殖密度，用最小的增殖空间和增殖成本，达到最大的产出是当前增殖放流亟待解决的问题。另外，在放流过程中应注意不同种类的合理搭配，注意保护生物多样性和生态系统，避免种类过于单一，促使海洋牧场生态系统处于可持续发展状态（王亚民和郭冬青，2011）。

目前，世界各国采用增殖放流作为渔业资源养护的有效措施，形成了规模化产业。例如，日本自20世纪60年代开始在其近海放流了80余种水生经济动物用以开展渔业资源增殖活动，开展了放流效果评价技术研究并取得了较好的成果，有的放流种类（如牙鲆）获得了较高回捕率并形成规模化的资源增殖放流产业。美国和加拿大自20世纪60年代即开展鲑增殖放流活动，近年来采用多种标记技术放流鲑，规模达30亿尾/a，回捕率高达20%，是增殖放流研究和产业化的成功典范之一。在人工鱼礁与海洋牧场建设方面，自20世纪90年代以来，日本、韩国、美国、挪威、英国、加拿大、俄罗斯、德国、意大利、瑞典等均把海洋牧场建设作为振兴海洋渔业经济的重要战略对策，投入大量资金以提高渔场生产力，实现渔业资源养护。例如，日本的人工鱼礁建设产业已形成标准化、规模化、制度化的体制，每年投入约6亿美元进行沿海人工鱼礁建设，建礁体积每年约600万空方。日本自20世纪70年代起在全国范围内全面推进“栽培渔业”计划，并建立了日本黑潮牧场——世界上第一个海洋牧场。韩国利用其近海建立了多个大型海洋牧场示范基地，建设了10余处国立水产种苗培育场并放流了38个水产品种以增殖渔业资源。

受诸多因素影响，目前我国水生生物资源衰退严重，水域生态环境不断恶化，部分水域呈现生态荒漠化趋势，外来物种入侵危害也日益严重。据监测，渤海海域的生产力水平已经不足20世纪80年代的1/5。对水生生物资源的养护和合理利用已经成为一项重要而紧迫的任务。为强化生态文明建设和贯彻落实渔业可持续发展战略，我国政府先后采取了一系列重大管理措施，实施了增殖放流、建设人工渔礁、建立保护区、制定保护行动计划等一系列措施。2006年颁布实施的《中国水生生物资源养护行动纲要》，更是为切实加强国家生态建设、依法保护和合理利用水生生物资源提出了行动指南。“十五”以来，我国在近海系统开展了黑鲷、真鲷、鮻、大黄鱼、中国对虾、牙鲆、乌贼、三疣梭子蟹、魁蚶、海蜇等多物种的增殖放流，其中对海蜇、黑鲷、牙鲆、中国对虾等品种的增殖放流已形成产业化规模并取得了良好的经济效益，对重要渔业资源的群体数量进行了有效补充，增加了捕捞产量，促进了渔民收入的增加和渔业的增效。据调查辽东湾中国对虾在2008年之前无法形成产量，而目前产量已经逐步恢复到目前的年产700多吨，黄渤海部分海域曾经消失的海蜇、中国对虾、梭子蟹等秋季渔汛又开始重新形成，大黄鱼群体在浙江和福建近海海域也重新呈现一定规模。我国自20世纪80年代起开展人工鱼礁和海洋牧场建设，在渔业资源恢复方面取得了较明显的效果，在近海已形成较大规模的人工鱼礁区，未来发展前景良好。然而，目前我国海洋牧场建设还仅限于投放人工渔礁和人工放流，且规模较小，尚未形成标准化、规模化产业，未来仍然有很长的路要走。

资源增殖，需要对生态增殖承载力评估技术进行深入研究探索，包括对增殖放流水域的生态基础进行分析和对支撑力进行精准评估，对基于食物网关系的增殖放流物种及数量构建、放流生物种群数量变动与其他生物种群的相互作用及其对生态系统稳定性的影响等方面进行深入探索。研究放流物种种群及自然种群变动规律，开发增殖放流对生物遗传多样性影响的评价技术，包括提高放流物种存活率、放流种群与自然种群的发生学及协同进化、生物种群的遗传多样性变化及其生态效应等。研发增殖放流的经济-生态-社会复合效应评价技术，即在掌握标记和回捕技术的基础上，科学分析和预测增殖放流生物增产效果及其经济效益、评价其对生态系统功能和结构的影响及产生的社会效应。我国海洋牧场建设刚刚起步，还处于追求经济效益的自发建设状态，缺乏长期规划，规模小而零散，相关研究也大多限于人工鱼礁的某些单项技术方面。应当深入研究礁体与生物之间的关系，确定礁体的适宜规格与投放布局等，研究不同条件下海洋牧场的生态增殖承载力，建立海洋牧场综合构建技术。

第二节 资源关键种适宜性评价

一、适应性评价的概念及方法论

在海洋牧场构建方面，资源关键种适宜性评价就是评定海域环境对于关键种养殖是否适宜及适宜的程度，是进行海域利用决策、科学地编制海域利用规划的基本依据。根据资源关键种对自然、社会环境因子的需求，确定适宜的海域进行海洋生态牧场的构建，将有助于提高海域开发的经济、生态和社会效益，更好地解决环境退化问题。海洋牧场生态系统中的各类生物种群有的可为人类所利用，有的则是直接或间接危害水产资源的种群。为了尽可能地利用生态系统中发生的生态过程，提高由初级生产至资源关键种的能量转换效率，需要根据水域的生态条件增殖放流资源关键种，比如饵料生物，乃至重要的经济生物，以改变原有的生物群落组成，增加资源的种类和资源量。在增殖放流之前，必须对目标海域的水环境、生物环境和渔业资源现状进行本底调查，以评价增殖放流的适宜性。一般在自然繁殖和人工培育的基础上，选择适宜的种类，在适宜的区域，采用放流的方法，有效地提高种群的资源量，以达到资源恢复的目标。

首先，关键种的选择要满足技术可行、生物安全、生物多样性和兼顾效益的要求。技术可行，就是关键种在人工繁殖、暂养，增殖放流技术上是可行的，放流地环境适合。生物安全，就是关键种必须是在本海域自然生长的土著种，不会对其他种类带来伤害，适宜放流的幼体应当是野生亲本的子一代或者子二代苗种，从而保证遗传多样性的稳定、可靠和纯净，防止增殖放流品种造成该区域自然种群和群落的遗传污染和遗传漂变。生物多样性，就是要就地保护自然生境，在物种的自然环境中维持一个可生存种群，在放流种类选择时应首先考虑资源衰退较严重或者濒危灭绝的物种，对于虽然有较大经济价值，但是自然种群密度较高的物种，不应作为首选的对象。兼顾效益，就是关键种本身要有较高的经济价值，实施增殖放流后能产生较好的经济、生态和社会效益。总之，要结合海区生物资源特点和海况实际，对放流海区生态容纳量和生物间的相容性，苗种、环境适应和栖息地问题，制定标准技术规范，实行多种类综合开发，充分发挥水域的生态效益（王伟定等，2009）。

其次，增殖放流海域的适应性评价须与资源关键种的主要生物学因子包括对水温、盐度、pH、水流、食物或猎物等的需求相结合。同时，海域的选址是一个决策的过程，需要大量的数据支持，如海水的表层水温、盐度、透明度、水深、叶绿素浓度、水体交换率、底质类型、海流速度，以及海域环境生物因素，如捕食者、病害生物、猎物（或营养）等，还包括社会基础设施因素，如渔港、港口、道路、市场、城镇等，这些因素都是资源关键种增殖海域适宜性评价中常用的指标（Radiarta and Saitoh，2009；Perez et al.，2005；Liu et al.，2012；Silva et al.，2011）。确定评价指标后，通过资料收集整理或根据现场调查获得各种数据，构建大数据库，并对各指标进行打分和权重确定，建立增殖适宜性指数模型，计算关键种增殖适宜性综合指数，从而对增殖海域进行关键种增殖适宜性评价，指导海洋牧场的构建和生产。

放流时间和区域的选择是决定增殖效果的重要因素。如 Mckinnell 和 Lundqvist 的研究表明，放流季节对鱼苗的成活率有很大的影响，每年最大回捕率与放流时间密切相关。增殖水域应当为渔业资源衰退较为严重或生物多样性下降的天然渔业水域，禁止在种质资源保护区、重要经济渔业品种的产卵场等敏感水域进行增殖活动。增殖水域的选择也要考虑区域饵料生物的保障、敌害生物的种类和数量，以及种苗对理化环境的适应性，敌害捕食或环境不适均会造成种苗的大量死亡（倪静洁，2015）。研究表明，最适宜的放流区域应是资源关键种自然产卵场，因为产卵场的水温、盐度、溶解氧、饵料生物和敌害生物等环境条件都比较适合于苗种的生长与存活（唐启升和苏纪兰，2001；Aprahamian et al.，2003）。

确定最适种苗规格也是取得良好放流效果的基础，种苗的放流规格不仅与增殖后的成活率及回捕率有直接关系，并且直接决定放流成本（侯朝伟等，2015）。理论上最佳的放流规格应是种苗放流入海存活率较高的最小体长。通过评估资源关键种增殖效果，增殖的责任方可以进行成本-收益分析，从而获取准确的成本收益信息，同时，也可为今后改进增殖放流策略、实施适应性管理提供重要参考依据。目前，主要通过放流后的回捕与跟踪调查来评估增殖效果（黄硕琳等，2009；陈睿毅等，2014）。

二、适宜性评价研究进展

我国开展适宜性评价研究较晚，资源关键种适宜性评价研究也还处于起步阶段。孙凯静等（2015）根据 2013 年 10 月黄河口及邻近海域大型底栖动物、水和沉积环境数据，应用多变量 AZTI 海洋生态指数（M-AMBI）指数评价了该海域的底栖群落健康和生境状况，通过分析底栖群落健康和生境质量的环境限制因子，对研究水域底栖生境的适宜性进行了评价。结果表明，在水深较浅、盐度较低和污染相对较重的河口及近岸区域不适宜底栖动物的栖息；在水深较深、盐度较高和无明显污染的近海区域较适宜大型底栖群落的栖息和健康。叶昌臣等（1994）根据放流量与渔获产量的关系估算了黄海北部中国对虾合理放流量，确定最大放流量为 16 亿尾，最佳经济放流量为 15 亿尾，同时根据当时的情况确定控制放流量在 11 亿尾是合理的。而张明亮等（2013）利用生态通道（ECOPATH）模型，从食物限制、高营养级生物捕食及来自相同生态位的种间竞争等角度对莱州湾生态系统结构进行了分析，并估算了梭子蟹在湾内的生态承载力，发现该湾梭子蟹的生态承载力可达 1.107t/km^2，生物量可达 7412t，而梭子蟹在湾内的总资源量为 3759t，说明梭子蟹仍有很大的放流空间。目前，地理信息系统（GIS）技术在增养殖区适应性评价中也逐渐获得广泛应用，先后用于鱼、虾、贝、蟹、藻类及牡蛎等水生动植物增养殖区适应性评价（Radiarta and Saitoh，2009）。林勇等（2014）采用 GIS 技术对北黄海大小长山岛的虾夷扇贝养殖区进行了适宜性综合评价，采用叶绿素 a 浓度、海水表面温度、水深、透明度及评价单元到渔港、城镇、旅游区和自然保护区的距离等指标，构建了虾夷扇贝养殖适宜性评价模型，对该海域虾夷扇贝的养殖适宜性进行了空间分析。并在此基础上对大小长山岛海域虾夷扇贝养殖空间格局优化提出了建议，为陆海统筹技术方法研究提供了重要借鉴。方欣等（2015）利用岩石工程系统（RES）和 ArcGIS 软件将浙江象山港划为极适宜养殖区、适宜养殖区、较适宜养殖区和不适宜养殖区 4 个区域。

总之，对海洋牧场资源关键种进行增殖放流，不仅要考虑苗种培育、检验检疫、环境监测及增殖效果评价等，同时要考虑海洋生物多样性保护、种群遗传资源保护及对生态结构和功能的影响。不仅要对拟建设海洋牧场的海域生物资源进行详细调查，分析该海域生物资源丰富程度、食物链构成、数量分布及群落结构特征，还要探明关键种的竞争或者掠食性种类的习性，以指导放流规格，减少损失及生态风险。需根据临近海域的资源环境特点及当地苗种繁育供应情况，经过筛选确定适于在海洋牧场的种类进行增殖放流，放流种类选择应掌握以下原则：以重要的海洋经济种类为主，同时要兼顾生态系统能流特征，选择该海域自然生态原有的优势种类，但在资源结构中明显偏低，资源衰退，采取人工增殖措施对野生种群和资源恢复具有重要作用的种类；选择该海域生态位和营养级缺失种类，增殖放流后对提高生态系统能流效率、恢复资源具有重要作用的定居种类（纪雅宁，2013）。

第三节　海洋生物资源的养护原理和养护管理

一、基本原理

海洋生物资源养护的基本原理与陆生生物资源养护基本一致，其主要内容包括：生态系统的结构与功能及生态系统内在的生态学过程与相互作用机制，生态系统的稳定性、多样性、抗逆性、生产力与可持续性，先锋群落和顶级群落的发生、发展机理及其群落演替规律，不同外界干扰条件下生态系统的受损过程及其内部响应机制，生态系统退化的诊断方法及其评价指标体系，生态系统退化过程的动态监测、模拟、预警及预测方法等内容（张立斌和杨红生，2012）。

对一个完整的生态系统修复工程而言，生态系统的各个组成部分都需要在原位经过自然的生态过程，因此，事实上各生态学原理均可应用于生态恢复的实践中（Zedler，2005）。生态系统修复涉及的基本原理主要有：限制因子原理、能量流动原理、种群密度制约及分布格局原理、生态适应性理论、生态位原理、演替原理、生物入侵理论、生物多样性原理、功能群构建原理等。其中，演替原理、功能群构建原理是应用于海洋生态系统恢复中的重要原理（张立斌和杨红生，2012）。

二、基本过程

张立斌和杨红生（2012）认为修复行为实质上是对生态系统的一次新的干扰，很难保证所有修复行为均对目标系统的修复起到正效应。要想系统向预期方向发展，需要有科学的理论框架，制定合理的修复方案，并对方案进行可行性论证（晁敏和沈新强，2003）。

Zedler（2005）以湿地生态系统的修复为例，将生态恢复的整个过程划分为 5 个不同的阶段，即目标设定、开发概念模型、恢复区域的选址优化、原地非生物环境的操控、原地生物区系的操控、生态系统维护等。

Clewell 等（2000）将生态恢复的过程分为修复计划准备、生态系统健康状况评估、修复计划制定论证、修复行动实施、修复后评估和管理5个阶段，并指出了生态修复过程中涉及的51条指导原则。

三、海洋生物资源养护的综合管理

海洋生物资源养护的管理是海域管理的重要组成部分，涉及对海洋生态系统的全面了解及对生物资源养护的监测与研究。海洋生物资源养护的管理应该从规划开始，一直持续到修复效果达到预定目标。管理的目标是保障修复行动和修复效果的有效性（张立斌和杨红生，2012）。

近年来，基于生态系统的管理（ecosystem-based management，EBM）理念得到充分重视与发展。基于生态系统的管理是一种较为先进的资源环境管理方式，其核心内容是维护生态系统的健康和可持续（Link，2002），该理念强调从海洋生态系统整体出发制定渔业管理决策，并运用多学科知识，加强各部门合作，实现资源开发与生态保护相协调（褚晓琳，2010）。适应性管理（adaptive management）是海洋资源养护中强调的另一种管理模式，该模式承认恢复计划指定过程中无法预测某些不确定发生的事件，管理的目标是解决实施过程中出现的这些不确定事件。该模式涉及附加恢复计划的实施，恢复系统中部分区域的实验研究、不同环境条件下的并行研究计划实施、评估整个过程有效性的实施等。适应性管理的模式广泛应用于海洋生物资源养护实践中（Borde et al.，2004）。

为推进海洋强国建设，中国工程院于2011年启动了"中国海洋生物资源工程与科技发展战略研究"重大咨询课题研究，从海水养殖、资源养护、远洋渔业、质量安全与加工流通、海洋药物与生物制品等方面系统分析发展现状、趋势和战略需求。研究认为，与环境友好和可持续发展的要求相比，我国除了存在基础和工程研究及关键技术装备落后外，还存在生态和生物资源调查与评估、保护、产业可持续发展能力、政府管理重叠与国家整体规划布局不够等方面的不足（"中国海洋生物资源工程与科技发展战略研究"海洋生物资源课题组，2016）。我国海洋生物资源工程技术水平与世界先进水平仍存在较大差距（图7-23）。

四、我国海洋生物资源养护立法现状

海洋生物资源并非取之不尽、用之不竭。自20世纪以来，社会发展导致的生物多样性急速降低引起了国际社会的高度重视，陆续通过一系列国际文件完善和细化《联合国海洋法公约》，确立了海洋生物资源养护制度，在可持续利用概念的指导下，以国际法律制度的形式对生物资源加以养护，这也有益于完善我国海洋生物资源养护相关法规的制定和实施（王建廷，2010）。进行海洋生物资源养护的目标是为了维持海洋生态系统平衡与人类社会对生物资源的可持续利用，使人类更多关注生态平衡和物种安全，从而实现环境、资源和社会可持续发展的总体目标。

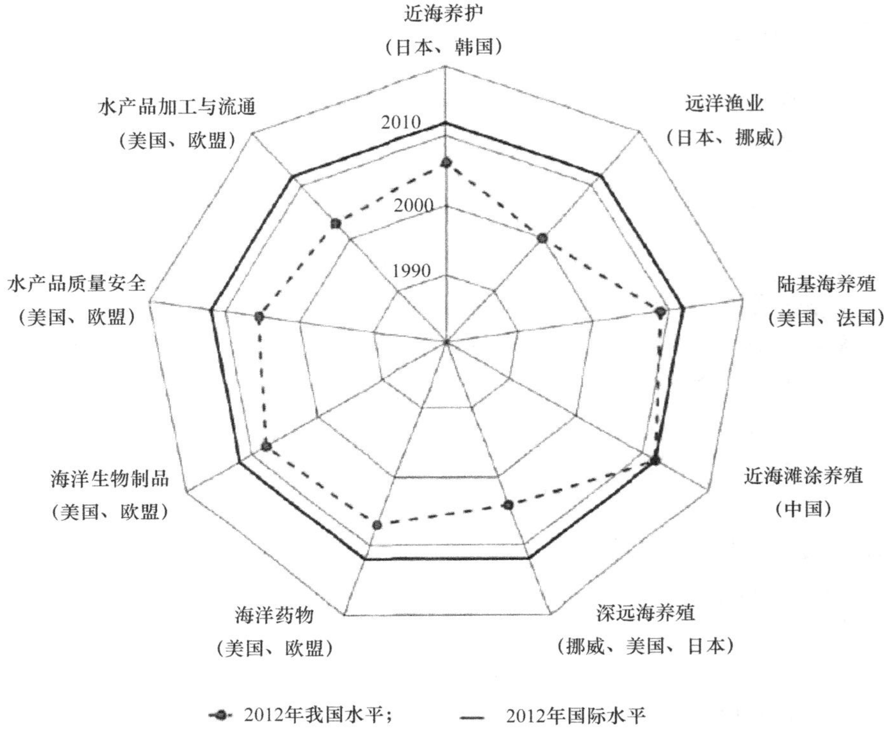

图 7-23　我国海洋生物资源工程技术发展与国际先进水平比较（海洋生物资源课题组，2016）

1982 年《联合国海洋法公约》通过后，各国相继通过国内立法的形式落实生物资源养护责任与义务，各海洋邻国之间也陆续签订了双边或区域协议或安排，如我国和周边国家签订的《中日渔业协定》（1997 年 11 月 11 日）、《中韩渔业协定》（2001 年 6 月 30 日）和《中越北部湾渔业合作协定》（2000 年 12 月 25 日）等，并建立专门渔业或资源管理委员会负责具体实施（王建廷，2010）。

我国于 1982 年通过《中华人民共和国宪法》第九条规定："国家保障自然资源的合理利用，保护珍贵的动物和植物。禁止任何组织或者个人用任何手段侵占或者破坏自然资源"，从宪法的角度对生物资源养护作出了明确的法律规定。此后又颁布和修改了多部与生物资源养护相关的法律和条例，例如，2006 年 2 月 14 日颁布的《中国水生生物资源养护行动纲要》提出，到本世纪中叶，水域生态环境明显改善，水生生物资源实现良性、高效循环利用，濒危水生野生动植物和水生生物多样性得到有效保护，水生生态系统处于整体良好状态。基本实现水生生物资源丰富、水域生态环境优美的奋斗目标。同时，该纲要向全社会提出了合理利用水生生物资源、养护生物资源多样性的重大任务，使我国在生物资源养护管理方面具有更多的法律保障（王建廷和许浩，2007）。

第四节　采 捕 策 略

一、渔获历史

早在原始人类阶段，我国就有渔业。贝类、鱼类、藻类等都是原始人类的主要食物，渔获方式以采集植物和渔猎为主。随着历史发展，农业和畜牧业逐渐成为社会经济的主要方式，渔业在社会发展中的比重逐渐降低。但是在沿海区域及内陆河、湖流域，渔业始终占有较为重要的地位，渔获技术和工具也随着社会进步不断完善和提高。

我国渔业历史大致分为三个阶段。

原始渔业（远古至公元前 22 世纪）　石器时代开始，人类就从水域或近岸海域中捕捞贝类、鱼类、藻类作为食物，其中淡水以蚌为主、海水以蛤为主。至今，在北起辽宁、南至海南岛，遗留着大量原始人食用后的蚌、蛤壳等遗物，从而形成大量贝壳的堆积，这类遗址被称为贝丘遗址。陕西西安的半坡遗址中，出土制作精巧、具有倒刺的钓钩。在浙江余姚河姆渡出土令人瞩目的木桨。木桨的出现，说明使用木舟捕鱼已经开始。

传统渔业（公元前 21 世纪至 1840 年）　秦汉隋唐是传统渔业的大发展时期，渔业逐渐成为社会经济的重要组成部分。造出了“高十余丈”的楼船，出现了“罛者舟之”（大渔网用船拖引）的捕捞作业，基本特点是以风帆为动力，以木船网罟为主要捕捞工具。汉朝武帝到宣帝期间，海租（海洋渔业为国家创造的税收）增加了 3 倍。唐代的淡水捕捞很发达，已有人专业从事渔业，出现了不同用途的渔具和多种多样的渔法。渔具如鱼叉、钓具、浮子、网、笼等，弓箭也被用来捕鱼。渔法如用鸬鹚捕鱼、木棒敲船发声集鱼、利用毒药或香饵捕鱼等，还有形似水獭的木制机关，内放鱼饵诱鱼。自宋代以来，尤其是明清时代，渔业生产发展迅速，产业分工明细化，如江州（今九江）的鱼苗业、苏州的制冰业、松江区的海水养殖业，以及观赏鱼培育、珍珠开采和养殖等空前地兴旺发展。

现代渔业（19 世纪下半叶至今）　1882 年，新的生产工具——现代渔轮在英国问世，它以蒸汽为动力，用机械操作网具，在海洋上进行高产量捕捞。以张謇为代表的有识之士以“中国渔政久失，士大夫不知海权”，条陈清政府开创现代渔业。1908 年，广东有识之士集资白银 60 万两，创立了广东渔业公司。山东巡抚周馥亦以准备金 3 万两，在烟台创立渔业公司。民国政府成立后，于实业部内设立渔牧司，继续鼓励现代渔业发展。此后公司创办渐多，竞争激烈，1936 年全国已拥有拖网渔轮 10 艘，手操网渔轮 150 余艘，初创起一支现代渔轮队伍。这一时期，一些有为人士积极创办河北省立水产专科学校、江苏省立水产学校、浙江省立高级水产学校、集美高级水产航海学校、山东水产讲习所等学校，大力培育渔业人才。

新中国成立后，现代渔业开始了新篇章。1960年，上海求新造船厂等单位造出了第一批国产渔轮，开始了渔船机械化进程。1970年开始，在国家七部委的共同支援下，我国灯光围网渔业发展迅速。十一届三中全会以后，国务院设立国家水产总局（后以水产、渔政两局归入农业部），从上到下建立起渔政监督管理机构。1985年，中共中央和国务院发出指示，要求全国“像重视耕地一样重视水域的开发利用”，我国的远洋渔业昂首起步，中国渔轮在大西洋、印度洋和白令海等海域的远洋作业逐渐发展起来。

随着捕捞力量的持续加大、渔业技术的不断改进、现代渔具的投入使用，我国的渔业捕捞内容和种类逐渐丰富，作业水层逐渐向深、向远发展，作业种类增加了鳀、蓝圆鲹、鲅、鲐等种类。但是因盲目的、不科学的、未加控制的捕捞，20世纪70年代以来，我国渔业资源的种类、数量、质量等急剧下降，主要渔业经济物种及其生物量逐渐减少（张立斌和杨红生，2012）。同时，因对食物链中处于不同生态位的物种不加区别的捕捞，渔获物中优质种类所占比重逐渐降低。其中较为显著的例子是东海区的大黄鱼。大黄鱼是我国“四大渔产”之一，历史上一直是东海区渔业的支柱产品，捕捞方式包括围网、张网、拖网、流刺网等及钓业。自1957年机帆船对网作业发展为大黄鱼捕捞的主要方式以来，至20世纪70年代末，大黄鱼资源急剧衰退，基本形不成渔汛（徐开达和刘子藩，2007）。

二、资源关键种捕捞技术

捕捞，是指使用捕捞工具捕获经济水生生物的生产活动，是水产业最主要的组成部分。按照工具、水域和距离有不同的分类。捕捞工具有网具、钓具、笼具、猎具等不同种类。按捕捞水域不同可分为海洋捕捞和淡水（内陆水域）捕捞两类。根据捕捞生产海域与港口的或基地的距离又可分为远洋、近海与外海和沿岸捕捞3种。远洋捕捞生产一般以国外港口为基地，以捕捞船队的形式进行生产，规模较大，近海与外海、沿岸捕捞一般以本国港口为基地，但前者一般每15～30天返回港口一次，而后者可以随时返回港口。

20世纪六七十年代我国渔具技术高速发展，而后由于体制改革和资源衰退的双重影响，渔具技术相当长一段时期内没有得到足够的重视，与国外的技术差距越来越明显（岳冬冬等，2013）。首先是渔具力学和捕捞生物行为学等基础研究领域。早在20世纪初，国外主要的渔业国家就开始注意到渔具设计、制作和生产中涉及的物理学问题，并开始渔具力学方面的研究。日本学者田内森三郎应用力学模拟法来解决网衣在水中形状和力学性能，探索并提出了渔具的模型试验准则（宋伟华，2006）。而我国尚未提出过自己的渔具模型试验准则。渔用材料的强度关系到渔具耐用性和持久性，国外早在20世纪50年代已开始使用合成纤维制作渔具。在鱼类行为学方面，挪威、苏格兰、美国等欧美国家对鲆鲽鱼类、鳕、鲱和虾等开展了相当长时间的连续行为观测，分析鱼类在受到网具等外界因素影响时的行为反应，并分析渔获产量与拖曳时间、拖曳方法和水文变化等因素之间的关系（戴天元，1990）。直到现在，我国仍未掌握包括渔具设计、捕捞方法等方面的核心技术。我国的渔用纤维材料研究起始于20世纪60年代，研发出了聚乙烯、锦纶等合成纤维，为我国的捕捞业发展打下了良好的基础，但捕捞用的中层拖网、金枪鱼渔具等均引自渔业发达国家。在渔具性能研究方面，我国专业渔具技术研究单位越来越少，研究缺乏连续性和系统性，渔具设计主要依靠设计人员的经验积累、模拟或比较试验取得相关数据。

目前，信息技术在渔业捕捞中的应用越来越广泛，更是远洋捕捞不可或缺的技术。渔业生产企业组成行业联盟逐渐成为渔业产业发展的方向，通过集体的力量开展渔场和渔业资源调查，并将成果共享，从而提高作业区域的准确度，提高生产效率。日本渔场信息可实现每日更新，欧盟国家也可以通过卫星即时传送渔场水文等环境数据（Dag，2013；JAFIC，2013）。我国渔业捕捞信息覆盖范围仅限于太平洋和中大西洋，信息每周更新一次（岳冬冬等，2013）。在渔业自动化方面，我国已开展了渔具检测仪器、水平声呐（探鱼器）绞机自动控制仪、雷达等设备的研究，但大部分技术仍然受到国外渔业发达国家的控制，应用有限。

在我国近海，由于近年来捕捞力量的迅速增长，大多数近海渔场的渔业资源不同程度地衰竭，严重影响了渔业捕捞业的稳定、持续发展，传统意义上的渔民经济受到很大影响。因此，收获应采用轮捕轮作的方式，并估算单位时间的可采捕量或者不同时间的可采捕种类，满足可持续收获海洋生物的目标（王亚民和郭冬青，2011）。建设海洋牧场，恢复近海生态环境和渔业资源已成为发展我国沿海渔业经济的一个急需解决的重大问题。

第五节　养护效果监测与评估

一、海洋生物资源养护系统的监测

生态系统监测是海洋牧场生物资源养护的重要环节，通过监测可以确定生物资源修复工程是否按照计划朝着既定目标发展。在复杂的环境下准确高效地获取关键信息可为海洋牧场生态系统的管理提供重要参考，而制定监测实施标准和规程则可为相关工作的顺利开展提供保障。例如，全球海草监测计划（Seagrass Net）制定了有关海草恢复的监测规程、野外取样和数据处理的注意事项及科学监测手册等；而为保证监测过程的一致性和监测结果的准确性，美国加利福尼亚海带修复计划中制定了相关规程，为参与潜水的志愿者列出了海带恢复和监测的详细注意事项（Borde et al.，2004）。

海洋生物资源养护系统的监测分养护前监测和养护过程中的长期监测。通过养护前监测，可以了解海洋牧场目标海域生态系统的特点，查明生境和生物资源的受损程度，为确定恢复的目标和恢复方式提供依据（Borde et al.，2004）。长期监测则是自养护计划实施后的全程监测，通过长期的系统监测可以准确把握海洋牧场生态系统的变动过程及变动方向（Zedler and Callaway，2000）。

二、海洋生物资源养护效果的评价

海洋环境错综复杂，容易受各种理化因素的影响，受此影响海洋生物资源恢复的目标和效果可能偏离既定的轨道，为了判断养护效果是否朝着既定目标发展，必须对海洋生物资源养护效果进行评价。当前国内外对养护生态系统及其功能参数特征变异性的了解还不够深入，已有的评价方法与技术手段相对复杂（Borde et al.，2004）。

海洋牧场生物资源养护效果评价的主要方法有直接对比法、属性分析法和轨道分析法。其中应用最广泛的是直接对比法（direct comparison），即直接将恢复的和自然的生态系统的结构与功能参数，包括生物和非生物环境参数，进行比较。属性分析法（attribute analysis）是将生态系统的属性转化为定量和半定量的数据，以判断生态系统各要素的恢复程度。轨道分析法（trajectory analysis）目前正处于研究过程中，但是是一种比较有应用前景的方法。该方法通过定期收集数据并绘制成趋势图，以判断恢复的趋势是否沿既定的轨道进行（张立斌和杨红生，2012）。从生态学角度来说，人们预期恢复的生态系统应包含充足的生物和非生物资源，它能够在没有外界协助的情况下维持自身结构和功能的可持续运转，且在一定程度上具备应对环境压力和干扰的能力（张立斌和杨红生，2012）。

国内外多采用系统模型评价海洋生态系统恢复效果，如 Pickering 等（1999）运用成本效果分析、成本效益分析和条件价值评估等方法从生态学角度评价了人工鱼礁对近海生态系统的修复潜力。Pitcher 等（2002）采用生态系统空间模拟技术对香港保护区内人工鱼礁所产生的资源和渔业效益进行了分析。

三、生物资源监测和评价技术研究进展

1. 生境数字化研究

生境制图是生境数字化技术的一种，它通过绘制每种生境的分布和范围，建立具有明显生境分界的海底生境全覆盖图，其直接目的是建立海底生境图，以直

观地描述不同位置的生境类型及生境的分布特征。生境制图通过覆盖采集海底的物理因子数据，与小部分海底的直接监测相结合，来预测和还原整个生境。生境制图数据的获得，除了较少范围的海底需要直接观察或采样，其他海区的物理因子则通过遥测技术或模型预测，比如可以使用声学技术获得海底高程数据，通过高程和波高计算波浪能等。

生境制图可以为海洋生态系统管理、规划、决策和研究提供重要参考，同时也是海域管理信息系统的重要组成部分。欧洲海底生境制图项目（MESH）认为生境制图的作用主要包括以下几个方面：①可为空间规划和战略规划提供参考信息层；②可为海底资源的可持续使用提供支持；③有助于实施基于生态系统的人类活动规划以保护海洋环境；④有助于聚焦重点监测工作；⑤可以为海洋保护区的选择和规划提供支持；⑥可以在当地、区域、国家、国际尺度进行生境重要性及其范围等的评价；⑦可以提高对海洋生态系统功能的理解，尤其是生境特征与水文、鱼群、气候等的关系；⑧可以用于科学研究。

早期生境制图多是通过测深、采样、在低潮时进行观察等手段获得数据，近年来由于水声学设备技术的进步，生境制图变得更为精确，应用范围也更为广泛。例如，单波束回声探测仪，操作简单、应用广泛，是水下生境制图经常用到的声学设备，但是单波束声呐的探测范围，只能分析船底信号所覆盖的区域，探测范围较小，同时受到水深、海底倾斜度等影响。多波束声呐可以发射多个窄波束，某些情况下，船体单侧覆盖宽度范围可以达到20倍的水深。多波束声呐的标定及操作流程标准高，可重复性好，适用于近岸海域的持续调查。侧扫声呐可探测范围更广，从几十米到60km，甚至更远，并且侧扫声呐影像的精度更为出色。一般在海底生境制图中，需要上述几种设备联合使用，以更好地展示海底详细的细节。

2. 大型藻类群落监测技术

监测大型藻类的群落特征，主要包括群落结构的季节演替规律及盖度等空间分布特征。大型藻类群落特征的研究手段，分为直接采样和间接采样。其中，在潮下带进行大型藻类的采样，是通过潜水等方式直接采集藻类样品，之后进行分类、称量和统计。间接采样则是没有对藻类进行直接采集的情况下通过水下视频、航拍、卫星遥感、水声学探测等视觉方法和水声学方法获得藻类群落分布特征的方法。不同方法应用范围及尺度各不相同，其中水下视频，多用于藻类盖度、生长状况、分布特征的快速研究，难以定量（McDonald et al.，2006）；特别是难于通过视频影像进行种类的准确鉴定。而航拍和遥感都应用于大尺度的藻类群落研究，特别适合海藻床研究，能够为海藻床水平分布特征提供细致和长期的数据（Long et al.，1994），但是并不适合于低密度、小斑块或深水分布的藻类（Pasqualini and Pergent-Martini，1996）。

水声学技术是藻类研究的常规手段，该方法不受水体透明度影响（Komatsu et

al.，2003），比较适合于大面积的海藻床研究。常用的仪器包括：回声探测仪、侧扫和多波束声呐，其中侧扫和多波束声呐扫描区域广，能够将海藻床与其他海底底质进行区分，快速得到海藻床的水平分布特征（De Falco et al.，2010；Sánchez-Carnero et al.，2012）。回声探测仪使用方便、性价比高，可以实现藻类分布特征的提取，在藻类的空间分布特征的研究中经常应用，已经在大叶藻（*Zostera marina*）（Komatsu and Tatsukawa，1998）、马尾藻（*Sargassum* sp.）（Minami et al.，2012）、刚毛藻（*Cladophora* sp.）（Depew et al.，2009）等海底植被和浒苔等漂浮性藻类（赵宪勇等，2009）的研究中获得广泛应用。

3. 鱼类资源评估技术

鱼类资源调查的方法，可以按照是否需要渔获来进行区分。如需要对渔获物进行分析，最常用的是大面底拖网的方法，该方法对物种没有选择性，调查结果可以反映海域底层资源的整体分布情况（Gunderson and Sample，1980）。但底拖网、中层拖网等并不适用礁区生物资源的研究。

水声学技术，是一种评估水体中生物资源生物量及空间分布的高效方法，该方法对资源没有破坏性，对鱼类行为影响较小，可以对大面积水体进行快速的调查（Brandt，1996；Mehner and Schulz，2002）。水声学技术一般与其他的技术手段配合实施，比如中层拖网（Burczynski et al.，1987；Thorne，1983）、立体摄像（Jech et al.，2010；Jones et al.，2012）来获得水体中鱼群的种类和规格组成的数据。水声学手段在鱼类资源调查中的使用已经形成较为成熟的规范，但对于近海底的“dead zone”和礁体内部区域中的鱼群则难以分析（Ona Mitson，1996）。

水下视觉调查（underwater visual census，UVC）在人工鱼礁（Claudet et al.，2006；Simon et al.，2011）和自然礁体（Edgar et al.，2004）的鱼群研究中都有应用，通常由潜水员通过水下目测来获取鱼群的种类组成、规格分布和生物量，这要求潜水员具有丰富的经验（Samoilys and Carlos，2000）。相比于水下视觉调查，手持式立体摄像可以通过拍摄鱼群的视频进行测算而得到鱼群的体长分布，该方法精度高，对潜水员的要求也相对较低（Harvey et al.，2002）。

另外，也可以利用固定在海底的单目和双目摄像系统进行录像，在录像过程中不需要潜水员辅助，能够直接拍摄自然状态下的鱼群；也可以放置诱饵，引诱肉食性鱼类到视野内进行特定观察。拍摄完毕后通过分析视频中出现的鱼群数量，及其随时间的变化来确定鱼群密度的相对分布特征（Cappo et al.，2006）。在镜头朝向海底的单目相机中，可在视野内放置标尺，用于比对测量鱼体长度；而固定于海底双目摄像系统则可以通过双目测量技术确定鱼体规格分布（Langlois et al.，2010）。固定于海底的摄像系统可有效减少潜水员对鱼类行为的影响（Willis et al.，2000），但该方法不适合躲藏于礁体内部的鱼类，它们被拍摄到的机会较少。

主要参考文献

晁敏, 沈新强. 2003. 水域生态系统修复理论、技术的研究进展. 北京: 2003 水产科技论坛: 192-202.
陈雷, 刘海映, 姜洪亮, 等. 2014. 黄海北部放流不同规格中国对虾的成本比较. 大连海洋大学学报, (2): 188-192.
陈睿毅, 楼宝, 詹炜, 等. 2014. 人工增殖放流技术的探讨. 河北渔业, (5): 50-54.
褚晓琳. 2010. 基于生态系统的东海渔业管理研究. 资源科学, 3(4): 606-611.
戴天元. 1990. 欧美各国海洋捕捞技术和鱼类习性的研究现状与趋势(一). 福建水产, 1: 75-78.
邓景耀. 1989. 海洋渔业资源研究的现状及其发展趋势. 现代渔业信息, 4(4): 5-7.
董双林, 李德尚. 1998. 论海水养殖的养殖承载力. 青岛海洋大学学报, 28(2): 253-258.
杜洪业, 徐程扬. 2012. 森林生态系统中关键种与群落动态的关系研究进展. 世界林业研究, 25(5): 35-39.
方建光, 张爱君. 1996. 桑沟湾栉孔扇贝养殖承载力的研究. 海洋水产研究, 17(2): 18-31.
方欣, 张亦飞, 刘弢, 等. 2015. 基于岩石工程系统的海水养殖适宜性评价——以象山港为例. 海洋开发与管理, 2: 37-40.
郭金龙, 孙桂清, 赵振良, 等. 2015. 2013 年秦皇岛海域牙鲆增殖放流跟踪调查与效益分析. 河北渔业, (11): 20-22.
海洋生物资源课题组. 2016. 蓝色海洋生物资源开发战略研究. 中国工程科学, 18(2): 32-40.
韩兴国, 黄建辉, 娄治平. 1995. 关键种概念在生物多样性保护中的意义与存在的问题. 植物学通报, 12: 168-184.
侯朝伟, 顾侨侨, 李增, 等. 2015. 五垒岛湾中国明对虾大、小规格苗种增殖放流效果对比分析. 水产科学, 34(5): 282-287.
黄建辉, 韩兴国. 2001. 关键种, 关键在哪里？植物生态学报, 25(4): 505-509.
黄硕琳, 戴小杰, 陈祺. 2009. 上海市水域水生生物增殖放流现状和存在问题. 中国渔业经济, (4): 79-87.
纪雅宁. 2013. 象山港海洋牧场建设适宜性评价. 厦门大学硕士研究生学位论文.
李德尚, 熊邦喜. 1994. 水库对投饵网箱养鱼的负荷力. 水生生物学报, 18(3): 223-229.
廖玉麟. 1997. 中国动物志　棘皮动物门　海参纲. 北京: 科学出版社.
林勇, 刘述锡, 关道明, 等. 2014. 基于 GIS 的虾夷扇贝养殖适宜性综合评价——以北黄海大小长山岛为例. 生态学报, 34(20): 5984-5992.
刘剑昭, 李德尚. 2000. 关于水产养殖承载力的研究. 海洋科学, 24(10): 28-29.
卢晓明, 卢彭真. 2004. 关键种在生态系统中的现状分析及保护对策. 科学技术与工程, 4(12): 1060-1064.
卢振彬, 杜琦, 蔡清海, 等. 2004. 福建罗源湾贝类的养殖承载力. 中国水产科学, 11(2): 104-110.
罗虹霞, 陈丕茂, 袁华荣, 等. 2015. 大亚湾紫海胆(*Anthocidaris crassispina*)增殖放流苗种生长情况. 渔业科学进展, 36(3): 14-21.
倪静洁. 2015. 渔业资源增殖放流技术和管理现状研究进展. 水力发电, 41(5): 55-58.
农业部渔业渔政管理局资源环保处. 2016. 我国水生生物资源养护显成效. 中国水产, 1: 19-21.
中华人民共和国农业部. 2009. 水生生物增殖放流管理规定. 中华人民共和国国务院公报, (30): 223-224.
宋娜, 高天翔, 韩刚, 等. 2010. 分子标记在渔业资源增殖放流中的应用. 中国渔业经济, (3): 111-117.
宋伟华. 2006. 网衣波浪水动力学研究. 中国海洋大学博士研究生学位论文.
孙刚, 盛连喜. 2000a. 生态系统关键种理论: 新思想、新机制、新途径. 东北师大学报(自然科学版), 32(3): 73-77.
孙刚, 盛连喜. 2000b. 生态系统关键种理论的研究进展. 动物学杂志, 35(4): 53-57.
孙凯静, 罗先香, 张龙军. 2015. 黄河口及邻近海域底栖群落健康及生境适宜性评价. 中国海洋大学学报, 45(12): 107-112
唐启升. 1996. 关于承载力及其研究水产养殖承载力的研究. 海洋水产研究, 17(2): 1-6.
唐启升, 苏纪兰. 2001. 海洋生态系统动力学研究与海洋生物资源可持续利用. 地球科学进展, 16(1): 5-11.
王建廷. 2010. 海洋生物资源养护国际法的新发展. 当代法学, 04: 143-150.
王建廷, 许浩. 2007. 试析我国的水生生物资源养护法律体系. 河北法学, 04: 141-144.
王清印. 2013. 我国水产种业现状及发展愿景. 当代水产, 11: 50-52.
王伟定, 俞国平, 梁君. 2009. 东海区适宜增殖放流种类的筛选与应用. 浙江海洋学院学报(自然科学版), 28(4): 379-383.
王亚民, 郭冬青. 2011. 我国海洋牧场的设计与建设. 中国水产, (04): 25-27.
信敬福, 刘克礼, 王四杰, 等. 1999. 丁字湾增殖中国对虾适宜量的研究. 海洋科学, 23(6): 65-67.
徐开达, 刘子藩. 2007. 东海区大黄鱼渔业资源及资源衰退原因分析. 大连水产学院学报, (5): 392-396.
许再富. 1995. 生态系统中关键种类型及其管理对策. 云南植物研究, 17(3): 331-335.
杨红生, 张福绥. 1999. 浅海筏式养殖系统贝类养殖承载力研究进展. 水产学报, 23(1): 84-90.
叶昌臣, 李玉文, 韩茂仁, 等. 1994. 黄海北部中国对虾合理放流数量的讨论. 海洋水产研究, 15(1): 8-17.
叶昌臣, 王言广. 1994. 黄海北部中国对虾合理放流数量的讨论. 渔业科学进展, (15): 9-18.
于宗赫, 陈康, 杨红生, 等. 2010. 海州湾前三岛海域栉孔扇贝(*Chlamys farreri*)生长特征与养殖承载力的评估. 海洋与湖沼, 41(4): 563-570.
岳冬冬, 王鲁民, 张勋, 等. 2013. 我国海洋捕捞装备与技术发展趋势研究. 中国农业科技导报, 15(6): 20-26.
张波, 金显仕, 吴强. 2015. 莱州湾中国明对虾增殖放流策略研究. 中国水产科学, 22(3): 361-370.
张春云, 王印庚, 荣小军, 等. 2004. 国内外海参自然资源养殖状况及存在问题. 海洋水产研究, 25(3): 89-97.
张立斌, 杨红生. 2012. 海洋生境修复和生物资源养护原理与技术研究进展及展望. 生命科学, 24(9): 1062-1069.

张明亮，冷悦山，吕振波，等. 2013. 莱州湾三疣梭子蟹生态承载力估算. 海洋渔业，35(3): 303-308.

赵宪勇，倪汉华，刘永利，等. 2009. 浒苔声反射特征的实验测定. 中国水产科学，16(6): 905-913.

朱小龙，裘丽，李振基. 2002. “关键种”理论与福建南亚热带极度退化生态系统重建构想. 福建林业科技, 29(2): 4-8.

Allen K O. 1974. Effects of stocking density and water exchange rate on growth and survival of channel catfish *Ictalurus punctatus* (Rafinesque) in circular tanks. Aquaculture, 4: 29-39.

Aprahamian M W, Smith K M, McGinnity P. 2003. Restocking of salmonids opportunities and limitations. Fisheries Research, 62(2): 211-227.

Bacher C, Grant J, Hawkins A J S, et al. 2003. Modelling the effect of food depletion on scallop growth in Sungo Bay (China). Aquat Living Resour, 16: 10-24.

Borde A B, O'Rourke L K, Thom R M, et al. 2004. National review of innovative and successful coastal habitat restoration. Washington: Battelle Marine Sciences Laboratory, Sequim: 1-58.

Burczynski J J, Michaletz P H, Marrone G M. 1987. Hydroacoustic assessment of the abundance and distribution of rainbow smelt in Lake Oahe. North American Journal of Fisheries Management, 7: 106-116.

Brandt S. 1996. Acoustic assessment of fish abundance and distribution. Fisheries techniques, 2nd edition. American Fisheries Society, Bethesda, Maryland: 385-432.

Cappo M, Harvey E, Shortis M. 2006. Counting and measuring fish with baited video techniques—an overview. Australian Society for Fish Biology Workshop Proceedings: 101-114.

Carver C E A, Mallet A L. 1990. Estimating the carrying capacity of a coastal inlet for mussel culture. Aquaculture, 88(1): 39-53.

Claudet J, Pelletier D, Jouvenel J-Y, et al. 2006. Assessing the effects of marine protected area (MPA) on a reef fish assemblage in a northwestern Mediterranean marine reserve: Identifying community—based indicators. Biological conservation, 130: 349-369.

Clewell A, Rieger J, Munro J. 2000. Guidelines for developing and managing ecological restoration projects. [S. I.]: Publications Working Group: 11.

Conand C, Byrne M. 1993. A review of recent developments in the world sea cucumber fisheries . Marine Fisheries Review, 55(4): 1-131

Conway W G. 1989. The prospects for sustaining species and their evolotion. *In*: Western D, Pearl M C. Conservation for the Twenty-First Century. New York: Oxford University Press: 199-209.

Dag A. 2013. Satellite service to support fishing [EB/OL]. http://www.catsat.com/web/en/163-why-catsat[2016-11-30].

De Falco G, Tonielli R, Di Martino G, et al. 2010. Relationships between multibeam backscatter, sediment grain size and *Posidonia oceanica* seagrass distribution. Continental Shelf Research, 30: 1941-1950.

Depew D C, Stevens A W, Smith R E, et al. 2009. Detection and characterization of benthic filamentous algal stands (*Cladophora* sp.) on rocky substrata using a high-frequency echosounder. Limnology and Oceanography: Methods, 7: 693-705.

Duarte P, Meneses R, Hawkins A J S, et al. 2003. Mathematical modeling to assess the carrying capacity for multi-species culture within coastal Waters. Ecological Modelling, 168: 109-143.

Duggins D O. 1980. Kelp beds and sea otters: an experimental approach. Ecology, 61: 447-453.

Edgar G J, Barrett N S, Morton A J. 2004. Biases associated with the use of underwater visual census techniques to quantify the density and size-structure of fish populations. Journal of Experimental

Marine Biology and Ecology, 308: 269-290.

Emerson C W, Grant J, Mallet A, et al. 1994. Growth and survival of sea scallops Placopecten magellanicus—effects of culture depth. Marine Ecology Progress, 108(1-2): 119-132.

Estes J A, Palmisano J F. 1974. Sea otters: their role in structuring nearshore communities. Science, 185: 1058-1060.

Fletcher W J. 1987. Interaetions among subtidal Australian sea urchins, gastropods, and algae: effects of experimental removals. Ecological Monographs, 57: 89-109.

Gunderson D R, Sample T M. 1980. Distribution and abundance of rockfish off Washington, Oregon and California during 1977: Northwest and Alaska Fisheries Center, National Marine Fisheries Service.

Harvey E, Fletcher D, Shortis M. 2002. Estimation of reef fish length by divers and by stereo-video: a first comparison of the accuracy and precision in the field on living fish under operational conditions. Fisheries Research, 57: 255-265.

Holt R D. 1977. Predation, appararant compettion, and the structure of prey communities. Theoretical Population Biology, 12: 197-229.

Holt R D. 1984. Spatial heterogeneiry, indirect interactions, and the coexistence of prey species. American Naturalist, 124: 377-406.

Hunter M D, Ohgushi T, Price P W. 1992. Effects of resource distribution on animal plant interactions. Academic, San Diego: 355-391.

Huntly N, Inouye R. 1988. Pocket gophers in ecosystems: patterns and mechanisms. BioScience, 38: 786-793.

JAFIC. 2013. Japan fisheries information service center [EB/OL]. http://www.jafic.or.jp/gyokaikyo/index.html[2016-11-30].

Jech J M, Rooper C N, Hoff G R, et al. 2010. Assessing habitat utilization and rockfish (*Sebastes* spp.) biomass on an isolated rocky ridge using acoustics and stereo image analysis. Canadian Journal of Fisheries and Aquatic Sciences, 67: 1658-1670.

Jørgensen E H, Christiansen J S, Jobling M. 1993. Effects of stocking density on food intake, growth performance and oxygen consumption in Arctic charr (*Salvelinus alpinus*). Aquaculture, 110(2): 191-204.

Jones D T, Wilson C D, De Robertis A, et al. 2012. Evaluation of rockfish abundance in untrawlable habitat: combining acoustic and complementary sampling tools. Fishery Bulletin, 110: 332-343.

Komatsu T, Mikami A, Sultana S, et al. 2003. Hydro-acoustic methods as a practical tool for cartography of seagrass beds. Otsuchi Marine Science, 28: 72-79.

Komatsu T, Tatsukawa K. 1998. Mapping of *Zostera marina* L. beds in Ajino Bay, Seto Inland Sea, Japan, by using echosounder and global positioning systems. Journal de Recherche Océanographique, 23: 39-46.

Langlois T J, Harvey E S, Fitzpatrick B, et al. 2010. Cost-efficient sampling of fish assemblages: comparison of baited video stations and diver video transects. Aquatic Biology, 9: 155-168.

Link J S. 2002. What does ecosystem-based fisheries management mean? Fisheries, 27(4): 18-21.

Liu Y, Saitoh S I, Radiarta I N, et al. 2012. An impact of climate change on the development of marine aquaculture: a case study on the Japanese scallop in Dalian, China using satellite remote sensing and GIS-based models, The second international symposium. Effects of climate change on the world's oceans, Yeosu Korea, May.

Long B G, Skewes T D, Poiner I R. 1994. An efficient method for estimating seagrass biomass. Aquatic Botany, 47(3): 277-291.

Madon S P, Williams G D, West J M, et al. 2001. The importance of marsh access to growth of the California killifish, Fundulus parvipinnis, evaluated through bioenergetics modeling. Ecological Modelling, 136(2-3): 149-165.

McDonald J I, Coupland G T, Kendrick G A. 2006. Underwater video as a monitoring tool to detect change in seagrass cover. Journal of environmental management, 80(2): 148-155.

McElroy S. 1990. Beche-de-mer species of commercial value-an update. SPC Bêche-de-mer information bulletin, 2: 2-7.

McKinnell S M, Lundqvist H. 2000. Unstable release strategies in reared Atlantic salmon, *Salmo salar* L. Fisheries Management and Ecology, 7(3): 211-224.

Mehner T, Schulz M. 2002. Monthly variability of hydroacoustic fish stock estimates in a deep lake and its correlation to gillnet catches. Journal of Fish Biology, 61: 1109-1121.

Minami K, Hamano A, Tojo N, et al. 2012. Estimation of the spatial distribution of a Sargassum bed in Kuruminose, Yamaguchi, Japan, using an acoustic method. Nippon Suisan Gakkaishi, 78: 171-179.

Mills L S M, Soule M E, Doak D F. 1993. The keystone species concept in ecology and conservation. BioScience, 43(2): 219-224.

Naiman R J, Melillo J M, Hobbie J E. 1986. Ecosystem alteration of boreal forest by beaver (*Castor canadensis*). Ecology, 67: 1254-1269.

Nunes J P, Ferreira J G, Gazeau F, et al. 2003. A model for sustainable management of shellfish polyculture in coastal bays. Aquaculture, 219: 257-277.

Ona E, Mitson R. 1996. Acoustic sampling and signal processing near the seabed: the deadzone revisited. ICES Journal of Marine Science: Journal du Conseil, 53: 677-690.

Paine R T. 1966. Food web complexity and species diversity. American Naturalist, 100: 65-75.

Paine R T. 1969. A note on trophic complexity and community stability. The American Naturalist, 103(929): 91-93.

Perez O M, Telfer T C, Ross L G. 2005. Geographical information systems-based models for offshore floating marine fish cage aquaculture site selection in Tenerife, Canary Islands. Aquaculture Research, 36(10): 946-961.

Pickering H, Whitmarsh D, Jensen A. 1999. Artificial Reefs as a Tool to Aid Rehabilitation of Coastal Ecosystems: Investigating the Potential. Marine Pollution Bulletin, 37(8-12): 505-514.

Pitcher T J, Buchary E A, Hutton T. 2002. Forecasting the benefits of no-take human-made reefs using spatial ecosystem simulation. ICES Journal of Marine Science, 59: S17-S26.

Pasqualini V, Pergent-Martini C. 1996. Monitoring of Posidonia oceanica meadows using image processing. Proc. Seagrass Biology, Rottnest Isl., Western Australia, 1: 352-358.

Radiarta I N, Saitoh S I. 2009. Biophysical models for Japanese scallop, *Mizuhopecten yessoensis*, aquaculture site selection in Funka Bay, Hokkaido, Japan, using remotely sensed data and geographic information system. Aquaculture International, 17(5): 403-419.

Radiarta I N, Saitoh S I, Miyazono A. 2008. Gis-based multi-criteria evaluation models for identifying suitable sites for Japanese scallop (*Mizuhopecten yessoensis*) aquaculture in Funka Bay, southwestern Hokkaido, Japan. Aquaculture, 284(1): 127-135.

Rogers D J, Randolph S E. 1988. Tsetse flies in Africa: bane or boon? Conservation Biology, 2: 57-65.

Samoilys M A, Carlos G. 2000. Determining methods of underwater visual census for estimating the abundance of coral reef fishes. Environmental Biology of Fishes, 57: 289-304.

Sánchez-Carnero N, Rodríguez-Pérez D, Couñago E, et al. 2012. Using vertical Sidescan Sonar as a tool for seagrass cartography. Estuarine, Coastal and Shelf Science, 115: 334-344.

Scott M. 1988. The impact of infection and disease on animal populations: implications for conservation biology. Conservation Biology, 2: 40-56.

Serles M E P. 2000. Detection of spatial variability in relative density of fishes: comparison of visual census, angling, and baited underwater video. Marine Ecology, 198: 249-260.

Silva C, Ferreira J G, Bricker S B, et al. 2011. Site selection for shellfish aquaculture by means of GIS and farm-scal models, with an emphasis on data-poor environments. Aquaculture, 318(3/4): 444-457.

Simon T, Pinheiro H T, Joyeux J-C. 2011. Target fishes on artificial reefs: evidences of impacts over nearby natural environments. Science of the Total Environment, 409: 4579-4584.

Terborgh J. 1986. Keystone plant resources in the tropical forest. *In*: Soule M E. Conservation biology: the science of scarcity and diversity. Sunderland: Sinauer: 330-340.

Thorne R E. 1983. Assessment of population abundance by hydroacoustics. Biological Oceanography, 2: 253-262.

VanBlaricom G R, Estes J A. 1988. The community ecology of sea otters. New York: Springer-Verlag.

Westoby M, Walker B H, Noy-Meir I. 1989. Range management on the basis of model that does not seek to establish equilibrium. Journal of Arid Environment, 17: 235-239.

Willis T J, Millar R B, Babcock R C. 2000. Detection of spatial variability in relative density of fishes: comparison of visual census, angling, and baited underwater video. Marine Ecology Progress Series, 198: 249-260.

Yu Z, Zhou Y, Yang H, et al. 2014. Survival, growth, food availability and assimilation efficiency of the sea cucumber *Apostichopus japonicus* bottom-cultured under a fish farm in southern China. Aquaculture, 426: 238-248.

Zedler J B. 2005. Ecological restoration: guidance from theory. San Francisco Estuary & Watershed Science, 3(2): 1-31.

Zedler J B, Callaway J C. 2000. Evaluating the progress of engineered tidal wetlands. Ecological Engineering, 15(3-4): 211-225.

第八章　海洋牧场监测评价与生态安全保障

房　燕　徐勤增　王　清　刘　辉

摘要：本章在分析海洋牧场环境检测指标组成、测定方法和环境监测平台的基础上，借鉴国内外环境评价方法，提出海洋牧场环境评价和风险评估方法。综述了海洋牧场生物资源监测技术和评价方法，详细介绍了编者在大叶藻分布特征研究、刺参湿重预测模型建立等的实践。评述了生态系统服务价值研究进展，准确评估了牡蛎壳人工礁生态系统服务价值。归纳总结了海洋生态安全评价方法和模型，探讨了生态安全预警系统构建的方法，展望了牧场生态安全理念、技术、方法的发展方向。为保障海洋牧场生态安全提供理论参考和技术支撑。

关键词：生境要素监测，生物资源监测，生态系统服务价值，生态安全

海洋牧场监测是了解和研究海洋牧场的基础，是用科学的方法监测代表海洋牧场环境和资源质量及其发展变化趋势的各种数据的全过程。具有及时、准确、可靠、全面等的鲜明特征，能够提供牧场环境、生物和生态质量信息，为牧场的保护、管理提供科学依据。随着监测装备的提升和技术的革新，高频地波雷达、遥感飞机、卫星遥感、潜标和海床基等一大批高技术装备落地成型，海洋监测已进入天基、空基、岸基、海基和海底监测集成的海洋立体监测时代。得益于数据处理技术、评价模型和方法的完善，数据采集完成后的分析处理和管理，海洋质量状况的评价和预警预报也步入精准时代。基于监测评价和预警预报结果，结合智能专家决策系统建议，能够提出适宜的海洋生态安全调控措施，在海洋灾害和突发事件应急中，海洋牧场生态安全预警系统将提供科学实用的预警决策和应急处置策略，保障海洋生态安全。本章详细介绍了海洋牧场环境和生物资源监测与评价的技术方法，生态系统功能和服务价值评价及生态安全保障，指出在海洋监测和评价装备、技术日新月异的信息时代，海洋牧场生态安全建设的发展方向。

第一节　海洋牧场生境要素监测评价

一、海洋牧场环境监测指标体系

我国海洋牧场多数建在近海海域，而近海海域受陆源污染影响严重。据《2015

年中国海洋环境状况公报》显示，我国近岸局部海域污染依然较为严重，不同季节劣于第四类海水水质标准的海域面积仍高于 4 万 km^2。河流入海污染物总量仍然较高，监测的陆源入海排污口达标率仅为 50%。另外，局部海域赤潮和绿潮等生态灾害仍处于高发期；所监测河口、海湾、珊瑚礁等生态系统 86%处于亚健康和不健康状态。可见，陆源排放污染物对海洋环境和生态系统产生了巨大威胁。因此，为保障海洋牧场的安全生产和海产品质量，必须加强对海洋牧场的环境监测力度，从而保证海洋牧场的健康可持续发展。

（一）水文和水质指标

海洋牧场水质指标必须符合我国《渔业水质标准》（GB 11607—92）和《海水水质标准》（GB 3097—1997），才能满足牧场的日常生产经营活动。海洋牧场水文和水质监测指标主要包括温度、盐度、浊度、叶绿素、溶解氧、pH、总氮、溶解无机氮（DIN）、总磷、无机磷、活性磷酸盐、化学耗氧量（COD）等。其中温度、盐度、浊度、叶绿素、溶解氧和 pH 通过现场采样，其余水质指标通过实验室测定获取。

（二）沉积物指标

根据中华人民共和国《海洋沉积物质量》（GB 18668—2002）规定，主要选取指标包括沉积物粒度、常见重金属（Hg、Cu、Cr、Pb、Zn、Cd、As）、总有机碳（TOC）、硫化物、石油烃、多氯联苯和大肠菌群等。此外，沉积物耗氧量也是一项重要的监测指标，可用于分析海洋牧场水体氧气收支平衡和水环境质量评价。以上指标可通过现场采样并带回实验室测量获得。

（三）生物指标

通过现场采样获取浮游植物、浮游动物、底栖生物。实验室采用显微镜或解剖镜鉴定生物种类，并且对不同物种的数量以生物量进行测定。对不同营养级海洋生物进行功能类群划分，在不同功能类群中选取贡献率较高的优势种和关键种作为指示生物，以指示生物的物种丰富度指数、多样性指数等参数评价海洋牧场生物多样性现状，进而对海洋牧场饵料生物状况进行评估。此外，现场取得水体和沉积物中沉积物样品，通过常规培养和现代基因测序技术，获得主要微生物类群和丰度。

各海洋牧场可根据自身情况并结合海区实际状况选择相关指标进行监测，但一般要对海水水质指标每日进行监测，沉积物和生物监测指标可每隔一段时间进行监测。

二、海洋牧场环境监测平台

目前国内有关海洋牧场的项目正不断投入建设和应用，但针对海洋牧场的水质监测研究和应用相对滞后，国内多数海洋牧场无法实现海洋环境参数长时间在线监测，不能为海洋牧场提供有效的技术支撑和安全保障（花俊等，2014）。海洋环境参数主要包括气象、水文、动力等，近年来生态和水质参数也已成为海洋环境监测的重要内容。目前各国大力发展海洋环境立体观测系统，即由陆上岸站、浮标、潜标、无人机、高频地波雷达和环境遥感卫星等组成的实时立体监测系统（戴洪磊等，2014）。该监测网络具有实时性、全方位、立体化、全覆盖、网络化等特点，可以长期获得海水水文、海水动力学和水质环境等数据，从而为海洋环境保护、灾害预警及海水安全生产提供支撑。因此，要保障海洋牧场安全生产，必须构建区域性海洋环境立体监测平台，从而为海洋牧场的运营和发展保驾护航。

（一）浮标

与其他常规监测手段相比，海洋浮标作为一种新兴的现代化海洋监测技术具有很多优势和特点。浮标使用不受海区气象和水文环境的影响，能够自动对海洋环境进行连续长期的监测。海洋浮标系统通常由浮体、锚系和岸站接收装置三部分组成，浮体上有供电系统和各类在线监测仪器，锚系用于固定浮标，岸站接收装置由数据采集与传输系统组成，用于接收数据信息（图 8-1）。水文气象浮标主要测定指标包括：降水、风速、风向、气温、水温、海流和波浪等。水质浮标主要监测要素包括叶绿素、磷酸盐、硝酸盐、亚硝酸盐、氨氮、盐度、pH、溶解氧、水温、电导率等。海洋浮标的数据采集与传输通常能够同时进行，获得的数据采用加密模块处理后使用 3G/GPRS 网络传输，可以确保安全、及时地传输数据。浮标使用人员通过地面接收系统安装的相关软件读取和保存实时数据（赵聪蛟和周燕，2013）。

大型海洋气象浮标

海洋生态浮标

图 8-1　海洋浮标（A. 图片来源：中国天气网 http://gd.weather.com.cn/qxrzt/2013/03/1820238.shtml[2016-11-01]；B. 图片拍摄者：王清）

（二）潜标和海床基

潜标和海床基都能够在水下开展工作，能够长期自动测量海底水环境参数，从而能够与海面上的浮标观测系统形成互补，实现对海底和表层环境的立体观测（图 8-2）。海洋潜标具有稳定、隐蔽和机动性好的特点，能够长期记录海底剖面的温度、盐度、pH、溶解氧、叶绿素、流速、流向等海洋环境数据。海床基观测系统是坐落在海底，对海流、温度、盐度、pH 和溶解氧等参数进行定点、长期、连续测量的自动观测装置。目前，海洋潜标和海床基已经成为海底观测平台中的主要手段之一，并且已应用于多种海底观测项目（李民等，2015）。潜标和海床基都需要定时进行回收和布放。目前可以通过添加通信模块，将近海海域海床基的数据实时传输到地面信息接收系统，进一步提高了海床基的监测效率。

潜标　　　　海床基

图 8-2　海洋潜标和海床基（图片来源：中国科学院海洋研究所网站 A. http://www.qdio.cas.cn/xwzx/kydt/ 201006/t20100609_2876373.html[2016-11-01]；B. http://wpos.scsio.cas.cn/jzdt/tpxw/201405/t20140507_231867.html[2016-11-01]）

（三）高频地波雷达

高频地波雷达是一种新兴的环境监测技术，其机制是利用海洋表面对高频电磁波的一阶散射和二阶散射原理，从返回的雷达波中提取波浪、风场和流场等海洋水文信息，对海洋水文环境等指标进行实时监测（图 8-3）。高频地波雷达具有覆盖范围大、全天候、高精度、功能多、性价比高等优点，在气象预报、防灾减灾、航运、渔业、污染监测、海上救援、海洋工程等方面有广泛的应用前景（陈钜龙，2014）。因此，可在海洋牧场岸上无线电干扰较少的地点布设地波雷达，从而能够有效地监测牧场海洋环境。

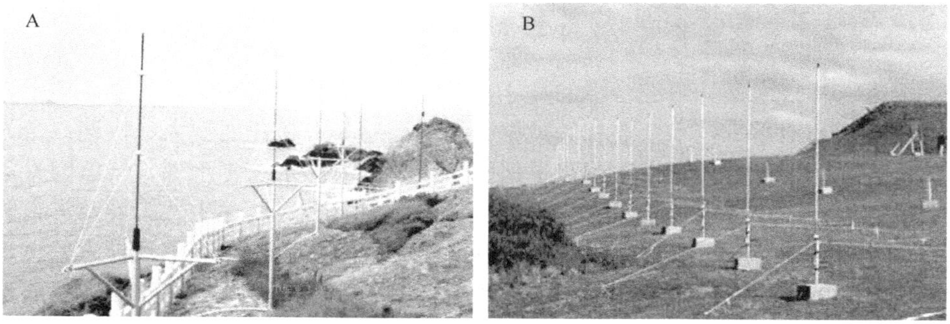

国产地波雷达　　　　德国产地波雷达

图 8-3　地波雷达（A. 图片来源：中国黄页网站 http://www.cnlist.org/product-info/6510345.html [2016-11-01]；B. 图片来源：德国汉堡大学网站 http://ifmaxp1.ifm.uni-hamburg.de/WERA_Guide/WERA_Guide.shtml[2016-11-01]）

（四）无人机

无人机是一种新型的遥感监测手段，具有机动性强和效率高等优点，能够有效弥补现场监测、航空遥感和卫星遥感等监测手段的不足（图 8-4）。无人机获取的遥感影像分辨率能够达到 0.1m，远高于卫星遥感影像的分辨率，能够为海域动态监测管理系统提供大量重要的信息源。无人机可为全面了解海洋牧场的海域使用状况、赤潮等生态灾害监测提供影像数据支持，从而提高海洋牧场管理的效率与机动性（李忠强等，2014）。无人机还可用于海洋牧场生态灾害预警、预报和应急管理。在赤潮、浒苔、海冰、风暴潮等海洋灾害频发时段利用无人机加强对牧场海域的巡检，调查上述海洋灾害的分布范围和程度，进一步预测海洋灾害的走向并及时发布灾害预警。另外，还可以利用无人机获取的海洋牧场实时遥感影像，指挥赤潮和绿潮等消灾减灾任务（曹洪涛等，2015）。

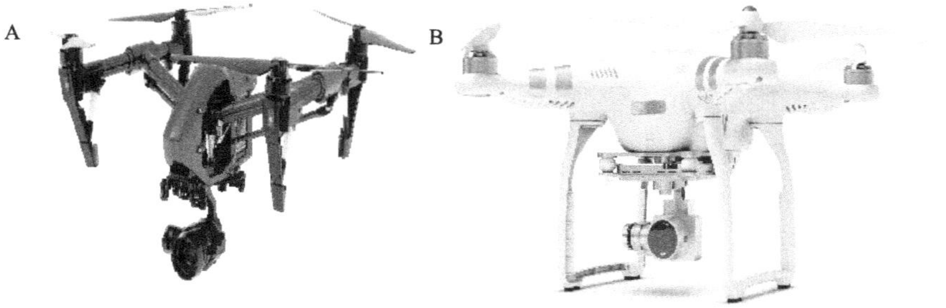

图 8-4　无人机（图片来源：大疆无人机公司网站 A. http://www.dji.com/cn/inspire-1[2016-11-01]；B. http://www.dji.com/cn/products/phantom-3[2016-11-01]）

（五）卫星遥感技术

卫星遥感技术是一门综合性的科学技术，主要集成利用空间、光学、电子、计算机通信和地学等技术获取相关数据。卫星遥感具有覆盖面积大、快速、全天时和全天候的工作能力。通过对卫星遥感所获得的海洋水温、水深、气象因素等数据进行分析，可以用于指导渔业生产、海洋灾害预警、海洋生态污染及灾害的监测，有着广泛的应用前景（林晓鹏，2006）。近年来，我国空间卫星技术发展迅速，卫星遥感资料的应用领域已从海洋水色要素、海水温度、赤潮监测等发展到水质监测、CO_2监测和海岸带生态健康评价等领域（潘德炉和龚芳，2011）。通过卫星遥感技术，可以为海洋牧场提供实时有效的海洋灾害、生态和污染监测，如赤潮、浒苔和溢油等（图 8-5），为牧场的安全保障提供预警；还可以用于指导海洋牧场的渔业生产。

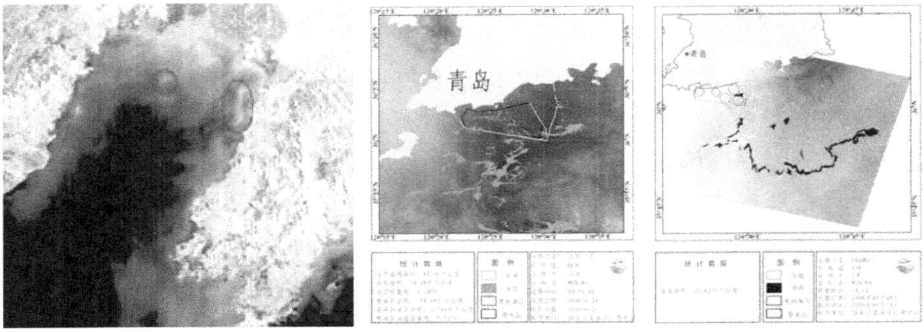

赤潮遥感监测　　浒苔遥感监测　　溢油遥感监测

图 8-5　海洋遥感监测（图片来源：国家卫星海洋应用中心网站 http://www.nsoas.gov.cn/HY2AZhuanti/ HY2A/Index.html[2016-11-01]）

（六）可升降多功能海洋牧场平台

近年来，我国相关海洋牧场企业开发研制了一种新型的多功能海洋牧场平台。该平台型长 20m，型宽 20m，型深 2m，包括 4 条长度为 35m 的圆柱形桩腿及液压插销式升降系统，通过风能、太阳能绿色能源进行供电（图 8-6）。通过在该平台安装各种化学传感器、声学探测、视频监测设备，实现对牧场水质环境的实时在线监测。通过联合无人机和卫星遥感监测，可以构建“天-空-海-地”等多源观测体系，以及海洋生态牧场大数据采集和分析平台，实现对海洋牧场环境的实时预警、预报，完善海洋生态牧场可持续发展决策支持系统，为海洋生态牧场的理论构建提供实践基础。此外，可以通过开发该平台在监测、管护、补给、安全、旅游、环保等方面的功能，将其应用于海上水质观测科研、海上养殖、海上旅游休闲、海上观光酒店、海上垂钓娱乐等各种领域。该多功能海洋牧场平台的投入使用，将有效解决海洋生态牧场在建设和管理过程中遇到的安全管护、环境及生物监测、休闲环保等诸多难题。

图 8-6　多功能海洋牧场平台（图片提供者：山东蓝色海洋科技股份有限公司）

三、海洋牧场环境质量评价及风险评估

海洋牧场生态环境是海洋生物生存和发展的基本条件，海洋生态环境的任何改变都有可能导致生态系统和生物资源的变化。因此，要实现对海洋生物资源的可持续开发和利用，必须保护好海洋生态环境。近年来，我国在南北方海域对一系列养殖区、增殖放流区和海洋牧场的生态环境进行了调查和研究，并对相关海区的海洋生态环境质量评价进行了研究和探讨。我国海洋环境质量评价研究虽然取得了一些进展，但目前尚缺乏一套系统的定量评价方法（贾小平等，2003）。

水环境质量评价的常用方法主要包括单因子指数法、主成分分析法、层次分析法和模糊数学法等。单因子指数法仅能够突出海域主要污染物的污染状况，不能体现海洋环境的整体污染状况，而另外几种方法均采用多种指标体现描述海水环境，能比较真实地反映海洋环境的总体情况，结果较为可靠（易柏林等，2013）。国内有关海洋牧场生态环境评价的研究还处于起步阶段，相关研究目前仍然较少。贾小平等（2003）从海洋水文、海水化学、初级生产力水平和饵料生物水平 4 个方面探讨了海洋渔场综合评价方法，建立了适用于南方海洋渔场的生态环境质量综合指数评价法，并在北部湾渔场进行了实践评价，结果表明，虽然该评价方法有些瑕疵，但总体上基本切实可行。温泽民（2014）从海域水质环境、沉积物环境和生物资源三个方面对大长山岛海洋牧场拟建海域生态环境进行了评价。并以海水水质、底质环境、饵料生物和大型游泳生物等 4 个方面为评价准则，建立了适用于辽宁海域海洋牧场的生态环境综合评价指标体系。最后，综合评价体系计算结果，选择评价较好海域作为海洋牧场建设区域。赵新生等（2014）采用层次分析法（AHP），以水质环境、生物资源和外来压力为准则层，以 11 个因子为指标层，对海州湾海洋牧场生态健康进行了评价。研究指出，在准则层中，海水水质环境对目标层影响最大，其次为生物资源，权重最小的是外来压力。海州湾海洋牧场综合评价指数为 0.68，生态健康状况为中，需要进一步加强生态保护措施。

本章综合参考了国内相关学者的研究评价方法，从环境风险评价和预警角度出发，在易柏林等（2013）和赵新生等（2014）环境和生态健康评价方法的研究基础上加以改进，提出海洋牧场环境评价和风险评估的方法，从而为海洋牧场生态环境的保护和可持续发展提供参考依据。

（一）海洋牧场水环境指标体系

将水环境指标分为四大类：①水文指标（温度、盐度、溶解氧和 pH）；②营养盐指标［PO_4-P 和溶解无机氮（DIN）］；③污染指标（常见重金属、石油类、COD 和非离子氨）；④生物指标（浮游植物、浮游动物、底栖生物、叶绿素 a）。其中，温度和盐度是海水监测指标中最为常见的物理参数，能够影响多种化学和生物指标。溶解氧与 pH 是水质监测中的常规指标，与水体中物质的转化密切相关。DIN 和 PO_4-P 是浮游植物生长的必需指标，但过多营养物质亦可引起赤潮和绿潮等生态灾害。重金属是我国近海重要的污染物类群，具有较高的生物毒性和健康危害。水体中 COD 水平和石油类含量是表征海域有机污染的重要指标之一。海水中高浓度的硫化物和非离子氨均会对海洋生物产生较大的毒性，可能影响海洋生物的生长和繁殖。海水中叶绿素 a 水平则能够表征海域初级生产力状况（易柏林等，2013）。以上 14 种指标能全面指征海水环境质量状况，具有较好的代表性，被确定为海洋牧场水质环境的评价指标。

（二）层次分析法确定指标权重

根据上述水环境指标，构建多层次分析结构，并计算出所有指标对目标层的权重。设定目标层 A：即对海洋牧场环境质量进行评价。准则层 B：包括对水文、营养盐、污染和生物指标的评价，反映它们对目标层 A 的权重。指标层 C：水环境指标 C1～C14。海洋牧场环境多层次分析评价结构如图 8-7 所示。

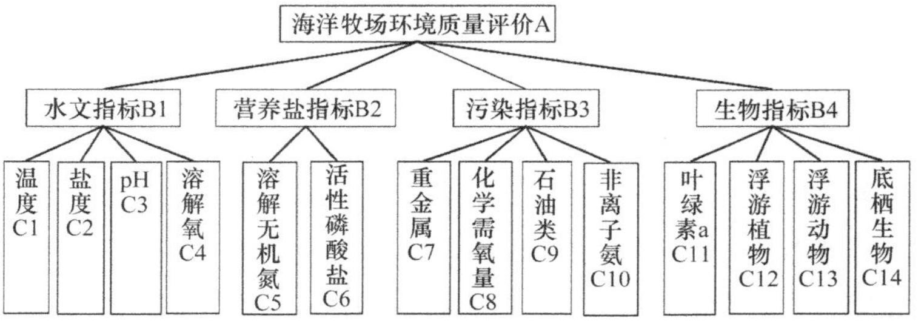

图 8-7　海洋牧场环境评价层次结构（易柏林等，2013）

运用层次分析法分别计算二级指标（B）相对于一级指标（A）及三级指标（C）相对于二级指标（B）的权重值。首先根据层次结构模型，分别构建判断矩阵（式 8-1），逐项对任意 2 个水环境评价指标进行比较，确定其相对重要性并根据比较标度法赋予相应分值（表 8-1）。

$$A=\begin{bmatrix} a_{11} & a_{12} & \cdots & a_{1n} \\ a_{21} & a_{22} & \cdots & a_{2n} \\ \vdots & \vdots & & \vdots \\ a_{n1} & a_{n2} & \cdots & a_{nn} \end{bmatrix} \tag{8-1}$$

式中，$a_{ij}=1/a_{ji}$（$i\neq j$），$a_{ij}=1$（$i=j$），a_{ij} 值根据 1～9 比较标度法标定。

表 8-1　1～9 及其倒数标度法

分值	含义
1	A_i 与 A_j 相比，影响程度具有同样重要性
3	A_i 与 A_j 相比，影响程度稍微重要
5	A_i 与 A_j 相比，影响程度明显重要
7	A_i 与 A_j 相比，影响程度强烈重要
9	A_i 与 A_j 相比，影响程度极端重要
2，4，6，8	为上述相邻判断中值
1，1/2，1/3，…1/9	A_i 与 A_j 的影响程度之比为上面 A_{ij} 的倒数

计算权重时，首先计算判断矩阵每一行元素的乘积（式 8-2），然后将所得乘积开 *n* 次方（式 8-3），对向量进行归一化，从而得到特征向量 *W*（式 8-4），即各指标的权重值。

$$M_i=\prod_{j=1}^{n}a_{ij}(i=1,2,\cdots,n) \tag{8-2}$$

$$\overline{W_i}=\sqrt[N]{M_i} \tag{8-3}$$

$$W_i=\frac{\overline{W_i}}{\sum_{j=1}^{n}\overline{W_j}}(i=1,2,\cdots,n) \tag{8-4}$$

然后计算该判断矩阵的最大特征值 λ_{max}（式 8-5）及一致性指数（*CI*）（式 8-6），并对矩阵进行一致性检验。一致性检验值（*CR*）为一致性指数和平均随机一致性指标（*RI*）（表 8-2）的比值（式 8-7），当一致性检验值 $CR<0.1$ 时，表明该判断矩阵具有较好的一致性。否则，需对判断矩阵进行调整，直到满足要求为止。

最大特征值：

$$\lambda_{max}=\sum_{i=1}^{n}\frac{(AW)_i}{nW_i} \tag{8-5}$$

一致性指数：

$$CI = \frac{\lambda_{\max} - n}{n-1} \tag{8-6}$$

一致性检验值：

$$CR = \frac{CI}{RI} \tag{8-7}$$

表 8-2　1～10 维重复计算 1000 次的平均随机一致性指标

维数	1	2	3	4	5	6	7	8	9	10
RI	0.00	0.00	0.58	0.90	1.12	1.24	1.32	1.41	1.45	1.49

（三）指标赋值

根据各海洋牧场所在海区特点及现场调查得到的实测数据，将海洋牧场各要素的评价指标分为 4 个等级，各等级的评分标准依次为：4（好）、3（一般）、2（较差）、1（很差），并由此得到其评分向量 $V=(4, 3, 2, 1)^T$，其中 T 代表转置。然后，对评价指标 C_1，C_2，…，C_n 中任一 C_i 作出得分评定时，存在一个相应的隶属度向量 R_i，表示为 $R_i=(r_{i1}, r_{i2}, r_{i3}, r_{i4})$。以海水 DIN 对营养盐的影响为例：一年中海水 DIN 水平达到好的概率为 0.2，一般的概率为 0.2，较差的概率为 0.2，很差的概率为 0.4，则 $R_i=(0.2, 0.2, 0.2, 0.4)$，DIN 的指标值：$A_i=V\times R_i=(4, 3, 2, 1)^T\times(0.2, 0.2, 0.2, 0.4)=2.2$，根据上述方法可以得到以上所有评价指标的指标值。参照《海水水质标准》（GB 3097—1997）和《渔业水质标准》（GB 11607—92），得出各指标值及对应的隶属关系 R_i。

（四）海洋牧场生态环境综合评价

海洋牧场生态环境综合评价需要计算每一指标层的综合指标权重，利用指标综合权重与指标值相乘（式 8-8）并归一化得到综合评价指数（CEI）（式 8-9）。参照 CEI 分级标准，将海洋牧场生态环境状况 CEI 分为 5 级：0.85≤CEI≤1.00，生态环境质量很好；0.7 ≤CEI＜0.85，生态环境质量较好；0.55≤CEI＜0.7，生态环境质量一般；0.4≤CEI＜0.55，生态环境质量较差；CEI＜0.4，生态环境质量很差。

$$Z = \sum_{i=1}^{n} W_i A_i \tag{8-8}$$

式中 Z 为某一牧场生态环境质量评价值；W_i 为因子的相应权重值，A_i 为因子的指标值。

$$\mathrm{CEI} = Z/Z_0 \tag{8-9}$$

式中 Z_0 为理想值，即取每一个因子在最高等级下的指标值。

根据上述层次分析法和生态环境评价方法，能够得到海洋牧场各指标的权重和综合值（表 8-3）。根据指标层中各个因子对目标层的权重来判断其对海洋牧场环境的影响程度，找出关键环境风险因子，并进行预警和预报，从而为海洋牧场的安全生产提供指导。

表 8-3　海洋牧场环境评价指标综合值

		权重		权重	综合权重	指标值	综合值
海洋牧场环境质量评价 A	水文指标 B1		温度 C1				
			盐度 C2				
			pH C3				
			溶解氧 C4				
	营养盐指标 B2		溶解无机氮 C5				
			活性磷酸盐 C6				
	污染指标 B3		重金属 C7				
			化学需氧量 C8				
			石油类 C9				
			非离子氨 C10				
	生物指标 B4		叶绿素 a C11				
			浮游植物 C12				
			浮游动物 C13				
			底栖生物 C14				

第二节　海洋牧场生物资源监测评价

一、底栖植被监测技术

底栖植被是海洋生态系统重要的初级生产者，其规模和生产力水平决定了底栖生态系统的生物多样性和健康水平，底栖植被分布的时空变动特征是海洋牧场监测的重要内容。海底植被的种类确定目前仍需依靠现场采样，而对于分布特征及变动的监测，则根据不同的调查尺度，有更为高效的监测手段，几种常用调查方法及适用的调查水域和尺度详见表 8-4。本章节重点对水下视频、水声学、航拍和卫星遥感在海底植被监测的原理和应用进行综述，为不同尺度的调查提供参考。

表 8-4　几种海底植被调查方法及适用水深和调查尺度（Short and Coles，2001；Borum et al.，2004）

区域大小	水深	现场方法			远程监测方法			
		潜水	抓斗	视频	水声学	航片	扫描*	卫星
小/微小尺度 <0.01km²（1∶100）	潮间带	×	×			×		
	浅水区（<10m）	×	×	×	×	×		
	深水区（>10m）	×	×	×	×			

续表

区域大小	水深	现场方法			远程监测方法			
		潜水	抓斗	视频	水声学	航片	扫描*	卫星
	潮间带	×	×			×	×	
中尺度 0.01～1km^2（1：10000）	浅水区（<10m）	×	×	×	×	×	×	
	深水区（>10m）	×	×	×	×			
	潮间带					×	×	×
大尺度 1～100km^2（1：250 000）	浅水区（<10m）			×	×	×	×	×
	深水区（>10m）			×	×			
	潮间带					×	×	×
广尺度 >100km^2（1：1 000 000）	浅水区（<10m）			×	×	×	×	×
	深水区（>10m）			×	×			

* 数码机载扫描仪

（一）水下视频

水下视频是海底植被监测的常用手段，对于植被盖度、生长状况、分布特征可进行快速和直观的监测，亦可同步记录底质类型等生境信息。从水下影像中虽然可以看到海藻或海草的图像，对于某些种类单纯通过图像进行鉴定比较困难，因此在确定种类的阶段仍需要现场采样的配合。水下视频作为一种非破坏性技术，在监测中可以保持藻床完整、带来最少的环境扰动。根据是否需要潜水员和船只配合，常见的视频采集方式可分为：潜水员操控的水下摄像、水下遥控视频采集、拖曳式视频采集等。

在相对较浅的区域，潜水员可以通过放置 1m^2 或 0.25m^2 的样方并现场估计盖度，直接开展水生植被盖度制图（Bekkby et al.，2008）；或采用水下摄像系统采集视频或图像，在实验室内进行盖度估计；潜水员只需要按照事先设定好的样带进行视频采集即可。海藻或海草床分布异质性的大小，决定了调查所需的样方数，McDonald 建议视频摄影尽量应用于小尺度范围的海草监测，且不论海草床分布均匀与否，都应至少采集 10 个样方，才能确保发生 15%（均匀分布的海草床）和 30%（不均匀分布的海草床）的盖度变动可被监测到（McDonald et al.，2006）。

遥控潜水器（remotely underwater vehicle，RUV）通过远程控制进行影像采集，具有多种的设计和技术特征，并可附加传感器以拓展相关参数的采集。比如，在海草床盖度调查中，Tyne 等（2010）在澳大利亚西部水深 2～16m 的海域进行底栖生境录像，之后通过视频算法对样方内图像进行自动分析，提取藻类盖度。水下远程控制视频装置，除了在海底植被监测中，在生境调查、鱼类分布和行为等研究中都有应用。

利用拖曳式视频进行海底摄像并与 GPS 坐标同步，通过视频解译可获得大范围拼接的复合图像，涵盖海底植被盖度、地貌及底质类型特征，为生境数字化提供现场数据。视频解译的主要工作，是从视频中获得底栖植被分布及生境信息。其中的关键步骤是图像镶嵌，即通过对照片的调整和缝合将同一场景下多张照片合并为一张更大的复合图像（Hoseini and Jafari，2011；Escartín et al.，2008）。笔者在文献中检索到几款软件和方法陈列如下，可供参考。MosaicViewer，采用每幅的地理参考信息进行图像镶嵌（Escartín et al.，2008）。LAPM，提供了基于地理参考及图像检测和匹配的镶嵌图生成功能，生成的图像可直接导入常用的 GIS 软件（Marcon et al.，2013）。Rende 等（2015）在海草监测研究中通过 Jean Yves Bouguet's Camera MATLAB 相机标定工具箱（Bouguet，2010）进行相机标定和图像校正；通过 Microsoft© Image Composite Editor（ICE）生成全景图，导入 ArcGIS 进行影像分类。

（二）航拍和遥感

海草、沙滩、砾石及淤泥等不同底质类型对光谱的反射率不同，通过卫星遥感检测反射率的变化可以鉴别海草等底质类型（杨顶田，2007）。航拍和遥感都是较大尺度的藻类群落研究手段，通过图像分析得到海藻床的分布特点，可以为海藻床水平分布特征提供细致和长期的数据（Long et al.，1994），但是对低密度、小斑块或深水分布的藻类，难以监测（Pasqualini and Pergent-Martini，1996）。如图 8-8 所示，采用航拍技术在荣成天鹅湖采集的鳗草分布影像。

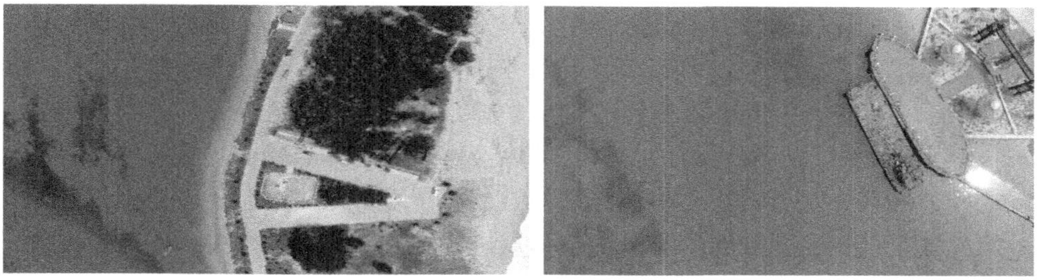

图 8-8　荣成天鹅湖鳗草分布特征研究中的航拍图像（图片拍摄者：宋肖跃）

（三）水声学技术

利用水声探测可以绘制海底的详细拓扑结构，其背向散射数据可用于沉积物类型和生境类型的判定（Medialdea et al.，2008；Sutherland et al.，2007）。植被、水体、海底等反射声波的能力不同，在回声信号中可依据回声强度、水深、海底之上的厚度等区分出植被信号进而提取盖度及高等信息。水声学探测不受水体透明度影响（Komatsu et al.，2003），在较大面积的海草/海藻床研究中优势明显。可选的仪器包括：回声探测仪、侧扫和多波束声呐等。回声探测仪最初应用于鱼群分布特征的探测和海底地形的测绘（Brandt，1996；MacLennan and MacKenzie，

1988），其可以发射特定频率段的声学信号和测量反射自海底及其他物体的信号。回声探测仪使用方便、性价比高，在海底植被空间分布特征的研究中经常应用，如应用在鳗草（*Zostera marina*）（Bekkby et al.，2008）、马尾藻（*Sargassum* sp.）（Minami et al.，2012）、刚毛藻（*Cladophora* sp.）（Depew et al.，2009）等不同回声强度的海底植被研究中；在漂浮性浒苔（赵宪勇等，2009）的研究中也有应用。不同的仪器频率适宜研究的生物种类不同，200kHz 的仪器频率在藻类探测中使用较多（Quintino et al.，2010；Gavrilov et al.，2005）。相比回声探测仪，侧扫声呐（side scanning sonar，SSS）和多波束声呐（multibeam sonar，MBS）扫描区域广，也能够将海藻床与其他海底底质进行区分，在海藻或海草床的水平分布特征研究中优势明显（Sánchez-Carnero et al.，2012；De Falco et al.，2010）

二、底栖海珍品种群动态监测技术

刺参等底栖海珍品，往往栖息于海底岩礁及海草床中，常规监测方式是通过潜水取样，在甲板或岸上进行测量。各种视频监测装备和算法的不断应用，为刺参等海珍品监测提供更多技术选择，本章节则重点综述机器视觉在水生生物监测中的应用及案例。

（一）水生生物机器视觉监测的原理及应用

水下视频技术，为海洋牧场中生物资源的监测提供了直观且可定量的调查手段。建立生物图像信息和生物体重量之间的关系，是不可或缺的流程，即通过图像处理技术，建立一维或多维的生物体形态学参数与生物体重量的回归模型，从而用其对生物体进行精确的重量估算。比如，提取阿拉斯加鳕（*Theragra chalcogramma*）（Balaban et al.，2010）和虹鳟（*Oncorhynchus mykiss*）（Gümüş and Balaban，2010）鱼体面积与体重建立指数回归模型，R^2 均达 0.99 以上；提取自鱼体侧面、背面共 13 维的形态参数与体重进行回归，准确率达 97%（Odone et al.，2001）；在无法确定鱼体的位置时，可用立体摄像技术估算鱼体长度，进而推算其体重（Torisawa et al.，2011；Harvey et al.，2002）；通过训练 3D 点分布模型（PDM），对体长的估计可达到 95%精度（Tillett et al.，2000）。对于贝类，牡蛎的体积和重量的预测（Damar et al.，2007），扇贝规格的自动分级（Lin et al.，2006）也可以利用机器视觉完成。机器视觉的应用也可提高水产领域机械化程度，比如根据对虾的规格和图像特征的关系来设计视觉机械系统可实现对虾的分级和包装（Kassler et al.，1993）。

机器视觉系统的工作流程大致包括：目标图像的获取；图像的处理和特征参数的提取；参数的比较；决策帮助及对目标物体或加工流程的控制。其中，图像的处理和分析是机器视觉的核心，需要用特定的算法来实现分类或测量。机器视觉系统包括图像采集系统、计算机硬件和软件。图像采集系统，一般包括照明系统、图像采集平台、摄像系统。照明系统是图像采集系统的关键，需要通过光线的分布和光源强度的调节，使目标生物体及其特征表现的相对清楚或模糊，从而增强图像的对比度，便于后期图像处理和分析（Andreadis，1999）；同时，应减少反光、阴影、噪音，以此减少后期的图像处理时间。对于表面湿润反光强的物体可以使用偏振光来减少反光（Erdem et al.，2009）。对于单独使用可见光难以进行拍摄的目标，可以使用红外线、近红外线、紫外线、X 光等光线。特定波长或波长范围的照明系统也有应用（Heia et al.，2007）。

根据图像处理所需的图片大小和颜色模式、是否需要在线监测、最小拍摄帧速等参数，选择适用的摄像头。对采集到的图像进行处理、特征提取和决策则需要相应算法来完成，进而可实现包括非接触式的传感、形状规格测量、产品缺陷检测、进程控制、产品质量统计等（Balaban and Odabasi，2006；Sun，2004）。

通过机器视觉可以得到精确细致的数据，进行快速和客观的计算；同时也是一种性价比高的技术，其自动化的操作流程，可以减少繁琐的人工操作。机器视觉也存在一些不足，如需要特定条件并且稳定的照明，需要标定，难以处理目标相互重叠或目标与背景难以分离的情况；机器视觉也受操作流程进度影响，如目标物体的两侧都需要进行评估时，其整体效率可能受影响（Brosnan and Sun，2004）。

（二）应用机器视觉建立刺参湿重预测模型

刺参（*Apostichopus japonicus*），常栖息于海藻床、泥沙及岩礁底质（Choe and Ohshima，1961），主要分布于亚洲海域沿岸，是中国、日本、韩国的重要渔业资源，具有很高的经济价值（Yang et al.，2005）。精确的测量其规格大小，对于增养殖群体生长的监测和野生群体种群结构的研究非常重要（Watanabe et al.，2012）。但是由于刺参形态不断变化，单独采用体长作为其规格大小的量度较为困难。由于呼吸树内的水含量和肠内容物的含量不同，同一头刺参的体重也经常变化。目前有两种较为稳定的重量测量方法，即麻醉后的刺参重量（Yamana et al.，2005），或去除内脏和体腔液的刺参重量（Choe，1963）。但由于实施不便，在野外调查中采用较少。

建立刺参形态参数的提取方法及形态参数与湿重的关系，是视频监测技术的第一步。刺参湿重预测模型建立的主要步骤如下。

1. 图像采集系统

如图 8-9 所示，刺参图像采集系统包括 3 个部分：图像采集平台、光源系统、摄像系统。

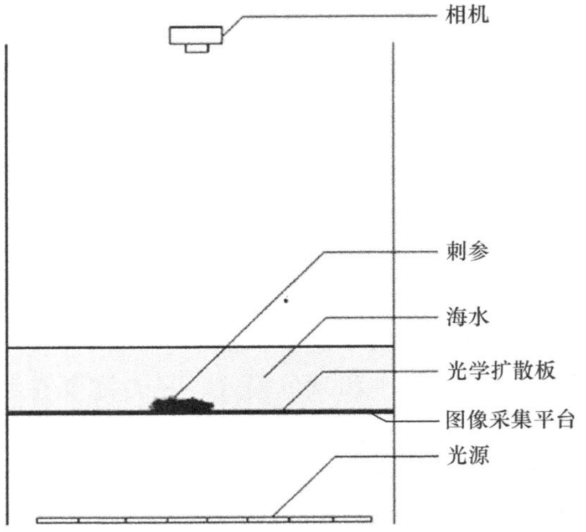

图 8-9 刺参图像采集系统

2. 图像处理与分析

背景分割：如图 8-10A～C 所示，通过灰度化、二值化等操作获得刺参与背景分离的二值化图像。

形态学处理：如图 8-10D、E 所示，去除图像中的噪点和刺参的“棘”，从而获得刺参身体核心部分的图像。

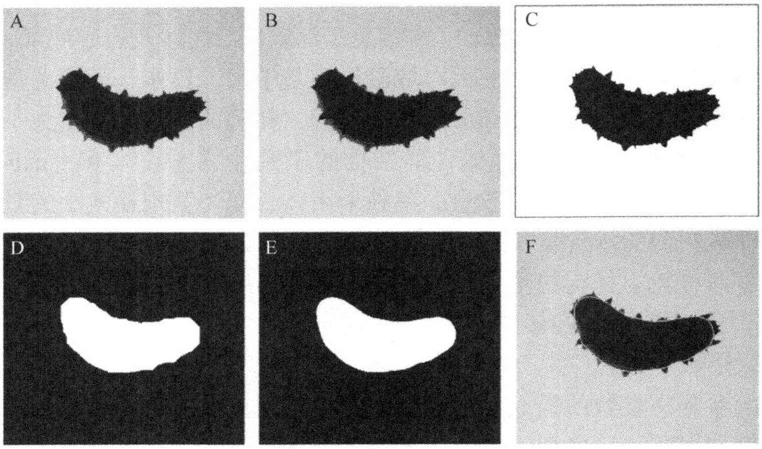

图 8-10 刺参图像处理和特征提取过程

A. 原始图；B. 灰度图；C. 二值化；D. 开操作；E. 平滑滤波；F. 边缘检测

特征提取：如图 8-11 所示，通过连通域检测等相关算法提取面积、周长、体长，前、中、后三处的体宽。

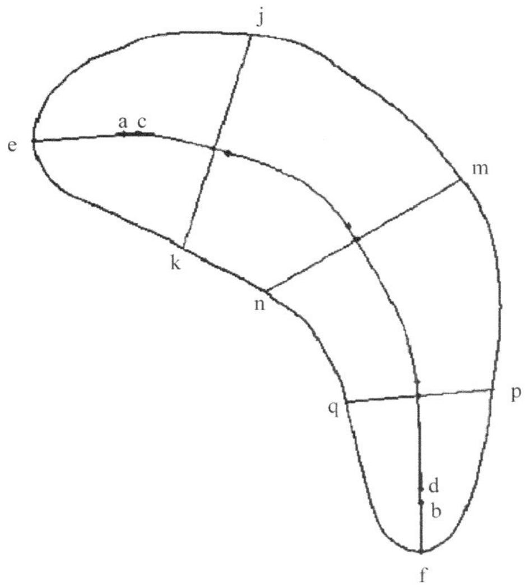

图 8-11　刺参形态学参数提取示意图

3. 支持向量机的训练和验证

通过数据尺度归一化等数据预处理后，进行支持向量机（SVM）模型的建立和验证；采用 RMSE（均方差）、R^2（相关系数的平方）、RE（相对误差）反映模型质量。

支持向量机的训练效果，SVM 训练组和验证组的 R^2 都达到 0.9 以上。对不同体重区间刺参湿重和形态参数回归效果，分别考察其 RMSE 和 RE。训练组 0～50g 和 50～100g 的 RMSE 分别是 2.13g 和 3.26g，RE 分别是 5.28%和 0.46%。验证组的 0～50g 和 50～100g 的 RMSE 分别是 2.99g 和 4.48g，RE 分别是 7.69%和 3.67%。

三、礁区鱼类资源监测技术

（一）礁区鱼类资源监测的常用技术手段

礁区鱼类资源调查的方法，按照是否需要渔获来进行区分，可分为需要渔获的网具调查、游钓调查及不需要渔获的水下目测、视频遥测、水声学遥测等，详见表 8-5。最常用的渔业资源评估的方法，是对渔获物进行分析的大面底拖网，对物种没有选择性，结果是对海域底层资源分布的整体反映（Gunderson and Sample，1980）。但由于礁区生境的复杂性，底拖网甚至中层拖网等并不适用礁区生物资源的研究。因此本章节重点综述水下目测、水下视频和水声学技术的优缺点，并提供相关案例以供参考。

水下视觉调查（underwater visual census，UVC）在人工鱼礁（Simon et al.，2011；Claudet et al.，2006）和自然礁体（Edgar et al.，2004）周围的鱼群研究中都有应用，潜水员通过水下目测来获得鱼群的种类组成、体长分布和生物量数据。

表 8-5 常见渔业资源调查方法（陈勇等，2008；Watson et al.，2005）

是否依靠渔获	技术	示例
渔获	拖网	双拖网
		单拖网
	刺网	定置刺网
		流刺网
	围网	
	游钓	手钓
		延绳钓
观测	目测法	样带法
		样点法
		样线法
		间隔计数法
		总数法
	水声学	
	视频	定置式单目或双目摄像
		适用游泳携带的单目或双目摄像

对于鱼类，UVC 方法可分为样带法、计时计数法、样线法、定点计数法、快速目测技术；其中样带法是生态调查中最常用的（Cappo and Brown，1996）。潜水员水下目测难免存在人为偏差，此方法对潜水员的经验要求非常高（Samoilys and Carlos，2000），在开展 UVC 之前对潜水调查人员进行相关培训是必要的。准确度和精确度是开展 UVC 进行鱼类资源量评估的重要指标（Yulianto et al.，2015）。例如，Graham J. Edgar 的研究中，潜水员对鱼类体长估计平均高估 7%，其中对不同大小鱼误差不同，175mm 体长的鱼会被低估约 20%，400mm 体长的鱼则被高估约 10%（Edgar et al.，2004）。

相比于水下视觉调查，潜水员手持式立体摄像，通过拍摄鱼群的视频进行测算而得到鱼群的体长分布，其精度高，对潜水员的训练也相对简单（Harvey et al.，2002）。水下定置摄像，将单目或双目摄像系统固定于海底进行视频采集，采集过程中不需要潜水员辅助，直接拍摄自然环境中游泳状态下的鱼类群体。对肉食性鱼类进行重点监测时，则可在视野内放置适当诱饵，引诱某些肉食性鱼类进入视野范围以进行特定观察。对视频中鱼体大小进行测定的方法大致有 2 种：①使用单目相机并将视野朝向海底，在视野内放置标尺，用来对比测量鱼体长度；②使用双目摄像系统，则无需考虑视野朝向，通过双目测量技术即可确定鱼体长度（Langlois et al.，2010）。视频采集完毕，通过人工值守或辅助性软件对不同时间出现鱼类种类和数量进行分析和统计，以确定鱼群密度的相对分布特征（Cappo et al.，2006)。定置于海底的摄像系统可以有效地减少潜水员对鱼类群体行为的影响(Serles，2000)，但喜欢躲藏于礁体内部的鱼被拍摄到的机会较少。

水声学技术，是一种用来评估水体中生物资源生物量及空间分布的高效手段，对资源没有破坏性，同时对水中鱼类行为的影响较小，可以对大面积水体进行快速的调查，在淡水和海洋等多种生境都有应用(张俊等，2015；谭细畅等，2009；Mehner and Schulz，2002)。目前，通过声学信号判断鱼类种类较为困难，一般需要其他的技术手段配合实施，来获得水体中鱼群的种类组成和体长大小组成的数据，以确定声学积分值的分配(Petitgas et al.，2003)，如中层拖网(Burczynski et al.，1987)、立体摄像(Jones et al.，2012；Jech et al.，2010)等。水声学手段在渔业资源调查中的使用，已经有较为成熟的规范，但对于贴近海底的“dead zone”和礁体内部区域中的鱼群难以分析(Ona and Mitson，1996)。

(二)应用立体摄像技术监测前三岛海域船礁区许氏平鲉种群结构变动

前三岛海域，生境相对复杂，岛屿本身作为一个大型“礁体”，一直是许氏平鲉、大泷六线鱼等恋礁性鱼类的重要栖息地。为了保护和恢复海州湾渔业资源，依托前三岛海域开展了近十年的人工鱼礁建设，投放了大量的混凝土构件和报废船只作为人工鱼礁，以期营造鱼群适宜的栖息生境，达到养护和修复海州湾渔业资源的目的。本案例简要展示了利用双目立体摄像技术监测船礁区许氏平鲉种群结构的年度变动的研究方案及结果，研究海域及船礁的具体特征见图 8-12。

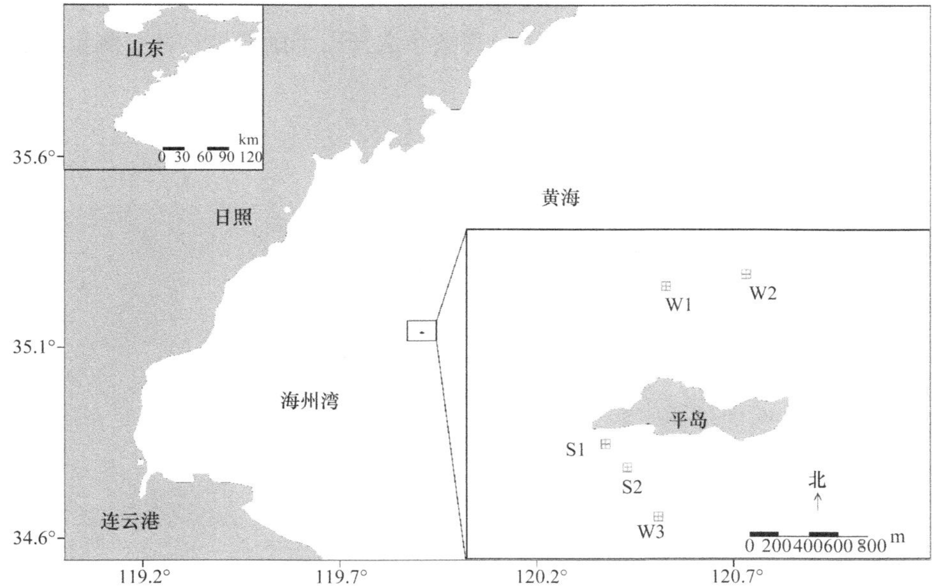

图 8-12 海州湾平岛海域船礁分布示意图

铁壳船礁：S1、S2；木壳船礁：W1、W2、W3；以上礁体均投放于 2007 年

1. 视频采集

视频的拍摄统一在平潮期进行，以排除不同潮汐对鱼类行为和分布特点带来的影响，也为确保潜水员水下操作的方便和安全。潜水员通过手持摄像系统（图 8-13）在船礁的船头、船尾、船的两侧、甲板上进行录像，游泳速度尽量慢，以免惊扰鱼群。潜水员尽量对发现的鱼群进行整体拍摄，以便后期对视频中的个体数量进行计数，确定船礁周围鱼群大小。

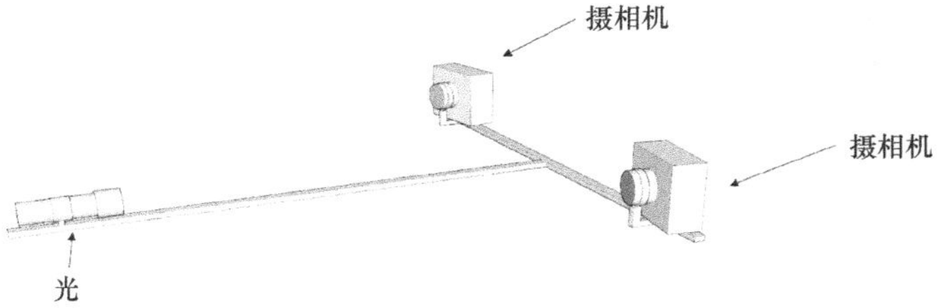

图 8-13 潜水员操控式立体摄像系统的简化示意图

2. 视频分析

使用“水生生物双目视频测量软件”对拍摄到的视频进行分析，通过手动提取左右相机视频中鱼个体的吻端和尾叉的坐标，测算鱼体全长，软件界面如图 8-14 所示。软件通过将图像中吻端和尾叉的坐标，转换为世界坐标系的坐标，来计算吻端和尾叉之间的长度。在鱼的全长测量过程中，尽量选择与摄像系统成像面平行的鱼体，避免测量身体弯曲的个体；每条鱼选择三个画面进行体长测量并取平均值以减少误差。

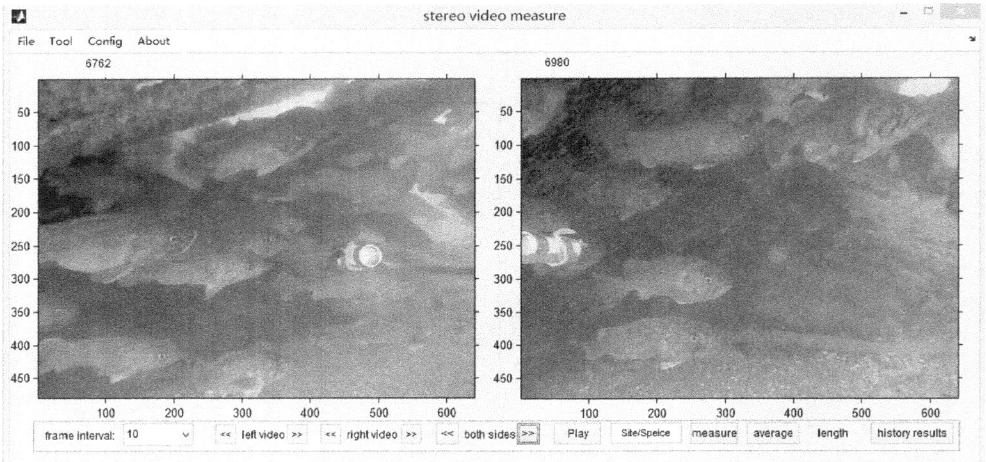

图 8-14 用来进行立体视频测量的 Matlab GUI 界面

3. 2012 年和 2013 年许氏平鲉种群结构变动特征

对 2012 年 5 月和 2013 年 5 月拍摄的船礁区鱼群视频进行分析，对鱼类种类进行确认并对其全长（TL）进行测量。结果表明，船礁区鱼类主要为许氏平鲉，偶见其他鱼类。2012 年船礁区许氏平鲉种群全长分布范围为 22.8～48.3cm，2013 年其全长分布范围为 24.03～50.76cm（图 8-15）。2012 年船礁区许氏平鲉种群平均体长为（34.92±5.98）cm，2013 年为（38.16±5.75）cm，两次调查的许氏平鲉平均体长存在显著性差异（$p<0.05$）。

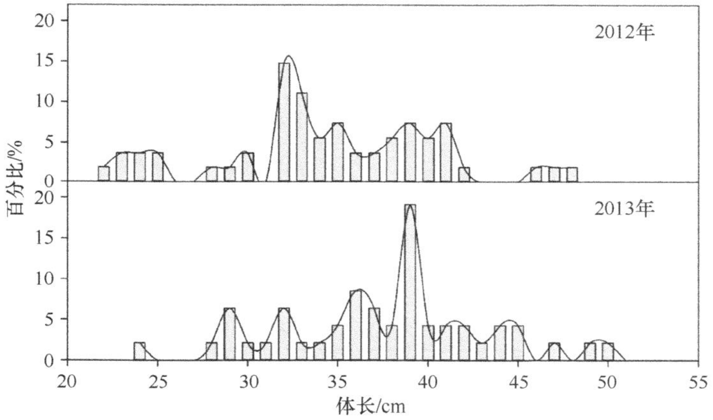

图 8-15　2012 年和 2013 年平岛海域船礁区许氏平鲉种群体长分布特征

四、岛礁海域生境与生物资源数据库的设计与实现

岛礁生物资源保护是一个长期的系统工程，需要不同时空尺度下的生境和生物资源监测数据的积累和分析作为效果评价的基础。在监测过程中，由于生境特征及生物群体的多样化，往往需要多学科交叉及多种技术的联合应用，因此获得的数据庞杂，类型多样，量纲、单位各不相同，难以进行综合分析。因此，有效地整合和管理生物资源监测数据，深入挖掘和直观展现生物资源数据特征和内在关系，是科学评价生物资源修复效果的必然要求。本小节主要研究和讨论如何利用 Geodatabase 组织和管理生境及生物资源数据，构建岛礁海域生境与生物资源数据库。

（一）岛礁海域生境与生物资源数据类型

岛礁海域生物资源修复工作，涉及大量的生态系统要素，数据主要包括生境数据和生物资源数据。生境数据包括底质、地貌、水质、海流等，生物资源数据包括底栖动物、底栖藻类、游泳生物、浮游动物、浮游植物等。不同的数据其数据来源、属性特征详见表 8-6，其数据类型包括矢量数据、栅格数据、影像数据等。

表 8-6　岛礁海域生境及生物资源数据类型及特点

数据分类		数据来源	属性特征
生境	地貌影像	侧扫声呐探测	坐标、地貌等
	高程数据	多波束声呐探测等	坐标、高程值等
	水质	水质测定仪等	坐标、时间、深度、温度、pH、盐度、叶绿素、颗粒有机物等
	海流	海流计	坐标、时间、流速、流向等
	气象	媒体、现场测定等	天气、风力、浪高等
	人工礁区	现场记录	坐标、类型、规模、投放时间等
	底质沉积	采样、声学探测等	采样坐标、采样深度、时间、有机质含量、有机质厚度、总碳氮磷等
生物资源	大型藻类	潜水采样、回声探测、视频调查等	采样坐标、采样深度、时间、种类、密度、生物量、高度、盖度、群落特征参数、影像
	游泳生物	网具、回声探测、视频调查等	采样坐标、采样深度、时间、种类、密度、生物量、群落特征参数、录像编号等
	浮游植物	网具、回声探测等	采样坐标、采样深度、时间、种类、密度、生物量、群落特征参数等
	浮游动物	网具、回声探测等	采样坐标、采样深度、时间、种类、密度、生物量、群落特征参数等

（二）岛礁海域生境与生物资源数据库设计

在掌握岛礁海域生境与生物资源数据库的设计要求及数据特点后，则可进行概念结构设计。概念设计通过对用户需求、进行综合、归纳与抽象，形成独立于数据库管理系统的模型。常用的概念数据模型，为实体关系模型（Entity Relationship Model，ER 模型），直接从现实世界中抽象出实体类型及实体间联系，用实体联系图（ER 图）表示数据模型。在岛礁海域生境与生物资源监测过程中，最核心的实体是“岛礁海域”和“生境及生物资源特征”，这两个实体的联系则是“监测和调查”行为；详细的岛礁海域生境与生物资源 ER 模型可参考图 8-16。

将 ER 图转化到 Geodatabase 数据集中，分为几个要素类，岛屿基本特征及调查设计和报告、生境特征、生物资源群落特征、生物资源种群特征，其中重要增殖种群的种群特征因监测频繁，且有多样的制图要求，故单独存放；详细可参考示意图 8-17～图 8-19。

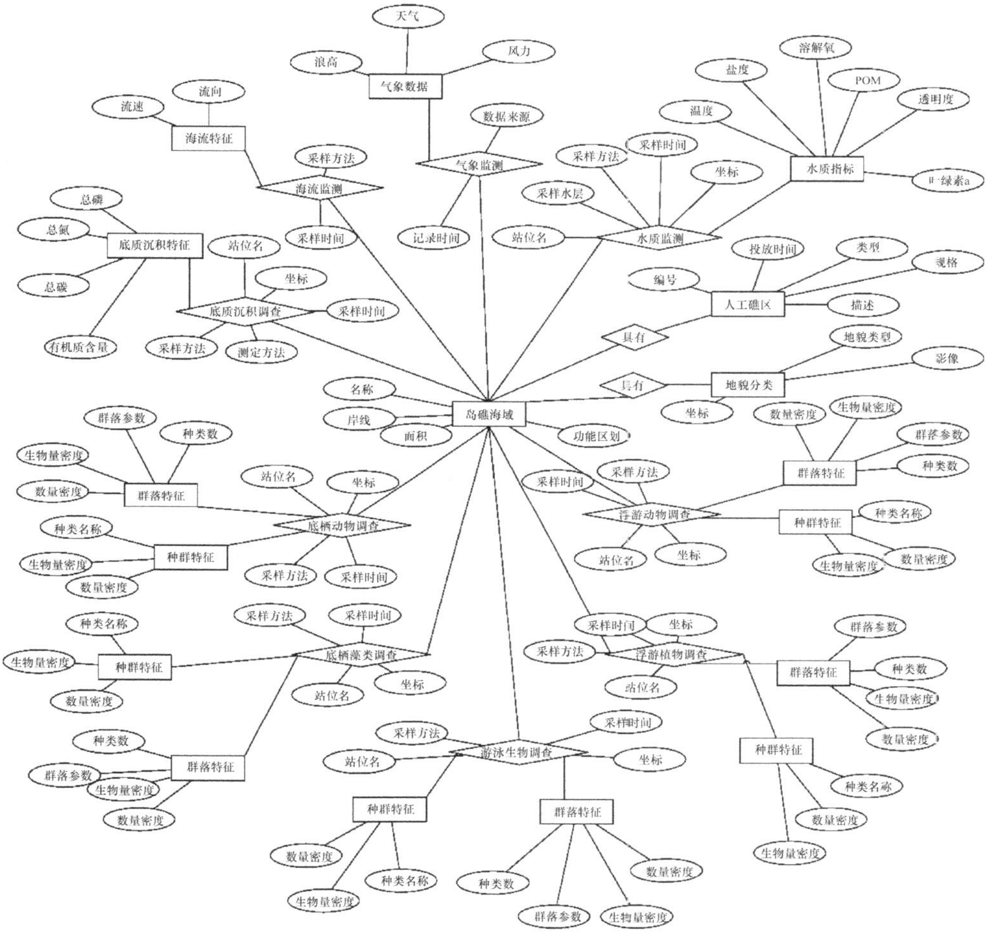

图 8-16　岛礁海域生境与生物资源数据库的实体-关系示意图

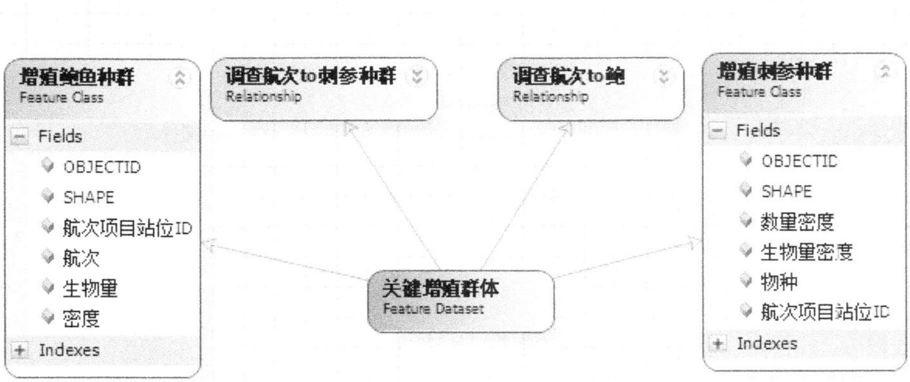

图 8-17　关键增殖群体单独以要素数据集存储示意图

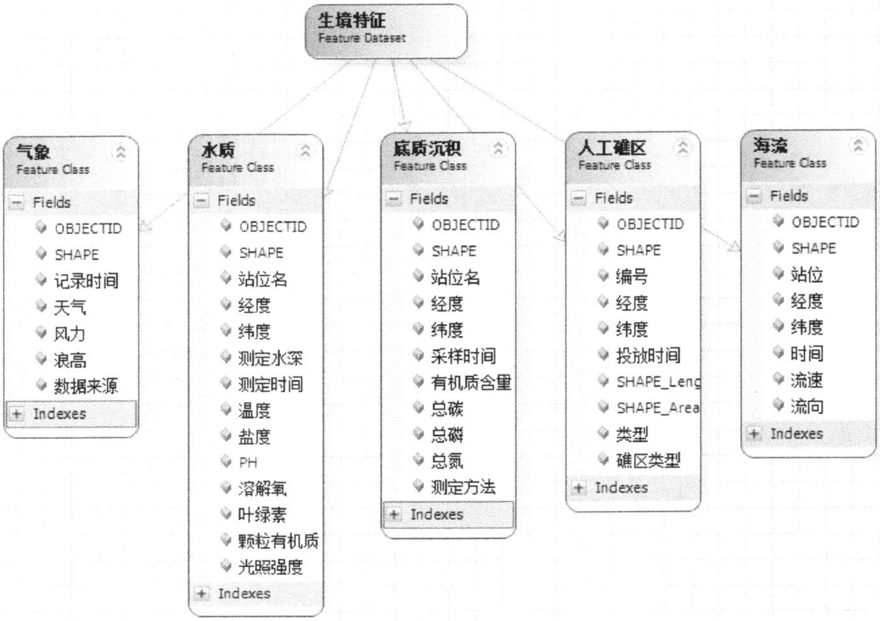

图 8-18　多种生境特征数据按照要素类的形式存储示意图

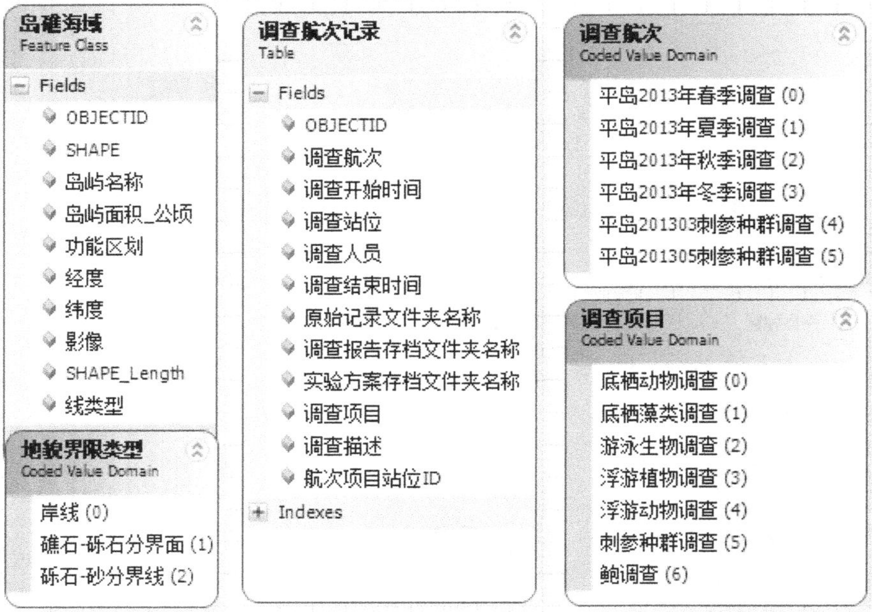

图 8-19　岛屿基本信息及调查航次记录示意图

（三）刺参种群资源的三维可视化

2013年3月和5月，采用“leaded-line survey”法对前三岛海域刺参种群特征进行潜水调查，相关文献（Shiell and Knott，2008）的附录A和附录B提供了潜水调查和统计分析的详细步骤。在平岛湾内设置6条钢丝引导绳，共120个样方，潜水员尽最大可能找寻样方内的刺参并装入钢丝绳对应编号网兜内。潜水调查获得的刺参密度数据都有对应GPS坐标记录，可与水声探测的藻类盖度和水深数据在GIS系统内整合（图8-20）。

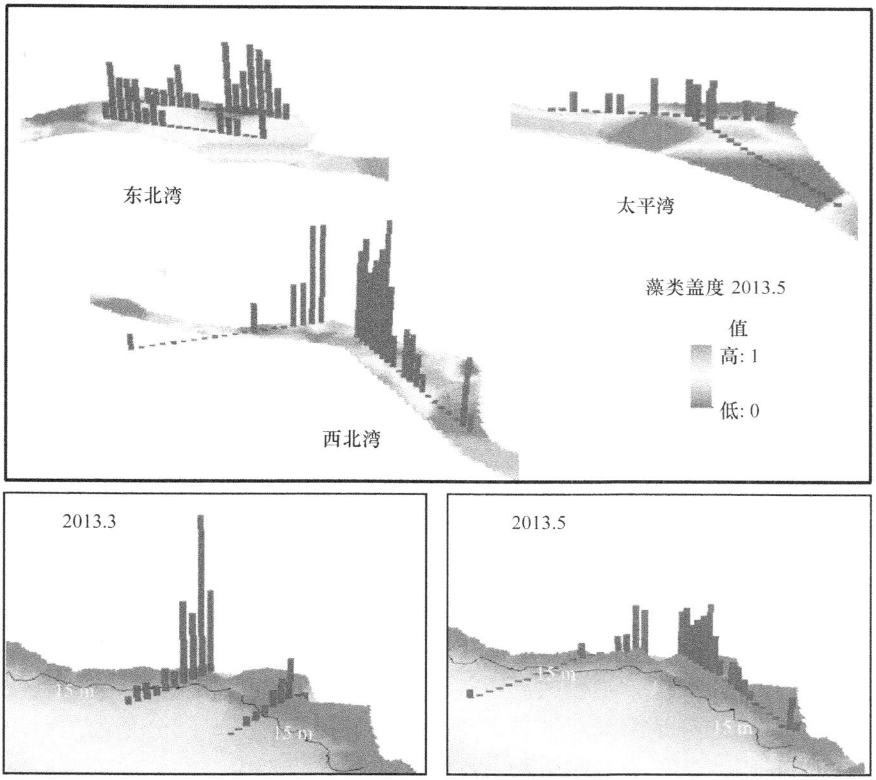

图8-20 平岛海域刺参分布与藻类盖度、水深的关系（刺参密度以柱状表示）

三维可视化，实现了不同数据之间的整合展示。在平岛海域生物资源修复效果评价中，在生境信息层上，添加生物资源的空间分布的数据，直观展示生境与刺参种群分布的相互关系，利于对不同数据之间空间关系的理解。刺参种群作为平岛海域的重要增殖物种，其与生境、藻类的相互关系是增殖工作开展的重要参考。

第三节　生态系统服务功能和价值评价

一、海洋牧场对生态系统服务功能的影响

海洋牧场建设涉及人工鱼礁投放、苗种增殖放流、牧场日常管理等各方面，其各类活动直接或间接的影响海洋生态系统功能。

生态系统的服务功能是指通过生态系统及其中的物种提供的有助于维持和实现人类生活的所有条件和过程（Jansson et al.，2000）。Costanza 等（1997）将生态系统服务归纳为 17 类 4 个层次，即生态系统的内涵——生态系统的生产（包括生态系统的产品及生物多样性的维持等）；生态系统的基本功能（包括传粉、传播种子、生物防治、土壤形成等）；生态系统的环境效益（包括改良减缓干旱和洪涝灾害、调节气候、净化空气、废物处理等）；生态系统的娱乐价值（休闲、娱乐、文化、艺术素养、生态美学等）。

海洋牧场建设和管理对生态系统最大的影响是改变了栖息地环境。近海栖息环境丧失已造成严重后果，鱼类等海洋生物的产卵场、育幼场、索饵场受到严重损害。海洋牧场为各类海洋生物提供了庇护、产卵、育幼与索饵场所。海洋牧场的建设改变了原有的平稳流态水动力环境，产生上升流、背涡流和阻滞流，使底层营养物质输送到表层，增加了海域初级生产力。人工鱼礁为底栖藻类等各类附着生物提供了适宜的栖息环境，这些附着生物为游泳生物提供了丰富的饵料。同时人工鱼礁特殊的空间结构、阴影效果给鱼类提供了良好的栖息和庇护场所。

上述海洋牧场引起的一系列生物地球化学过程将对海洋生态系统产生持续、深远影响。首先，海洋生态系统的供给服务功能得到明显提高。海洋牧场建设的主要任务是增加海洋食物与蛋白质产出，故生态系统的供给服务功能受海洋牧场建设的影响最大。人工鱼礁投放后鱼类游泳生物受到影响最大，一些恋礁性鱼类明显增加。这一部分是由于海区自身生产力得到提高，另一部分是由于海洋牧场建设过程中吸引了邻近鱼类等生物。在海洋牧场的管理中，增殖放流等海洋牧场管理活动能够显著增加海洋牧场及其邻近海域资源生物的生物量。但不同类型的人工礁体对不同类型的鱼类影响不完全相同。Simonsen 和 Cowan（2013）对路易斯安那州巴拉塔里亚湾（Barataria Bay）人工鱼礁的调查结果显示，人工鱼礁对不同食性的鱼类资源影响存在差异。海洋牧场形成的特殊的多样性较高的生物群落提供了丰富的原材料资源和基因资源。

其次，海洋牧场区域渔业资源的增加促进了该海域游钓产业的发展，海洋牧场区域海洋生物物种多样性的增加刺激了潜水旅游业的发展。随着海洋牧场生态系统的演替，其休闲娱乐功能所占比重逐渐提高。旅游和潜水等行业的发展可以

增加就业，形成新的经济增长点，促进当地社区第三产业的发展。

最后，海洋牧场的建设能够改善局部区域海洋生态环境。人工鱼礁上生长的大型藻类能够吸收水体营养盐，礁体表面固着的牡蛎等附着生物能够起到水质净化、重金属富集吸收等作用。而这些生态环境变化能够促进渔业资源、旅游业的良性可持续发展。同时，海洋牧场的建设可以减缓风暴潮和台风对近岸的损害，起到干扰调节的作用。

二、海洋牧场对生态系统服务价值的影响

海洋牧场生态系统影响并改变了区域海洋生态系统服务价值结构，提高了区域生态系统服务价值，对于合理开发与利用海洋资源、修复受损的海洋生态环境和渔业资源有着重要意义。现阶段对海洋牧场对生态系统服务价值影响的评价处于起步阶段，相关研究较少。人工鱼礁在其演替过程中，不同阶段产生的生态系统服务价值存在着差异（La Peyre et al.，2014）。

海洋牧场生态系统的供给服务价值和旅游娱乐服务价值显著高于邻近自然海域。渔业资源的供给和旅游业的发展是促进海洋牧场生态系统服务价值变化的内在驱动力。陈应华（2009）对深圳大亚湾大辣甲南人工鱼礁生态系统服务价值进行了评价，该区域服务价值为 99.69 万元/（$km^2 \cdot a$），以初级生产、渔业资源增殖和水环境质量调节为主。经过计算后，投放牡蛎壳人工礁新增服务价值每年为 581.2 万元，平均为 193.73 万元/（$km^2 \cdot a$），明显大于大辣甲南投礁后生态系统服务价值的净增加值。

秦传新等（2011）系统分析了杨梅坑人工鱼礁建设对海洋生态系统的影响，结果表明：与毗邻区域相比，人工鱼礁区域旅游娱乐服务价值所占比例由 87%降至 42%，食品供给服务价值所占比例由 7%升至 27%，原材料供给、气候调节、空气质量调节、水质净化调节、有害生物和疾病的生物调节与控制、知识扩展服务价值所占比例得到提高。深圳杨梅坑人工鱼礁区单位面积服务价值为 1714.7 万元/km^2，远高于深圳市近海海洋生态系统的平均值和全球近海生态系统的平均值。

海洋牧场构建成功之后引起的游钓和潜水行为可显著增加该海域的旅游娱乐价值。Chen 等（2013）采用旅行费用法（travel cost method）和条件价值评估法（contingent valuation method）分析了中国台湾澎湖地区人工鱼礁的娱乐休闲生态系统服务价值。长江口南北导堤形成的长达 147km、面积约达 74km^2 的人工鱼礁生态系统，每年的环境效益价值约为 317 万元，栖息地价值约为 510 万元，合计生态服务价值约为每年 827 万元。

海洋牧场管理过程中，应注意人工鱼礁的选址与后续管理，应当避免外来物种入侵、营养盐与抗生素滥用、过度增养殖等，维持海洋牧场良性发展与演替，

使其生态系统服务发挥到最大值。

三、牡蛎壳人工礁对生态系统服务价值影响的评估研究

牡蛎壳为沿海地区活体牡蛎加工或食用后的常见废弃物。牡蛎壳具有多褶皱的特点，这种表面积大的特点为微藻和大型藻类提供了良好的附着基，同时能够较好地保存上层水体有机悬浮物，为刺参等提供优质食物来源；牡蛎壳特殊的空间结构，为刺参提供了良好的遮蔽场所；牡蛎壳价格低廉，较易获得，聚参效果明显、刺参回捕率高、充分利用养殖水体、方便管理和收获、不易淤积，且能实现碳封存作用（Zhang et al.，2014）。牡蛎壳人工礁已经在山东、辽宁沿海得到应用。

本研究区域位于山东半岛东部荣成湾山东俚岛海洋科技股份有限公司所辖海域内（图 8-21），牡蛎壳人工礁占地大约 $3km^2$，平均水深 10m，人工鱼礁区上层水体为筏式养殖区域，主要养殖对象为海带（*Saccharina japonica*），底层为投放的牡蛎壳人工礁，主要增殖对象为刺参（*Apostichopus japonicus*）。牡蛎壳人工礁直接覆盖的海底面积大约为 $1km^2$。

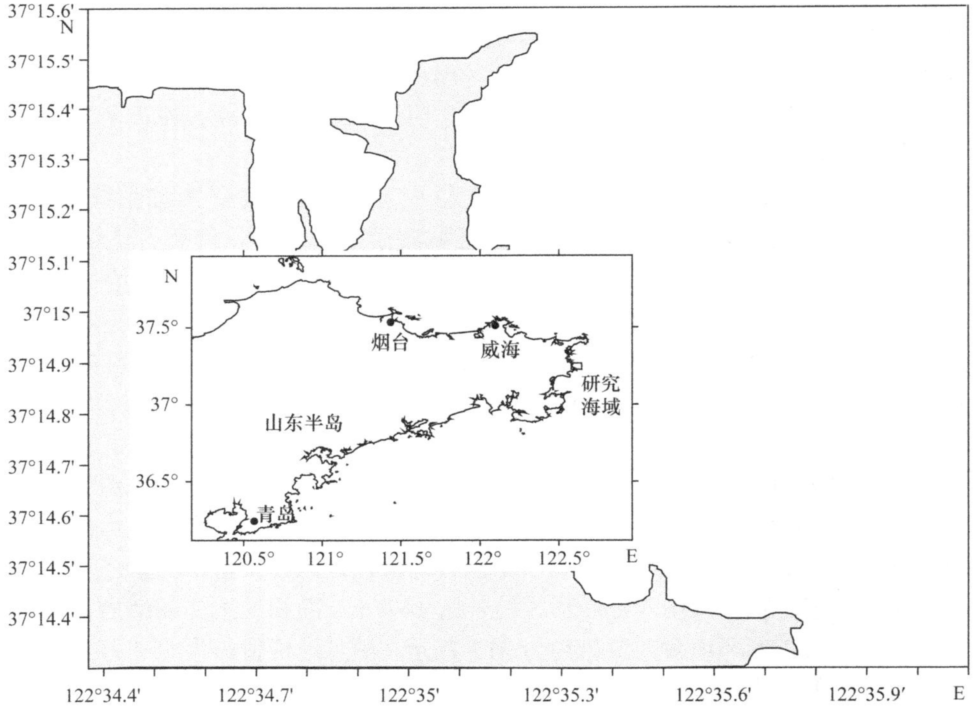

图 8-21 山东荣成湾牡蛎壳人工礁位置示意图

（一）供给服务价值

供给服务价值评价采取市场法，其计算公式为

$$V_L = \sum (Q_{Li} \times P_{Li}) \times 10^{-1} \tag{8-10}$$

式中，V_L 为牡蛎壳人工礁生态系统生物资源的供给服务价值，万元；Q_{Li} 为第 i 类海洋生物每年的资源量，i 代表不同海洋生物，包括上层水体养殖的海带、水体中鱼类、甲壳类、头足类等游泳生物和海底增殖的刺参；P_{Li} 为第 i 类海洋生物的平均市场价格，元/kg。市场价格来自 2011 年调查统计的威海石岛水产品批发市场及青岛本地市场的批发价格。

结合2010年年底笼网现场调查数据及俚岛渔业公司近3年捕捞数据计算供给服务。牡蛎壳人工礁海域游泳生物产量具有明显季节变化，春秋季产量高，夏冬季产量少；许氏平鲉、大泷六线鱼全年产量较高；鲻、鲅、星康吉鳗、石鲽等春季较多；长蛸、短蛸等头足类及口虾蛄、蟹类等秋季较多。经初步统计，人工鱼礁区域游泳生物（包括鱼类、虾类、蟹类、口虾蛄和头足类）产量为 5t，其中许氏平鲉约占 1.5t，大泷六线鱼约占 1.5t，其他种类如鲻、鲅、斑头鱼、星康吉鳗、石鲽、方氏云鳚、鮟鱇等鱼类约占 1t，长蛸、短蛸等头足类约占 0.4t，口虾蛄、三疣梭子蟹、日本蟳等甲壳动物约占 0.6t。刺参人工鱼礁区域年产量约为 4t。上层水体养殖海带平均亩产 1t 干海带，则人工鱼礁区域每年产 4500t 干海带。计算时未考虑产量较少的海胆、栉江珧、扇贝、紫石房蛤等渔业资源生物。

牡蛎壳人工礁供给服务主要为食品供给，经计算全年供给服务为 2816.6 万元（表 8-7），主要为养殖海带与刺参所带来的收益，鱼类等游泳生物所提供的供给服务较小。

表 8-7　牡蛎壳人工礁主要经济海洋生物供给服务价值

类别	种类	产量/t	单价/（万元/t）	年价值/万元
游泳生物	许氏平鲉	1.5	5.0	7.5
	大泷六线鱼	1.5	3.0	4.5
	其他鱼类	1.0	3.0	3.0
	甲壳动物	0.6	6.0	3.6
	头足类	0.4	5.0	2.0
海珍品	刺参	4.0	24.0	96.0
藻类	海带	4500.0	0.6	2700.0
合计				2816.6

（二）调节服务价值

1. 气候调节服务

大型藻类通过光合作用将水体中溶解无机碳转化为有机碳，从而达到固定温

室气体二氧化碳的目的，光合作用反应方程式为

$$6CO_2+6H_2O \xrightarrow{\text{光合}} C_6H_{12}O_6+6O_2 \xrightarrow{\text{脱水}} C_6H_{10}O_5$$

根据上述反应方程式，每生产 1g 海带干物质吸收固定 1.63g 的 CO_2，并释放出 1.20g O_2。牡蛎壳人工礁区域海带产量为 4500t，根据上述比例海带固定的 C 为 2000t。

浮游植物固定的 C 按水体中叶绿素含量进行计算。光饱和状态下 1g 叶绿素 1 小时固定 3.7g C（Ryther，1969），根据邻近荣成湾 2009～2010 年春、夏、秋、冬四季调查资料，人工鱼礁区域水体中叶绿素含量全年平均为 1.5mg/m^3。水体中浮游植物固定的碳为 608t［每天 10 小时光合作用时间，每年 365 天，固定的碳为 $1.5\text{mg/m}^3\times10^{-9}\times3\times10^6\text{m}^2\times10\text{m}\times3.7\text{g/（g·h）}\times10\text{h}\times365$ 天］。

牡蛎壳人工礁单体大约为 25kg，每 4～5 个单体构成一组礁体，每组礁体大约占地 4m^2，礁区面积为 1km^2，故大约需要牡蛎壳（碳酸钙，$CaCO_3$）25 000t，牡蛎壳人工礁自身固定碳大约为 3000t。

碳的价值采用瑞典碳税率方法（Chen et al.，2008；张磊，2011），每吨碳为 150 美元。经计算，牡蛎壳人工礁海域气候调节服务为 673 万元，养殖海带及牡蛎壳的贡献较大（表 8-8）。

表 8-8 牡蛎壳人工礁气候调节与空气调节服务价值

种类	固定碳/t	气候调节年价值/万元	释放氧气/t	空气调节年价值/万元
浮游植物	608.0	73.0	1621	64.8
海带	2000	240.0	5335	213.0
牡蛎壳	3000	360.0	—	—
合计		673.0		277.8

2. 空气调节服务

海带、浮游植物光合作用释放的氧气按照上述光合作用公式分别为 5335t、1621t，采用工业制氧成本 400 元/t 估算氧气价值，全年海带、浮游植物空气调节服务价值为 277.8 万元（表 8-8）。

3. 水质调节服务

水质调节服务主要指对于进入该海域的各种污染物的消除分解作用，能够起到废弃物处理的作用，主要包括物理净化、化学净化、生物净化 3 种形式。本研究仅评估牡蛎壳人工礁区域对于 N、P 的生物净化服务。

大型藻类、浮游植物进行光合作用的同时，会按照一定的比例吸收水体中的碳元素、氮元素、磷元素，化学上称之为 Redfield 比值（张朝晖，2007）。光合作用吸收 C、N、P 的化学反应式为

$$106CO_2 + 16NO_3^- + HPO_3^{2-} + 122H_2O + 18H^+ \longrightarrow C_{106}H_{263}O_{110}N_{16}P + 138O_2$$

该化学反应式中各化合物之间的比值相对固定，C、N、P 的利用比例为 106∶16∶1，因此可以通过前述气候调节固定的碳来计算对氮、磷的生物净化功能。氮、磷的去除效果与污水处理厂对污水的处理效果相似，所以采用污水处理过程中对氮、磷的处理费计算水质净化服务价值。氮、磷的处理费分别按照 0.15 万元/t、0.25 万元/t 计算。游泳动物及刺参捕捞与收获也可以达到对氮、磷的去除作用，但由于产量较小，忽略其对氮、磷的去除作用。

经计算，海带与浮游植物的水质调节服务为 65.3 万元，其中海带提供的价值为 50 万元（表 8-9）。

表 8-9　牡蛎壳人工礁水质净化调节服务价值

种类	移除总氮/t	移除总磷/t	水质调节年价值/万元
浮游植物	92.0	6.0	15.3
海带	302.0	18.0	50.0
合计	—	—	65.3

4. 干扰调节服务

牡蛎壳人工礁投放到海区后能起到减流护堤，保护海岸带设施，削减风暴潮、台风对海岸带所造成的损失。全球近海生态系统干扰调节服务的单位价值为 88 美元/（$hm^2 \cdot a$）（Costanza et al.，1997）。根据该经验值，牡蛎壳人工礁生态系统每年干扰调节服务价值为 21 万元。

（三）文化价值服务

由于牡蛎壳人工礁区域较小，忽略其文化休闲服务和精神文化服务，仅计算其知识扩展服务，本研究采用的标准为全球浅海科研价值的平均值 76 美元/（$hm^2 \cdot a$）（Costanza et al.，1997）。牡蛎壳人工礁生态系统的科研文化价值经估算为 18 万元。

（四）牡蛎壳人工礁对生态系统服务价值的增加效应

由于牡蛎壳人工礁碳封存功能，投放牡蛎壳人工礁对生态系统最大的贡献为其气候调节功能（表 8-8），该功能的价值每年大约为 360 万元。牡蛎壳为山东近岸常见废弃物，如果任其自然风化，其成分会逐渐分解重新进入大气，利用牡蛎壳作为人工鱼礁材料可减少对其他人工鱼礁材料（混凝土构件、石块）的利用，同时能够将牡蛎壳含有的碳封存在海底，达到碳封存的目的。本评价过程只考虑牡蛎壳人工礁作为碳封存的作用，未考虑牡蛎壳生产过程中是否为碳源或碳汇的问题。同时投礁后按照浮游植物增加 1 倍计算，投礁后浮游植物新增气候调节服务为 36.5 万元。所以投放牡蛎壳人工礁后，气候调节新增服务价值为 396.5 万元（表 8-10）。

表 8-10 牡蛎壳人工礁生态系统服务总价值及投礁后增加值

服务价值类型		总价值/万元	增加的价值/万元
供给服务	食品供给	2816.6	106.3
	原材料供给	—	—
	基因资源	—	—
调节服务	气候调节	673.0	396.5
	空气质量调节	277.8	32.4
	水质净化调节	65.3	7.0
	干扰调节	21.0	21.0
文化服务	精神文化服务	—	—
	知识扩展服务	18.0	18.0
总计		3871.7	581.2

食品供给服务增加也较为明显。实际生产中每年牡蛎壳人工礁刺参采捕量为 4t，同邻近其他人工鱼礁海珍品产量相比（张磊，2011），该海域仍有较大增殖与采捕潜力。鱼类、甲壳动物等游泳生物投礁前在该海域也实际存在。据邻近海域人工鱼礁投放效果显示，投礁大约会增加 1 倍左右游泳生物资源量（张磊，2011），故投礁后游泳生物新增服务价值为全部游泳生物供给服务价值的 50%，为 10.3 万元。投放牡蛎壳人工礁后，食品供给新增服务价值为 106.3 万元。

空气净化及水质净化投放牡蛎壳人工礁后仅考虑浮游植物的增加效果，按照浮游植物投礁后增加 1 倍计算，大约为 7 万元。干扰调节及知识扩展服务全部为新增服务价值，分别为 21 万元与 18 万元。

所以投放牡蛎壳海珍礁之后，生态系统服务价值每年增加 581.2 万元，主要为气候调节服务，其次为食品供给服务。

第四节　海洋牧场建设的生态安全保障

一、生态安全评价方法和模型

（一）生态安全的概念

生态安全，又称生态环境安全、环境安全、绿色安全（杨振姣等，2011），由世界环境与发展委员会于 1987 年正式提出，概念一出，就陆续得到多个国家的重视。美国首先意识到生态环境安全的重要性，1991 年的《国家安全战略报告》中指出其是国家利益的重要组分之一，并于 1994 年将其纳入防务任务。我国对生态安全的意识相对较晚，2000 年 11 月 26 日，随着《全国生态环境保护纲要》的颁布，国家生态安全的概念才从国家层面诞生。目前，生态环境安全已突破传统的国家安全范畴，成为国家安全体系中重要的组成成分，与军事安全和经济安全等一起构成国家安全的重要基石（丁德文等，2005）。21 世纪是海洋的世纪，我国要实现从海洋大国向海洋强国的战略转变，海洋生态安全的保障就尤为重要。知名专家学者一直在呼吁海洋工作者重视海洋生态安全，开展相关研究。2005 年，丁德文院士等发表了《关于“国家海洋生态环境安全”问题的思考》一文，从国家安全体系出发，突出了海洋环境安全的内涵及作用，论述了海洋环境安全评价的理论和方法；认为海洋生态环境安全可以看作与人类生存、生活和生产活动相关的海洋生态环境及海洋资源处于良好的状况或不遭受不可恢复的破坏；提出了“生物安全和海洋环境安全构成了海洋生态环境安全的基石，生态系统安全构成了海洋生态环境安全的核心”的观点。2013 年，苏纪兰院士在《科技导报》上发文论证了海洋生态安全的重要性。这期间，我国学者陆续展开了关于海洋生态安全理论体系建设和技术保障等的研究。2014 年 10 月，全球变化下的海洋与湖沼生态安全学术交流会召开，400 余名专家齐聚南京共同研讨我国海洋与湖沼生态安全科学问题。中国科学院战略性先导科技专项“热带西太平洋海洋系统物质能量交换及其影响”（以下简称：WPOS 专项）2015 年重点保障任务 “海洋牧场生态安全和环境保障”的顺利实施，能够为区域和国家层面环境保护、生境修复、资源养护和休闲渔业提供信息服务和安全保障。

然而，至今尚无海洋生态安全的一致定义，基于对各方论点的统计分析，海洋生态安全应该包括两个层面的含义；一是海洋生态系统自身安全；二是对人类来讲，海洋生态系统是安全的，即其提供的服务能够满足人类需要。海洋牧场作为渔业资源增殖养护，振兴海洋经济的重要举措和实现资源和环境可持续发展的有效途径，生态安全是实现海洋牧场长远稳定、可持续发展的保障。作为海洋生态系统的类型之一，海洋牧场的生态安全也包括海洋生物、海洋环境和海洋生态系统安全 3 个层次。其基石是海洋生物和海洋环境安全，其核心是海洋生态系统安全。本章前三节，笔者针对这三个层次逐一进行了体系构建和评估，本节尝试将该三层次进行融合，从整体的角度系统探索海洋牧场生态安全体系的建设。

（二）海洋牧场生态安全评价模型和方法

生态安全对于海洋牧场至关重要，生态安全的评估和预警就成为实现海洋牧场生态安全保障的重要前提。考虑到海洋生态安全具有复杂性、不可逆性、滞后性、全球性和战略性等的特点（杨振姣和姜自福，2010），需要着眼全局，构建影响生态安全的经济、社会、环境综合评价体系，实现海洋生态安全的精准评价。由于目前对海洋牧场生态安全评估的研究还非常有限，本节主要借鉴在海洋生态系统中开展的相关研究，归纳和综述了生态安全评估的方法和模型，以期为海洋牧场中的相关研究提供借鉴。

1. 基于压力—状态—响应模型的评价体系

相对于单因子评价体系，综合性和系统性是多因子评价的优势。应用于生态安全评价的多因子评价体系主要有基于压力—状态—响应（pressure—state—response，PSR）模型的评价体系、复合生态系统框架体系、生态环境要素框架体系和生态系统管理框架体系等。其中，基于 PSR 模型的评价体系在海洋生态系统生态安全评价中应用最广泛。该模型体系以生态安全评价为目标层，下设 3～5 个平行的准则层，根据生态系统特点构建指标体系，实现评价目标（图 8-22）。

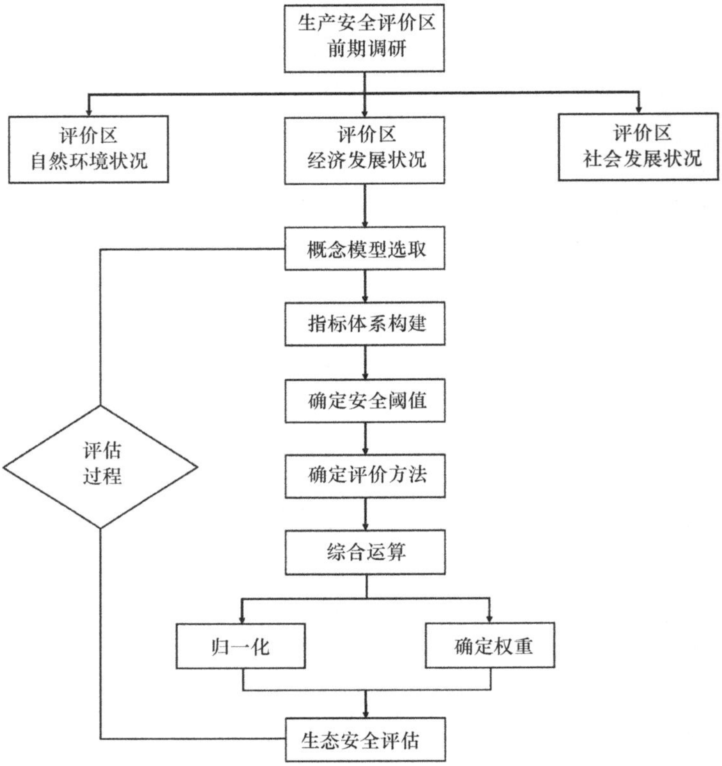

图 8-22　生态安全评估流程（姚佳等，2014）

（1）评价模型

a. PSR 模型

PSR 模型由联合国经济合作开发署（Organization for Economic Co-operation and Development，OECD）于 20 世纪 90 年代初期提出应用于环境评估。压力表征人类活动对环境的直接压力因子；状态表征环境当前的状态或者趋势；响应表征相关政策。该模型强调因果联系，可有效评价资源利用和可持续发展状况（狄乾斌等，2014），是目前生态安全评价中广泛采用的体系（图 8-23）。

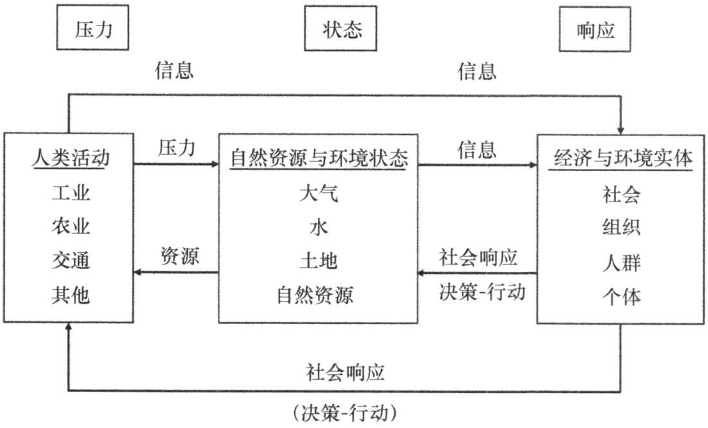

图 8-23　PSR 模型框架（高波，2007）

b. 驱动力—状态—响应模型

驱动力—状态—响应（driving force—state—response，DSR）模型由联合国可持续发展委员会和世界经济合作与发展组织于 1996 年提出。该模型由驱动力、状态和响应构成生态安全评价的准则层。驱动力替代 PSR 模型中的压力，表示对可持续发展有影响的人类活动、过程和方式，即引发环境变化的潜在原因。模型突出引起环境状态改变的原因，重点探讨该原因和环境变化间的相关关系。也正是如此，精准确定原因并将其量化是该模型实施的难点（陈祥龙等，2013）。

c. 驱动力—压力—状态—响应模型

驱动力—压力—状态—响应（driving force—press—state—response，DPSR）模型，结合了 PSR 和 DSR 模型的优点，将驱动力引入到 PSR 模型中。能较好地反映经济、环境、资源之间的相互依存和制约关系。

d. 驱动力—压力—状态—影响—响应模型

驱动力—压力—状态—影响—响应（driving force—press—state—impact—response，DPSIR）模型，引入影响力作为新的准则层，表征由于驱动力和压力因素引起的环境状态改变而给生态环境和社会经济造成的最终结果（图 8-24）。反映的是各指标之间的连续反馈机制。

（2）评价方法

选定好模型，构建指标体系后，就要选择评价方法，消除各个指标在量纲上的差异，对指标重要性赋权，实现数据整合。在 PSR 模型体系中，常用的评价方法有综合指数法、层次分析、主成分分析、灰色关联度法、模糊评价法等数学方法。综合指数法能够展现生态安全评价的综合性、整体性和层次性，却难以体现问题的本质。层次分析将定性和定量结合，需要的信息较少，系统性强，然而主

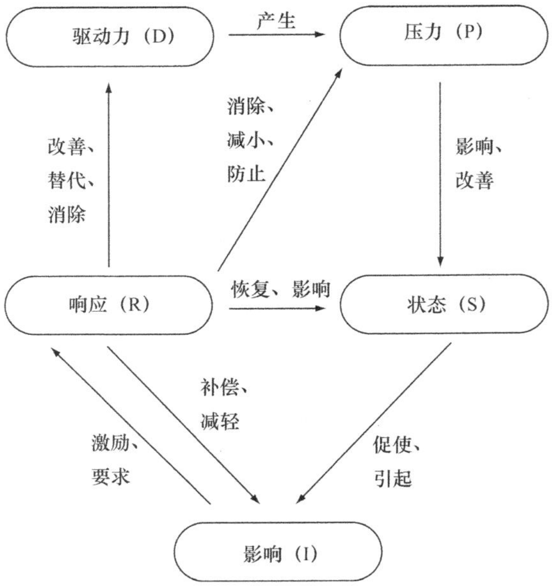

图 8-24　DPSIR 模型框架（高波，2007）

观性较大，难以准确反映实际情况。主成分分析利用降维的思想，将众多指标成分整合为几个综合指标即主成分，客观性强，然而在提取主成分时易忽略其实际意义。灰色关联度法在生态安全评价中应用时，衡量各指标的实际值组成的序列与理想值序列之间的关联度，关联度越大，指标的状况越好，具有一定的主观性。模糊评价法中模糊隶属函数的确定及指标的模糊化会受主观影响而丢失信息。在实际应用中，为了得到真实的评价结果，往往优势互补，综合利用多种评价方法，形成复合评价方法如模糊-变权复合分析、层次分析-灰色关联复合分析等（陈祥龙等，2013；张婧，2009）。

（3）海洋生态系统生态安全评价实践

海洋生态系统的可持续发展引起国内外专家学者的高度关注。海洋生态系统的生态评估也在持续发展，从最初的贻贝监测计划，到现在美国、澳大利亚和加拿大的海洋法案，欧盟的水框架指令和海洋战略，南非的国家水资源法等都是为了评估河口或近海生态系统的生态质量。海洋生态环境的评估已经从过去单一的生物水平或者物理化学水平的评估发展到将多种水平层次整合的综合评估上（Borja et al.，2008）。美国国家环境保护局（United States Environmental Protection Agency，EPA）综合考虑近海生态现状和人类活动的影响后，利用水环境质量、沉积物环境质量、底栖生物、栖息地和鱼类组织污染物 5 个层次综合评估了美国近海生态健康水平。提出评估每个层次的指标，并将这些指标赋权，结合指标的实际监测数值，形成各个层次的指数。例如，利用无机氮、无机磷、叶绿素、透明度和溶解氧 5 个指标，并赋予相同的权重，形成各个站位的水环境质量指数。

在每个层次中设优、中、差 3 个评估级别进行海域该层次质量的评估，之后根据 5 个层次的评估结果，得出海域生态健康水平综合评估结果。在实际应用中，基于欧盟水框架指令，可以简便地利用实际监测值和标准值之间的比值，开展关于物理化学、浮游植物、大型藻类、底栖生物群落、鱼类等的评估。比值数值区间为 0～1，根据数值，划分为优、良、中、差、劣 5 个状态水平。然而如何实现不同类数值之间的整合成为难点，学者们也积极开展尝试。Borja 等（2009）基于欧盟水框架指令，评估了 1995～2007 年西班牙巴斯克近海海域水环境物理化学、浮游生物、大型藻类、底栖生物和鱼类、甲壳类质量状况，进而利用决策树法整合了各层次的数据，综合评估了该海域生态状况。为环境管理和相关政策的制定提供了科学依据。

国内，于谨凯和黄群（2012）从海水养殖业自身污染的特征出发，基于 PSR 模型，选取 3 个一级指标和 22 个二级指标，构建了我国海水养殖业生态安全评价体系。选用均方差权重法来对评价进行指标赋权、汇总和排序，计算综合影响指数，评估了我国海水养殖业自身污染的安全状态。结果表明，2004～2005 年，我国海水养殖业的生态安全状态为不安全和临界安全，2006～2008 年为基本安全，污染程度呈逐年递减趋势，但总体健康水平不高。该研究为我国海水养殖业的安全发展提供了科学依据。张婧和孙英兰（2010）在分析胶州湾现状的基础上，筛选出 40 个指标，基于 PSR 模型构建了胶州湾海岸带生态系统安全评价指标体系，评估了 1998～2007 年胶州湾海岸带生态安全状况，认为其先下降后好转。在系统的真实情况反映方面，模糊评价法较综合指数-层次分析法更具优势。李虎等（2014）利用其基于 PSR 模型建立的生态健康评价指标体系，结合赫尔辛基委员会评价方法框架和熵权法，提出 2006 年，由远海到近岸，山东半岛近岸海域生态健康状况逐渐变差，并明确了状况较差的海域和主要的影响因子。

2. 社会-经济-自然复合生态系统

社会-经济-自然复合生态系统由我国学者马世骏和王如松于 1984 年提出（马世骏和王如松，1984），认为性质不同的 3 个系统：社会、经济和自然构成了一个相互制约的复合系统，要按照拟定指标、本底调查和系统分析及模拟的研究程序，从自然系统的合理性，经济系统的有利性和社会系统的有效性 3 个方面，衡量评估该复合系统，以获得最高的综合效益，最小的风险和最大的存活机会。在 2012 年举办的可持续发展 20 年学术研讨会上，王如松院士再次发文论证了社会-经济-自然复合生态系统与可持续发展（王如松和欧阳志云，2012）。目前该理论在我国省域生态系统生态位评价和土地生态安全评价中有较多的应用，而在海洋系统中的应用较少。基于该理论，徐惠民等（2014）对海洋生态监控区区划指标框架进行了尝试，构建了由 14 个指标组成的社会-经济-自然复合生态系统指标体系，期望利用该指标体系，能够及时发现海洋生态环境监控区中呈现的生态、经济和社会问题，并做出适应性调整，提升海洋生态管理水平，促进社会经济发展。

二、生态安全体系建设

（一）生态安全体系简介

生态安全体系就是一个国家或地区为确保区域生态环境不受或少受破坏和危险，遏制和减少重大和恶性生态环境事件的发生，促进社会经济持续、健康发展，在组织、法律、政策、规划、财政和技术等各方面采取相应措施而建立的一整套保障体系（吴豪等，2001）（图 8-25）。生态安全体系的构建是目前的研究热点，需要多学科的综合，体系中每个系统的建设均需要理论和技术的创新和集成，且随着研究的深入，逐步完善体系建设的不足。杨振姣等（2014）通过我国海洋生态安全问题的分析，以治理现代化的目标、治理现代化的理念和“软硬结合”的治理路径为着力点，构建了海洋生态安全现代化治理体系。并探讨了关于我国海洋生态安全相关的政策和法律体系、生态系统管理体系和生态价值体系等的建设。吴玮和全永波（2012）剖析了我国海岛的生态威胁，指出了现阶段海岛生态安全体系的不足，指出海岛生态安全体系构建的方向。海洋牧场的建设也应参考生态安全体系的组成，逐步构建和完善各系统，为海洋牧场的生态安全提供保障。

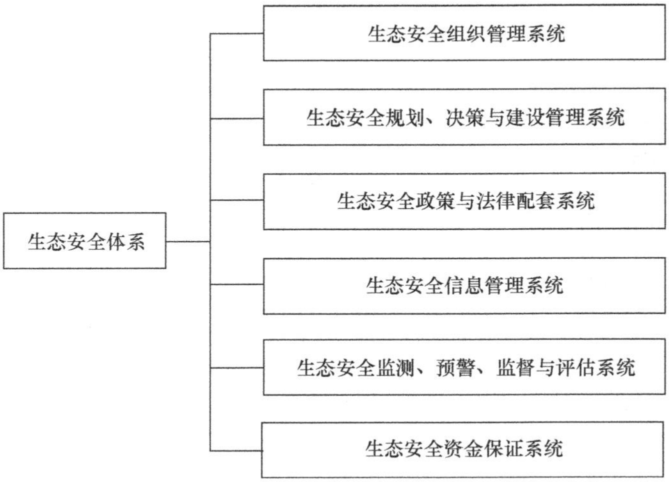

图 8-25　生态安全体系框架（吴豪等，2001）

（二）生态安全预警系统的构建

1. 预警评估方法

借鉴傅博杰（1993）对区域生态安全预警的定义，我们认为海洋生态安全预警是对海洋开发利用的生态后果、生态环境质量的变化，以及生态环境与社会经济协调发展的评价、预测和警报。预警评估方法和预警系统的构建是生态安全预警研究的两大内容。目前生态预警评估的基本程序是明确警义—分析警兆—预报警度—排除警情（罗艳等，2014），主要通过生态安全评估实现（图 8-26）。前面介绍的生态安全评价方法和模型均适用于生态安全预警。例如，周彬等（2015）基于 DPSIR 模型构建了生态安全预警指标体系，评估了 2000～2012 年舟山群岛的预警状况，为维护舟山群岛生态安全提供参考。利用 PSR 模型，徐成龙等（2014）进行了黄河三角洲生态安全预警，并通过警情和警兆的分析，提出改善黄三角生态安全的措施。然而王耕和吴伟（2008）提出生态安全还与安全隐患密切相关，单纯参照生态安全状态评价结果，不能全面、准确评估警情。应耦合生态安全状态指数和安全隐患指数，有机形成生态安全预警指数，准确实现生态安全预警。

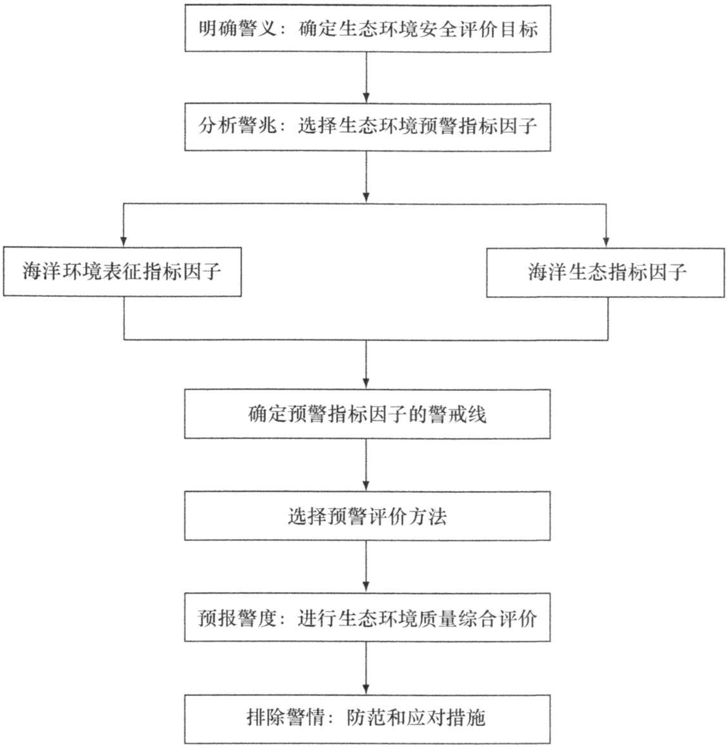

图 8-26 海洋生态环境预警评价流程（罗艳等，2014）

2. 海洋牧场生态安全预警系统

海洋生态安全预警系统是对海洋环境进行常规监测和突发性海洋污染事故、海洋灾害应急监测的基础上，通过警情分析评价，提出防范和应对措施，并及时向社会发布，对于保证海洋生态安全至关重要。该系统收集生态安全因子信息，在对信息进行分析和评价后，判断生态安全预警状态，向社会发布，并提供应急决策。生态预警系统包括预警监测信息子系统、预警分析评价子系统和预警处理对策子系统。每个子系统的正常运转都离不开数据的收集和处理。这个过程涉及软件开发、数据库设计、网络发布与沟通及与“3S”技术集成等多方面的技术和理论研究，以实现突发性环境污染事故的预警、应急监测和处理及联合管理等（李万莲，2008）。我国是遭受海洋灾害影响最频繁和最严重的国家之一，因此对海洋灾害的预警需要特别关注。主要的海洋灾害包括风暴潮、海浪、海冰和赤潮等。其预警预报是利用海洋监测系统进行海洋动力、生态要素信息采集，采用海洋灾害风险预警方法整合处理采集数据。因此，精准做好海洋灾害预警预报有待于监测手段和预警技术方法的完善。海洋牧场的生态安全预警要借助国家、省、市和地方各级海洋环境监测和预报等部门的技术和数据支持，通过牧场预警监测系统的构建，细化牧场监测数据，形成对环境监测和预报部门信息的补充，并通过预警分析评价，生成预警处理对策。在牧场的预警分析评价子系统中要注意根据预警对象详细对子系统进行下级划分，如牧场环境常规预报预警、风暴潮预报预警、赤潮预报预警、绿潮预报预警、突发污染事件预报预警等，进而形成相应的应急预案。冯剑丰（2005）针对海洋浮游生态系统的复杂动力学特性及赤潮灾害的预测预警和管理等问题，建立了由信息系统、决策系统和应急系统构成的赤潮预测预警系统。信息系统由海上立体监测网络和数据传输网络组成，提供所有的原始监测数据。决策系统包含多个模块，通过数据库/专家系统、统计预测系统、智能预测系统、非线性动力学预测系统及赤潮危害评价系统等对采集的数据进行分析处理，评估和确认系统的生态安全预警水平。应急系统则根据评估结果，确定生态危害等级，预报赤潮并提出应急措施。谢钦铭（2008）提出由渔业水环境监测子系统、渔业水环境生态安全评价子系统和渔业水环境生态安全预警响应子系统组成的渔业水环境生态安全预警系统，详述了各子系统的组成模块和功能，并提出了建设该系统的策略和具体措施，但该系统在实践中的应用还有待进一步验证。这些研究的理论和方法可为我们在海洋牧场中建立生态安全预警系统提供技术参考。

海洋牧场生态安全预警系统的建立能够保证海洋牧场生态安全不受到危害，尤其是突发事件发生时，能够采取措施，进行应急处置。目前，我国已经初步建成应急预案、应急体制、应急机制和应急法制（“一案三制”）为框架的海洋灾害应急管理体系。国家海洋局颁布的《风暴潮、海浪、海啸和海冰灾害应急预案》和《赤潮灾害应急预案》成为《国家突发公共事件总体应急预案》的部门预案之一。省、市和地方也陆续出台和完善了海洋灾害应急预案，有效指导了海洋灾害应急工作。海洋牧场应参考上述灾害预案，根据自身生态环境特点，形成相应的灾害和突发事件预案和应急处置技术储备。成立海洋牧场灾害和突发事件应急工作领导小组，下设办公室和专家组，主持和部署应急工作。在溢油应急处理中，可配备应急船舶、溢油回收车、清理设备等装备，首选围栏法和吸油法等物理方法进行处理，其次可用燃烧法和化学剂处理法等化学方法进行处理（陈燕，2014）。在赤潮灾害应急中，根据实际需要，可采用隔离法、增氧法、过滤法等物理方法，黏土絮凝法、凝聚剂沉淀法等化学方法，或以菌治藻等生物治理方法等（汪艳涛等，2013）。在浒苔应急中，将海域打捞和拦网堵截相结合，及时清除牧场周边浒苔，提倡打捞出的浒苔远海处置（高嵩等，2013）。WPOS 专项 2015 年重点保障任务“海洋牧场生态安全和环境保障”通过对牟平海洋牧场的监测发现了牧场低氧的状况，提出了以下应对措施。①生产进度调整，首先及时采捕刺参，低氧现象从 6 月底开始出现，所以尽量在 6 月底前采捕完毕；其次刺参投苗要在 9 月才能开始。②改进养殖模式，营养盐大规模输入导致的富营养化及大量浮游植物爆发可能是导致缺氧的主要原因，建议养殖大型藻类以减少营养盐，养殖滤食性贝类以减少浮游植物生物量。③应急处置措施，当氧气含量达到极低水平时，可以考虑采取人工增氧的方式进行抢救，如投放大量增氧剂或者向海区投放液氧，都取得了很好的效果，可为海洋牧场低氧状况应急处置提供策略参考。

三、展望

（一）创新海洋牧场的监测理念

陆海相依，陆地和海洋是两个相互联系、相互作用而又相对独立的系统，“陆海统筹”国家战略的提出，即通过整体开发和统一筹划实现海陆系统经济、社会、文化和生态的协调发展。海洋牧场监测领域贯彻“陆海统筹”战略，即以牧场生态环境保护为核心，统筹牧场生态环境与沿岸陆源污染监测，加强海洋监测部门与环保部门在监测装备、数据采集和分析等方面的合作，实现陆地、海域和大气相耦合的立体监测。借助相关制度的完善，实现海陆监测优势互补，提高海洋牧场监测质量。

（二）实现监测装备和新技术的突破

世界海洋强国（如美国、加拿大、俄罗斯）均在不断强化更新海洋监测手段，推出海洋监测高技术产品。我国海洋监测高技术研究始于“九五”，在国内海洋仪器设备市场和产业几乎空白的情况下，围绕国家海洋战略的需求，经历 20 年的奋斗历程，取得了一系列可喜的成果，地波雷达、遥感飞机、卫星遥感、潜标和海床基等一大批海洋监测高技术装备落地成型，固定式海洋环境通用监测平台系统、移动平台监测系统相继自主研发，并进行了集成和示范，初步建成了以海洋站、浮标/潜标、标准海洋断面监测为主体，志愿船、科考船、岸基雷达、海上平台、卫星/航空遥感和应急机动监测为辅助的海洋立体监测系统，正在朝全覆盖、数字化、全球化、高技术和高效率的现代海洋立体监测系统迈进（钱洪宝等，2015）。国家海洋监测技术和装备的提升，为海洋牧场监测提供了高平台和契机。在海洋牧场的日常监测中，在利用牧场专用设备监测的同时，要和国家、地方海洋监测密切集合，实现数据共享，提高监测质量。随着现代化海洋牧场管理要求的提高，牧场监测的精准化是发展趋势，这需要监测装备和技术的突破，尤其是水下观测数据的获取与传输，新型传感器和遥感器的研发等，有赖于物理海洋、能源、电子、信息、材料、通信、自动化等多学科的交叉促进（杨锦坤等，2015；惠绍棠，2000）。

（三）健全监测评价预警预报体系建设

监测是预报的基础，预报是监测的目的，二者相辅相成。我国海洋监测预报经过近 60 年的发展，初步形成了海洋监测、数据采集、分析预报、产品发布等环节链条组成的业务化系统（马毅，2008）。因此，海洋监测预报工作是一个层次递进的整体，预报工作的准确度提升有待于监测工作、数据传输、同化和预报技术的更新。保证海洋牧场监测预报质量，必须建成监测预报体系，该体系由监测系统、数据管理系统和预报系统构成。监测装备和技术的突破能够提高监测系统的服务质量，同时发展海洋组网观测技术，协同、高效利用空基、岸基和海基等观测平台的资源，优化提升观测精度，实现实时、长期、连续、高分辨率、精细化、自动化的立体监测。数据管理系统中，要发展智能化的数据管理技术，建立相应的数据管理信息系统，实现监测数据的高效传输、准确存储、快速处理和及时共享，保证数据安全顺畅。预报就是在分析评价监测数据的基础上，利用借助于海洋物理机制研究建立的数值预报模式，对海洋环境、资源和生态状况的发展做出预报。可以借鉴国外经验，提高预报用大型计算机的运算能力，加强海洋物理机制的研究，综合分析变化对自然环境、社会经济活动的影响，提升数字预报技术的准确度和精细度，实现预报产品的多样化（张杰等，2014）。

（四）建立完善的专家决策系统

实现海洋牧场环境和资源的可持续发展，必须建立一个科学化、系统化、信息化和智能化的管理系统，预报海洋牧场环境和资源的发展趋势，实现海洋灾害的应急决策，提出牧场生态安全调控措施，保障海洋牧场生态安全。因此，建立完善的海洋牧场专家决策系统势在必行。引入人工智能技术构建的智能决策系统，将专家系统与决策支持系统相结合，并允许决策者参与其中，能够提供高水平、科学的决策方案。构建海洋牧场生态安全智能决策系统，能够可视化监测评价和预警结果，确定牧场生态调控方案，实现快速和准确决策。将 GIS 整合到决策系统的四库（模型库、数据库、知识库与方法库）中，形成的基于 GIS 的智能决策系统，利用了GIS数据的空间定位优势，生成的决策将更为客观和合理，是空间决策系统的发展方向。在国内，已经有学者利用GIS技术和决策支持技术开发了溢油应急处置决策支持系统，用于石油平台溢油应急处理，取得了良好的效果（姜独祎，2014；刘文全，2010）。在研发海洋牧场决策支持系统中，可针对气象灾害、生态灾害等灾害和突发事件的特点和规律，研发实用和科学的应急决策模型。同时，加强“3S”技术在决策系统中的应用，为灾害应急提供决策支持，尽力降低灾害造成的损失。

（五）构建高效、科学的应急体系

海洋牧场运行过程中，突发事件的控制和处理需要应急管理体系的有效应对。应急管理体系主要包括应急管理系统和应急处置系统。目前，围绕“一案三制”的国家应急管理体系，海洋突发事件应急预案，应急管理体制、机制和法制的建设和相关研究进行得如火如荼。应完善应急体制，设立海洋牧场灾害应急管理机构，贯穿灾前预防、预报预警、应急处置、持续管控、灾后恢复等各个环节建设完善长效的部门协同机制，完善灾害和突发事件应急管理运行机制，构建多层次立体化的相关法律体系。引入高科技建立精准的海洋灾害应急管理系统和应急技术系统，加大技术方案和技术手段的储备，健全灾害应急预案，确保预案的针对性、可操作性和高效性。加强应急教育，动员社会力量，创新灾害社会动员机制，提升灾害应急能力（徐阳，2014；孙云潭，2010）。

主要参考文献

曹洪涛, 张拯宁, 李明, 等. 2015. 无人机遥感海洋监测应用探讨. 海洋开发与管理, 1: 51-54.

陈钜龙. 2014. 地波雷达海洋环境监测中的技术及应用. 中国新通信, 19: 121-122.

陈勇, 郑小贤, 朱敬博, 等. 2008. 人工鱼礁区鱼类和大型无脊椎动物的调查方法. 水产科学, 27(6): 316-319.

陈祥龙, 王絮飞, 李妮, 等. 2013. 湖泊生态安全综合评估方法略述. 山地农业生物学报, 32(5): 458-464.

陈燕. 2014. 突发性海洋溢油污染事件应急处理研究. 环境科学与管理, 39(6): 27-30.

陈应华. 2009. 大亚湾大辣甲南人工鱼礁区的生态效应分析. 暨南大学博士研究生学位论文.

戴洪磊, 牟乃夏, 王春玉, 等. 2014. 我国海洋浮标发展现状及趋势. 气象水文海洋仪器, 2: 118-125.

丁德文, 徐惠民, 张永刚, 等. 2005. 关于“国家海洋生态环境安全”问题的思考. 太平洋学报, 10: 60-64.

狄乾斌, 韩雨汐, 曹可. 2014. 基于PSR模型的中国海洋生态安全评价研究. 海洋开发与管理, 7: 87-92.

冯剑丰. 2005. 浮游生态系统非线性动力学与赤潮的预测预警研究. 天津大学博士研究生学位论文.

傅博杰. 1993. 区域生态环境预警的理论及其应用. 应用生态学报, 4(4): 436-439.

付朝阳, 金勤献, 孙鹏程. 2008. 区域环境监测预警体系建设框架研究. 环境科学, 29(7): 2077-2080.
高波. 2007. 基于 DPSIR 模型的陕西水资源可持续利用评价研究. 西北工业大学硕士研究生学位论文.
高嵩, 潘怀福, 韩爱香. 2013. 关于浒苔灾害应对处置的实践探索. 海洋信息, 1: 59-61.
花俊, 胡庆松, 李俊, 等. 2014. 海洋牧场远程水质监测系统设计和实验. 上海海洋大学学报, 23(4): 589-593.
惠绍棠. 2000. 海洋监测高技术的需求与发展. 海洋技术, 19(1): 1-17.
贾晓平, 杜飞雁, 林钦, 等. 2003. 海洋渔场生态环境质量状况综合评价方法探讨. 中国水产科学, 10(2): 160-164.
姜独祎. 2014. 海洋石油平台溢油在线监控预警集成系统研究与开发. 中国海洋大学博士研究生学位论文.
李虎, 宋秀贤, 俞志明, 等. 2014. 山东半岛近岸海域生态系统健康综合评价. 海洋科学, 38(10): 40-45.
李民, 刘世萱, 王波, 等. 2015. 海洋环境定点平台观测技术概述及发展态势分析. 海洋技术学报, 34(3): 36-42.
李万莲. 2008. 我国生态安全预警研究进展. 安全与环境工程, 15(3): 78-86.
李忠强, 唐伟, 张震, 等. 2014. 无人机技术在海洋监视监测中的应用研究. 海洋开发与管理, 7: 42-44.
林晓鹏. 2006. 卫星遥感在海洋监测中的应用. 福建水产, 1: 58-61.
刘岩. 2014. 陆海统筹保护海洋生态环境. 中国国情国力, 9: 12-14.
刘文全. 2010. 基于 GIS 的海上石油平台溢油应急决策支持系统结构与应用研究. 中国海洋大学博士研究生学位论文.
刘雪斌. 2014. 舟山群岛新区陆海统筹发展研究. 浙江海洋大学硕士研究生学位论文.
罗艳, 林丽华, 黄红辉, 等. 2014. 深圳市大鹏半岛海域海洋生态环境预警评价. 海洋开发与管理, 12: 84-89.
马世俊, 王如松. 1984. 社会-经济-自然复合生态系统. 生态学报, 4(1): 1-9.
马毅. 2008. 我国海洋观测预报系统概述. 海洋预报, 25(1): 31-40.
潘德炉, 龚芳. 2011. 我国卫星海洋遥感应用技术的新进展. 杭州师范大学学报(自然科学版), 10(1): 1-10.
钱洪宝, 徐文, 张杰, 等. 2015. 我国海洋监测高技术发展的回顾与思考. 海洋技术学报, 34(3): 59-63.
秦传新, 陈丕茂, 贾晓平. 2011. 人工鱼礁构建对海洋生态系统服务价值的影响——以深圳杨梅坑人工鱼礁区为例. 应用生态学报, 22(8): 2160-2166.
苏纪兰. 2013. 海洋生态安全的重要性. 科技导报, 31(16): 3.
孙云潭. 2010. 中国海洋灾害应急管理研究. 中国海洋大学博士研究生学位论文.
谭细畅, 李新辉, 林建志, 等. 2009. 基于水声学探测的两个广东鲂产卵群体繁殖生态的差异性. 生态学报, 29(4): 1756-1762.
王耕, 吴伟. 2008. 区域生态安全预警指数——以辽河流域为例. 生态学报, 28(8): 3535-3542.
王军成, 刘岩. 2006. 发展海洋监测高新技术振兴海洋仪器行业. 山东科学, 19(5): 1-6.
王如松, 欧阳志云. 2012. 社会-经济-自然复合生态系统与可持续发展. 中国科学院院刊, 27(3): 337-348.

汪艳涛, 高强, 姜少慧. 2013. 赤潮灾害监测预报与减灾对策研究进展. 中国渔业经济, 31(4): 161-167.
温泽民. 2014. 大长山海洋牧场拟建海域生态环境评价研究. 大连海洋大学硕士研究生学位论文.
吴豪, 许刚, 虞孝感. 2001. 关于建立长江流域生态安全体系的初步探讨. 地域研究与开发, 20(2): 34-37.
吴玮, 全永波. 2012. 海岛生态安全体系构建研究. 中国集体经济, 7X: 59-60.
徐成龙, 程钰, 任建兰. 2014. 黄河三角洲地区生态安全预警测度及时空格局. 经济地理, 34(3): 149-155.
谢钦铭. 2008. 构建渔业水环境生态安全预警系统. 集美大学学报, 13(1): 34-39.
徐惠民, 丁德文, 石洪华, 等. 2014. 基于复合生态系统理论的海洋生态监控区区划指标框架研究. 生态学报, 34(1): 122-128.
徐阳. 2014. 海洋渔业灾害应急处置机制研究——以青岛市 2011 年胶州湾海冰灾害为例. 中国海洋大学硕士研究生学位论文.
杨顶田. 2007. 海草的卫星遥感研究进展. 热带海洋学报, 26(4): 82-86.
杨锦坤, 武双全, 杨扬. 2015. 海洋观测网规划支撑体系与系统架构设计探讨. 海洋信息, 3: 29-33.
杨振姣, 刘雪霞, 冯森, 等. 2014. 海洋生态安全现代化治理体系的构建. 太平洋学报, 22(12): 96-103.
杨振姣, 姜自福. 2010. 海洋生态安全的若干问题——兼论海洋生态安全的涵义及其特征. 太平洋学报, 18(6): 90-96.
杨振姣, 姜自福, 罗玲云. 2011. 海洋生态安全研究综述. 海洋环境科学, 30(2): 287-291.
姚佳, 王敏, 黄沈发, 等. 2014. 海岸带生态安全评估技术研究进展. 环境污染与防治, 36(2): 81-87.
易柏林, 邹立, 文梅, 等. 2013. 双台子河口水环境质量综合评价. 中国海洋大学学报(自然科学版), 43(11): 87-93.
于谨凯, 黄群. 2012. 海水养殖业自身污染的安全评价与预警机制研究. 中共青岛市委党校青岛行政学院学报, 1: 51-55.
周彬, 钟林生, 陈田, 等. 2015. 基于变权模型的舟山群岛生态安全预警. 应用生态学报, 26(6): 1854-1862.
张杰, 曹丛华, 郭敬天, 等. 2014. 海洋环境观测预报技术需求与“十三五”发展重点——以北海区为例. 海洋技术学报, 33(1): 1-4.
张婧. 2009. 胶州湾海岸带生态安全研究. 中国海洋大学博士研究生学位论文.
张婧, 孙英兰. 2010. 海岸带生态系统安全评价及指标体系研究——以胶州湾为例. 海洋环境科学, 29(6): 930-934.
张俊, 陈丕茂, 房立晨, 等. 2015. 南海柘林湾——南澳岛海洋牧场渔业资源本底声学评估. 水产学报, 39(8): 1187-1198.
张磊. 2011. 俚岛人工鱼礁生态养护效果及其生态系统综合效应的初步评价. 中国海洋大学硕士研究生学位论文.
赵聪蛟, 周燕. 2013. 国内海洋浮标监测系统研究概况. 海洋开发与管理, 11: 13-18.
赵宪勇, 倪汉华, 刘永利, 等. 2009. 浒苔声反射特征的实验测定. 中国水产科学, 16(6): 905-913.

赵新生，孙伟富，任广波，等. 2014. 海州湾海洋牧场生态健康评价. 激光生物学报，23(6): 626-632.

张朝晖. 2007. 桑沟湾海洋生态系统服务价值评估. 中国海洋大学博士研究生学位论文.

邹景忠，董丽萍，秦保田. 1983. 渤海湾富营养化与赤潮问题的初步探讨. 海洋环境科学，2(2): 41-54.

GB 11607—1989. 渔业水质标准.

GB 18668—2002. 海洋沉积物质量.

GB 3097—1997. 海水水质标准.

Andreadis I. 1999. Modelling and evaluating colour information for robot vision. Mechatronics, 9(4): 429-446.

Balaban M O, Chombeau M, Cırban D, et al. 2010. Prediction of the weight of Alaskan Pollock using image analysis. Journal of food science, 75(8): E552-E556.

Balaban M O, Odabasi A Z. 2006. Measuring color with machine vision. Food technology, 60(12): 32-36.

Bekkby T, Rinde E, Erikstad L, et al. 2008. Spatial probability modelling of eelgrass (*Zostera marina*) distribution on the west coast of Norway. ICES Journal of Marine Science: Journal du Conseil, 65(7): 1093-1101.

Bouguet J Y. 2010. Camera, Calibration. Toolbox for Matlab. Available online. http://www.vision.caltech.edu/bouguetj/calib_doc/index.html[2016-11-20].

Borja A, Bald J, Franco J, et al. 2009. Using multiple ecosystem components, in assessing ecological status in Spanish (Basque Country) Atlantic marine warters. Marine Pollution Bulletin, 59: 54-56.

Borja A, Bricker S B, Dauer D M, et al. 2008. Overview of integrative tools and methods in assessing ecological integrity in estuarine and coastal systems worldwide. Marine Pollution Bulletin, 56: 1519-1537.

Borum J, Duarte C M, Krause-Jensen D, et al. 2004. European seagrasses: an introduction to monitoring and management. M&MS project, 10(6): 462.

Brandt S. 1996. Acoustic assessment of fish abundance and distribution. Fisheries techniques, 2nd edition. American Fisheries Society, Bethesda, Maryland: 385-432.

Brosnan T, Sun D W. 2004. Improving quality inspection of food products by computer vision—a review. Journal of Food Engineering, 61(1): 3-16.

Burczynski J J, Michaletz P H, Marrone G M. 1987. Hydroacoustic assessment of the abundance and distribution of rainbow smelt in Lake Oahe. North American Journal of Fisheries Management, 7(1): 106-116.

Cappo M, Harvey E, Shortis M. 2006. Counting and measuring fish with baited video techniques—an overview. Australian Society for Fish Biology Workshop Proceedings: 101-114.

Cappo M M, Brown I I. 1996. Evaluation of sampling methods for reef fish populations of commercial, recreational interest. CRC Reef Research Technical Report No. 6.

Chen J L, Chuang C T, Jan R Q, et al. 2013. Recreational benefits of ecosystem services on and around artificial reefs: a case study in Penghu, Taiwan. Ocean & Coastal Management, 85(4): 58-64.

Chen Y H, Wang H J, Yang Y F. 2008. Characteristics of phytoplankton community in Daya Bay artificial reef area, Guangdong China. Ecological Science, 27(5): 429-430.

Choe S. 1963. Namako no kenkyu. Biology of the Japanese common sea cucumber Stichopus japonicus Selenka. Kaibundo, Tokyo (in Japanese with English abstract).

Choe S, Ohshima Y. 1961. On the morphological and ecological differences between two commercial forms, “Green” and “Red”, of the Japanese common sea cucumber, Stichopus japonicus Selenka.

Bulletin of the Japanese Society of Scientific Fisheries, 27(2): 97-106.

Claudet J, Pelletier D, Jouvenel J Y, et al. 2006. Assessing the effects of marine protected area (MPA) on a reef fish assemblage in a northwestern Mediterranean marine reserve: identifying community-based indicators. Biological conservation, 130(3): 349-369.

Costanza R, d'Arge R, Groot R D, et al. 1997. The value of the world's ecosystem services and natural capital. Nature, 387(15): 253-260.

Damar S, Yagiz Y, Balaban M, et al. 2007. Prediction of oyster volume and weight using machine vision. Journal of Aquatic Food Product Technology, 15(4): 3-15.

De Falco G, Tonielli R, Di Martino G, et al. 2010. Relationships between multibeam backscatter, sediment grain size and Posidonia oceanicaseagrass distribution. Continental Shelf Research, 30(18): 1941-1950.

Depew D C, Stevens A W, Smith R E, et al. 2009. Detection and characterization of benthic filamentous algal stands (*Cladophora* sp.) on rocky substrata using a high-frequency echosounder. Limnology and Oceanography: Methods, 7: 693-705.

Edgar G J, Barrett N S, Morton A J. 2004. Biases associated with the use of underwater visual census techniques to quantify the density and size-structure of fish populations. Journal of Experimental Marine Biology and Ecology, 308(2): 269-290.

Erdem Ö, Balaban M, Crapo C, et al. 2009. Quantification of gaping in fish fillets using image analysis. Institute of Food Technologists Annual Meeting, June: 6-9.

Escartín J, Garcia R, Delaunoy O, et al. 2008. Globally aligned photomosaic of the Lucky Strike hydrothermal vent field (Mid-Atlantic Ridge, 37°18.5′N): release of georeferenced data, mosaic construction, and viewing software. Geochemistry, Geophysics, Geosystems, 9(12).

Gavrilov A, Duncan A, McCauley R, et al. 2005. Characterization of the seafloor in Australia's coastal zone using acoustic techniques. Proceedings of the international conference in underwater acoustic measurements: technologies & results: 1075-1080.

Gümüş B, Balaban M Ö. 2010. Prediction of the weight of aquacultured rainbow trout (Oncorhynchus mykiss) by image analysis. Journal of Aquatic Food Product Technology, 19(3-4): 227-237.

Gümüş B, Balaban M Ö, Ünlüsayın M. 2011. Machine vision applications to aquatic foods: a review. Turkish Journal of Fisheries and Aquatic Sciences, 11: 171-181.

Gunderson D R, Sample T M. 1980. Distribution and abundance of rockfish off Washington, Oregon, and California during 1977. Marine Fisheries Review, 42: 2-16.

Harvey E, Fletcher D, Shortis M. 2002. Estimation of reef fish length by divers and by stereo-video: a first comparison of the accuracy and precision in the field on living fish under operational conditions. Fisheries Research, 57(3): 255-265.

Heia K, Sivertsen A H, Stormo S K, et al. 2007. Detection of nematodes in cod (Gadus morhua) fillets by imaging spectroscopy. Journal of Food Science, 72(1): E011-E015.

Hoseini S A, Jafari S. 2011. An automated method for mosaicing of video frames with projective constraint. International Journal of Science and Advanced Technology, 1: 112-116.

Jansson N K, Levin S, Lubchenco J, et al. 2000. The value of nature and the nature of value. Science, 289(5478): 395-396.

Jech J M, Rooper C N, Hoff G R, et al. 2010. Assessing habitat utilization and rockfish (*Sebastes* spp.) biomass on an isolated rocky ridge using acoustics and stereo image analysis. Canadian Journal of Fisheries and Aquatic Sciences, 67(10): 1658-1670.

Jones D T, Wilson C D, De Robertis A, et al. 2012. Evaluation of rockfish abundance in untrawlable habitat: combining acoustic and complementary sampling tools. Fishery Bulletin, 110(3): 332-343.

Kassler M, Corke P I, Wong P C. 1993. Automatic grading and packing of prawns. Computers and Electronics in Agriculture, 9(4): 319-333.

Komatsu T, Mikami A, Sultana S, et al. 2003. Hydro-acoustic methods as a practical tool for cartography of seagrass beds. Otsuchi Marine Science, 28: 72-79.

La Peyre M K, Humphries A T, Casas S M, et al. 2014. Temporal variation in development of ecosystem services from oyster reef restoration. Ecological Engineering, 63: 34-44.

Langlois T J, Harvey E S, Fitzpatrick B, et al. 2010. Cost-efficient sampling of fish assemblages: comparison of baited video stations and diver video transects. Aquatic Biology, 9(2): 155-168.

Lin A, Sun B, Yada S. 2006. Studies on the detecting method of scallop grading based on machine vision. Journal of Fisheries of China, 30(3): 397-403.

Long B, Skewes T, Poiner I. 1994. An efficient method for estimating seagrass biomass. Aquatic Botany, 47(3): 277-291.

MacLennan D, MacKenzie I. 1988. Precision of acoustic fish stock estimates. Canadian Journal of Fisheries and Aquatic Sciences, 45(4): 605-616.

Marcon Y, Sahling H, Bohrmann G. 2013. LAPM: a tool for underwater large-area photo-mosaicking. Geoscientific Instrumentation, Methods and Data Systems Discussions, 3(1): 127-156.

McDonald J I, Coupland G T, Kendrick G A. 2006. Underwater video as a monitoring tool to detect change in seagrass cover. Journal of Environmental Management, 80(2): 148-155.

Medialdea T, Somoza L, León R, et al. 2008. Multibeam backscatter as a tool for sea-floor characterization and identification of oil spills in the Galicia Bank. Marine Geology, 249(1): 93-107.

Mehner T, Schulz M. 2002. Monthly variability of hydroacoustic fish stock estimates in a deep lake and its correlation to gillnet catches. Journal of Fish Biology, 61(5): 1109-1121.

Minami K, Hamano A, Tojo N, et al. 2012. Estimation of the spatial distribution of a Sargassum bed in Kuruminose, Yamaguchi, Japan, using an acoustic method. Nippon Suisan Gakkaishi, 78(2): 171-179.

Novini A R. 1995. The latest in vision technology in today's food and beverage container manufacturing industry. Technical papers-society of manufacturing engineers-all series.

Odone F, Trucco E, Verri A. 2001. A trainable system for grading fish from images. Applied Artificial Intelligence, 15(8): 735-745.

Ona E, Mitson R. 1996. Acoustic sampling and signal processing near the seabed: the deadzone revisited. ICES Journal of Marine Science: Journal du Conseil, 53(4): 677-690.

Pasqualini V, Pergent-Martini C. 1996. Monitoring of Posidonia oceanica meadows using image processing. Proc. Seagrass Biology, Rottnest Isl., Western Australia, 1: 352-358.

Petitgas P, Massé J, Beillois P, et al. 2003. Sampling variance of species identification in fisheries acoustic surveys based on automated procedures associating acoustic images and trawl hauls. ICES Journal of Marine Science: Journal du Conseil, 60(3): 437-445.

Quintino V, Freitas R, Mamede R, et al. 2010. Remote sensing of underwater vegetation using single-beam acoustics. ICES Journal of Marine Science: Journal du Conseil, 67(3): 594-605.

Rende S F, Irving A D, Bacci T, et al. 2015. Advances in micro-cartography: a two-dimensional photo mosaicing technique for seagrass monitoring. Estuarine, Coastal and Shelf Science, 167(Part B): 475-486.

Ryther J H. 1969. Photosynthesis and fish production in the sea. Science, 166(3901): 72-76.

Samoilys M A, Carlos G. 2000. Determining methods of underwater visual census for estimating the abundance of coral reef fishes. Environmental Biology of Fishes, 57(3): 289-304.

Sánchez Carnero N, Rodríguez Pérez D, Couñago E, et al. 2012. Using vertical Sidescan Sonar as a tool for seagrass cartography. Estuarine, Coastal and Shelf Science, 115: 334-344.

Serles M E P. 2000. Detection of spatial variability in relative density of fishes: comparison of visual census, angling, and baited underwater video. Marine Ecology, 198: 249-260.

Shiell G R, Knott B. 2008. Diurnal observations of sheltering behaviour in the coral reef sea cucumber Holothuria whitmaei. Fisheries Research, 91(1): 112-117.

Short F, Duarte C. 2001. Methods for the measurements of seagrass abundance and depth distribution. Global seagrass research methods. Holland: Elsevier: 155-182.

Simon T, Pinheiro H T, Joyeux J C. 2011. Target fishes on artificial reefs: evidences of impacts over nearby natural environments. Science of the Total Environment, 409(21): 4579-4584.

Simonsen K A, Cowan J H. 2013. Effects of an inshore artificial reef on the trophic dynamics of three species of estuarine fish. Bulletin of Marine Science, 89(3): 657-676.

Sonka M, Hlavac V, Boyle R. 2008. Image processing, analysis, and machine vision. America, Thomson Toronto, xix(82): 685-686.

Sun D W. 2004. Computer vision—an objective, rapid and non-contact quality evaluation tool for the food industry. Journal of Food Engineering, 61(1): 1-2.

Sutherland T, Galloway J, Loschiavo R, et al. 2007. Calibration techniques and sampling resolution requirements for groundtruthing multibeam acoustic backscatter (EM3000) and QTC VIEW™ classification technology. Estuarine, Coastal and Shelf Science, 75(4): 447-458.

Tillett R, McFarlane N, Lines J. 2000. Estimating dimensions of free-swimming fish using 3D point distribution models. Computer Vision and Image Understanding, 79(1): 123-141.

Torisawa S, Kadota M, Komeyama K, et al. 2011. A digital stereo-video camera system for three-dimensional monitoring of free-swimming Pacific bluefin tuna, Thunnus orientalis, cultured in a net cage. Aquatic Living Resources, 24(02): 107-112.

Tyne J A, Loneragan N R, Krützen M, et al. 2010. An integrated data management and video system for sampling aquatic benthos. Marine and Freshwater Research, 61(9): 1023-1028.

Watanabe S, Zarate J M, Sumbing J G, et al. 2012. Size measurement and nutritional condition evaluation methods in sandfish (*Holothuria scabra* Jaeger). Aquaculture Research, 43(6): 940-948.

Watson D L, Harvey E S, Anderson M J, et al. 2005. A comparison of temperate reef fish assemblages recorded by three underwater stereo-video techniques. Marine Biology, 148(2): 415-425.

Yamana Y, Hamano T, Yamamoto K. 2005. Anesthetizer of the adult sea cucumber *Apostichopus japonicus*. Nippon Suisan Gakkaishi, 71(3): 299-306.

Yang H, Yuan X, Zhou Y, et al. 2005. Effects of body size and water temperature on food consumption and growth in the sea cucumber *Apostichopus japonicus* (Selenka) with special reference to aestivation. Aquaculture Research, 36(11): 1085-1092.

Yulianto I, Hammer C, Wiryawan B, et al. 2015. Improvement of fish length estimates for underwater visual census of reef fish biomass. Journal of Applied Ichthyology, 31(2): 308-314.

Zhang L, Zhang T, Xu Q, et al. 2015. An artificial oyster-shell reef for the culture and stock enhancement of sea cucumber, *Apostichopus japonicus*, in shallow seawater. Aquaculture Research, 46(9): 2260-2269.

Zion B. 2012. The use of computer vision technologies in aquaculture—a review. Computers and Electronics in Agriculture, 88: 125-132.

第九章　海洋牧场产品质量安全保障

程　波　徐　彪　夏苏东

摘要：海洋牧场产品安全可概括为专门探讨在海洋牧场产品原料生产、加工、存储、销售等过程中确保食品卫生及食用安全，降低疾病隐患，防范食物中毒的一个跨学科领域。海洋牧场产品质量安全检验检测范围覆盖产地环境、投入品、海洋牧场产品及其生产全过程，海洋牧场产品安全的评价体系主要包括无公害水产品、绿色水产品、有机水产品和地理标志产品。从保障海洋牧场产品质量安全出发，必须拓展产品危害物检测的技术和方法，开展近海海域养殖环境中典型危害物质的长期跟踪调查与风险评估，研究危害物质在海洋牧场产品中的产生、迁移和转化规律及质量形成机制，研发海洋牧场产品质量安全控制与预警技术，构建海洋牧场生产全过程的标准体系，建立优质优价的市场机制，推进现代海洋牧场的发展，确保海洋牧场产品稳定、持续、安全供给。

关键词：海洋牧场，产品质量，食品安全，过程控制

水产品是人类重要的食物蛋白来源之一，也是我国主要的出口创汇农产品。改革开放以来，我国水产养殖取得了高速发展，产量已占世界养殖产量的70%以上，但粗放、高密度的生产方式造成了养殖病害的频繁出现，进一步导致了禁用药物的违规使用和限用药的滥用，孔雀石绿、硝基呋喃等禁用药被检出及限用药物的残留超标问题已成为制约当前养殖鱼、虾产品质量安全水平提高的主要因素（林洪和杜淑媛，2013）。海洋生态环境污染的加剧及贝、藻的选择性富集特性，致使贝、藻产品中持久性有机污染物、贝类毒素、重金属等化学危害物质超标现象时有发生，并成为国际组织和大众媒体关注的热点问题（叶玫等，2010；孟祥周，2007）。因农兽药、持久性有机污染物及重金属等化学危害物质导致的养殖水产品质量安全问题，已成为制约我国水产业健康发展的关键因素。

民以食为天，食以安为先，食品安全问题一直是公众最关心的话题之一。然而，近年来食品安全问题时有发生，多宝鱼硝基呋喃、畜牧产品三聚氰胺残留等食品安全事件都牵动着生产从业人员和广大消费者的神经。为此，党中央、国务院通过一系列文件明确，重典治乱，建立最严格的食品安全监管制度，以法治方

式维护食品安全。2013年“最高人民法院、最高人民检察院关于办理危害食品安全刑事案件适用法律若干问题的解释”第一次明确了食品安全违法的刑事责任。《中华人民共和国农产品质量安全法》把农产品生产企业和农民专业合作经济组织确定为责任主体，从产地保护、生产过程和产品包装标识等多个方面规定了其应承担的法定义务。自2015年10月1日起实施的新《中华人民共和国食品安全法》更是被称为“史上最严”，对食品生产、流通、餐饮服务和食用农产品销售等环节实施严格的全过程管理，强化生产经营者主体责任，完善追溯制度。建立严格的法律责任制度，从民事和刑事等方面强化了对食品安全违法行为的惩处力度。

海洋牧场产品安全可概括为一门专门探讨在海洋食品原料生产、加工、存储、销售等过程中确保食品卫生及食用安全，降低疾病隐患，防范食物中毒的跨学科领域。保障海洋牧场产品的安全，不仅是整个行业发展的需求，也符合当前国家发展政策的需求。党的十八届五中全会通过的《中共中央关于制定国民经济和社会发展第十三个五年规划的建议》明确提出大力推进农业现代化要求：坚持绿色发展，保障农产品的质量安全，实现农业的可持续发展，必须牢固树立尊重自然、顺应自然、保护自然的理念，加快建设资源节约型、环境友好型农业，促进形成资源利用高效、生态系统稳定、产地环境良好、产品质量安全的现代农业发展格局。为此，大力推进现代海洋牧场的发展，为确保海洋牧场产品稳定、持续、安全供给起到重要作用。

第一节　生产过程质量安全控制

海洋牧场产品生产涉及产地环境、养殖生产过程、加工流通过程等食品产业链和供应链等环节，保障海洋牧场产品安全，应当树立“从池塘到餐桌”全程过程控制的理念。结合我国海洋牧场生产实际，根据对大多数海洋牧场养殖生产工艺的分析，保障海洋牧场质量安全应主要围绕以下环节和过程开展（图9-1）。

一、场址选择

海洋牧场的地理位置，直接决定了海洋生物生长存活的环境状况。养殖环境状况与海洋牧场产品的质量安全水平密切相关，要保证产品的质量安全，则海洋牧场场址的选择应避免化学污染和生物污染。

1. 海洋牧场区应远离工农业污染排放

随着中国工农业生产的发展和城市化进程的加快，工农业生产废水、生活污水等大量污染物涌入近岸海域，致使水质环境日趋恶化，有些海区的水体氨氮、

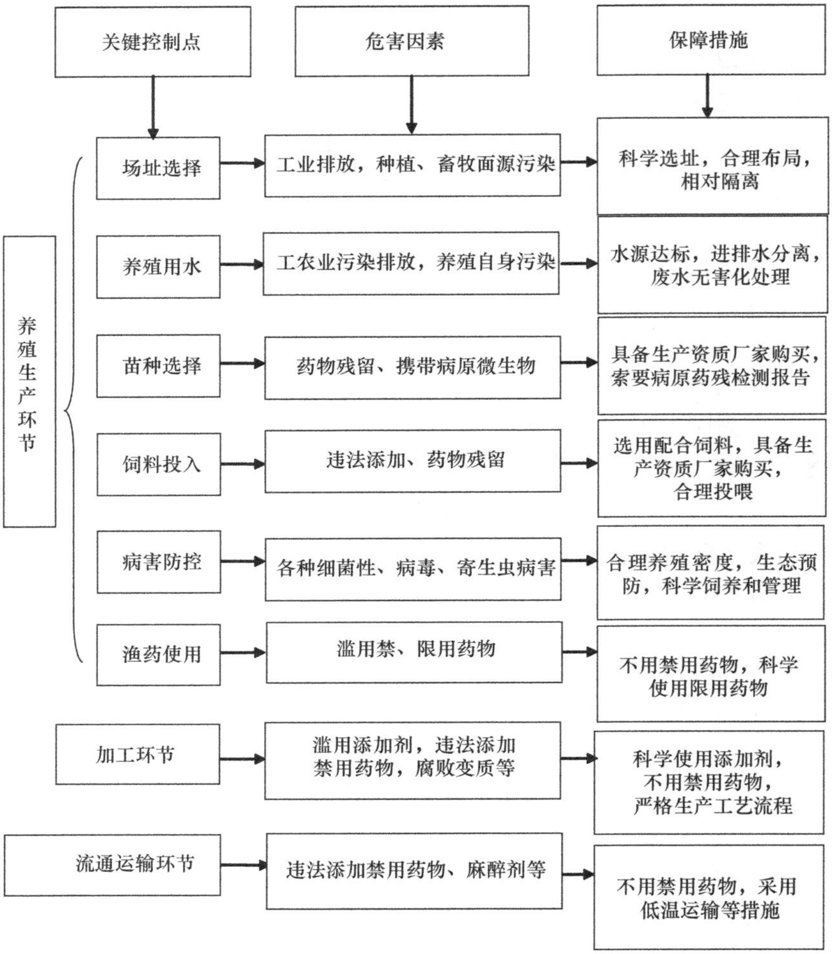

图 9-1　海洋牧场产品质量安全技术关键控制点

化学耗氧量、石油烃类、有机磷类、重金属等水质指标严重超出国家渔业水质标准。据 2011 年度《中国渔业生态环境状况公报》显示，中国海水重点养殖区中，无机氮、活性磷酸盐、石油类、化学需氧量、铜、镉和汞超标面积占所监测面积的比例分别为 53.6%、19.7%、21.2%、10.6%、7.4%、0.1%和 7.0%。与 2010 年相比，石油类、铜、镉和汞超标范围明显扩大，天然重要渔业水域中总磷、非离子氨、铜超标范围也有所增加。检测到的污染物达 40 多种，主要包括各类重金属、氟化物、二噁英、多氯联苯等。这些物质通过排污、倾泻、渗漏、径流等多种方式进入渔业水域，对渔业生态环境和水产品质量产生明显影响（胡红浪，2006；谭志军等，2012；王丕波等，2012；白红妍等，2013）。同时，养殖场周围的土壤及临近的农田受到农药、杀虫剂及生活用水污染或其他化学品的污染，致使养殖用水间接受到污染，对养殖产品质量安全构成较大威胁。沿海大型化工、港口等工业设施的建立挤压了不少养殖空间和用地，同时，这些工业设施的建立对养殖环境造成巨大影响，构成了安全隐患（宁璇璇等，2013）。2011 年 6 月 4 日，渤海海域发生了蓬莱 19-3 油田溢油事故，造成 6200km^2 海面遭受污染，其中四类水质海面超过 870km^2，致使渤海域天然渔业资源受到了严重破坏，对沿岸海水养殖生产造成了严重影响（国家海洋局，2012）。图 9-2 为遭受泄露石油污染的养殖水体。

图 9-2 康菲石油渤海溢油事件给渔业造成重大损失（图片拍摄者：徐英江）

由于双壳贝类等海洋牧场产品具有非选择性滤食的习性，在生长过程容易富集环境中的有害物质。我国海洋牧场产品中的污染物一般可分为三大类。①生物毒素：主要是贝类滤食有毒微藻引起，如麻痹性贝毒（paralytic shellfish poisoning，PSP）和腹泻性贝毒（diarrhetic shellfish poisoning，DSP）等。20 世纪 80 年代以来，赤潮已经成为中国沿海一种很常见的现象，2005 年中国沿海共发生 82 次赤潮，累计发生赤潮的面积比以往又有较大增加（Wu，2005），赤潮的爆发，增加了贝类染毒的风险。②化学性危害物质：主要来自于陆源工农业污水排放的重金属（如 Cu、Cd、Pb、Cr、Hg 等）、石油烃、农药兽药及氮磷营养盐等（黄宏瑜等，1998）。③有害微生物：包括病毒（如甲肝病毒、诺如病毒等）和细菌［如大肠杆菌

（*Escherichia coli*）、副溶血弧菌（*Vibrio parahaemolyticus*）] 等（Rippey，1994）。这些污染物对海洋牧场产品的质量安全构成严重威胁，例如，1988 年因毛蚶养殖水域受到污染，导致了上海超过 35 万人感染甲肝，其中 31 人死亡的食品安全事故（李斌，2010）。

正因如此，海洋牧场区应远离工农业污染排放，在有排污风险的近海海域或滩涂进行海洋牧场建设时，应远离排污口，同时注意潮流的方向，避免因潮流作用将污染物带至牧场区域。对于已建成的海洋牧场，周围不得新建、重建和扩建有污染的项目，需要新建、扩建、改建的项目必须进行环境影响评价，确保不会对养殖水体构成污染威胁。农（林）业生产不可避免使用农药，农药可随空气飘移或经过雨水冲刷进入养殖水体从而污染养殖产品。因此，海洋牧场水域应尽可能远离农田或商业林地，如难以远离，应采取必要的物理隔离措施，防止水体受到农药污染。

2. 养殖区域应远离河流入海口水域环境

近岸海域和河口地区是海洋与陆地相互作用的地带，这些区域往往人口最为密集，因此，受人类活动的影响相应更为强烈，比如我国经济发达、人口密集的环渤海经济区、长三角经济区、珠三角经济区、泛北部湾经济区和海峡西岸经济区等。近年来，随着各种人类活动产生的污染物向海洋中排放，使得近岸海域的环境问题显得越来越突出（张勇等，2012）。Pb、Cd、Cr 等重金属，多氯联苯（PCBs）、滴滴涕（DDTs）、多溴联苯醚（PBDEs）等持久性有机污染物会吸附于海洋沉积物或者悬浮物中，长期存在，难以降解，对海洋牧场产品及环境造成严重的污染。张勇等（2012）对我国近海海域沉积物重金属分布特征进行研究发现，我国 10m 水深线以浅的近海海域中，轻污染海域高达 13.80%，重污染海域高达 7.27%。其中重污染区域主要是葫芦岛附近海域和珠江入海口附近海域，轻度污染区域主要在长江入海口附近。李秀丽等（2012）对珠江三角洲八大入海口水域环境中 PCBs 的污染水平及其生态环境影响进行了研究，结果表明，珠江八大入海口表层沉积物中 7 种指示性多氯联苯同系物 PCB28、PCB52、PCB101、PCB118、PCB153、PCB138 和 PCB180 均有检出，其中 PCB52 检出率达 100%，7 种指示性 PCBs 质量分数总和范围为 6.58～47.46μg/kg，平均值为 24.82μg/kg。通过潜在生态危害指数法和加拿大沉积物环境质量标准（sediment quality guideline，SQG）方法对珠江入海口多氯联苯污染状况进行初步评价，珠江入海口表层沉积物中 PCBs 污染处于较高水平，存在生态污染风险。祝立（2006）利用 2004～2005 年对龙江入海口及其邻近水域的监测结果进行陆源污染物对龙江入海口环境质量的影响评价，结果表明，龙江入海口海水中的粪大肠菌群、磷酸盐、石油类、BOD_5、无机氮、COD 的含量均超过第二类海水水质标准，其中磷酸盐、无机氮、COD、BOD_5 超过第四类海水水质标准，水中的重金属 Hg 和 Pb 阶段性超标。龙江水经邻近海域海水稀释后污染物浓度虽有所降低，但是在福清湾顶，其平均污染指数仍然高达 3.2。

鉴于河流入海口污染程度明显高于其他水域，因此，无论从保证养殖生物的安全角度，还是从食品安全角度，都不应在河流入海口附近进行海洋牧场生产活动。图 9-3 和图 9-4 为远离污染源的海洋牧场生产活动。

图 9-3　远离陆源污染的浮筏式养殖（图片拍摄者：程波）

图 9-4　远离陆源污染的海上深水网箱养殖（图片拍摄者：程波）

二、水域环境管理

1. 水域环境应符合国家标准

水域生态环境是水生生物赖以生存的物质条件，然而，随着沿海工业、农业和海水养殖业的迅速发展，海洋生态环境的污染日趋严重。加之沿海地区随着海岸带、浅海和海岛资源的开发利用，造成河道港湾淤塞，滩涂湿地面积锐减，致使沿海滩涂生态环境恶化。渔业水域环境的恶化不仅影响海洋生物资源的持续利用，还直接关系水产品质量的好坏，与广大人民群众的健康生活有着密切关系。慕建东（2009）对渤海渔业海域海水理化因子的时空变化特征进行分析，结果表明，以单因子指标评价，渤海重要渔业水域主要受溶解性无机氮（DIN）、活性磷酸盐（PO_4-P）、化学需氧量（COD）和石油烃的污染，其中渤海湾在四个调查航次中，DIN、PO_4-P 均值均超过海水水质一类标准。董兆选（2011）对胶州湾海水质量进行单因子评价的研究表明，在 2008～2009 年，DIN 是首要污染物，其次是 PO_4-P；水质类别面积评价表明，四类水质面积为 55.8%，李村河口、楼山河口及红岛养殖区为四类及以下水质；潜在富营养化评价表明，湾体处于不同程度的磷限制潜在性富营养，河口处富营养化严重；有机污染指数评价表明，有机污染程度级别为 2 级，水质开始受到污染，河口处有机污染严重。主要污染物 COD 的入海通量为 52 879t/a，氨氮入海通量为 7411 t/a，总磷入海通量为 740 t/a。大量的污染物排放入海，容易造成水体富营养化，引发赤潮，如图 9-5 所示。而滤食性水生动物和以天然饵料为主的养殖产品容易富集环境中的有毒有害物质。雷芳（2009）对深圳市场上 16 个品种的贝类产品进行贝类毒素的检测，发现深圳市售贝类受到一定程度的麻痹性贝类毒素污染，染毒贝类主要是虾夷扇贝。而腹泻性贝类毒素污染更为严重，检出率为 44.94%，超标率为 31.17%，涉及品种多达 11 种，尤以巴非蛤和虾夷扇贝污染最为严重。黄翔等（2013）对我国东海和南海近岸海域 14 中贝类产品进行腹泻性贝类毒素检测，结果显示，东海和南海海域贝类腹泻性贝类毒素污染较严重，其中广东沿海贝样检出率和超标率分别为 52.54% 和 40.68%；腹泻性贝类毒素污染程度与贝类种间差异相关，以波纹巴非蛤受毒素污染情况最严重。黄翔等（2013）对黄海海域生产的虾夷扇贝、栉江珧和胖江珧进行腹泻性贝类毒素检测，结果显示，黄海海域贝类腹泻性贝类毒素检出率为 44.26%，超标率为 24.59%；所有种类的贝类均受到不同程度腹泻性贝类毒素污染，其中虾夷扇贝腹泻性贝类毒素污染最为严重。近年误食染毒的贝类引起的中毒事件呈现出不断增多的趋势，仅广东近 30 年就发生了 292 起水产品中毒事件（林华娟等，2013）。为保障海洋牧场产品质量安全，海洋牧场所在区域水域环境条件应符合《渔业水质标准》和《无公害农产品生产质量安全控制技术规范 第 13 部分：养殖水产品》的水质环境条件要求。

图 9-5　海洋赤潮（图片拍摄者：徐英江）

2. 海洋牧场自身水域环境管理

养殖污染物的排放、沉积可引起水体富营养化，严重时导致养殖生态系统失衡、紊乱乃至完全崩溃。国外自 20 世纪 80 年代初、国内自 90 年代后陆续开展了较多研究，诸如养殖污水对附近海域的环境影响和生态效应（陈慈美等，1994；Gowen and Bradbury，1987；Antonio et al.，2000），海水鱼虾养殖引起水体水质恶化（Parjala et al.，1984；Foy and Rosell，1991；侯文祥和陈川林，1996；林荣根等，1997；吴耀泉，1996；Ackefors and Enell，1990），水产养殖造成水域生物多样性和生境减少，网箱养殖区投饵对附近海域造成的营养盐负荷成为赤潮发生的诱因、导致鱼虾大量死亡（林燕棠等，1998；Peter，2015.）等。据估算，2002 年我国黄渤海沿岸的海水养殖污水排放量达 1.20×1010m^3，其中含氮 6010t，含磷 924t（崔毅等，2005）。计新丽等（2010）专门研究了海水养殖自身污染机制及其对环境的影响，总结贝类养殖海区自身污染的形成主要有两个决定因素。①贝类的生物沉降作用和由此引起的养殖水域营养物滞留，造成该养殖区及近邻海域水体的底质缺氧、水质恶化。梁玉波等（1998）对海湾扇贝的研究表明，来源于贝类代谢物（主要为粪便）的有机氮和无机氮造成养殖的自身污染，导致水体 pH 和溶解氧（DO）下降，COD 和生化需氧量（BOD）增加，以及病原微生物弧菌大量繁殖。当养殖区自身污染程度超过水体自净能力或者环境容纳量时，便会导致养殖贝的大量死亡（吴耀泉，1996；李庆彪，1990）。②养殖区筏架对海流的阻碍造成水体交换和物质循环减慢。桑沟湾贝类悬浮式养殖使潮流速度比养殖前减小35%～40%（季如宝等，1998），蓬莱芦洋湾浅海筏式养殖面积从 1976 年的 2700 亩增加到 1990 年的 7150 亩后，其大潮期 5m 水层最大流速和最小流速分别从 46cm/s 和 16cm/s 降至 16cm/s 和 2cm/s（杨红生和周毅，1998）。因此，海洋牧场养殖生产除了要恰当地选择养殖水域环境外，养殖生产过程中的水域环境管理也非常重要。综合起来，防止和减轻海洋牧场自身污染应从以下几个方面考虑。

一是科学规划，合理确定养殖承载力。海湾或沿海水产养殖环境承载力可理解为：水域在它的功能规划和用途确定的水质指标及水动力条件下所能承受的水产最大养殖纳污量（邹仁林，1996）。目前对各种养殖模式养殖承载力研究的报道不少（陈伟洲等，2012；李磊等，2014；刘学海等，2015；于宗赫等，2010），其中贝类方面的研究较多。杨红生和张福绥（1999）归纳了以能量为基础的养殖承载力模型及生态动力学模型等贝类养殖承载力的研究方法。通过养殖承载力的研究，可将养殖密度控制在水体承载量以内，使养殖污染物不超过水体自净能力，如水交换所能提供的物质循环通量、水体中其他生物对多余营养盐的吸收能力等。

二是调整优化养殖结构，进行藻套养或轮养，降低水体营养负荷。我国从 20 世纪 70 年代中期开始，在北方海区逐步推广贝藻套养或轮养技术，取得一定的社会、经济和生态效益，尤其对维持水域的生态平衡起到了有益的作用。进入 20 世纪 90 年代，浅海综合养殖技术研究得以重视，针对贝藻混养养殖种类搭配、放养密度、种间关系及养殖生物对养殖水域生态环境的作用与影响等基础理论开展了大量工作（李顺志和张言志，1983；Fang et al.，1996；杨红生，2000；王德利，2001；韦玮等，2002）。根据集约化养殖水体营养水平较高的特点，可以利用大型海藻吸收多余营养盐，进行养殖动物和藻类的间养，可随着藻类的收获降低水体的有机和营养负荷，同时提高养殖的经济效益和生态效益。目前多见的有贝藻混养、虾藻混养、鱼藻混养等。例如，海带与贻贝间养，其收入比同类海区单养海带提高 47%，比单养贻贝提高 2 倍多；海带与扇贝间养，其收入比单养海带提高 3.5 倍，比单养扇贝增加 29%（秦友义，1991）。李永祺（1993）还提出虾贝混养，利用滤食性贝类清除虾池中的颗粒有机物和微型藻，此举还可降低虾的发病率。

三是改进投饵技术，提高饲料质量。残剩饵料是造成养殖自身污染的重要因素，改良饲料工艺技术，如饲料的颗粒黏合度、转化率等，必将对减轻水体污染大有裨益。Parjala 等（1984）认为，渔场污染的解决方法在于饵料质量的改善和养殖技术的提高等方面。对于虾类养殖，孙舰军和丁美丽（1999）通过实验证明，加入饲料重量 0.5%的光合细菌和定期向池中投放吸附剂（麦饭石），可以吸收和

吸附 H_2S、胺类及消除水中的致病病毒和其他有害物质、微生物。

四是其他方面管理。对于生产过程中其他影响水域环境的行为等也应严格控制和管理，如卫生间的污水不得直接排进养殖水体，养殖区内不应进行畜禽饲养活动，生活污水和垃圾要妥当收集并及时处理。要注意垃圾和污水收集设施与养殖水体的相对位置，避免因雨水冲刷造成水体污染的风险。密切关注水源上游及周边工农业生产变化情况，发现可能存在污染时，应当及时采取措施避免污染。

三、苗种选用

作为水产养殖三大投入品之一，水产苗种是最活跃、最重要的生产要素：没有苗种，水产养殖将成为“无米之炊”。水产苗种的质量安全水平很大程度上影响其他投入品的使用，并直接或间接决定了水产品质量安全水平。

2014 年，全国养殖总产值为 7888.05 亿元，水产苗种总产值为 596.87 亿元，水产苗种的生产与发展，为水产养殖业的发展奠定了坚实的基础，取得了明显的经济和社会效益（农业部渔业渔政管理局，2015）。为加强水产苗种管理，提高苗种质量水平，农业部先后制订了《水产种苗管理办法》《水产原良种场生产管理规范》《淡水养殖鱼类原、良种场建设要点》《国家级水产原、良种场资格验收办法》等重要文件。2009 年，针对苗种质量安全抽检问题，农业部又发布了《水产苗种违禁药物抽检技术规范》，对水产品苗种违禁药物抽检时的抽样和检测技术进行了规范。

尽管国家制定了许多法律法规，采取了一系列措施，但水产苗种质量安全水平仍不容乐观。近 5 年专项抽检结果表明，水产苗种质量安全抽检合格率以较高比率逐年提高，但总体水平仍然偏低（郭云峰等，2012；程波等，2014）。2012 年抽检合格率虽已达到 88.3%，但与产地水产品 98.5%的合格率相比，仍存在不小差距。主要问题为硝基呋喃类代谢物、孔雀石绿等禁用药物残留超标。此外，氯霉素超标情况也时有发生。从种类上看，尤以对虾、河蟹、海参等育苗阶段使用硝基呋喃、孔雀石绿等禁用药物问题最为严重，成为水产品质量安全的主要隐患。同时，乌鳢（*Channa argus*）、鳜（*Siniperca chuatsi*）和大菱鲆（*Scophthalmus maximus*）等种类禁用药物超标问题也不容忽视（郭云峰等，2012；程波等，2014）。

我国水产苗种存在质量安全问题的主要原因有以下几个方面。

一是良种覆盖率低，种质退化严重。良种化是水产养殖生产的最高境界，也是一个产业走向成熟的标志。但中国现有养殖种类中，繁育亲本来源整体上以野生种为主，绝大多数苗种来源仍为半人工型苗，养殖良种极度匮乏（胡红浪，2005；王书和高磊，2012）。此外，在人工繁殖过程中形成近亲交配或小群体繁殖而产生基因丢失和遗传漂变，导致部分种类种质严重退化。良种匮乏和种质退化已成为制约水产业发展的主要瓶颈，并由此引发养殖对象抗病抗逆性差、成活率低、生长慢、病害频发等问题。据不完全统计，几乎所有养殖对象都出现过不同程度的病害，一些主要养殖种类，如南美白对虾（*Litopenaeus vannamei*）、斑点叉尾鮰（*Letalurus punetaus*）、罗非鱼（*Oreochromis* spp.）、大菱鲆、鲍、扇贝等甚至病害频繁发生，有时甚至"全军覆没"（胡红浪，2005）。据 2015 年《中国渔业年鉴》，仅 2014 年全国养殖产品因病害造成的受灾面积就高达 17.21 万 hm^2，经济损失达 27.92 亿元。对于养殖生产中出现的病害问题，养殖户普遍采用"药物防治"的办法，过量用药导致养殖水产品药残超标现象时有发生，中国水产品在国际市场上常因此遭遇技术壁垒，在国内市场也曾饱受诟病（马兵等，2010；张聪和姜启军，2010）。

二是水产苗种繁育技术不高。国内水产动物选育研究多是通过简单的群体选择、个体选择和家系选择的方法进行（王清印和李健，2003a，2003b；张聪和姜启军，2010）。由于选择的性状易受环境影响，且上述选育方法难以剥离环境效应，致使选择进程缓慢、效果有限。随着多代的选育，采用上述方法选育的品种甚至表现为遗传基础狭窄和近交衰退等现象。简单的选育技术已使我国苗种选育工作陷入了"引进-养殖-退化-再引进"的怪圈，致使水产苗种质量不高，增加了后续养殖过程用药的风险（胡红浪，2006）。另外，苗种繁育过程中，高效、安全、低毒、经济的新型替代渔药和疫苗极其缺乏，人工配合饲料质量参差不齐和欠缺，也影响了苗种繁育的进程和质量。例如，在鲍类苗种中间培育阶段，鲍苗配合饲料达 10 余个品牌，且有的未经批准而上市，其产品质量未能得到有效保障。有些品种，如方斑东风螺（*Babylonia areolata*），缺乏相应的人工配合饲料，主要以鲜活或冰冻海鱼为主要饵料，鳜则因其摄食生物学特性，主要以鲜活小型鱼类作为食物来源，这均给苗种质量安全带来较大的潜在风险（周德庆和李晓川，2002）。

三是产业落后，从业人员整体素质不高，质量安全意识淡薄。中国苗种生产普遍存在发展方式落后，产业化、规模化、标准化程度不高，管理水平较低的现象。大量苗种生产企业并不具备持续生产优质苗种的生产条件和质量安全管理制度，与此同时，部分苗种企业还存在严重的设施老化问题，其产卵、孵化、培育池陈旧老化，锅炉、配电等基础设施得不到及时更新改造，育苗过程中育苗池渗漏、锅炉停转失控现象时有发生，严重影响了生产的正常进行，更是无法满足现代化优质育苗生产的需求（胡红浪，2005；高广斌等，2005；崔柳，2009）。另外，一些规模不大，技术力量缺乏，生产条件差，作坊式的苗种生产厂家依然大量存在（胡红浪，2005，2006；高广斌等，2005）。生产者层面上，部分苗种生产企业缺乏专业的技术人员，现捕、现催、现产、现卖时有发生（高广斌等，2005；刘远豪和易翀，2009）。一些企业自身育苗技术和设施条件不具备，却盲目热衷于热销品种生产，育苗技术参差不齐，苗种疾病防治水平普遍较低（苏跃中，2006）。一些地区为了短期经济效益，不顾环境影响的大小，盲目建造育苗室，大量修建养成池，其排放的污水，尤其是发病的育苗场排放的污水对周围水域污染严重，常常是一家发病，一片遭殃（胡红浪，2005；高广斌等，2005；苏跃中，2006）。此外，现行的苗种生产行业潜规则中，以出苗率为标准，技术人员与苗种场之间的收益分成连动机制成为育苗场技术人员用药的重要动力。为追求出苗率和上市时间，反季节升温育苗盛行，密度不断提高，在超环境承载力的情况下，病害频发（高广斌等，2005；苏跃中，2006）。由于从业人员质量安全意识淡薄，在育苗生产中滥用渔药成为常态，在遇到大量死苗时，有些生产者甚至冒险使用禁用药物，严重影响苗种质量安全水平（郭云峰等，2012；张聪和姜启军，2010）。同时，投入品也存在隐患，一些小型饲料企业为确保产品销售，违法添加禁用药物，对外宣称可提高出苗率和成活率，导致苗种生产单位被动使用禁用药物（张聪和姜启军，2010；周德庆和李晓川，2002）。

四是缺乏优质苗种生产的产业机制。原良种场是原良种体系的主体，而良种是原良种场的核心。据不完全统计，目前全国共有约 57 个国家级水产原良种场，400 多个省级水产原良种场，仅 2011 年，全国就安排水产原（良）种场建设项目 47 个，遗传育种中心项目 4 个，中央资金 1.0 亿元（程波等，2014）。普遍认为，目前全国水产原良种体系的框架已基本形成，原良种生产能力有了较大提高。但现实情况却是部分原良种场中没有良种，抑或良种不良。良种的匮乏导致原良种体系出现较大问题。首先，原、良种场生产的“良种”与一般商业育苗场生产的普通种没有明显区别，而标准化的生产程序又增加了原、良种场的生产成本，原良种场在市场竞争中处于劣势地位。其次，国家对原、良种场的投资仅限于固定资产，在原良种场运行初期没有稳定的经济支持，致使优良品种不能按照要求进行培育、生产，原良种场在发展的初期就陷入了经济困境而难以为继，优良品种因为缺少培育条件而夭折。此外，中国正处在社会结构转型期，企业所有权变更、体制改革频频发生，原良种场的体制和管理常常变化、变动较大，对原良种场定位功能的落实和发展方向均产生了较大的影响（农业部渔业渔政管理局，2015）。整个行业缺乏生产优质水产苗种的体制机制，导致苗种市场混乱，整体质量不高，为质量安全问题埋下隐患。

五是管理体系不完善，监管机制尚未完全有效建立。中国水产苗种管理起步于 20 世纪 90 年代，但管理体系并不完善，监管机制尚未完全有效建立。主要表现在以下几个方面。①相关的法律法规地位低，不完善，影响执行的效果。例如，在大农业的各行业中，种植业对种子依据《中华人民共和国种子法》实施管理，畜牧业虽没有畜牧法，却制定了《种畜禽管理条例》，唯有渔业对水产苗种的管理主要依据部门规章等水产苗种管理办法，法律地位低是导致对养殖执法不受重视的根本原因。相关法律本身也存在诸多不完善的地方，如《水产苗种管理办法》只强调了苗种许可证的发放，未涉及发放后的管理问题，增加了执法的难度。另外，《水产苗种管理办法》规定所有苗种场必须到原、良种场引进亲本，开展繁育生产，但由于目前没有监管或执法措施，大部分苗种场采用自行留种的方式进行生产，部分苗种场为了降低成本，甚至到市场上随意购买亲本用于苗种生产。此外，水产亲本、苗种属于一证管理，即持水产苗种生产许可证的苗种场既可以生产苗，也可以生产亲本，这也不利于保障亲本的质量。②制度体系不完善。目前，县一级的水产苗种管理机构和苗种检疫体系没有建立健全，现有的苗种质量检测机构数量有限，且缺乏有效并易操作的检测技术和手段，检测设备落后，检测人员素质低，难以对苗种质量进行有效的监管。“水产苗种必须有检疫机构出具的检疫合格证明方可销售”往往成为一句空话。此外，苗种生产和销售许可制度也未得到很好的落实，各种无证生产和以“自繁自用”理由生产的违法企业大量存在，严重影响水产苗种的质量安全状况。据不完全统计，全国水产苗种生产许可证发放比例约为 80%，目前仍有 20%的苗种场处于无监管状态（程波等，2014）。③苗种监督抽查没有形成制度化和法律化。目前，中国的苗种监督抽查工作以农业部文件形式下发，由于缺少制度化和法律化的规定，最突出的问题是监督抽查的工作经费得不到长期保证。在现有有限经费的支持下，监测范围仅在湖北省等 12 个苗种主产省和草鱼等 20 个主要养殖种类中进行，且全国每年监测数量不多，大量苗种不在监控范围之列。由于监测数量有限，水产苗种风险评估及风险预测工作更是难以开展，监测结果也未能得到充分利用，影响了监督抽查工作的效果。

水产苗种的质量安全水平直接或间接决定了养殖水产品的质量安全水平。劣质苗种往往因其抗逆性下降，养殖过程中必定面临病害频发的问题，一旦生病，必然增加药品使用的可能，增加产生质量安全的风险。另外，一些不合格的苗种生产企业在苗种生产中，可能违规使用禁用药物，使得水产苗种可能存在禁用药物等危害物质，如果使用这些不合格的苗种产品，将危害物带入养殖系统，最终可能影响养殖产品的质量安全（程波等，2014）。

面对这样的苗种产业现状，海洋牧场生产活动采购水产苗种时，首先要到具有资质（有生产许可证的）、信誉良好的水产苗种良种场购买。购买时应索要票据，以备日后出现质量问题时方便追溯。其次苗种的质量要符合相关标准，缺乏专门标准的品种要符合相应的质量标准。苗种采购应重点关注病原菌、病毒和禁用药残留问题。接收苗种前要经过检验检疫，以保证苗种不携带特有的病原菌和病毒。外观上要体形、体色正常，规格齐整、体色鲜亮，体格健壮、反应敏捷、活力强，没有疾病症状等。另外，还应关注苗种中的禁用药残留问题，必要时对可能存在的禁用药残留（如孔雀石绿和硝基呋喃类）进行现场速测。

四、饲料选用

作为海洋牧场养殖生产中的主要投入品之一，渔用饲料的品质和安全直接关系到水产品的质量安全。由于我国水产养殖品种多，更新快，养殖生产所需的饲料也种类繁多，饲料配方复杂多变。近年来，我国饲料产品的质量安全问题日渐暴露，因饲料产品质量所引发的恶性事件在全国各地时有发生，对消费者身体健康和产业发展造成严重危害。兽药残留、重金属等有毒有害物质残留超标，造成我国养殖产品出口受阻，蒙受巨大经济损失，饲料质量安全问题已经成为制约中国饲料产业持续健康发展因素中最为突出的问题（蒋晓玲，2004）。影响饲料质量安全的因素主要包括以下几个方面。

一是饲料原料。霉变、细菌、病毒及饲料原料产地环境污染是影响饲料原料质量安全的最主要因素，其中霉变现象常见，尤其是我国南方地区空气相对湿度较高，饲料原料更易发霉变质。霉变不仅导致饲料营养成分流失，还会产生大量霉菌毒素，通过鱼体间接影响人体健康。对于动物源性饲料，尤其是对一些来自疫区的饲料原料来源，容易受到细菌和病毒的侵染，应当加强检测和管理。未经批准的转基因饲料对于饲养动物和人体健康具体有什么影响目前仍没有定论，但是转基因饲料可能存在的威胁不能忽略。

二是非法添加物。非法添加违禁药物或促生长激素等物质，对饲养动物、人体健康和环境都会造成危害。对此，农业部 2001 年专门制定并发布《饲料药物添加剂使用规范》，对 57 种饲料药物添加剂适用的动物品种、用量、停药期和注意事项等内容进行了规定，应严格遵守执行。

三是储存与管理。在饲料加工过程中管理不当会造成饲料品质的变化，如管理不当造成的饲料霉变；饲料配方设计不考虑因地制宜，或不考虑养殖品种需求，营养搭配比例不合适，造成部分营养成分的浪费，污染环境。

另外，水产养殖饲料有配合饲料和鲜活饵料。农业部在《水产养殖质量安全管理规定》中明确规定“鼓励使用配合饲料。限制直接投喂冰鲜（冻）饵料，防止残饵污染水质”。因此，在从事海洋牧场生产活动上，应当首先选用配合饲料，在购买配合饲料时，除了要考虑饲料生产企业的信誉，从饲料的形状、色泽、气味和水中稳定性等几个方面进行选择外，还要注意配合饲料中可能含有的致病菌、霉菌、重金属等污染物，以及非法药物的添加等问题。

五、疫病防控

目前，我国海水养殖水产动物的病害种类达 200 余种，常年养殖病害发病率达 50%以上，损失率 30%左右，每年因水产养殖病害问题而造成的直接经济损失达数十亿元，并且仍然呈现上升趋势，病害问题已成为制约海水养殖业健康发展的重要因素（董波，2005；肖婧凡和王玥，2014）。目前我国水产养殖生产中产生的主要疾病概况如下（战文斌等，2004）。

病毒性疾病　病毒感染的对象不断增加，病毒的种类也在不断增加。鱼类中主要是淋巴囊肿病、疱疹病毒病、传染性胰腺坏死病、病毒性出血败血症等；对虾中仍然是白斑病毒、桃拉病毒危害严重，随着凡纳对虾养殖规模的增大，最近肝胰腺坏死症也较为严重；在贝类中除以往常见的贝类病毒病外，栉孔扇贝的大规模死亡仍然危害扇贝养殖业的发展。

细菌性疾病　鱼类养殖中较大的细菌病主要有弧菌病、白皮病、链球菌病、腹水病、细菌性烂鳃病、爱德华氏菌病和巴斯德氏菌病等；虾类养殖中主要有弧菌病、烂鳃病、气单胞菌病和丝状细菌病等；贝类养殖中主要有鲍脓疱病、弧菌病；而在藻类养殖中危害严重的细菌病主要为褐藻酸降解菌引起的脱苗、烂苗病。

真菌性疾病　鱼类养殖中的真菌病主要有水霉病、鳃霉病、鱼醉菌病等；虾类养殖中主要有链壶菌病、离壶菌病及罗氏沼虾的球拟酵母病等；贝类养殖中主要有海壶菌病、离壶菌病。

寄生虫疾病　鱼类的主要寄生虫病有盾纤毛虫病、小瓜虫病、隐核虫病、粘孢子虫病、叶盘虫病、本尼登虫病。虾蟹类的仍然是固着类纤毛虫病。

随着我国养殖品种的不断增加、养殖面积的不断扩大、养殖密度的不断增加，水产养殖动物病害的总体趋势越来越严重，不仅造成巨大的经济损失，而且已经深层次影响到水域生态环境安全、水产品质量安全及人类健康安全，某些方面甚至影响到农村经济与社会的稳定和发展（曾令兵，2010）。当前水产养殖病害的主要特点为：新的病原不断出现，疾病种类越来越多；几乎所有的养殖对象都无法避免病害的浸染，并且在养殖的各个阶段均会发生；有些疾病的传播速度快，范围广；一些非寄生性病害呈上升趋势；不明原因的异常死亡时有发生；发病后，死亡率较高（战文斌等，2004）。以迟钝爱德华氏菌（*Edwardsiella tarda*）引起的爱德华氏菌病为例，该病可感染多种鱼类，目前迟钝爱德华氏菌病已成为鳗鲡养殖中危害最大的一种病，2002 年在中国北方大菱鲆养殖区曾出现迟钝爱德华氏菌感染病例。到 2004 年，该病已呈频繁暴发态势，给大菱鲆养殖带来巨大经济损失。据报道，大连地区养殖的大菱鲆由于迟钝爱德华氏菌感染而引发的出血性腹水病的发病率高达 70%～80%，体长 10～15cm 的病鱼死亡率高达 90%～95%（肖婧凡和王玥，2014；王斌等，2006）。目前对水产养殖动植物病害的防控方法主要包括药物防控、免疫防控和生态防控 3 种。

1. 药物防控

药物防控是我国水产养殖病害防控的主要措施，近年来，针对不同病原和养殖对象，开展了大量药物对病原控制、对养殖对象的毒性及养殖动物体内药物代谢残留和使用方法的研究与实践。在药物对病原的控制上：王孟华（2012）研究了牙鲆幼鱼盾纤毛虫病使用福尔马林进行防治的方法；何祥楷（2013）建立了大黄鱼苗淀粉卵涡鞭虫病硫酸铜与硫酸亚铁粉合剂、双氧水和高锰酸钾合用的 2 种防治方法；汪彦愔等（2006）针对寄生于海水养殖鱼类的拟格拉夫涡虫病提出了综合防治方法；陈小玲和黄志清（2009）研究了乙酸对刺激隐核虫的杀虫效果，运用 Real-time PCR 检测患病鱼体 MHCIIB 基因表达情况，分析该虫免疫保护机制。在药物对养殖对象的毒性上：林克冰等（2011）通过聚维酮碘有效灭活斜带石斑鱼亲鱼所携带的神经坏死病毒活性研究，为该病控制提供了新的思路；吴亮等（2008）测定了氟苯尼考与 4 种中药联用对鳗鲡致病菌的抑制作用，樊海平等（2012）评估了 18 种常用渔药对双色鳗鲡玻璃鳗的急性毒性，林岗等（2011）研究了吡喹酮、甲苯咪唑、溴氰菊酯对花鳗鲡的急性毒性，为养殖鳗鲡过程中细菌病的防治提供了科学依据；石宏武（2009）针对金鱼鲤斜管虫病的药物防治进行了安全性和疗效评价，探讨驱（杀）虫中草药的抗纤毛虫效果，同时分析中草药与其他药物的联用在鱼类纤毛虫病防治中的作用和前景；薛凌展等（2012）评估了 6 种常用渔药对福瑞鲤的急性毒性，钟全福（2015a）测定了 17 种常用渔药对美国银盾鱼稚鱼的急性毒性。在水产动物药物代谢与残留研究上，目前我国近 10 年已经针对磺胺类、氟喹诺酮类、四环素类等抗生素及阿苯达唑、甲苯咪唑、阿维菌素等杀虫剂共计 30 多种药物在不同养殖对象中进行了相关研究，获得了主要药物代谢动力学参数，制定了相应的休药期，并对渔药剂型的研制进行了初步的探讨，提出了药物合理使用方法，为海洋牧场鱼类病害防控提供了技术支持（张洪玉等，2010；康铜等，2015；梁俊平等，2015；Chang et al.，2014，Chang et al.，2015）。

2. 免疫防控

免疫防控是一种符合环境友好和可持续发展战略的病害控制措施。20 世纪 70 年代中期，美国成功研制出第一个商品化水产疫苗。挪威从 1994 年以来，对三文鱼等养殖鱼类就已经采用疫苗作为主要的防病手段，并制定了强制免疫接种计划，每产一吨鲑鳟仅用抗生素不足 1g，对养殖鱼类疾病通过免疫预防获得良好的效果（吴淑勤和王亚军，2010；陈昌福，2014）。据不完全统计，近 30 年来，美国、加拿大、挪威、日本等发达国家针对 24 种水产病原已有 100 余种鱼类疫苗批准上市，并已在养殖生产上形成了规模化应用（吴淑勤和王亚军，2010）。

我国 20 世纪 80 年代开发出第一个人工水产疫苗：草鱼出血病细胞灭活疫苗，并于 1992 年获得我国第一个“国家新兽药证书”，目前，我国已有草鱼出血病细胞灭活疫苗、嗜水气单胞菌灭活疫苗、牙鲆溶藻弧菌和爱德华氏菌等多联抗独特型抗体疫苗 4 种水产疫苗产品取得新兽药证书，而在研的水产疫苗种类达 55 种，涉及病原 27 种，其中病毒 10 种、细菌 14 种和寄生虫 3 种；有 8 种疫苗进入田间试验阶段，23 种处于实验室研究阶段，24 种疫苗处于基础研究阶段（吴淑勤和王亚军，2010）。

3. 生态防控

水产病害生态防治就是通过对养殖生态系统的调节和控制，为养殖动物提供一个合适、稳定、健康、安全、可持续的生存和生长环境。目前研究和应用较多的，主要是在对虾等养殖过程中使用过光合细菌、好氧反硝化菌、芽孢杆菌等微生态制，达到丰富池塘水体微生物多样性、抑制病原生物、调节微生态平衡、净化水体等作用，减少病害发生（付保荣等，2008；林旋等，2004；张小玲等，2011；姚茹等，2013；叶乐等，2006）。李秋芬等（2001）和莫照兰等（2000）研究发现从虾池筛选的有益菌株也可以降解虾池底部 50%～80%的有机污染物，并提高虾的成活率和产量。另外，研究和应用较多的，就是通过利用水葫芦、石花菜、石莼、江篱等水生植物和大型藻类有效吸收、利用养殖环境中多余的营养物质，以减轻养殖废水对环境的影响，目前已经广泛应用于鱼、虾和贝类等的综合养殖系统中（杨红生等，2003；毛玉泽等，2005；何培民等，2005；Neori et al.，2004）。这些研究为生态防控技术的完善或集成，积累了大量基础材料。

由于在这几种防控措施中，还存在一些有待提高和完善的内容，导致我国水产养殖病害的有效防控还存在不少困难。海洋牧场养殖产品生活在海水中，在疾病发生初期难以被及时发现，当养殖动植物病患被养殖业者发现时，往往是整个群体都已病入膏肓，此时即使采取正确的治疗措施，也难以获得理想的疗效。另外，因养殖动植物的特殊性，在施用药物时，难以像对待猪、牛等牲畜一样逐尾注射给药，患病的水产养殖动物通常会因病丧失食欲，药饵无法进入体内。而健康的生物个体因为食欲旺盛而摄食了大量药物饵料，容易导致药物残留超标。另外，采用药物治疗水产养殖动物的疾病时，难以避免药物会污染养殖水体环境，特别是海洋牧场更是开放式生产，药物污染的危害可能因为养殖用水的随意排放而造成更大的危害。

养殖动物一旦发病，往往难以治疗，因此，养殖生产过程中应该树立“以防为主，防重于治”的理念。选用多营养层次综合生态养殖（integrated multi-tropic aquaculture，IMTA）的模式进行海洋牧场的生产，如鱼-贝-藻综合养殖模式，充分利用不同层次生物营养级的生物学特征，实现系统内各类营养物质的有效循环和再次利用，减轻生产活动对水体环境的影响，增加养殖海域生物和养殖品种的多样性，从而降低病害发生，减少药物的使用，保障产品的质量与安全。

六、渔药使用

伴随着我国渔业的快速发展，涉及水产品安全的诸多事件频繁发生，如出口欧盟对虾氯霉素事件、出口香港大闸蟹氯霉素事件、出口日本鳗鲡恩诺沙星事件和水产品中孔雀石绿事件等。这些事件不仅给养殖户和相关的企业带来了不可估量的经济损失，还给中国水产品对外贸易产生诸多负面影响。在影响国家和政府形象及渔业发展的同时，也侵害了消费者的利益，更使得全社会对整个水产行业的质量安全问题产生了信任危机。2001 年 9 月底，欧盟因氯霉素残留问题自 2002 年

2 月 1 日起全面暂停从中国进口动物制品，导致 2002 年上半年中国水产品出口下降 70%以上。2006 年 11 月，上海市公布 30 件多宝鱼药残抽检结果，30 件样品中全部被检出含硝基呋喃类代谢物，部分样品还被检出孔雀石绿、环丙沙星、氯霉素和红霉素等多种禁用渔药残留，事发后对于多宝鱼养殖行业几乎带来了毁灭性的打击。2007 年 6 月，美国食品和药品管理局（FDA）称，美国将暂停从中国进口鮰、鲮、虾和鳗鲡等 4 种水产品，原因是从部分中国进口的水产品中发现了微量抗生素、孔雀石绿和甲紫等禁止使用的药物或添加剂，这一决定直接导致安徽滁州的养殖鮰的网箱数量由 2007 年的 5000 只减少到如今的 1000 只，减少量达 80%（杨先乐和郑宗林，2007；杨先乐等，2013；王玉堂，2012；任信林和凌武海，2011）。产生这些问题，最主要的原因是为了片面追求眼前的经济利益，在养殖过程中滥用抗生素，违规使用孔雀石绿、硝基呋喃和氯霉素等禁用药物防治水产动物疾病，捕捞前不执行渔药的休药期制度等问题突出，导致产品药物残留超标（杨先乐等，2013；王玉堂，2012；任信林和凌武海，2011）。

为保障水产品质量安全，世界各国均制定了严格的规章制度。例如，日本为加强进出口食品质量监管，列出了《肯定列表制度》，对进入日本的水产品提出多达数百种检测项目。欧盟出台了包括管理法规、技术法规、对第三国的要求等一系列规章、指令和决议，其中针对兽药残留的技术法规为欧洲议会和欧盟理事会（EC）No.470/2009 法规。法规中除要求定期对我国输欧水产品质量安全监管措施和企业的自控自检系统进行考察，实地查看出入境检验检疫实验室、养殖场等措施外，还要求对产品进行严格的入境检测。美国食品与药物管理局制定的《生物反恐法案》中，对进口水产品的质量也提出了严格要求，并实施严格的抽样检测制度。我国先后出台了《中华人民共和国农产品质量安全法》《水产养殖质量安全管理规定》等法律法规，且每年制定并实施苗种、产地、市场例行、风险评估监测等一系列水产品药残监控计划。

为保障海洋牧场产品的质量与安全，促进海洋牧场可持续发展，海洋牧场生产活动应遵循以下基本原则。一是不能使用国家明令禁止使用的兽（渔）药（详见农业部第 193 号、235 号、560 号公告和《无公害食品　渔用药物使用准则》）。农业部公告第 193 号 食品动物禁用的兽药及其它化合物清单详见表 9-1，农业部公告第235号　附录4禁止使用的药物，在动物性食品中不得检出清单详见表9-2。二是不能使用人用药和原料药。三是不能使用未经取得生产许可证、批准文号与没有生产执行标准的渔药。从用药规范性的角度，海洋牧场生产活动应尽可能使用国家批准的水产专用渔药和渔用生物制品，慎用标明“非药品”的调水剂等产品；病害发生时应由专业人员进行明确诊断后开具处方，对症用药；水产用药应以不危害人类健康和不破坏水域生态环境为基本原则，不能盲目增大用药量、增加用药次数或延长用药时间，尤其不能长期在饲料中添加抗生素来促生长或预防渔病。对于采购进来的兽（渔）药，最好留样保存，以备发生质量安全事故时，进行追溯。

表 9-1 中华人民共和国农业部公告第 193 号 食品动物禁用的兽药及其它化合物清单

序号	兽药及其他化合物名称	禁止用途	禁用动物
1	β-兴奋剂类：克仑特罗（Clenbuterol）、沙丁胺醇（Salbutamol）、西马特罗（Cimaterol）及其盐、酯及制剂	所有用途	所有食品动物
2	性激素类：己烯雌酚（Diethylstilbestrol）及其盐、酯及制剂	所有用途	所有食品动物
3	具有雌激素样作用的物质：玉米赤霉醇（Zeranol）、去甲雄三烯醇酮（Trenbolone）、醋酸甲孕酮（Mengestrol Acetate）及制剂	所有用途	所有食品动物
4	氯霉素（Chloramphenicol）、及其盐、酯［包括：琥珀氯霉素（Chloramphenicol Succinate）］及制剂	所有用途	所有食品动物
5	氨苯砜（Dapsone）及制剂	所有用途	所有食品动物
6	硝基呋喃类：呋喃唑酮（Furazolidone）、呋喃它酮（Furaltadone）、呋喃苯烯酸钠（Nifurstyrenate sodium）及制剂	所有用途	所有食品动物
7	硝基化合物：硝基酚钠（Sodium nitrophenolate）、硝呋烯腙（Nitrovin）及制剂	所有用途	所有食品动物
8	催眠、镇静类：安眠酮（Methaqualone）及制剂	所有用途	所有食品动物
9	林丹（丙体六六六）（Lindane）	杀虫剂	所有食品动物
10	毒杀芬（氯化烯）（Camahechlor）	杀虫剂、清塘剂	所有食品动物
11	呋喃丹（克百威）（Carbofuran）	杀虫剂	所有食品动物
12	杀虫脒（克死螨）（Chlordimeform）	杀虫剂	所有食品动物
13	双甲脒（Amitraz）	杀虫剂	水生食品动物
14	酒石酸锑钾（Antimonypotassiumtartrate）	杀虫剂	所有食品动物
15	锥虫胂胺（Tryparsamide）	杀虫剂	所有食品动物
16	孔雀石绿（Malachitegreen）	抗菌、杀虫剂	所有食品动物
17	五氯酚酸钠（Pentachlorophenolsodium）	杀螺剂	所有食品动物
18	各种汞制剂包括：氯化亚汞（甘汞）（Calomel）、硝酸亚汞（Mercurous nitrate）、醋酸汞（Mercurous acetate）、吡啶基醋酸汞（Pyridyl mercurous acetate）	杀虫剂	所有食品动物
19	性激素类：甲基睾丸酮（Methyltestosterone）、丙酸睾酮（Testosterone Propionate）、苯丙酸诺龙（Nandrolone Phenylpropionate）、苯甲酸雌二醇（Estradiol Benzoate）及其盐、酯及制剂	促生长	所有食品动物
20	催眠、镇静类：氯丙嗪（Chlorpromazine）、地西泮（安定）（Diazepam）及其盐、酯及制剂	促生长	所有食品动物
21	硝基咪唑类：甲硝唑（Metronidazole）、地美硝唑（Dimetronidazole）及其盐、酯及制剂	促生长	所有食品动物

表 9-2　中华人民共和国农业部公告第 235 号　附录 4 禁止使用的药物，在动物性食品中不得检出清单

序号	药物名称	禁用动物种类	靶组织
1	氯霉素（Chloramphenicol）及其盐、酯 ［包括：琥珀氯霉素（Chloramphenico Succinate）］	所有食品动物	所有可食组织
2	克伦特罗（Clenbuterol）及其盐、酯	所有食品动物	所有可食组织
3	沙丁胺醇（Salbutamol）及其盐、酯	所有食品动物	所有可食组织
4	西马特罗（Cimaterol）及其盐、酯	所有食品动物	所有可食组织
5	氨苯砜（Dapsone）	所有食品动物	所有可食组织
6	己烯雌酚（Diethylstilbestrol）及其盐、酯	所有食品动物	所有可食组织
7	呋喃它酮（Furaltadone）	所有食品动物	所有可食组织
8	呋喃唑酮（Furazolidone）	所有食品动物	所有可食组织
9	林丹（Lindane）	所有食品动物	所有可食组织
10	呋喃苯烯酸钠（Nifurstyrenate sodium）	所有食品动物	所有可食组织
11	安眠酮（Methaqualone）	所有食品动物	所有可食组织
12	洛硝达唑（Ronidazole）	所有食品动物	所有可食组织
13	玉米赤霉醇（Zeranol）	所有食品动物	所有可食组织
14	去甲雄三烯醇酮（Trenbolone）	所有食品动物	所有可食组织
15	醋酸甲孕酮（Mengestrol Acetate）	所有食品动物	所有可食组织
16	硝基酚钠（Sodium Nitrophenolate）	所有食品动物	所有可食组织
17	硝呋烯腙（Nitrovin）	所有食品动物	所有可食组织
18	毒杀芬（氯化烯）（Camahechlor）	所有食品动物	所有可食组织
19	呋喃丹（克百威）（Carbofuran）	所有食品动物	所有可食组织
20	杀虫脒（克死螨）（Chlordimeform）	所有食品动物	所有可食组织
21	双甲脒（Amitraz）	水生食品动物	所有可食组织
22	酒石酸锑钾（Antimony potassium tartrate）	所有食品动物	所有可食组织
23	锥虫砷胺（Tryparsamile）	所有食品动物	所有可食组织
24	孔雀石绿（Malachite green）	所有食品动物	所有可食组织
25	五氯酚酸钠（Pentachlorophenol sodium）	所有食品动物	所有可食组织
26	氯化亚汞（甘汞）（Calomel）	所有食品动物	所有可食组织
27	硝酸亚汞（Mercurous nitrate）	所有食品动物	所有可食组织
28	醋酸汞（Mercurous acetate）	所有食品动物	所有可食组织
29	吡啶基醋酸汞（Pyridyl mercurous acetate）	所有食品动物	所有可食组织
30	甲基睾丸酮（Methyltestosterone）	所有食品动物	所有可食组织
31	群勃龙（Trenbolone）	所有食品动物	所有可食组织

七、突发污染事件应急应对

随着我国海洋经济技术的迅速发展，海上的石油运输更加繁忙，突发性的海上运输漏油、仓储爆炸溢油和海上钻井溢油事件近年日渐增加。中国沿海平均四天发生一起溢油事件（王志霞，2010），溢油带来的次生污染对海洋生态环境、生态资源造成致命打击，严重威胁海洋牧场环境和产品质量安全。

2011 年 6 月 4 日，中国海洋石油总公司与美国康菲石油公司共同开发的渤海湾蓬莱 19-3 号油田发生重大的漏油事故，一个月内，其溢油就已造成 840km^2 海域污染，海水中石油类的平均浓度高达背景值的 40.5 倍，最高浓度甚至是背景值的 86.4 倍（楚道文，2012）。此外，还有大量油基泥浆（OBM）、水基泥浆（WBM）和有机泥浆（OPF）等成分复杂的钻井液，这些化学制剂不同程度含有油脂类、重金属、有机聚合物等环境污染物（王东等，2013）。此次事故，致使渤海超过 6200km^2 海域被污染，并造成上百家水产养殖户超过 10 亿元的损失（陈燕，2014）。

海上环境突发事件应急处理是一项系统工程，就国家层面而言，应加强部门之间的配合。例如，针对海上溢油事故具有突发性的特点，发挥中央和地方政府上下级之间、各职能部门之间的横向和纵向协作；建立反应迅速、互联互通、信息共享、协同应对的联动处理模式（曲风风，2011）；成立溢油事件应急处理专家组，迅速抵达事故现场，进行快速、细致、全面的检查，并建立以环保部门为主，消防、公安、交通、医疗救助、市政卫生、宣传等相关部门参加的协调机构，制定包括海上运输船舶溢油、仓储突发事故溢油及深海勘探开发事故溢油的应急预案（高振会等，2009）。

就海洋牧场从业者而言，发生海上环境突发事故，不管是石油泄漏污染，还是日本核事故泄漏等污染，应迅速启动海洋牧场海域和近岸的监测系统，严密监测海水水质和陆岸河流水质（廖国祥，2012）。要根据污染影响的实际情况，在条件许可的情况下，优先采用物理法（围栏法、吸油法等）处理，特殊情况下，采用化学法（燃烧法、化学试剂处理法等）处理（陈燕，2014），尽量减少污染对海洋牧场生产活动的影响。

八、养殖生产档案管理

生产档案记录着海洋牧场产品养殖、加工和流通阶段的相关信息，也是实现海洋牧场产品追溯的基础条件和信息。对于海洋牧场生产单位，应严格建立并落实海洋牧场生产记录、海洋牧场养殖用药记录、海洋牧场产品销售记录等三项记录，并建立海洋牧场生产档案管理制度。一是设置养殖档案专卷专柜，并专人管理。二是对各类水质检测记录、病害发生和用药记录、饲料采购及留样记录、检查生产日志的记录、投放苗种、养殖生产和产量记录、销售数量和销售去向等各环节及时、准确、如实地记录。三是养殖档案管理人员及时收集、整理并汇总各项生产记录，并按类别、时间等归类装订成册，如果可能，将养殖生产档案信息化，便于后续分析和管理。四是按照无公害生产标准要求，审查各项生产记录，发现问题及时追溯并纠正。表 9-3～表 9-5 为水产养殖生产记录表、饲料进出仓记录表和药品进出仓记录表示例。

表 9-3 水产养殖生产记录表

池（箱）号：　　面积：　　m^2　类型：水泥池 □　土池 □　网箱□　海域□　水深：　　cm　　养殖品种：　　　饲料品牌：

苗种来源：　　　苗种检疫证号：　　　检疫单位：　　　　投苗时间：　年　月　日　　投苗规格：　　投苗数量：

月/日	天气	水质监测					投饵情况		用药理由（消毒、预防或疾病症状等）	用药记录（时间、药量、用法、休药期）	出售、选别、移池情况				
		水温/℃	pH	溶氧/(mg/L)	氨氮/(mg/L)		饵料种类	投饵量/kg			日期	数量/kg或尾	流向	池号	规格
													出售□ 移池□ 回池□		
													出售□ 移池□ 回池□		
											其他投入品使用情况（使用日期、种类、数量等）				

养殖人员：　　　　病害防治员：　　　　填表：

表 9-4　饲料进出仓记录表

<table>
<tr><td colspan="5">场名：</td><td>年　月</td><td>单位：kg</td></tr>
<tr><td rowspan="2">日期</td><td rowspan="2">饲料品牌、品种</td><td rowspan="2">进仓数量</td><td colspan="2">出仓数量</td><td rowspan="2">结存数量</td><td rowspan="2">备注</td></tr>
<tr><td>上午</td><td>下午</td></tr>
<tr><td>1</td><td></td><td></td><td></td><td></td><td rowspan="10"></td><td rowspan="23">（每月 1 日、11 日、21 日统计结存重量）</td></tr>
<tr><td>2</td><td></td><td></td><td></td><td></td></tr>
<tr><td>3</td><td></td><td></td><td></td><td></td></tr>
<tr><td>4</td><td></td><td></td><td></td><td></td></tr>
<tr><td>5</td><td></td><td></td><td></td><td></td></tr>
<tr><td>6</td><td></td><td></td><td></td><td></td></tr>
<tr><td>7</td><td></td><td></td><td></td><td></td></tr>
<tr><td>8</td><td></td><td></td><td></td><td></td></tr>
<tr><td>9</td><td></td><td></td><td></td><td></td></tr>
<tr><td>10</td><td></td><td></td><td></td><td></td></tr>
<tr><td>11</td><td></td><td></td><td></td><td></td><td rowspan="10"></td></tr>
<tr><td>12</td><td></td><td></td><td></td><td></td></tr>
<tr><td>13</td><td></td><td></td><td></td><td></td></tr>
<tr><td>14</td><td></td><td></td><td></td><td></td></tr>
<tr><td>15</td><td></td><td></td><td></td><td></td></tr>
<tr><td>16</td><td></td><td></td><td></td><td></td></tr>
<tr><td>17</td><td></td><td></td><td></td><td></td></tr>
<tr><td>18</td><td></td><td></td><td></td><td></td></tr>
<tr><td>19</td><td></td><td></td><td></td><td></td></tr>
<tr><td>20</td><td></td><td></td><td></td><td></td></tr>
<tr><td>21</td><td></td><td></td><td></td><td></td><td rowspan="2"></td></tr>
<tr><td>22</td><td></td><td></td><td></td><td></td></tr>
<tr><td>合计</td><td></td><td></td><td colspan="2"></td><td></td></tr>
<tr><td></td><td colspan="3">养殖人员：</td><td colspan="3">仓管员（质量监督员）：</td></tr>
</table>

表 9-5　药品进出仓记录表

场名：　　　　　　　　　　　　　　　　年度　　　　　No：

药品名称			主要成分		
批准文号			生产企业信息		
计量单位		规格		生产日期	

日期		进仓	出仓	结存	备注
月	日				

第二节　加工与流通运输过程质量安全控制

一、加工过程

海洋牧场产品加工是以海洋牧场产品为主要原料，将海洋牧场产品通过物理、化学和生物的方法制成海洋加工食品。海洋牧场产品加工食品主要包括水产冷冻冷藏品、干制品、腌制品、熏制品、罐头食品、鱼糜制品、鱼油鱼粉和藻类加工品等。在对海洋牧场产品进行加工处理时，有时需要使用杀菌剂、防腐剂及进行腌制烟熏保藏时使用的化学剂等，如果这些化学物质使用不当或不按标准使用，就会对海洋牧场产品造成污染，进而通过食物链对人体健康产生危害。

加工过程中质量安全问题主要集中在小作坊式的加工企业，一方面是加工设备简陋，加工工艺落后，卫生条件差，缺乏严格的清洗和消毒等过程；另一方面是缺乏质量安全意识且一味追求利益，使用腐败变质的原料，甚至在加工过程中掺杂掺假，超量滥用添加剂，违规使用违禁药物等，造成水产品中有毒有害物质残留量超标。2002 年广东使用工业用双氧水加工漂白干鲨鱼翅，造成鱼翅产品中汞、铅、砷等重金属严重超标；2003 年广东的毒咸鱼事件，加工者在盛装有咸鱼的容器上喷洒农药防蚊虫，造成咸鱼产品农药超标（冯玉贵，2007）。

保障海洋牧场产品加工过程质量安全，加工企业除应具备良好的生产工艺、卫生条件外，应当在此基础上，严格按加工企业操作规范良好生产管理规范（GMP）、危害分析关键控制点（HACCP）、《水产品加工质量管理规范》和国家有关规定进行相关生产和管理。具体措施包括以下几个方面。

严格分区管理。在生产过程中应按照生产工艺的先后次序和产品特点，将原料前处理、半成品粗加工、精加工、成品包装等不同清洁卫生要求的区域有效分开设置，各加工区域的产品应分别存放，防止人流、物流交叉污染。

严防生产过程污染。生产过程中应避免废水、废弃物对成品、半成品造成污染；盛放产品的容器（包括水管）不得直接接触地面。维修设备时，不得污染原料、辅料、半成品、成品，维修后要对区域进行清洗消毒。各项工艺操作应能有效地防止产品变质和受到有害微生物及有毒有害物品的污染。企业应根据生产的特点制定有效的清洗消毒计划，指定专人负责实施。

严格卫生检测。前处理、加工、烘干和储存等工序的时间和温度控制应严格按照产品工艺及卫生要求进行。对在捕捞和生产加工过程中会产生金属碎片危害的产品应设置金属探测器，使用前及使用过程中要定时校准。包装容器和包装物料应符合卫生标准，不得含有有毒有害物质，在使用前经过清洗和消毒。内、外包装物料应分别专库存放，包装物料库应干燥、通风，保持清洁卫生。

二、流通运输过程

由于海洋牧场产品自身具有易腐烂和易受污染等特点，以及流通的物流设施和技术手段的落后、管理不规范、流通秩序混乱等原因，致使海洋牧场产品在流通过程中存在许多不安全因素（张欢，2010）。有研究显示，我国目前大约有 80%的鲜活水产品是在没有冷链保证的情况下运销（周洁红和许莹，2011；洪涛和郝兴旺，2008），由于大多数鲜活水产品和冰鲜冷冻水产品对冷链的要求非常高，当温度升高，微生物繁殖加快，水产品容易腐败变质。我国鲜活水产品物流环节的损失率为 25%～30%（洪涛和郝兴旺，2008）。此外，水产品也很容易在流通渠道多样化及流通主体多元化的流通过程中产生诸多质量安全问题。近年来“明胶虾”、“注水虾”、“假鳕鱼”等一系列的水产品流通环节中的质量安全事件时有发生，一方面对我国水产行业造成严重的打击，使得国内水产业面临国际信任危机；另一方面也增加了消费者对水产品质量安全的质疑和恐慌。

在水产品储存方面，批发商贩在鲜活水产品暂养过程中为了减少水产品的病害死亡，存在滥用渔药的现象，部分商贩甚至随意使用违禁药物；对于部分需要低温或冷藏储存的鲜活水产品和冰鲜冷冻水产品，一些批发商冷藏设备简陋，有的没有冷链安全意识或为了节约成本，冷藏温度达不到要求，造成产品腐败变质，进而带来质量安全问题；另外，部分批发商的水产品储存环境的卫生情况堪忧，各种杂物污物与水产品共同存放，使水产品在储存中受到污染。

在水产品分拣过程中，不注重分拣人员、分拣器具和环境的卫生；在水产品转批过程中，为了使水产品有更好的卖相提高批发价格，有批发商使用甲醛等有毒化学保鲜防腐剂及孔雀石绿、苏丹红等化学增色剂，使得水产品存在质量安全隐患。批发市场是集聚众多批发商的场所，为批发商提供了交易平台。在全国范围内，有80%的水产品流通是经过批发市场来完成的（孙蕾蕾，2012）。目前这些批发市场只具备简单的交易功能，狭窄的路面和拥挤的交通造成物流运输条件差，而低温库、冷藏库、检测设备等基础设施又严重短缺。在卫生管理方面，市场脏、乱、差的现象十分严重，摊位上不同品种的水产品随意堆积，市场内部随处可见各种废弃物和杂物，水产品很容易受到污染。

零售环节是水产品流通过程中的最后一道环节，流通主体以超市和农贸市场为主，还包括批发市场和餐饮酒店等零售商。与批发环节类似，零售商在水产品采购、运输、储存、分拣和销售的过程中，同样也存在较多的水产品质量安全问题。

传统的农贸市场是居民购买水产品的主要场所。但我国大部分农贸市场缺乏水产品冷冻、冷藏、储存、保鲜和检测等硬件设备；市场内水产品宰杀区污水横流，垃圾遍地，卫生环境差；部分商贩在鱼体暂养过程中违法使用禁用药物等物质；近两年还出现向虾内注射明胶物质的掺假掺杂，以及用油鱼（*Pseudogyrincheilus procheilus*）冒充鳕鱼的“假鳕鱼”事件（沈媛，2014）。

为保障海洋牧场产品的质量安全，对于从事水产品销售与运输的单位和个人，应当建立准入制度，如对于批发市场，要建立准入协议制度，对入市经销商要求提供营业执照、食品生产许可证、从业人员健康证、卫生许可证等相关证件；对入市商品要求提供产品质量检测报告、检疫证明、产品质量合格证明、食品市场准入证明（QS）等相关证明，进口水产品则要求商户提供出口食品标签审核证书。要求批发市场、超市、经营企业建立和完善内部管理制度体系，规范经营。行政管理部门对此在政策上应加以鼓励和引导。此外，面向行业主管部门，建立可追溯制度，充分利用数字加密技术及条码技术，以养殖、加工、流通、销售等各环节信息为基础，建立养殖企业、加工企业、流通企业数据库，构建中央监管数据库和管理平台，实现标准、检测、认证和可追溯与一体的水产品质量监管系统，实现整个海洋牧场产品生产链的全链条有效监管。

第三节　质量安全监管体系与评价标准

一、质量安全法律法规体系

我国非常注重海洋牧场产品质量安全，国家先后出台了《中华人民共和国食品安全法》《中华人民共和国农产品质量安全法》《中华人民共和国渔业法》，这些法规中均提出了开展海洋牧场产品质量安全管理的具体要求。同时，农业部颁布了《水产养殖质量安全管理规定》，专门对水产养殖过程中的质量安全控制技术和管理进行了规定。除上述法律法规外，我国养殖水产品标准、检测、认证体系的框架也已初步形成，先后颁布了《无公害食品 水产品中渔药残留限量》《无公害食品 渔用药物使用准则》《无公害食品 渔用配合饲料安全限量》《禁止在饲料和动物饮用水中使用的药物品种目录》等。这些法律法规和标准体系的颁布使海洋牧场养殖生产从环境、种苗、养成、防病等养殖环节都有法可依、有规可循。图 9-6 为最新版《中华人民共和国食品安全法》文本。

图 9-6　中华人民共和国食品安全法（图片来源：百度百科网 http://baike.baidu.com/view/1885305.htm[2016-11-03]）

二、质量安全检测技术体系

海洋牧场产品质量安全检验检测范围覆盖产地环境、投入品、海洋牧场产品及其生产全过程。从 20 世纪 80 年代中期开始，按照国家关于加快建立健全农产品质量安全检验检测体系的有关要求，从产业发展的客观需要出发，农业部门加强了水产品质量安全检验检测体系的建设和管理工作。经过多年的建设和发展，以条件优越、技术良好的中央和省属渔业科研、教学、技术推广单位为依托，利用现有的专业技术人员和实验条件，通过授权认可和国家计量认证的方式，分批规划建设了 1 个国家级水产品质检中心和 19 个部级水产品质检中心。2002 年以来，由农业部投资先后在 31 个省（区、市）建立了渔业环境、病害防治和水产品质量检测中心（简称“三合一中心”），目前已有近 30 余个质检中心建成并承担农业部下达的监控任务（穆迎春等，2008；刘欢等，2010）。

经过多年的规划建设，目前我国部、省、市三级构成的水产品质量安全检验检测体系已初具规模，形成了以部级质检中心为龙头、省级质检中心为主体、地市级质检中心为骨干、县级质检站为基础的全国农产品质量安全检验检测体系，实现部省地县四级检测网络“上下贯通、运行高效、参数齐全、支撑有力”。上述质检机构的检测条件有了一定的改善，从业人员素质得到了显著提高，检测能力基本能满足我国重点行业和重点产品现有国家、行业和地方标准的规定要求。这些质检机构在推动我国水产品健康养殖的发展，促进水产品质量安全水平的全面提高，在保障水产品消费安全方面发挥了重要作用（刘欢等，2010；农业部农产品质量安全监管局，2011）。图 9-7 示

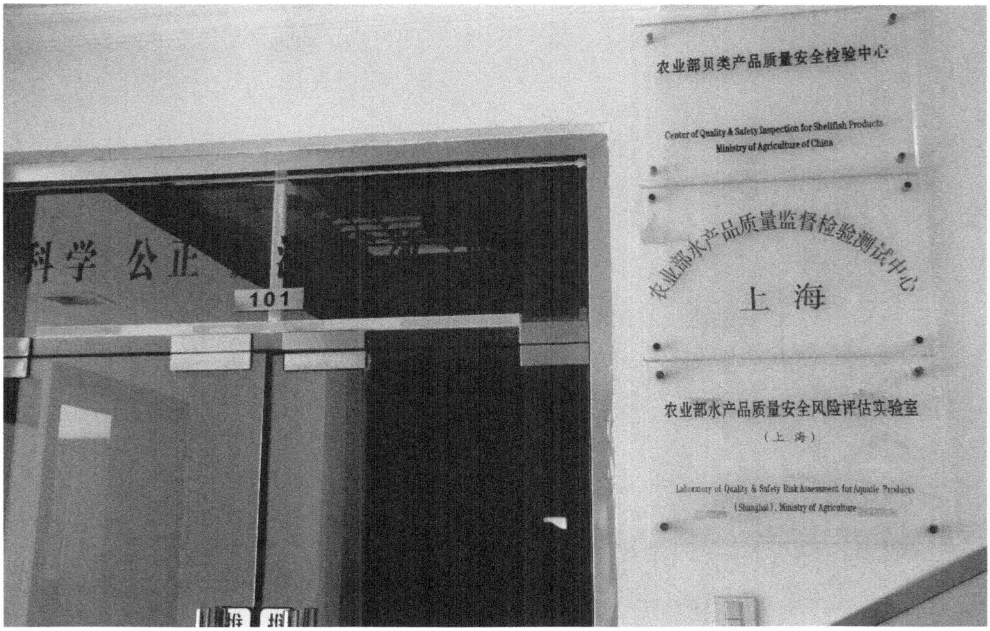

图 9-7　农业部贝类产品质量安全检测中心和农业部水产品质量监督检验测试中心（上海）（图片拍摄者：沈晓盛）

农业部贝类产品质量安全检测中心和农业部水产品质量监督检验测试中心（上海），挂靠中国水产科学研究院东海水产研究所。

海洋牧场产品的检测方法，主要包括感官检验法、物理检验法、化学分析法、现代仪器分析方法和生物技术方法。感官检验法主要是通过人的五官对水产品的色泽、气味、呈味物质和形态进行检验，以海参为例，质量好的海参普遍参体大、个头整齐、肉质肥厚、形体完整、肉刺齐全无损伤、膛内无余肠、新鲜光泽、水发量大，质量差的海参个头不整齐、肉质较瘦，有化皮现象。物理检验法包括规格检验、杂质检验、温度检验、重量检验、衡量检验和水产罐头容器检验等。化学分析方法是目前食品卫生检验应用最广泛的方法，包括定性分析和定量分析，定性分析主要用于检查某种特定物质是否存在，定量分析主要用于检查某种特定物质的含量。现代仪器分析方法包括比色和分光光度法、原子吸收光谱法、荧光分析法、原子荧光光谱法、电位分析法、原子发射光谱法、气相色谱法及气质法、高效液相色谱法及液质法、薄层色谱法等。生物技术方法可以广泛用于食品品质评价、质量监督、生产过程的质量监控及食品科学研究，也可以对过去难以测定的食品成分进行检测鉴定，具体来讲包括免疫分析方法、聚合酶链式反应（polymerase chain reaction，PCR）检测技术和生物芯片技术。图 9-8 和图 9-9 为常用的危害物检测分析仪器设备。

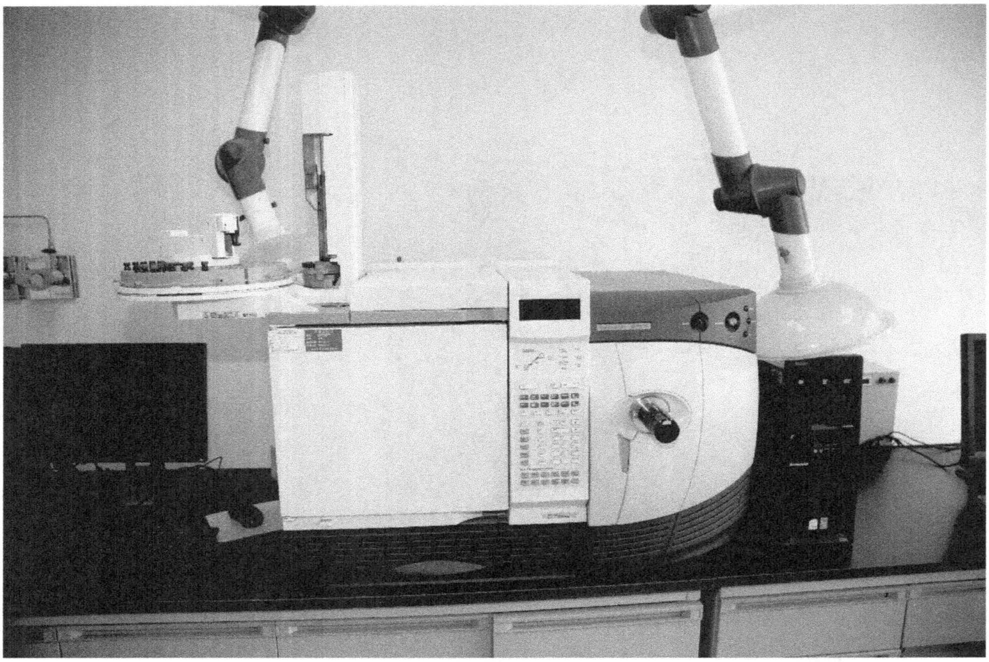

图 9-8　气相色谱三级四级杆串联质谱仪（图片拍摄者：谭志军）

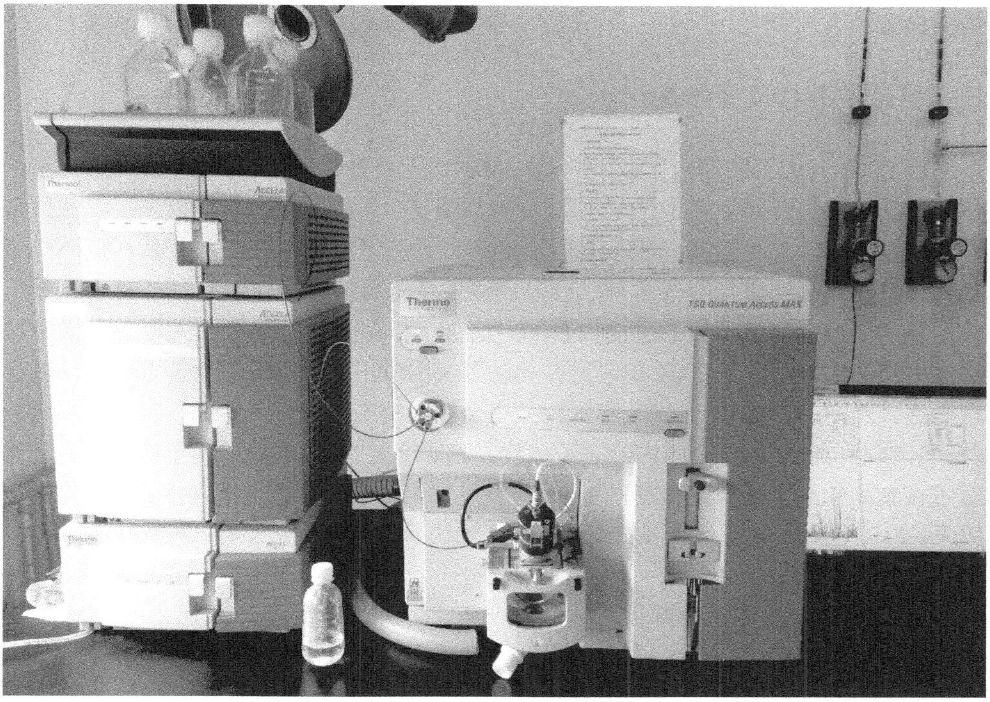

图 9-9　液相色谱三级四级杆串联质谱仪（图片拍摄者：程波）

海洋牧场产品检测的内容和指标主要包括（车文毅和蔡宝亮，2009；董崃天，2014）以下几个方面。

（1）水产品添加剂检测。我国水产品添加剂检验检测指标主要包括：明矾、山梨酸、苯甲酸、亚硝酸盐、硝酸盐、抗氧化剂、着色剂、酸味剂和漂白剂等。

（2）水产品无机化学元素的检测。我国水产品中重金属元素主要检测指标包括：总汞、甲基汞、总砷、铅、镉、铬等元素。

（3）水产品药物与持久性有机污染物残留检测。禁用药物主要包括：孔雀石绿、硝基呋喃类、氯霉素、己烯雌酚、甲睾酮、喹乙醇、甲醛等，持久性有机污物主要包括 DDTs、HCHs、PCBs 等。

（4）水产品寄生虫和天然毒素检测。寄生虫的危害主要包括：分泌毒素、栓塞管脉、造成机械损伤和吸取养料，寄生虫检验检测是水产品检测的重要内容，包括对双槽蚴、微孢子虫、异尖线虫蚴和后尾蚴的检测。天然毒素检验检测内容包括腹泻性贝类毒素的检验和麻痹性贝类毒素的检验等。

（5）水产品微生物检测。微生物检测的主要目的是检测水产品中被污染的细菌数量及是否带有致病细菌。我国目前水产品微生物检验检测指标主要包括大肠菌群、粪大肠菌群、大肠杆菌、沙门氏菌属、金黄色葡萄球菌、志贺氏菌、致病性弧菌、单核细胞增生李斯特氏菌、空肠弯曲杆菌、厌氧硫酸盐还原菌和水产品病毒检测。

三、风险监测与预警体系

自 2002 年农业部在全国范围内全面推行“无公害食品行动计划”及 2003 年中华人民共和国农业部令第 31 号《水产养殖质量安全管理规定》实施以来，农业部会同各省及地方渔业主管部门积极开展水产品市场例行监测、产地水产品、苗种产品抽查和捕捞产品监督抽查等各项水产品质量安全监督抽查工作，严厉打击水产养殖非法使用违禁药物的行为。进出口食物主管部门国家质检总局不断采取各种措施加强进出口食物管理，于 2002 年制定并启动了我国进出口食物风险预警及快速反应管理措施。2008 年《中华人民共和国食品安全法》实施以来，卫生部、农业部和质检总局等都在自己的领域范围内建立了风险监测制度并实施。2010 年年初，我国又通过了《食品安全风险监测管理规定》，对食品安全风险监测第一次进行了法律界定与约束。2010 年农业部部署开展农产品质量安全风险监测与评估工作，正式拉开了海洋牧场产品风险监测的序幕。

与此同时，我国正不断借鉴国际食品安全预报预警系统的管理经验，逐步建立和完善海洋牧场产品安全预报预警信息的收集、评价、发布系统，并交叉融合应用多元统计学、空间统计学、模糊数学、数据挖掘、统计模式识别等多学科理论方法，构建具备可视化、实时化、动态化、网络化的食品安全预警系统。

四、质量安全评价标准体系

我国水产品生产和产品标准涉及农药、兽药、污染物、有害微生物等限量，产地环境要求，投入品及其合理使用，食品添加剂及其使用要求，生产过程管理和控制及检测方法标准等方面。与水产品直接相关的质量安全国家标准见表 9-6，这些质量安全标准基本上包括了农兽药残留、添加剂含量、微生物、有害重金属、持久性有机物污染物等主要农产品质量安全因子。

表 9-6　水产品直接相关的质量安全国家标准

序号	标准号	标准名称
1	GB 2763—2014	食品中农药最大残留限量
2	GB 2762—2014	食品中污染物限量
3	农业部 235 号公告	动物性食品中兽药最高残留限量
4	NY/T 2798.13—2015	无公害农产品 生产质量安全控制技术规范 第 13 部分：养殖水产品
5	农办质[2015]4 号	农业部办公厅关于印发茄果类蔬菜等 58 类无公害农产品检测目录的通知
6	GB/T 19630.1—2011	有机产品　第 1 部分：生产
7	GB/T 19630.2—2011	有机产品　第 2 部分：加工
8	GB/T 19630.3—2011	有机产品　第 3 部分：标识与销售
9	GB/T 19630.4—2011	有机产品　第 4 部分：管理体系

目前涉及水产品质量安全的评价体系主要包括无公害水产品、绿色水产品、有机水产品和地理标志产品（简称“三品一标”）。海洋牧场产品评价标准也是根据国家水产品的质量要求和标准，按照无公害水产品、绿色水产品和有机水产品进行分类和评价。

1. 海洋牧场无公害水产品检测标准与评价体系

无公害水产品是指使用安全的投入品，按照规定的技术规范生产，产地环境、产品质量符合国家强制性标准并使用特有标志的安全水产品。这类产品生产过程中允许限量、限品种、限时间地使用人工合成的安全的化学农药、兽药、肥料、饲料添加剂等，它符合国家食品卫生标准，但比绿色食品标准要宽。无公害水产品是保证人们对食品质量安全最基本的需要，是最基本的市场准入条件，普通食品都应达到这一要求。根据无公害农产品管理办法，无公害农产品认证分为产地认定和产品认证，产地认定由省级农业行政主管部门组织实施，产品认证由农业部农产品质量安全中心组织实施，获得无公害农产品产地认定证书的产品方可申请产品认证。具体无公害海洋牧场产品应当按照《无公害农产品 生产质量安全控制技术规范 第 13 部分：养殖水产品》（NY/T 2798.13—2015）要求进行具体生产，具体需要检测的指标按照《农业部办公厅关于印发茄果类蔬菜等 58 类无公害农产品检测目录的通知》（农办质[2015]4 号）海洋产品的要求标准进行检测和分析。

2. 海洋牧场绿色水产品检测标准与评价体系

根据国家规定，绿色食品是遵循可持续发展原则，按照特定生产方式生产，经专门机构认定，许可使用绿色食品标志商标的无污染的安全、优质、营养类食品。目前绿色食品标准已有 170 多个，包括生产环境准则、各种农业生产资料使用准则、食品添加剂使用准则、农产品标准、加工食品标准、抽样检验准则及包装、运输和储存准则等。绿色食品必须同时具备以下条件：产品或产品原料产地必须符合农业部制订的绿色食品生态环境质量标准；农作物种植、畜禽饲养、水产养殖及食品加工必须符合农业部制订的绿色食品生产操作规程；产品必须符合绿色食品质量和卫生标准：产品外包装必须符合国家食品标签通用标准，符合绿色食品特定的包装、装潢和标签规定。

我国的绿色食品分为 A 级和 AA 级两种，其中 A 级绿色食品生产中允许限量使用化学合成生产资料，AA 级绿色食品则较为严格地要求在生产过程中不使用化学合成的肥料、农药、兽药、饲料添加剂、食品添加剂和其他有害于环境和健康的物质。按照农业部发布的行业标准，AA 级绿色食品等同于有机食品。从本质上讲，绿色食品是从普通食品向有机食品发展的一种过渡性产品。中国绿色食品发展中心是负责全国绿色食品开发和管理工作的专门机构，隶属农业部，与农业部绿色食品管理办公室合署办公。在全国组建设立了36个省级绿色食品管理机构，60%以上的地县都有相应的绿色食品工作机构。

3. 海洋牧场有机水产品检测标准与评价体系

有机食品是指来自于有机农业生产体系，根据国际有机农业生产要求和相应的标准生产加工的，并通过独立的有机食品认证机构认证的农副产品，包括粮食、蔬菜、水果、奶制品、禽畜产品、蜂蜜、水产品、调料等。有机食品需要符合以下条件：原料必须来自于已建立的有机农业生产体系，或采用有机方式采集的野生天然产品：产品在整个生产过程中严格遵循有机食品的加工、包装、储藏、运输标准；生产者在有机食品生产和流通过程中有完善的质量控制和跟踪审查体系，有完整的生产和销售记录档案：必须通过独立的有机食品认证机构认证。因此，有机食品是一类真正源于自然、富营养、高品质的环保型安全食品。我国有机食品的认证工作始于1994年，由国家环保总局下属的有机食品认证中心负责。

水产养殖有机认证的一般原则如下。

有机水产养殖业是一种开放式或人为开放式的系统。在这种系统中，最大限度地限制使用化学药物、人工药物诱导生产的苗种、非天然原料制成的配合饲料，并利用水域的自然生产力来进行生产，以提供高营养、优质的水产食品为根本目的。有机水产养殖业的生产中应控制外来的投入品，保护利用植物、动物和天然水域的自然生产能力。尽可能持续利用并保护水域资源，维护天然水域的生态平衡。

有机水产养殖涵盖的范围较广，它涉及的水域有淡水、海水、盐碱水和半咸水等；养殖的场地有水库、河流、湖泊、港湾、滩涂、近海和深海等天然水域；养殖的方式有网箱、网栏、网围及增殖放流等；养殖的对象包括各个生产阶段的肉食性、滤食性、吃食性、杂食性及草食性水产经济动物。

在开放水域的野生、固有的水产生物可以作为有机水产养殖对象进行认证，但按照基本程序不能够检查的生物不在本标准范围之内。

第四节　产品质量安全保障对策与建议

海洋牧场产品质量安全是政府、公众共同关注的重点和热点问题，虽然近年来国家对于海洋食品质量安全、海洋环境保护等工作非常重视，加大了监测和监管力度，学科发展也收获了较大进展，海洋牧场产品质量安全水平在高压监管的态势下取得了较大成效，但由于影响海洋牧场产品质量安全的因素众多，范围广，尤其是当前，因我国海洋牧场的涵义应用过于宽泛，“海洋牧场”遍地开花，整个产业发展水平不高，保障海洋牧场产品的质量安全任重道远。未来，在前期工作的基础上，应围绕海洋牧场产品质量安全形成过程、质量监管需求，针对“从池塘到餐桌”的产业链全过程，开展对海洋牧场产品质量安全的形成机理和影响机制基础研究，进行质量安全精确、高效检测技术研发，建立危害因子的甄别、评价与控制技术，围绕海洋牧场行业发展，着力构建涵盖海洋牧场生产全过程的标准体系，全面提升我国海洋牧场产品生产的标准化水平，引导市场，推动市场准入，建立优胜劣汰、优质优价的市场机制，推进现代海洋牧场的发展，确保海洋牧场产品稳定、持续、安全供给。其中应重点开展以下工作。

1. 研究高效检测技术，完善检验检测技术体系

针对影响海洋牧场产品质量安全的农兽药、持久性有机污染物、重金属、生物毒素等典型污染物，开展上述危害物的快速检测技术、盲查技术、多残留检测技术、痕量分析与代谢物确证技术，突破一批关键技术难点，拓展质量和安全检测的新方法，为海洋牧场产品的质量安全过程控制和管理提供方法和手段。

2. 开展近海海域养殖环境中典型危害物质的长期跟踪调查与风险评估

以海参、牡蛎、贻贝、紫菜、海带等主要海洋牧场产品为监测对象，以有害重金属、持久性有机污染物、贝类毒素为重点，结合病原微生物、过敏原等影响海洋牧场产品安全的重要因素，开展我国渤海、黄海、东海、南海等主要养殖区海洋牧场产品及其养殖环境的定点、定时、连续性监测，获得我国海洋牧场产品及养殖环境中典型危害物质的污染水平、分布特征、来源途径和变化趋势及与海洋牧场产品之间的相互关系，搭建海洋牧场产品质量安全基础数据库并进行风险评估。

3. 研究危害物质在海洋牧场产品中产生、迁移和转化规律及质量形成机制

针对影响海洋牧场产品质量安全的有害重金属、有机污染物、农兽药、生物毒素及食源性致病微生物等关键危害因子，研究其在海洋牧场产品体内的富集、代谢规律与转归途径及其毒性效应，研究海洋牧场产品营养组成和关键功能性成分的生物效应、水产品品质变化规律，摸清海洋牧场产品质量形成的影响机制。

4. 研发海洋牧场产品质量安全控制与预警技术

甄别不同海洋牧场养殖模式及海洋牧场产品流通加工过程的风险因子，进行风险因子的风险排序与来源解析，研究养殖水源、水产品中化学性风险因子的传递阻隔及净化削减技术、生物性风险因子的新型控制技术及养殖、加工过程中影响水产品质量的异味源分析及控制技术，在富集、代谢、传播规律与转归途径研究的基础上，建立关键危害因子预警技术。

5. 构建海洋牧场生产全过程的标准体系

应围绕海洋牧场行业发展，研究制定海洋牧场的国家及行业标准，研究相配套的生产和加工技术规范，以提高海洋牧场产品质量安全水平为核心，着力构建涵盖海洋牧场生产全过程的标准体系，全面提升我国海洋牧场产品生产的标准化水平，实现海洋牧场产品的标准化生产。

6. 推动市场准入，建立优胜劣汰、优质优价的市场机制

研究海洋牧场产品市场准入和可追溯制度与技术，探索设计并建立一套海洋牧场产品的认证制度，实现优质优价的市场机制。培养优质优价的生产、消费观念，充分利用各种新闻媒体，提高公众质量安全意识，营造适合海洋牧场产品发展的氛围和环境。

主要参考文献

白红妍, 韩彬, 徐亚岩, 等. 2013. 桑沟湾经济贝类有机氯农药和多氯联苯残留水平及分布特征. 海洋科学, 37(7): 47-52.

车文毅, 蔡宝亮. 2009. 水产品质量检验. 北京: 中国计量出版社: 337-416.

陈昌福. 2014. 试谈水产养殖动植物病害防控中的问题与对策. 中国水产, 3: 71-73.

陈慈美, 张彩云, 朱建军, 等. 1994. 养殖污水对厦门西海域浮游植物的生态效应. 海洋通报, 13(6): 24-33.

陈伟洲, 曹会彬, 杜虹. 2012. 深澳湾太平洋牡蛎养殖容量研究. 生态科学, 31(5): 558-562.

陈小玲, 黄志清. 2009. 鱼类感染刺激隐核虫的免疫保护机制. 安徽农业科学, 37(12): 5521-5522.

陈燕. 2014. 突发性海洋溢油污染事件应急处理研究. 环境科学与管理, 39(6): 27-30.

程波, 马兵, 刘新中, 等. 2014. 水产苗种质量安全管理对策研究. 海洋科学, 38(9): 116-120.

楚道文. 2012. 浅论海洋生态损害的法律问题——以蓬莱 19-3#油田溢油事故为分析案例. 政法论丛, 5: 109-116.

崔柳. 2009. 黑龙江省水产苗种生产现状及管理措施. 黑龙江科技信息, 18: 128.

崔毅, 陈碧鹃, 陈聚法. 2005. 黄渤海海水养殖自身污染的评估. 应用生态学报, 16(1): 180-185.

董波. 2005. 我国海水养殖动物病害发生现状及其基础研究进展. 生物技术世界, 04M: 29-30.

董啸天. 2014. 我国海水养殖产品食品安全保障体系研究. 中国海洋大学博士研究生学位论文.

董兆选. 2011. 胶州湾海水环境质量评价及污染防治研究. 中国海洋大学硕士研究生学位论文.

樊海平, 林煜, 卓玉琛. 2012. 18 种常用渔药对双色鳗鲡玻璃鳗的急性毒性. 福建农业学报, 27(12): 1283-1286.

冯玉贵. 2007. 浅论水产品质量安全与管理. 河北渔业, 6: 44-46.

付保荣, 曹向宇, 冷阳, 等. 2008. 光合细菌对水产养殖水质和水生生物的影响. 生态科学, 27(2): 102-106.

高广斌, 邹积波, 曹丽, 等. 2005. 辽宁省水产苗种生产与管理现状、存在问题及建议. 中国水产, 6: 29-31.

高振会, 杨东方, 刘娜娜. 2009. 胶州湾及邻近海域的溢油风险及应急体系. 海洋开发与管理, 26(11): 88-91.
郭云峰, 马兵, 刘新中, 等. 2012. “十二五”期间水产品质量安全管理的重点、难点和对策措施. 中国渔业质量与标准, 1(2): 1-6.
国家海洋局. 2012. 蓬莱 19-3 油田溢油事故联合调查组关于事故调查处理报告. http://www.soa.gov.cn/xw/hyyw_90/201211/t20121109_884.html[2012-06-21].
何培民, 徐姗楠, 张寒野. 2005. 海藻在海洋生态修复和海水综合养殖中的应用研究简况. 渔业现代化, 4: 152-160.
何祥楷. 2013. 大黄鱼苗淀粉卵涡鞭虫病的诊断及防治方法. 福建水产, 35(6): 475-479.
洪涛, 郝兴旺. 2008. 构建统一、开放、竞争、有序、安全的水产品流通体系(上). 渔业致富指南, 19: 21-25.
侯文祥, 陈川林. 1996. 海水鱼养殖场内污染物的生成负荷考察. 中国水产(台湾), 1: 7-26.
胡红浪. 2005. 我国水产发展战略研究(二). 中国水产, 12: 13-15.
胡红浪. 2006. 我国水产发展战略研究(三). 中国水产, 1: 15-17.
黄宏瑜, 许悦生, 王丽玲, 等. 1998. 珠海市售水产品中汞镉铅砷污染状况. 中国公共卫生, 14(1): 23-25.
黄翔, 江天久, 吴霓. 2013. 黄海海域贝类腹泻性贝类毒素污染状况研究. 海洋环境科学, 32(2): 178-181.
黄翔, 雷芳, 江天久. 2013. 我国东海和南海近岸海域腹泻性贝类毒素污染状况. 暨南大学学报(自然科学与医学版), 01: 101-105.
计新丽, 林小涛, 许忠能, 等. 2010. 海水养殖自身污染机制及其对环境的影响. 海洋环境科学, 11: 66-71.
季如宝, 毛兴华, 朱明远. 1998. 贝类养殖对海湾生态系统的影响. 黄渤海海洋, 16(1): 21-26.
蒋晓玲. 2004. 中国饲料安全现状分析及监督管理策略. 甘肃农业大学硕士研究生学位论文.
康铜, 程波, 王群, 等. 2015. 喹诺酮类药物在水产动物体内的药代动力学研究进展. 中国渔业质量与标准, 5(3): 13-19.
雷芳. 2009. 深圳市售贝类麻痹性贝类毒素和腹泻性贝类毒素污染状况研究. 暨南大学硕士研究生学位论文.
李斌. 2010. 獐子岛养殖区扇贝质量与环境的相互关系及体内细菌消长特征的研究. 中国科学院研究生院(海洋研究所)博士研究生学位论文.
李磊, 蒋玫, 沈新强, 等. 2014. 江苏如东滩涂文蛤养殖区养殖容量. 海洋环境科学, 33(5): 752-756.
李庆彪. 1990. 养殖扇贝的大量死亡与环境容纳量. 国外水产, 2: 9-11.
李秋芬, 辛福言, 邹玉霞, 等. 2001. 虾池环境生物修复作用菌生长影响因子的研究. 水产学报, 25(5): 438-442.
李顺志, 张言志. 1983. 扇贝海带间养试验研究. 海洋湖沼通报, 4: 69-75.
李秀丽, 赖子尼, 穆三妞, 等. 2012. 珠江入海口表层沉积物中多氯联苯残留与风险评价. 生态环境学报, 21(12): 135-140.
李永祺. 1993. 1993 年我国人工养殖对虾大量死亡原因教训和对策浅议. 海洋环境科学, 12(3-4): 133-137.
梁俊平, 段亚飞, 葛倩倩, 等. 2015. 氟甲喹在大菱鲆体内的药代动力学研究. 河南农业科学, 44(5): 146-150.

梁玉波, 杨波, 刘仁沿, 等. 1998. 海湾扇贝自身污染的研究. 海洋环境科学研究, 17(3): 11-18.
廖国祥, 马媛, 高振会. 2012. 墨西哥湾溢油事故对我国深海溢油污染防治管理的启示. 海洋开发与管理, 5: 70-76.
林岗, 张倩, 饶小珍. 2011. 吡喹酮、甲苯咪唑、溴氰菊酯对花鳗鲡的急性毒性. 海洋渔业, 33(4): 467-471.
林洪, 杜淑媛. 2013. 我国水产品出口存在的主要质量安全问题与对策. 食品科学技术学报, 31(2): 7-10.
林华娟, 陈晓, 路垚. 2013. 广东省由天然毒素导致的水产安全问题分析. 海洋环境科学, 32(3): 475-480.
林克冰, 方琼珊, 吴建绍, 等. 2011. 石斑鱼神经坏死病毒传播途径阻断的初步研究. 福建水产, 33(5): 15-19.
林荣根, 吴景阳, 马丽, 等. 1997. 虾池水体的富营养化及防治对策. 海洋通报, 19(6): 127-133.
林旋, 杨海森, 黄健, 等. 2004. 光合细菌在鲍养殖中的应用初探. 福建水产, 2: 37-40.
林燕棠, 李纯厚, 杨美兰, 等. 1998. 网箱区人工投饵与赤潮关系的探讨. 南海水产研究, 6: 35-41.
刘欢, 马兵, 宋怿, 等. 2010. 完善我国水产品质量安全检验检测体系建设的研究与思考. 中国渔业经济, 28(5): 74-78.
刘学海, 王宗灵, 张明亮, 等. 2015. 基于生态模型估算胶州湾菲律宾蛤仔养殖容量. 水产科学, 34(12): 733-740.
刘远豪, 易翀. 2009. 水产建强省, 良种须先行——浅谈我省水产苗种生产现状及发展对策. 渔业致富指南, 7: 18-20.
马兵, 穆迎春, 宋怿, 等. 2010. 各国药物残留限量标准比对分析及对中国水产品出口贸易的影响. 中国农学通报, 26(17): 398-402.
毛玉泽, 杨红生, 王如才, 等. 2005. 大型藻类在综合海水养殖系统中的生物修复作用. 中国水产科学, 12(2): 225-231.
孟祥周. 2007. 中国南方典型食用鱼类中持久性卤代烃的浓度分布及人体暴露的初步研究. 中国科学院研究生院博士研究生学位论文.
莫照兰, 王祥红, 于勇, 等. 2000. 虾池有机污染降解细菌的筛选. 水产学报, 24(4): 334-338.
慕建东. 2009. 渤海重要渔业水域生态环境质量状况评价. 中国海洋大学硕士研究生学位论文.
穆迎春, 宋怿, 马兵. 2008. 国内外水产品质量安全检验检测体系现状分析与对策研究. 中国水产, 8: 19-21.
宁璇璇, 夏炳训, 姜军成, 等. 2013. 烟台港倾倒区表层沉积物重金属的富集特征及风险评价.海洋科学, 37(4): 88-94.
农业部, 环境保护部. 2011. 2011 年中国渔业生态环境状况公报. 8-20.
农业部. 2010. 主要养殖水产品质量安全隐患分析报告. 农业部渔业渔政管理局: 21-27.
农业部农产品质量安全监管局. 2011. 农业部关于印发《农产品质量安全发展“十二五”规划》的通知.
农业部渔业渔政管理局. 2015. 2015 中国渔业统计年鉴. 北京: 中国农业出版社.
秦友义. 1991. 大面积贝藻间养面临的问题与对策. 齐鲁渔业, 4: 26-28.
曲风风. 2011. 我国海洋环境突发事件应急联动机制建设研究. 中国海洋大学硕士研究生学位论文.

任信林, 凌武海. 2011. 水产品质量安全存在问题及对策. 水产养殖, 12: 48-50.
沈媛. 2014. 我国水产品流通过程中的质量安全影响因素分析. 上海海洋大学硕士研究生学位论文.
石宏武. 2009. 金鱼鲤斜管虫病的治疗试验及常用药物的评价. 福建师范大学硕士研究生学位论文.
苏跃中. 2006. 福建省水产苗种产业的现状与发展思路. 现代渔业信息, 9(21): 21-23.
孙舰军, 丁美丽. 1999. 改善虾池环境增强中国对虾抗病力的研究. 海洋科学, 1: 3-5.
孙蕾蕾. 2012. 乳山市水产品流通问题与对策研究. 中国海洋大学硕士研究生学位论文.
谭志军, 翟毓秀, 杨帆, 等. 2012. 獐子岛贝类养殖区表层沉积物重金属分布特征及潜在生态危害评价. 海洋科学, 36(4): 89-94.
汪彦愔, 郭果为, 高如承, 等. 2006. 寄生海水养殖鱼类的拟格拉夫涡虫的流行、危害与防治. 水产学报, 30(2): 260-263.
王斌, 孙岑, 范薇. 2006. 养殖大菱鲆出血性败血症病原菌致病性的研究及鉴定. 大连水产学院学报, 21(2): 100-104.
王德利. 2001. 贝藻混养技术在我国海水养殖中的应用与研究. 黄渤海海洋, 19(1): 78-81.
王东, 冯定, 张兆康. 2013. 海上油田废弃钻井液的毒性评价及无害化处理技术研究进展. 环境科学与管理, 38(1): 78-83.
王孟华. 2012. 牙鲆幼鱼盾纤毛虫病药物防治初步试验. 水产养殖, 33(2): 49-51.
王丕波, 王海荣, 闫晶, 等. 2012. 渤海湾天津段水体质量评价及污染源分类. 海洋科学, 36(9): 114-121.
王清印, 李健. 2003a. 海水养殖优良品种选育和引进的现状与发展战略（一）. 中国水产, 2: 62-63.
王清印, 李健. 2003b. 海水养殖优良品种选育和引进的现状与发展战略(二). 中国水产, 3: 66-67.
王书, 高磊. 2012. 我国水产种业发展的几点思考. 广东农业科学, 15: 153-155.
王玉堂. 2012. 水产养殖用药与水产品质量安全. 中国水产, 5: 54-58.
王志霞. 2010. 海洋溢油对浮游生物种群的影响. 环境科学与管理, 35(9): 88-92.
韦玮, 方建光, 董双林, 等. 2002. 贝藻混养互利机制的初步研究. 海洋水产研究, 23(3): 20-25.
吴亮, 关瑞章, 黄文树. 2008. 氟苯尼考与 4 种中药联用对鳗鲡致病菌的抑制作用. 集美大学学报(自然科学版), 13(1): 7-11.
吴淑勤, 王亚军. 2010. 我国水产养殖病害控制技术现状与发展趋势. 中国水产, 8: 9-10.
吴耀泉. 1996. 谈谈港湾浅海筏式养殖区“老化”与贝类排泄物关系. 中国水产, 4: 31.
肖婧凡, 王玥. 2014. 海水养殖细菌性病害检测方法研究进展. 中国工程科学, 16(9): 10-15.
薛凌展, 樊海平, 吴斌. 2012. 6 种常用渔药对福瑞鲤的急性毒性试验. 福建水产, 33(4): 296-301.
杨红生. 2000. 烟台浅海区不同养殖系统养殖效果的比较. 水产学报, 24(2): 140-145.
杨红生, 毛玉泽, 周毅, 等. 2003. 龙须菜在桑沟湾滤食性贝类养殖海区的生态作用. 海洋与湖沼, “973”专辑: 121-127.
杨红生, 张福绥. 1999. 浅海筏式养殖系统贝类养殖容量研究进展. 水产学报, 23(1): 85-90.
杨红生, 周毅. 1998. 滤食性贝类对养殖海区环境影响的研究进展. 海洋科学, 2(2): 42-44.
杨先乐, 郭微微, 孙琪. 2013. 水产品质量安全与渔药的规范使用. 中国渔业质量与标准, 3(4): 1-6.

杨先乐, 郑宗林. 2007. 我国渔药使用现状、存在的问题及对策. 上海水产大学学报, 16(4): 374-380.
姚茹, 王智勇, 王广军, 等. 2013. 饲料中添加芽孢杆菌对草鱼生长和水质的影响. 江苏农业科学, 41(4): 214-216.
叶乐, 杨莺莺, 吴开畅, 等. 2006. 益生菌在凡纳滨对虾育苗中的应用. 南方水产, 2(4): 13-18.
叶玫, 阮金山, 钟硕良, 等. 2010. 闽东沿岸生态监控区经济水产品中六六六、滴滴涕残留与风险评价. 水产学报, 34(8): 1260-1269.
于宗赫, 陈康, 杨红生, 等. 2010. 海州湾前三岛海域栉孔扇贝(*Chlamys farreri*)生长特征与养殖容量的评估. 海洋与湖沼, 41(4): 563-570.
曾令兵. 2010. 我国水产养殖动物病害的现状及发展方向. 科学养鱼, 3: 1-3.
战文斌, 刘洪明, 王越. 2004. 水产养殖病害及其药物控制与水产品安全. 中国海洋大学学报(自然科学版), 34(5): 758-760.
张聪, 姜启军. 2010. 我国水产品质量安全问题与对策建议. 山西农业科学, 38(3): 61-64.
张洪玉, 赵明军, 周状. 2010. 国内渔药代谢动力学研究现状. 动物医学进展, 12(30): 138-143.
张欢. 2010. 基于消费视角的水产品流通效率研究. 上海海洋大学硕士研究生学位论文.
张小玲, 袁科平, 耿康, 等. 2011. 好氧反硝化菌对水质和鱼体饲喂效果的影响研究. 水生态学杂志, 32(3): 114-119.
张勇, 张现荣, 毕世普, 等. 2012. 我国近海海域沉积物重金属分布特征与环境质量评价. 海洋地质前沿, 28(11): 38-42.
钟全福. 2015a. 17 种常用渔药对美国银盾鱼稚鱼的急性毒性. 福建农业学报, 30(1): 14-17.
钟全福. 2015b. 浮床植物对养殖池塘水质的影响研究. 中国农学通报, 31(5): 70-74.
周德庆, 李晓川. 2002. 我国渔用饲料生产、质量现状与对策. 海洋水产研究, 23(1): 79-83.
周洁红, 许莹. 2011. 农产品物流管理. 杭州: 浙江大学出版社.
祝立. 2006. 陆源污染物对龙江入海口水域环境质量的影响评价. 福建水产, 02: 24-28.
邹仁林. 1996. 大亚湾海洋生物资源的持续利用. 北京: 科学出版社: 129-144.
Ackefors H, Enell M. 1990. Discharge of nutrients from Swedish fish farming to adjacent areas. Ambio, 19(1): 28-35.
Antonio T, Carlos M, Manuel P M, et al. 2000. Environmental Implications of Intensive Marine Aquaculture in Earthen Ponds. Marine Pollution Bulletin, 40(11): 981-988.
Chang Z Q, Li Z X, Li J B, et al. 2014. Pharmacokinetics of sulfamonomethoxine in tongue sole (*Cynoglossus semilaevis*) after intravenous and oral administration. Fish Physiology & Biochemistry, 40(4): 1275-1279.
Chang Zhiqiang, Liu Fei, Lian Chun'ang, et al. 2015. Pharmacokinetics and acetylation of sulfamethoxazole in turbot Scophthalmus maximus after intravascular administration. Chinese Journal of Oceanology and Limnology, 11(19): 1-6.
Fang Jianguang, Sun Huiling, Yan Jingping, et al. 1996. Polyculture of scallop chlamys farreri and kelp Laminria Japonica in sungo bay. Chinese Journal of Oceanology and Limnology, 14(4): 322-329.
Foy R H, Rosell R. 1991. Loadings of nitrogen and phosphorus from a Northern Ireland fish farm. Aquaculture, 96(1): 17-30.
Gowen R J, Bradbury N B. 1987. The ecological impact of salmonid farming in coastal waters: a review. Oceanography and Marine Biology, 25(2): 563-575.
Hans A, Magnus E. 1990. Discharge of nutrients from Swedish fish Farming to adjacent sea Areas.

Ambio, 19(1): 28-35.

Neori A, Chopin T, Troell M, et al. 2004. Integrated aquaculture: rationale, evolution and state of the art emphasizing seaweed biofiltration in modem mariculture. Aquaculture, 231(1-4): 361-391.

Parjala E, Tam M A, Lindqvis T V. 1984. Pollution loadings from finnish inland fish farms a case study. Aqua Fennica: 205-214.

Peter E. 2015. Aquaculture environment interactions: past, present and likely future trends. Aquaculture, 447: 2-14.

Rippey S R. 1994. Infectious diseases associated with molluscan shellfish consumption. Clinical Microbiology Reviews, 7(4): 419-425.

Wu J Y. 2005. Assessing surface water quality of the Yangtze Estuary with genotoxicity data. Marine Pollution Bulletin, 50(12): 1661-1667.

第十章　海洋牧场产品溯源

夏苏东　刘　梅　徐　彪　程　波　徐冬雪　杨永全

摘要：海洋牧场产品溯源系统是确保海洋牧场产品安全的有效保障工具之一，开展海洋牧场产品质量安全可追溯系统研究，增强产品生产管理水平，提高产业竞争力，推进产业发展，有着深远的意义。海洋牧场产品溯源是保证产品的整个生产、加工、流通等活动处于有效地监控之中。本章从产品溯源的意义和必要性入手，介绍了海洋牧场产品的溯源标识技术，海洋牧场产品质量安全追溯体系的建立和水产品可追溯体系的应用案例等，针对我国海洋牧场产品溯源存在的问题，提出相应的对策和建议。

关键词：海洋牧场，食品安全，溯源体系，平台建设

第一节　产品溯源的必要性

一、食品安全得到前所未有的重视

“民以食为天，食以安为先”，“落其实者思其树，饮其流者怀其源”，从古至今，人们对食物质量与安全非常重视，对入口食物相关信息的需求不断增加。因此，作为食用品的直接或间接来源，农产品质量相关信息所受到的关注程度不言而喻。农产品质量直接关系到人们的身体健康，并且影响着人们对农产品及其相关经济主体的信任程度，影响着人们的购买决策，进而关系到农业发展和农民增收。随着人们生活水平的提高和对食品安全关注程度的提高，如何有效保障食品安全就成为一个研究热点。提高水产品供应链的效率，保证水产品的安全性，已经成为消费者和经营者的迫切需求。信息作为供应链的灵魂，其收集和交换对于供应链管理也就显得尤为重要。水产品安全公共信息追溯系统将为构建运转高效、安全优质、节能降耗、环境友好、达到国际先进水平的水产品供应链提供强大的信息技术支撑。各个环节的数据采集也将对水产品品质与商品性能的提升、水产品保鲜运输及加工体系的完善、水产品检测技术的改进，产生直接或间接的作用。

健全水产品溯源体系是顺应国际水产品安全趋势的必然，有利于促进我国水

产品市场的规范化、标准化。在国际上，美国、日本和欧盟成员国及部分发展中国家，从政府机构到消费者群体，都在迫切要求和关注在食品生产和食品供应链中应用可追溯测量方式，制定了大量的相关政策和法规，同时开展了食品安全信息可追溯关键技术的研究及信息追溯体系的建设。在国内，我国科学技术部、农业部、卫生部及各地相关部门一直在持续推进食品及水产品安全可追溯体系的信息化工作。但是从总体发展态势上分析，我国的食品可追溯系统仍然处于发展初期。在我国建立和完善具有中国特色的海洋牧场产品溯源体系，不仅是保障人民生活健康的需要，也是参与全球竞争，提高国际竞争力的需要。健全的水产品溯源体系，可以帮助水产品供应链上各环节企业规范生产管理活动，在发生食品安全风险时能够快速准确定位风险来源，及时召回存在安全风险的水产品，降低损失。

二、海洋牧场产品追溯体系亟待构建

目前，我国水产品生产组织化、集约化程度较低，生产水平不高，管理措施有效性差，建立水产品供应链管理和信息溯源系统有利于减少水产品生产供应链管理过程中存在的多种信息不对称因素，有利于提高政府管理部门的监管效率，有利于增加生产企业的诚信意识和竞争力，有利于增强消费者的安全感，是水产品产业发展的趋势。建立水产品安全公共信息追溯系统是确保水产品安全的有力保证工具，开展水产品质量安全的可追溯系统研究，对增强水产品生产管理水平，提高水产品产业竞争力，推进水产品产业的发展，加强水产品质量安全有着深远的意义。

我国部分省市地区渔业系统大力加强水产品的质量安全管理，相继制定了各种水产品无公害、绿色、标准化养殖的地方标准，建立了各种示范基地，并进行了无公害水产品产地认证。我国水产品质量与安全控制工作正在逐步建立、健全，水产品相应的安全溯源制度也已开展，显著促进了水产品质量的提高。建立完备的食品溯源体系，只要发现存在安全及质量风险的产品，能够迅速追踪风险源，查明风险因子，并迅速采取必要的措施，有效控制风险扩散。因此，建立完备的食品溯源体系，有利于实现食品生产、流通、消费各环节连续有效地监管，有利于确保对问题食品无遗漏地、及时地召回，有利于保障人民群众食品消费安全，有利于切实维护消费者合法权益，有利于政府依法行政、保护公众安全，有利于完善整个食品安全监督管理体系，意义十分重大。

健全海洋牧场产品溯源体系有利于引导社会诚信自律。我国水产品安全信用体系的建立，是社会信用体系建设的重要部分，更是我国社会信用体系建设的基础。溯源体系的健全可以体现政府以人为本、执政为民的执政理念，同时将为行政监管部门对生产者的诚信度的监管提供切实有效的帮助，方便行政监管部门随时查询水产品生产经营情况。从而提升从业者的诚信自律意识和生产经营行为，有助于打造具有良好社会形象的水产品牌。

健全水产品溯源体系是维护消费者的合法权益，促进我国社会和谐的必然需求。知情权是消费者的基本权利，对于食品消费知情权的维护非常重要。通过健全水产品溯源体系，消费者在购买食品过程中，通过在政府提供的公共查询平台或其他设备进行查询，即可获得水产品的产地、名称、养殖过程、检验检疫合格证明等相关信息，有利于消费者迅速了解水产品质量信息，也便于消费者发挥社会监督作用。

第二节　溯源标识技术

目前，国内外主要采用标签技术进行水产品生产、加工、流通过程中的标识，主要包括条形码技术、二维码技术、电子标签技术等。

一、条形码技术

条形码技术（一维码技术）是条形码理论、计算机技术、通信技术、光电技术、条码印刷技术为一体的综合性技术。条形码是由一组宽度不同平行相邻的空和条，在代码编制上利用构成计算机内部逻辑基础“用构”、“1”比特流概念，按照一定编码规则，用来表达一组信息的图形标识符，可代表字母、数字等信息，所包含信息通过扫描装置和译码装置进行处理（张杰，1994）。当扫描装置扫描条形码时，根据光反射原理及光电转换原理获得条和空宽度相对应的电信号，经放大整形后由译码器进行译码，使条形码所代表的信息成为计算机可处理数据，并且其误码率小于百万分之一，首读率可达 98%（陈亚莉和王金刚，1992）。条形码可以标出物品的生产国家、制造厂家、商品名称、加工过程、流通过程、生产日期、图书分类号、邮件起止地点、类别等许多信息。在全球范围内，每天需要运用条码扫描次数已超过上亿次，其应用范围也涉及各个领域和行业，其中包括食品追溯、物种鉴别、物流、快递、仓储、图书馆、银行、pos 收银系统、医疗卫生、零售商品、服装、食品服务及高科技电子产品等，而且目前每天都会在一些新增加的项目上持续的用到条形码技术（张杰，1994）。何旭（2010）利用一维码技术，在由水果蔬菜种植、加工、包装、销售及仓储、运输等环节构成的供应链上，实现对生鲜农产品的全过程跟踪，达到物流与信息流的统一，使供应链处于透明的状态。陈瑶等（2015）使用一维码技术实现了植物组培苗生产过程可追溯，解决了组培苗生产管理过程中繁杂数据记录问题，为组培苗生产企业或外部管理部门的种苗质量监控提供了有用工具。

二、二维码技术

二维码是一种新型的条码技术。二维条码/二维码（2-dimensional bar code）是用某种特定的几何图形按一定规律在平面（二维方向上）分布的黑白相间的图形记录数据符号信息；使用若干个与二进制相对应的几何形体来表示文字数值信息，通过图像输入设备或光电扫描设备自动识读，实现信息自动处理。它具有条码技术的一些共性：每种码制有其特定的字符集；每个字符占有一定的宽度；具有一定的校验功能等，同时还具有对不同行的信息自动识别功能及处理图形旋转变化点。二维码以矩阵形式来表达，可以在纵横两个方向存储信息，可存储的信息量是一维码的几十倍，并能整合图像、声音、文字等多媒体信息，储存量大、保密性高、追踪性高、抗损性强、可靠性高、保密防伪性强，而且易于制作、成本低（张起萌等，2015）。二维码技术在农产品安全追溯、高效智能管理、计算机、广告、电子支付、家电零售、设备管理、建筑、防伪和追溯管理等领域得到广泛应用。最新发展的手机二维码识别技术，可以通过手机摄像头代替条码扫描仪进行识别，条码也能印刷在普通新闻纸上。马金平等（2015）利用二维码技术把葡萄种植生产过程、葡萄酒加工酿造工艺过程中数据储存在二维码中，消费者通过产品包装上的二维码，利用网络（电脑、手机）查阅所购买葡萄浆果和葡萄酒的详细生产记录，从而达到产品质量监控和溯源目的。李久林等（2015）建立基于二维码的蔬菜溯源信息管理平台，使用信息容量大、高速全方位识读、纠错能力强的二维码作为载体，对生产、加工、销售过程组成的蔬菜供应链实行同步监控，消费者通过二维码平台可以清楚地追溯到蔬菜的详细信息。张起萌等（2015）指出二维码追溯系统是基于二维码技术和信息、网络化技术等，对单件产品附码，并进行数字化管理，帮助企业掌握产品流向的智能化管理信息系统，是目前最先进、最便捷的追溯防伪防窜货系统。现在条形码技术和二维码技术在食品溯源方面比较多见和通用，但是相对于电子标签技术来说，缺点是防伪性能差，携带信息量少。

三、电子标签技术

电子标签技术，也被称为无线射频（radio frequency identification，RFID）技术，该技术利用射频通信实现非接触或自动识别和数据采集。典型的电子标签技术系统由电子标签、读写器、数据交换和管理系统构成。RFID 技术的基本工作原理是阅读器发射无线电波能量给电子标签，驱动电路，激发运转，将数据依次发出，此时阅读器接收数据，再传给管理系统处理。电子标签技术已经广泛应用于物流运输、交通管理、食品和医药生产等十多个行业（Konstantinos et al.，2007），电子标签技术在食品追溯系统中的应用成为食品安全的重要保障（Mcmeekin et al.，2006）。食品生产过程中存在生产原料、加工方式、储藏运输和销售等多个环节，每个环节都可能发生食品污染（刘禹等，2006）。应用电子标签技术可以对食品供应链中每个环节的个体进行识别，从而对供应链中的食品生产原料、加工方式、储藏运输和销售等诸个环节进行示踪和追溯。电子标签技术与互联网、通讯等技术相结合，可以实现全球范围内各种食品的跟踪和信息共享（曾隽芳，2007）。电子标签体积小、容量大、寿命长、可以重复使用等特点，并且可支持快速读写，移动识别、非可视识别、多目标识别、定位和长期跟踪管理（程雪等，2008）。

隋颖（2011）利用 RFID 技术，通过全球统一标识系统（European Article Numbering Uniform Code Council，EAN·UCC）系统进行鲆鲽鱼类电子标签的设计与制作，实现鲆鲽鱼类养殖、运输和销售诸环节唯一性标识，并且每条鱼都有唯一的溯源编码。基于 RFID 技术的"安全猪肉监控追溯系统"于 2005 年在上海市正式投入使用，该系统将电子标签固定在猪耳朵上，实时获取生猪的种源、饲料、疾病、转群、检验检疫等相关信息（黄锋等，2008）；2008 年北京奥运会进行期间，所有供应奥运会的畜禽类产品追溯体系均采用了 RFID 技术（赵秋艳等，2012）。美国、欧洲、澳大利亚等很多饲养场都运用 RFID 标签来监测养殖动物生产的基本情况，保证向市场提供优质放心产品。

第三节　海洋牧场产品质量安全追溯体系

一、海洋牧场产品质量安全追溯体系构架

完整的海洋牧场产品质量安全追溯体系应以海洋牧场产品养殖企业、加工企业和流通企业为实施主体，以海洋牧场产品供应链中的产品流通和信息流通为主要线索，以记录海洋牧场产品养殖信息、加工信息、流通信息、产品追溯信息和关键控制点质量安全信息为重点，以各生产经营责任主体追溯信息为基础，以中央信息数据库和监管追溯平台为核心。海洋牧场产品质量安全追溯技术体系可以完成追溯信息的记录和上传，同时为生产者、加工者、销售者、监督者和消费者提供追溯信息管理中心和公共信息交互平台，满足多用户、多角色的使用要求，保证追溯信息的有效传递，满足各种流通途径的追溯要求（图 10-1）。

二、海洋牧场产品编码设计和专用标签

海洋牧场产品可追溯技术体系是有效衔接产品供应链全过程，保证水产品健康和安全的重要措施。养殖产品的个体标识编码方案设计是实现海洋牧场产品质量追溯的关键环节之一。国际上现行的水产养殖产品编码体系，比较有代表性的

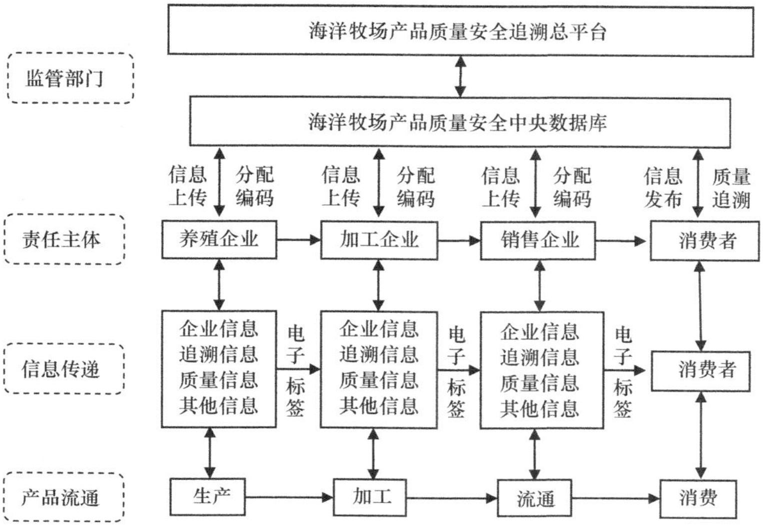

图 10-1　海洋牧场产品质量安全追溯体系总体框架示意图（改自宋怿等，2015）

是2000年由挪威渔业研究所牵头实施的Traceability of Fish Products，即“Trace Fish”计划，该计划以建立鱼产品从养殖到捕捞直至消费者整个链条所需要记录的信息及信息记录和传递的方法等共识的标准为出发点，以EAN·UCC的产品标识方法为基础，采用供应链上各实体上本身的属性信息进行编码，通过保持与传递信息实行基于整个流通链中的追溯（Smith et al.，2005）。刘学馨等（2008）提出的基于养殖流程的水产品质量追溯系统编码体系的构建，以危害分析和关键控制点（HACCP）体系为指导原则，从分析水产养殖品的业务流程入手，提出了一种产品编码与过程编码相结合编码方法，建立了适用于国情同时又符合国际标准的水产养殖产品质量追溯编码方案，并以此为基础，首次在国内建立了水产养殖产品质量追溯技术体系。通过对海洋牧场产品个体属性和生产方式的研究，结合海洋牧场的实际和目前自动化程度，建议以批次为追溯单元，采用符合国际上通用的EAN·UCC编码规则的追溯单元追溯码编码规范，以及监管码和追溯码相结合的水产品追溯标识编码方案。主要包括条形码编码规则制定、条形码追溯码设计、条形码自动生成及条形码标签打印等内容，实现条形码对追溯信息的记载、对水产养殖产品进行批次身份标识，实现基于养殖、加工、流通过的水产养殖产品的标识编码。

在海洋牧场产品标签标识开发方面，需要设计开发集流通、追溯、监管、防伪于一体的水产品追溯专用标签。产品标签可以使用一维、二维或一维和二维联合使用技术，采用追溯码和防伪码相结合的设计（图 10-2 和图 10-3）。标签材料能够满足防水、防潮、拉不断、防伪、不粘连、条形码定影稳定、不变色等要求。在使用方面，对于包装的水产品，标签可以直接加贴于产品外包装上；对于鲜活水产品，标签可加帖于纸质产品流转记录上，向下一环节传递，也可以把标签直接固定在海洋牧场产品身上（图 10-4）。

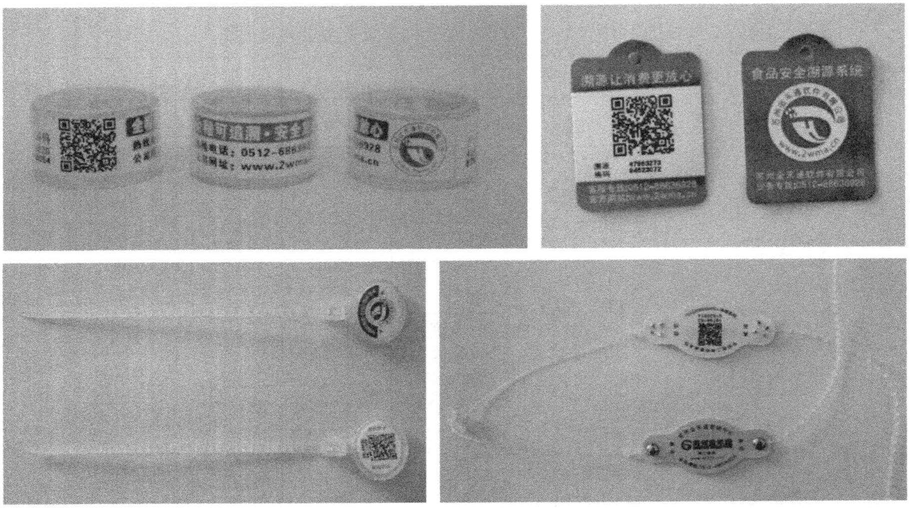

图 10-2　产品追溯二维码标签标识（图片拍摄者：夏苏东）

(01) 9 6928876 92001 7 (10) 000001

图 10-3　产品追溯一维码标签标识（图片拍摄者：夏苏东）

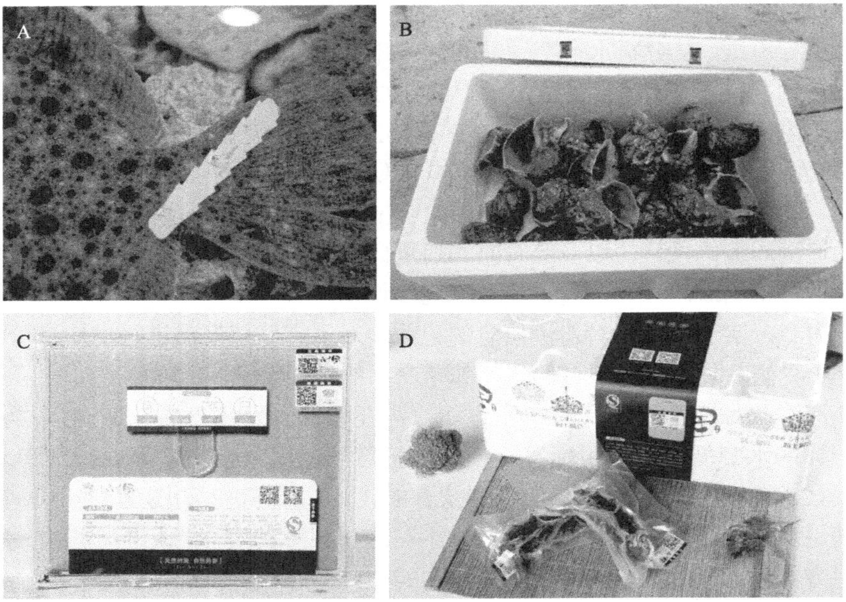

图 10-4　质量安全可追溯的水产品（A. 图片拍摄者：刘梅；B. 图片拍摄者：丁奎；C，D. 图片提供者：山东蓝色海洋科技股份有限公司；E，F. 图片拍摄者：夏苏东）

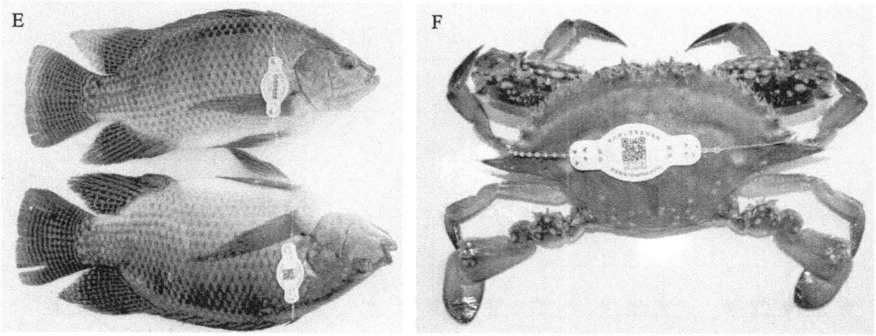

图 10-4　质量安全可追溯的水产品（续）

三、海洋牧场产品养殖环节质量安全信息追溯

海洋牧场产品养殖环节质量安全信息追溯以提高养殖过程中信息的管理水平及养殖过程的追溯能力为目标，通过对海洋牧场产品的苗种、放养、投喂、病害防治到收获、运输和包装等生产流程进行剖析，需要设计海洋牧场养殖环境、生产活动及质量安全管理等模块，以满足企业日常管理的需要。养殖环节质量安全信息包括基础信息、生产信息、库存信息等水产品档案信息。

海洋牧场产品养殖环节安全信息追溯的主要内容包括以下几个方面。①养殖环境管理：盐度、潮流、温度、水深等指标。②水质管理：从透明度、溶解氧、pH、氨氮、磷酸盐、亚硝酸盐等对养殖生产有影响的指标。③苗种管理：对苗种的来源、品种、价格、密度、产品检验检疫等日常管理情况。④放养管理：对于每个海域放养的数量、规格、种类、日期进行记录管理。⑤饲料投喂：对养殖品种觅食/生长情况、饲料品种、投喂情况进行记录。⑥产品编码的生产与打印：针对海洋牧场产品，基于水产品的属性、包装形式、生产方式、生成与产品唯一对应的条形码，实现对海洋牧场产品的身份标识，进行海洋牧场产品质量信息安全溯源（图 10-5）。

四、海洋牧场产品加工环节质量安全信息追溯

海洋牧场产品加工是养殖生产活动的延续，是产品“从养殖到餐桌”的重要环节之一。针对海洋牧场产品加工企业的需求，为提高海洋牧场产品加工过程信息的管理水平和养殖过程的追溯能力，对加工企业基本信息、产品检验、产品出入库等进行信息的收集与管理。围绕影响水产品加工产品质量的关键点与关键因子展开，以 HACCP 理论为指导，进行海洋牧场产品质量控制，主要采集的信息包括：基础信息、采购管理信息、加工过程信息、仓库管理信息、质检管理信息和数据管理信息，实现从原料采购、原料检验到产品加工、产品检验、产品入库和出库全过程的管理（图 10-6）。通过电子标签与水产养殖环节进行无缝连接，达到海洋牧场养殖过程与加工过程的有机统一。

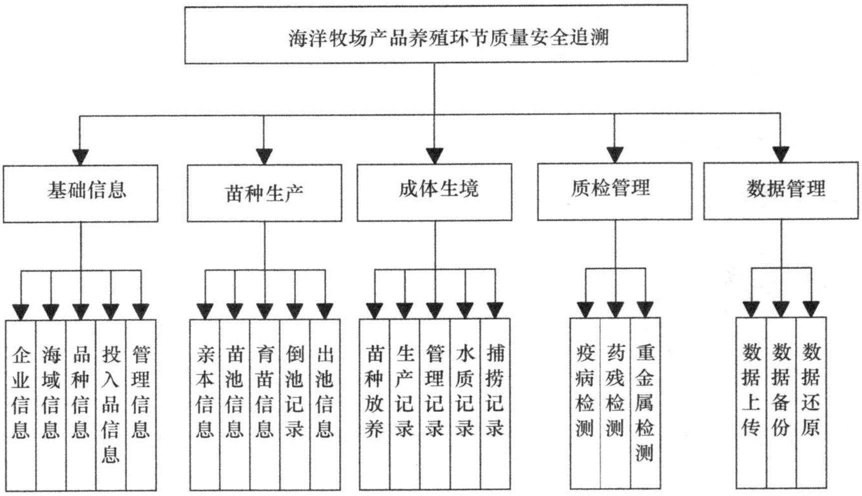

图 10-5　海洋牧场产品养殖环节功能结构图（改自宋怿等，2015）

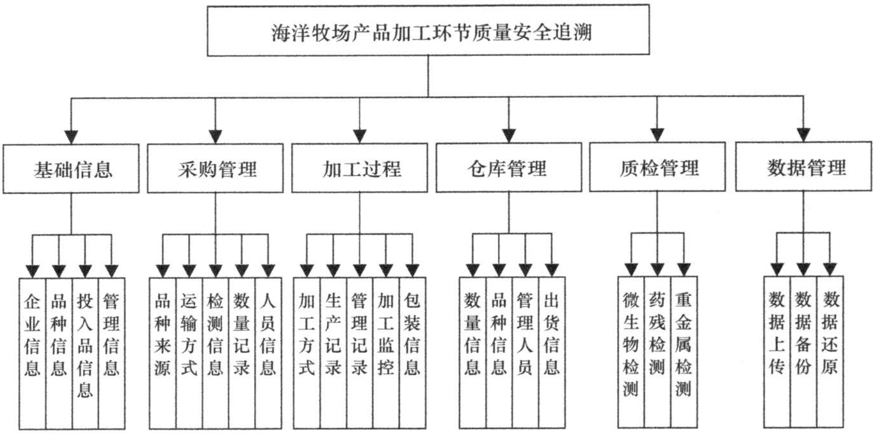

图 10-6　海洋牧场产品加工环节功能结构图（改自宋怿等，2015）

五、海洋牧场产品流通环节质量安全信息追溯

海洋牧场产品的流通是实现从生产加工领域向消费者领域转移的经济活动的总称。由于水产品的特殊性，在产品流通过程中必须重视保鲜、加工、储运等处理，增加冷冻冷藏设施，提高储藏和吞吐能力。另外，海洋牧场产品的价格受消费者喜好、季节变化等因素的影响较大。对于流通过程信息的采集与追溯，可有效地保证海洋牧场产品流入市场到消费者手中的过程安全。围绕影响海洋牧场产品流通环节的关键点，设置基础信息、进货信息、交易管理、质检管理、物流管理、仓储管理、系统统计、数据管理等信息追溯。实现从海洋牧场成品运输到成品检验、储藏和销售全过程的管理（图 10-7）。通过产品唯一识别码与海洋牧场养殖与加工环节进行

连接，从而进行海洋牧场养殖过程、加工过程与流通过程的全程追溯。

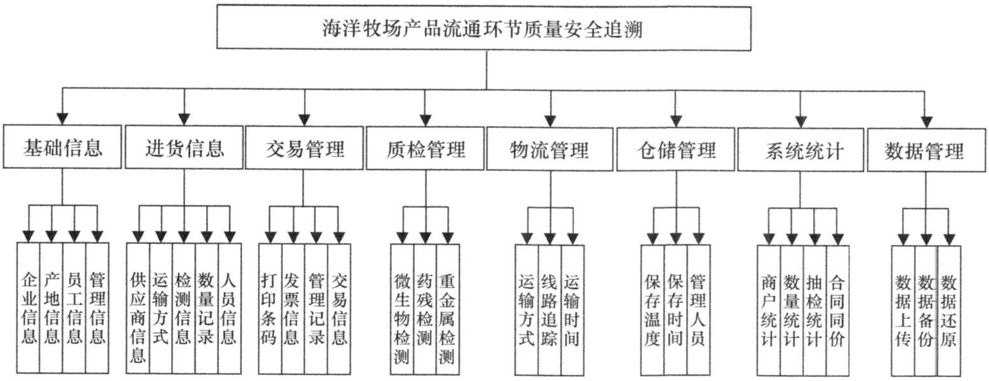

图 10-7　海洋牧场产品流通环节功能结构图（改自宋怿等，2015）

六、海洋牧场产品质量安全追溯平台

海洋牧场产品质量安全追溯平台，以产品追溯标签标识为技术支撑，以产品质量安全中央数据库为后台，覆盖养殖、加工、流通各环节，集中管理各个环节上传的追溯信息，使各个环节追溯信息形成完整链条，实现消费者、监管部门追溯。海洋牧场产品质量安全追溯平台是针对海洋牧场产品相关养殖企业、加工企业、流通企业的养殖过程、加工过程和流通过程进行全面数据监管，实现从养殖到销售的质量安全监控，如发现质量问题，可迅速查找到问题源头和出现问题的可能原因。消费者或监管部门在购买或检查海洋牧场品时，通过手机或电脑智能终端等设备扫描票据上的标识码获知产品信息，查询海洋牧场产品的企业信息、产品信息、质检信息及信息发布情况（图 10-8～图 10-10）。

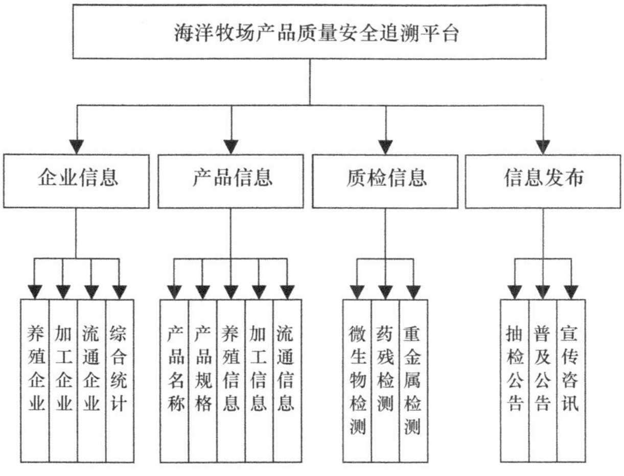

图 10-8　海洋牧场产品质量安全追溯平台功能模块图（改自宋怿等，2015）

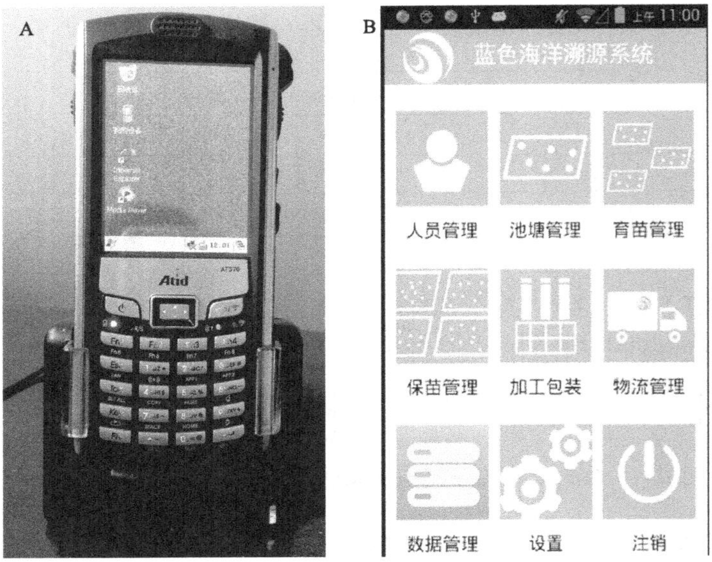

图 10-9 信息追溯查询手持设备

（A. 图片拍摄者：刘梅；B. 图片提供者：山东蓝色海洋科技股份有限公司）

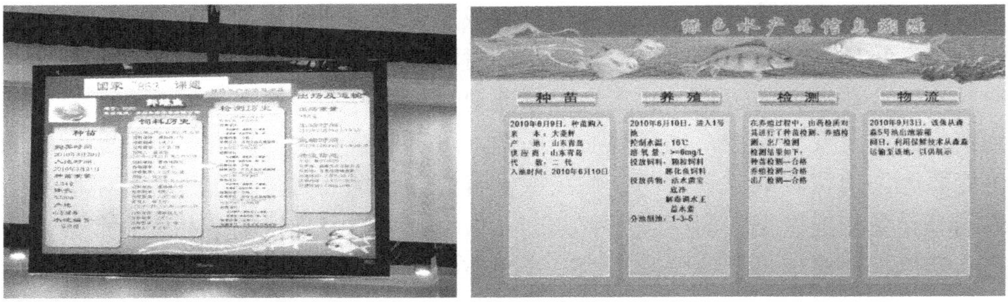

图 10-10 产品追溯相关信息（图片拍摄者：刘梅）

第四节 水产品质量安全追溯应用案例

一、刺参水产品质量安全追溯体系

近年来，中国科学院海洋研究所与中国海洋大学联合开发了国内首家实际运行的水产品质量安全追溯系统，实现了刺参从池塘到餐桌的全程信息追溯，并在多家公司进行应用。

该系统针对我国刺参等水产养殖行业的生产经营和质量安全现状，以提升水产品质量安全水平、维护消费者知情权、保护合法经营企业、增强政府监管能力等为目标，以青岛最大的刺参育苗、养殖、加工和销售一体化企业为实施基地，通过企业与中国海洋大学和中国科学院海洋研究所产、学、研紧密合作，共同开发建设了水产品质量安全信息追溯体系。该技术平台利用先进的无线射频识别（RFID，俗称电子标签）技术贯穿于产业链的各个环节，并依托物联网、数据库等技术，可实现产业链全程信息的采集、融合、查询及监控。

该信息化平台集养殖管理、信息溯源、品牌宣传为一体，分为门户展示、数据管理、溯源展示及生产数据采集四套平台。门户展示平台可以为企业信息展示发布及行业公知公信平台提供服务；数据管理平台为溯源系统提供可靠的数据来源及数据管理工作，同时可以为企业生产管理提供服务能力；溯源展示平台可完成刺参生产全过程的收集整理、数据打包写标签、手持机扫描展示和手机二维码扫描显示等功能，为消费者建立起由亲参至成参加工出厂全过程的直观全面展示；生产数据采集平台使生产人员能够自动将生产管理的全部操作进行客观记录，数据自动归入数据管理系统中（例如，员工每日执行投料、进水排水等操作时，持 RFID 手持机前往养殖池旁边，扫描自己佩戴的员工卡，扫描养殖池卡，选择操作类别并写入详细的数量或时间，每日执行完毕后，到局域网的区域内进行同步）。

该系统在生产环节采用 RFID 手持机收集育苗和养殖管理信息，在加工和销售环节采用手持机收集信息，以 PC 电脑进行后台管理，除 RFIF 标签以外还引入了印刷二维码，使消费者在终端可以凭借手中的智能手机进行信息查询，提高了该系统的实用性并降低了成本。通过该溯源体系，生产者可正向追溯某一批次产品卖到哪些客户或消费者，消费者可反向追溯到本批次的水产品的养殖信息及物流信息。

该平台技术与目前已有的食品安全追溯体系相比，具有明显的创新性。采用国际先进的 RFID 技术采集产业链所有环节的数据，并通过电子标签展示，保证了其客观性和真实性，而结合目前流行的智能手机与二维码，使消费者可以方便信息查询，大大地提高了其实用性。该系统的各项技术已基本成熟，软硬件配套齐全，在实际应用中运行稳定，具有很强的实用性并可扩大推广至其他水产品生产中。

近年来刺参等海珍品产业在我国迅猛发展，由于规模发展过快，缺乏技术支撑，导致病害频发、安全事件屡有发生等。食品安全问题目前已成为国内外养殖业界、政府、消费者共同关心的迫切问题。通过追溯体系的运行，保护了规范化企业，促进了安全生产的自觉性，也利于政府部门的监管和社会的共同监督。推广扩大后，可以进一步提高我国水产品安全控制水平，保障人民身心健康，因此社会效益巨大（图 10-11～图 10-16）。而通过保护规范化生产企业，也有助于打造安全品牌，提高企业的经济效益。

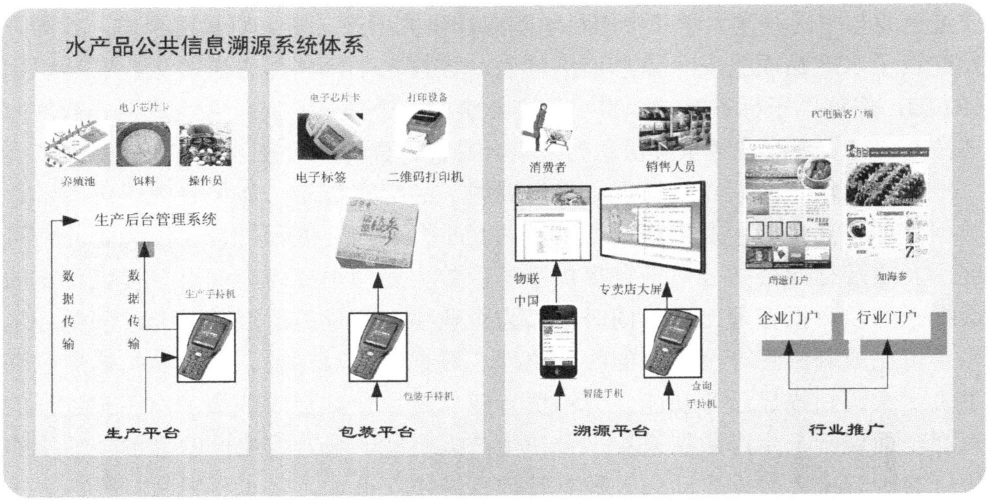

图 10-11　刺参水产品质量安全追溯体系（制图：杨永全）

图 10-12　刺参养殖池塘（图片拍摄者：刘梅）

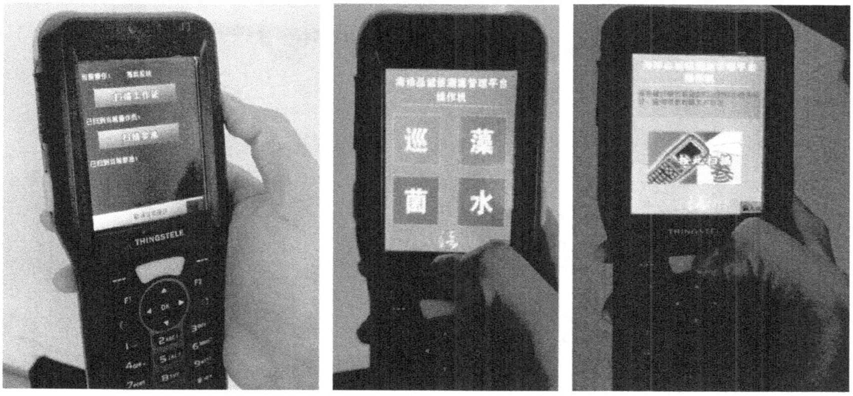

图 10-13　手持记录查询设备（图片拍摄者：杨永全）

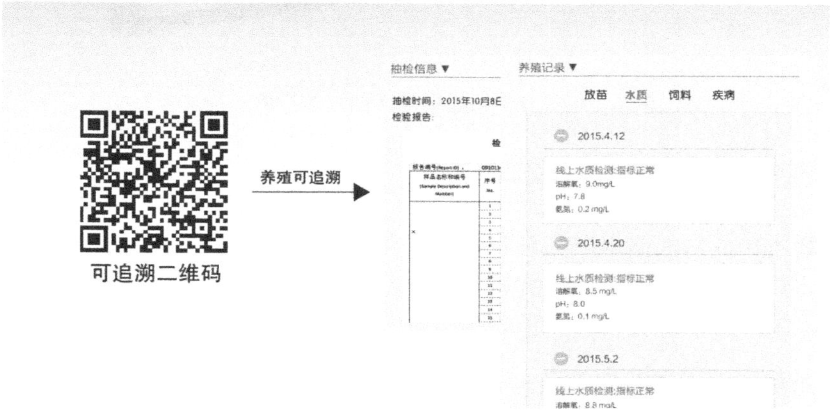

图 10-14　刺参养殖池塘信息收集（图片拍摄者：杨永全）

图 10-15　可追溯的刺参产品（图片拍摄者：杨永全）

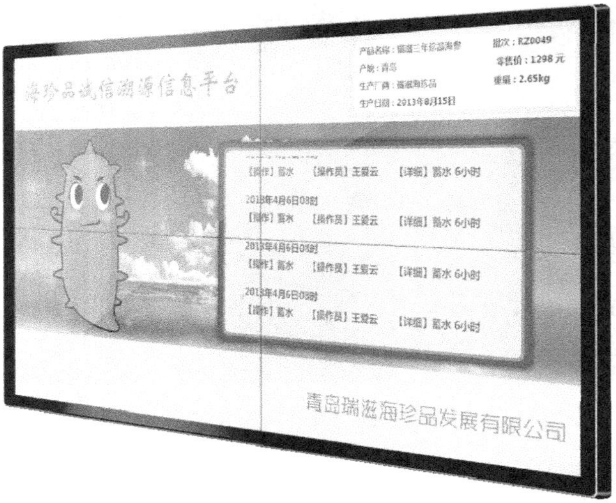

图 10-16　刺参专卖店显示屏（图片拍摄者：杨永全）

二、鲆鲽鱼类标识与溯源技术的建立

隋颖（2011）根据水产品鲆鲽鱼类的养殖生产和流通过程，确定鲆鲽鱼类产地溯源的基本框架结构，研究并建立该产品的编码方法，确定鲆鲽鱼类产地溯源标识技术，构建了鲆鲽鱼类产地溯源追溯平台。

1. 鲆鲽鱼类养殖生产和流通过程

根据我国鲆鲽鱼类消费特点，鲆鲽鱼类生产流通过程的主要环节是养殖生产、运输和销售；对于鲆鲽鱼类产品加工，生产流通过程的主要环节是养殖生产、加工、储藏、运输和销售（图 10-17）。

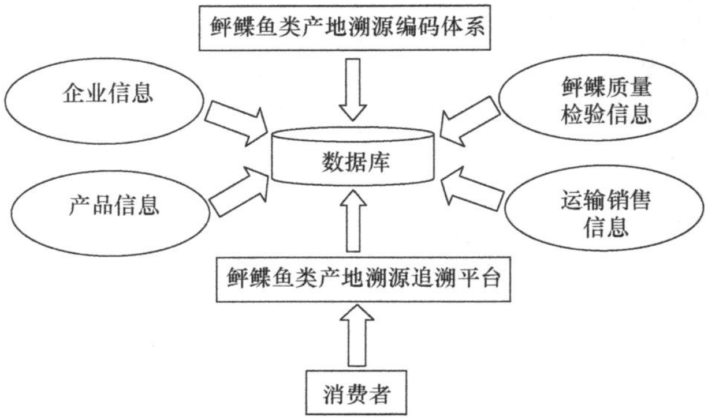

图 10-17　鲆鲽鱼类供应链结构框架（隋颖，2011）

2. 鲆鲽鱼类产地溯源体系基本框架

建立鲆鲽鱼类产地溯源体系的目的，是为了保证鲆鲽鱼类从“养殖到餐桌”的全过程都可追溯，保证生产流通链各环节信息的完整，实现养殖流通全程质量监控，满足消费者对鲆鲽鱼类产品信息的知情权。鲆鲽鱼类产地溯源体系分为三部分：产地溯源编码设计、产地标签标识和追溯平台。通过该体系使鲆鲽类生产流通过程中各个环节在统一的标准下进行信息的采集。应用 EAN·UCC-128 码的编码方法设计鲆鲽鱼类产地溯源编码，筛选适宜的标签标识方法，确保每尾鲆鲽都有唯一代码。同时，建立鲆鲽鱼类产地溯源追溯平台，所有消费者可以通过该平台查询所购买的鲆鲽相关信息。

3. 鲆鲽鱼类产地溯源编码方法的研究和建立

EAN·UCC 系统以条码符号和射频标签等为数据载体，是世界范围内通用的编码体系，主要用于对生物体各种数据进行自动采集与处理。根据 EAN·UCC 全球统一标识系统，建立了基于 EAN·UCC-128 码编码方式产地溯源的编码方案，利用 EAN·UCC-128 码为数据载体，从而实现鲆鲽鱼类养殖生产、运输和销售各个环节的唯一标识，并且每尾鱼都有唯一溯源编码。

4. 鲆鲽鱼类产地溯源标识技术筛选

在实际应用过程中，单尾活鱼产地溯源与标识技术，需考虑标识成本和实际操作的便利性和实用性，活鱼标识既要求标识标签小，不影响鱼类生长，还要有充足的信息量满足溯源要求。在建立编码方案的基础上，确定条码标签的材料，采用单尾鱼背部肌肉嵌挂标识方式进行产地标识与溯源。该方法标签成本比较低，操作较为便利，有利于推广（图 10-18）。

5. 建立追溯平台

以数据库技术和计算机网络技术为支撑建立鲆鲽鱼类溯源体系平台，以各企业养殖生产、运输和销售过程中记录的信息为基础，围绕鲆鲽鱼类“从养殖到餐桌”的全部过程，对鲆鲽鱼类的苗种来源、放养密度、投喂情况、养殖环境、水质条件、病害防治到收获、运输销售等生产流程数据进行记录，并电子化管理，加强鲆鲽鱼类质量安全管理，保证鲆鲽的质量安全。该追溯平台为生产者、监管者和消费者提供交流信息的平台，消费者可以通过鲆鲽鱼类追溯网站、电话或短信查询到所购买鲆鲽的相关信息。鲆鲽鱼类供应链中参与的各个企业将各自负责的养殖生产、运输和销售的相关信息录入到该系统，为鲆鲽鱼类产品的追溯提供数据保障，消费者可通过网站查询相关信息，监督管理部门可以通过该平台对企业进行监督和管理，保证鲆鲽鱼类的质量安全。

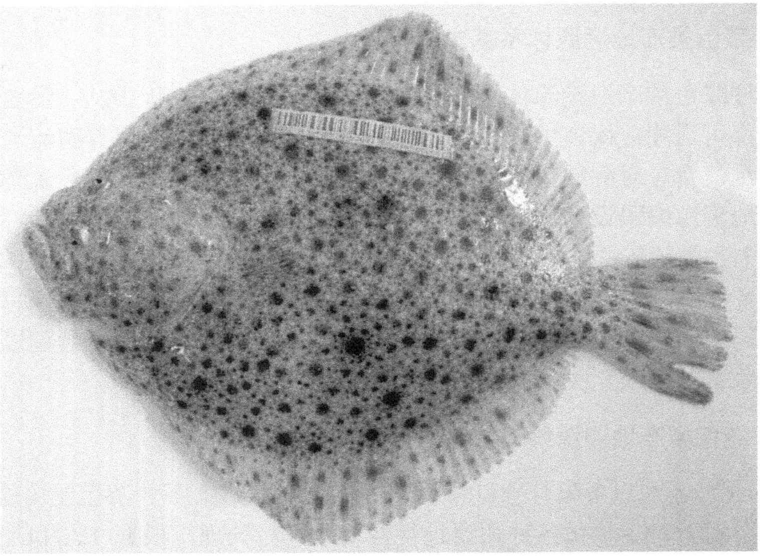

图 10-18 背部肌肉嵌挂标签标识的大菱鲆（图片拍摄者：夏苏东）

三、凡纳滨对虾供应链溯源系统

杨超（2012）通过分析总结凡纳滨对虾产品供应链的特点，参照国内外农产品质量安全溯源系统的研究成果，确定凡纳滨对虾质量安全的关键环节和信息采集点。建立数据库可追溯平台，进行凡纳滨对虾供应链上养殖生产信息、加工信息、流通信息和销售信息管理。该平台系统包括身份验证模块、养殖环节信息管理模块、加工环节信息管理模块、销售信息管理模块和溯源查询模块。该平台系统分别为养殖企业、加工企业、销售企业和监管单位提供员工信息、池塘信息、虾苗来源信息、虾药来源信息、饲料来源信息、虾苗批次信息、饲料批次信息、养殖日志信息、检验检疫信息、订单信息、交易信息、加工工艺信息、顾客信息、供货商信息等数据的录入、修改、删除及查询功能。为消费者提供凡纳滨对虾产品全程的履历信息。

第五节 对策与建议

海洋牧场产品质量安全溯源系统作为保障产品质量安全的有效手段得到广泛重视，依靠追溯系统，海洋牧场产品的质量安全能够得到有效保障，产品品质能够得到普遍提高，海洋牧场产品市场规范能够得到一定完善，消费者信心能够得到提高。我国政府层面和各地方政府层面都在积极建立和实施食品安全追溯制度，涉及的食品涵盖了肉蔬、水果、乳制品、水产及地方特色产品等多个行业，并取得了一定的进展。但是我国海洋牧场产品质量安全追溯体系建设刚刚起步，各方面基础比较薄弱，海洋牧场监管追溯平台的建设和示范将是一项长期而艰巨的任务，需要循序渐进，有条不紊的开展。但如何建立符合我国国情的、有效的海洋牧场产品质量安全可追溯制度，如何提高海洋牧场产业的溯源管理能力，仍是政府监管部门、食品行业、水产相关企业所必须完善的问题。在推进海洋牧场产品质量安全追溯体系建设方面，还要重点开展以下工作。

一、建立健全海洋牧场产品安全质量追溯法规标准体系

新修订的《中华人民共和国食品安全法》明确规定，国家建立食品安全全程追溯制度。因此，进一步贯彻落实《中华人民共和国农产品质量安全法》和《中华人民共和国食品安全法》，尽快出台《水产品质量安全追溯管理办法》等法规，建立健全海洋牧场产品质量安全追溯体系。然后，各部门及各地方政府企业应按照国家立法的规定，明确追溯对象、追溯信息、追溯环节、追溯主体、法律责任等相关内容，将食品质量安全可追溯的要求落到实处。同时，依据中央一号文件，结合水产品标准化生产、生产档案记录、加工档案记录、包装标识、市场准入等制度，增加强制性条款，执行立法强制力，加大对违法行为的惩处力度，保障海洋牧场产品追溯信息的准确性和可靠性。

二、发挥参与主体功能和明确部门责任

海洋牧场产品溯源涉及养殖生产、加工、流通、消费、监管等方面，只有各个参与主体协调合作，才可实现贯穿海洋牧场产品安全生命周期的追溯与监管。海洋牧场产品每个环节都需加强对可追溯体系的认知程度，积极参与并落实各自环节的可追溯工作，整合资源，建立统一的海洋牧场产品质量安全追溯体系。通过建立国家、省、市、县、企业（包括生产企业、加工企业、流通企业）、消费者多级共享互联互通的可追溯平台，借助追溯载体，通过可追溯网络进行实时追踪和监管，保证海洋牧场的产品安全。

三、完善海洋牧场产品追溯平台的技术支持与配套设施

建立与国际接轨的统一海洋牧场产品安全标识系统，如全球标识系统和通用商业语言；完善海洋牧场产品包装、标签等追溯载体；推广普及多样性食品可追溯终端，满足不同场景下的应用需求，提高操作效率和准确率，保证海洋牧场产品可追溯系统的完整性和可行性，实现海洋牧场产品安全追溯体系的科学建设和持续发展。

四、新溯源技术在海洋牧场追溯过程中的应用

国内外目前采用的食品溯源技术可以分为物理方法（标签溯源技术，如电子标签、条形码等）、化学方法（如矿物元素指纹分析技术、稳定性同位素溯源技术、有机物溯源技术、红外光谱指纹技术等）和生物方法（如DNA指纹分析技术）。在水产品追溯过程中主要采用条形码、二维码、无线射频等物理方法，随着水产品检测技术、物联网技术、数据库技术的发展，用于食品溯源的化学方法标识技术和生物方法标识技术将逐步用于海洋牧场产品质量安全追溯过程中。

主要参考文献

陈亚莉, 王金刚. 1992. 条形码技术应用. 应用光学, 13: 4-6.
陈瑶, 陈光彩, 李映志, 等. 2015. 基于条形码的可追溯植物组培苗生产管理系统开发. 东南园艺, 1: 42-47.
程雪, 周修理, 李艳军. 2008. 射频识别(RFID)技术在动物食品溯源中的应用. 东北农业大学学报, 39(10): 140-144.
何旭. 2010. 果蔬产品条形码跟踪追溯. 农产品加工, 10: 6-7.
黄锋, 郝鹏, 吴华瑞. 2008. RFID 中间件在农产品安全追溯系统中的应用. 农业工程学报, 24(Supp. 2): 177-181.
李久林, 高亮, 刘君, 等. 2015. 基于二维码的蔬菜溯源信息管理平台的设计. 江苏农业科学, 43(2): 403-405.
刘学馨, 杨信廷, 宋怿, 等. 2008. 基于养殖流程的水产品质量追溯系统编码体系的构建. 农业网络信息, 1: 18-21.
刘禹, 曾隽芳, 田利梅. 2006. RFID 在食品安全中的应用方案. 计算机工程与应用, 42(24), 201-203, 210.
马金平, 陈彦珍, 王佳, 等. 2015. 二维码追溯技术在葡萄栽培及葡萄酒上的研究与应用. 北方园艺, (21): 205-207.
宋怿, 黄磊, 杨信廷, 等. 2015. 水产品质量安全可追溯理论、技术与实践. 北京: 科学出版社.
隋颖. 2011. 鲆鲽类标识与溯源技术的建立. 中国海洋大学硕士研究生学位论文.
杨超. 2012. 用于南美白对虾供应链的溯源系统研究. 浙江大学硕士研究生学位论文.
曾隽芳. 2007. RFID 技术发展与应用现状分析及未来趋势展望. 金卡工程, 1: 55-59.
张杰. 1994. 条形码技术应用探讨. 计算机时代, 1: 29-31.
张起萌, 李燕杰, 宋爽. 2015. 农产品二维码溯源系统研究. 电子制作, (14): 38.
赵秋艳, 汪洋, 乔明武, 等. 2012. 有机 RFID 标签在动物食品溯源中的应用前景. 农业工程学报, 8: 154-158.
Konstantinos D, Bimal K, Chimay A. 2007. Radio-frequency identification (RFID) applications: A brief introduction. Advanced Engineering Informatics, 21(4): 350-355.
Mcmeekin T A, Baranyi J, Dalgaard J, et al. 2006. Information systems in food safety management. International Journal of Food Microbiology, 112(3): 181-194.
Smith G C, Tatum J D, Belk K E, et al. 2005. Traceability from a US perspective. Meat Science, 71(1): 174-193.

第十一章 海洋牧场的运营管理与效益分析

邱天龙 孙景春 杨红生

摘要： 本章从运营管理、效益分析及风险评估三个方面系统分析了海洋牧场管理现状和存在的问题。结合国内外海洋牧场构建的实例，对海洋牧场的管理机制，产生的经济效益、生态效益、社会效益进行了论述，剖析了我国当前海洋牧场建设存在的问题，如缺乏统筹规划和科学论证，忽视项目建设及效果评估和系统管理等。提出了坚持产前调研评估、产中过程管理、产后服务管理的“三步走”建设管理原则和坚持“生态优先、陆海统筹、三产贯通、四化同步、创新跨越”的发展原则，加强海洋牧场建设的宏观引导，推动海洋牧场体系化建设，实施海洋牧场企业化运营。

关键词： 海洋牧场，运营管理，效益分析，风险评估

海洋牧场是基于海洋生态学原理和现代海洋工程技术，充分利用自然生产力，在特定海域科学培育和管理渔业资源而形成的人工渔场。海洋牧场的特征包括：以增加渔业资源量为目的、具有明确的边界和权属、苗种主要来源于人工育苗或驯化、通过放流或移植进入自然海域、以天然饵料为主和对资源实施科学管理。20 世纪 80 年代以来，我国海洋牧场从增殖放流、人工鱼礁建设向系统化的海洋牧场发展，目前存在着的海洋牧场的涵义应用过于宽泛，缺乏统筹规划和科学论证，忽视海洋牧场生态作用，忽视项目建设及效果评估和系统管理等问题。展望未来，我国的海洋牧场建设应在“生态优先、陆海统筹、三产贯通、四化同步、创新跨越”的发展理念指导下，加强海洋牧场建设的宏观引导，推动海洋牧场体系化建设，实施海洋牧场企业化运营。在获得经济效益的同时，实现产业繁荣和保持生态系统健康的和谐统一。

海洋牧场按照分布海域可分为海湾型、滩涂型、岛礁型和离岸设施型等海洋牧场；按照增养殖对象可分为鱼类型、藻类型、贝类型和海珍品型等海洋牧场；按照功能作用则可分为生产型、休闲观光型和多功能型等海洋牧场；按照部门管理可分为投礁型、增殖型、田园型、游钓型、装备型等海洋牧场。海洋牧场的建设是一项浩大的工程，而建成后的运营管理更是一个复杂的过程。这其中包括专门的项目建设与组织的运营管理，也包括成立专门的职能部门负责

海洋牧场的管理，这些过程涉及多个方面的管理与协调工作，尤其是要处理好海洋牧场与周围渔民的利益分配关系。生产型海洋牧场管理的核心是通过协调海洋牧场中各种生物资源的结构配置，提高牧场的资源产出，实现利益的可持续与最大化。

第一节　海洋牧场的运营管理

生产运营管理是指为了实现企业经营目标，提高企业经济效益，开展生产运营活动计划、组织和控制等一系列管理工作的总称。狭义的生产运营管理仅局限于生产运营系统的运行管理，实际上是以生产运营系统中的生产运营过程为中心的运营管理。从广义的角度来看，生产运营管理不仅包括生产运营系统的运行管理，还包括生产运营系统的定位与设计管理，可以认为是选择、设计、运行、控制和更新生产运营系统的管理活动的总和。

一、宏观行政管理

（一）海洋牧场的审批与部门管理

构建海洋牧场，特别是投放人工鱼礁等设施工程，对海域底质产生的影响往往是不可逆的，与一般养殖用海对海域的影响迥然不同。然而我国目前针对这类用海的海域使用审批能够依据的法律仅有《中华人民共和国海域使用管理法》，构建海洋牧场的海域使用申请参照一般养殖用海执行，缺乏适合构建海洋牧场的海域使用规范或标准。

单位和个人可以向县级以上人民政府海洋行政主管部门申请使用海域。申请使用海域的申请人应当提交下列书面材料：海域使用申请书；海域使用论证材料；相关资信证明材料；法律、法规规定的其他书面材料。其中，不改变海域自然属性的 700hm^2 以上的用海项目需要报国务院审批。

（二）海洋牧场运营管理与监督

我国的海洋牧场建设主要是企业行为，其管理由建设方执行，海洋牧场的运营与一般企业运营类似，接受工商、税务、质检、环保等部门的监督。然而，由于海洋牧场的实体位于水面以下，缺乏牧场现状和运营管理的透明度，受技术条件限制，其生产、经营管理过程难以有效监管，是目前生产管理和第三方风险评估的盲区。一些大型上市公司进行的海洋牧场投资活动监管难度大，给投资者造成了难以预知的风险。

二、生产运营管理

经济学理论认为，任何生产企业都面临着“为谁生产，生产什么和如何生产”三个基本经济问题，而“如何生产”涉及的就是运营管理问题。注重过程的管理理论认为管理由管理者、管理对象和管理手段组成。资源管理理论则认为管理要素除了人、财、物，还有时间、空间、信息等。职能管理理论则将管理要素分为：计划、组织、指挥、协调、控制等五个要素。

生产活动的管理，主要是人（劳动者）、财（资本）、物（生产工具）的管理，而人的管理则是重中之重，这也是符合“生态管理”要求的。英国生态学家 A. G. Tansey 于 1935 年最先提出生态管理的概念。生态管理是为实现长期保护自然生态系统的总体目标，综合运用社会政治和价值观框架内的生态关系的科学知识，包括运用制度、行政方法和科学技术方法等来管理整个生态系统的一门知识。人为因素是生态破坏的主要因素，因此对人类活动的管理是生态系统管理的重要内容。管理过程中应同时将生态保护、自然环境状况及社会经济技术条件结合起来综合考虑，使生态保护规划纳入整个社会和经济规划，谋求社会经济系统和自然生态系统和谐统一和可持续发展（崔木花和侯永轶，2008），海洋牧场生产管理更是如此。

（一）运营管理的发展历史与趋势

运营管理的发展大致经历了“放任性管理”、“科学管理”、“最高效率、最低生产成本管理”几个阶段。早期的“放任性管理”以英国经济学家亚当·斯密（Adam Smith）的劳动分工理论为代表；“科学管理”以美国工程师弗雷德里克·泰罗的生产作业管理为代表，科学管理通过提高每一单位劳动的产量来提高劳动生产率，从而实现利润最大化的目标；“最高效率、最低生产成本管理”主要以围绕大批量生产运营模式开展的以“标准化、简单化、专业化（standardization、simplification、specialization，简称‘3S’）”为内容的现代化生产阶段。随着互联网和人工智能的发展，生产运营管理的理论和方法正在发生着深度而快速的变革（朱桂平，2014）。

20 世纪初，被称为“科学管理之父”的美国工程师弗雷德里克·泰罗首先提倡科学管理运动，他将科学的定量分析方法引入到生产管理中。他认为提高作业效率的关键就在于为每一项工作制定出完善而又公正的标准，科学法则决定每人每天的工作量及管理人员的职责。

1913 年，亨利·福特在自己的汽车工厂内安装了第一条汽车组装流水线。由于采用专业化分工和流水作业，极大地提高了劳动生产率，同时结合零部件的标准化生产，使生产成本大幅度降低。流水线生产方式代表了一种大批量的、规模经济的生产方式，至今，仍以其高效率、标准化和在制品库存低的优点被广泛应用。

20 世纪 50 年代，统计质量控制技术和工人参与质量管理改进的思想传播到日本，在 20 世纪六七十年代的实践中，日本企业丰富并进一步发展了这一思想，并将其与日本文化相结合，创造出全面质量管理（TQC）体系，为树立日本企业在国际市场的领先地位奠定了坚实的基础。

到 20 世纪 90 年代，业务流程再造、供应链管理、核心竞争力、学习型组织等管理学新思想为生产运营管理提供了新的理论和方法，准时化生产方式（JIT）在世界范围内得到推广应用。

美国质量学家朱兰博士曾指出："将要过去的二十世纪是生产率的世纪，将要到来的二十一世纪是质量的世纪"。也就是说，二十世纪的经济增长主要是产量和规模扩大的粗放型增长，而二十一世纪将是以质量为主的集约型增长，市场竞争将由数量竞争逐步转为质量竞争。质量已成为进入国际市场关注的焦点，未来企业的竞争，实质是质量的竞争。所以企业必须重视质量管理，以适应顾客和相关方的需要。

现代生产运营管理正在成为一种战略化、综合化管理，生产运营管理一体化格局进一步加强，具有网络化、智能化的特点，重视对服务系统的生产运营管理研究。

现代企业生产运营具有以下几项共性基本特征。

（1）重视科学技术的应用。与传统生产运营相比，在现代生产运营中，科学技术的作用越来越重要，生产运营过程作为信息处理和变换过程的属性表现得更为突出，影响到生产运营系统的各个环节。知识信息、先进的生产运营工艺技术和设备，在投入要素中所占的比重越来越大。目前的互联网+、大数据分析、电商运营模式等对生产运营的影响也不断显现。

（2）生产运营模式以多品种、小批量为主。当今社会已进入一个多样化的时代。20 世纪初以"福特制"为标志的单一品种、大批量的生产运营模式，正逐渐被多品种、小批量的生产运营模式所替代。为适应当代生产运营环境，采用多品种、小批量生产运营模式，如淘宝、微商、订单式生产、定制化生产等成为一种必然的发展趋势，其能够有效地克服大批量生产运营模式的缺陷，在最大限度地减少库存的同时，能更好地满足顾客个性化需求。

（3）生产运营系统的柔性化。一般认为，生产运营的多样化是和高效率相矛盾的，因此，在生产运营多样化前提下，努力搞好专业化生产运营，实现多样化和专业化的有机统一，也是现代生产运营的追求方向。为此，现代生产运营实践中努力推广采用柔性生产运营系统以提高生产效率。尤其在信息技术高速发展的当今，柔性生产实现的难度也大大降低。

（4）追求"绿色"生产。工业的发展，特别是制造业的发展，对环境影响越来越大，在环境容量有限的条件下，导致生态失衡、环境污染、资源枯竭的粗放式生产方式难以为继，更不利于持续发展，因而必须走“绿色”生产之路。

（二）信息化生产管理系统的发展

企业的生产活动都是围绕客户需要的产品来进行的，各个生产环节的物料种类繁多，工序流程复杂，如何将各种物料与多道工序统筹安排和配比，做到既能降低物料库存，又能提高生产效率，是一项复杂、系统的管理工作。对这一问题最早提出解决方案的是 IBM 公司的 J. A. Orlicky 博士，他在 20 世纪 60 年代设计并投入使用了第一个物料需求计划（material resources planning，MRP）系统，MRP 系统的功能定位简言之即“在所需的时间、所需的地方，取得生产所需的物料，做到准确无误”。MRP 的主要任务是编制零件的生产计划和采购计划。MRP 运行的基本原理是以物料转化为中心，以确保物料正确转化来组织调配资源，实现准确生产，满足顾客需要。最早的 MRP 系统没有信息反馈与控制功能，称为基本 MRP 阶段。

美国著名生产管理专家奥利佛•怀特（Oliver W. Wight）于 1977 年 9 月提出了一个新的管理概念——制造资源计划（manufacturing resources planning，MRP），为了与传统的 MRP 区别，通常称之为 MRPⅡ。MRPⅡ适合于制造业企业资源配置管理，具有一整套成熟的管理方案。它围绕企业的基本经营目标，以生产计划为主线，对各种资源进行统筹和有效控制，同时还能够对企业物流、信息流和资金流进行综合处理和动态反馈。MRPⅡ的核心思想是把企业作为一个有机整体，从整体最优的角度出发，通过运用科学方法对企业各种制造资源和产、供、销、财各个环节进行有效地计划、组织和控制，使它们得以协调发展，并充分发挥作用，使企业各个部门有了一个统一可靠的计划控制工具。

生产管理控制系统在经历了基本 MRP 阶段、闭环 MRP 阶段、MRPⅡ阶段后发展到企业资源计划（enterprise resource planning，ERP）系统阶段。ERP 集中信息技术与先进的管理思想于一身，是现代企业的运行模式，反映时代对企业合理调配资源，最大化地创造社会财富的要求，为企业在信息时代生存、发展奠定了基石。ERP 理论是在产品复杂性增加、市场竞争加剧及信息全球化背景下应运而生的。ERP 最早由美国高德纳咨询公司（Garter Group Inc.）提出，是当今国际上先进的企业管理模式。ERP 定位于对企业所拥有的人、财、物、信息、时间和空间等资源进行综合平衡和优化管理，面向全球市场，协调企业各管理部门，围绕市场导向开展业务活动，使得企业在激烈的市场竞争中全方位地发挥优势，实现利益最大化。

从 MRP 到 MRPⅡ，再到 ERP，信息技术的重要性日益凸显。目前的 ERP 阶段，以计算机为核心的企业级管理系统更为成熟，随着系统功能的完善，如财务预测、生产运营能力评估、资源调度等，使 ERP 成为企业进行运营管理及决策的有力工具，因而是现代化企业管理不可或缺的信息管理系统。

（三）管理活动的科学评估

20 世纪 50 年代开始，国际社会对质量的追求一直没有停止。产品质量是衡量管理活动是否成功的重要标准，在质量管理评价方面，日本的戴明奖开了质量管理奖评价先河，以后陆续有奖项出现。国外比较流行的是美国的波多里奇质量奖和欧洲质量奖评价模型。

1. 日本戴明奖

日本戴明奖是最早创立的一个拥有较高国际间影响力的质量奖。该奖由日本科学技术联盟（JUSE）于 1951 年设立，以纪念戴明对日本质量管理所做出的贡献，戴明的管理理念帮助日本建立了一个很好的工业基础，正是在这个基础之上，日本的产品质量才达到了今天这样被世界广泛承认的水平。

2. 美国波多里奇质量奖

20 世纪 80 年代，美国经济的领导地位受到崛起中的日本的威胁，美国提出需建立类似日本戴明奖的国家质量奖，来规范促进质量管理活动。1987 年，马尔科姆•波多里奇质量奖（简称：波多里奇质量奖）应运而生，该奖项又称为卓越绩效模式（图 11-1）。波多里奇质量奖运用系统观点，以顾客为中心，融合基于目标的质量诊断，注重展现卓越业绩，从领导、战略规划、顾客与市场、信息分析、过程管理、人力资源、经营业绩等 7 个方面评价组织质量管理。波多里奇质量奖制定的标准在提高企业管理业绩，改进运营管理整体效率，促进美国所有企业团体相互交流并分享最佳经营管理经验等方面发挥了重要作用。

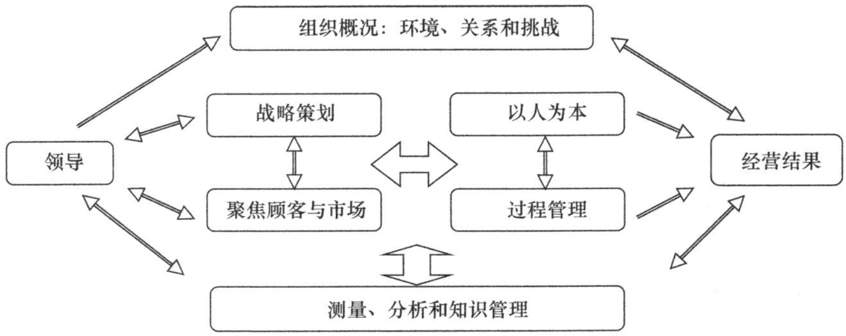

图 11-1　卓越绩效模式评价模型（朱桂平，2014）

3. 欧洲质量奖

欧洲质量奖从领导、合作伙伴和资源、过程、人员管理政策和战略、人员管理结果、顾客满意、社会结果和关键业绩结果等方面来评价组织管理的业绩。1988 年，欧洲 14 家大型企业联合发起成立了欧洲质量管理基金委员会（European

Foundation for Quality Management，EFQM），建立了 EFQM 模型（图 11-2），设立欧洲质量奖，引导企业持续改进，追求卓越，并于 1992 年设立了欧洲质量奖，以表彰那些在实施全面质量管理（TQM）模式中取得优秀业绩的企业。

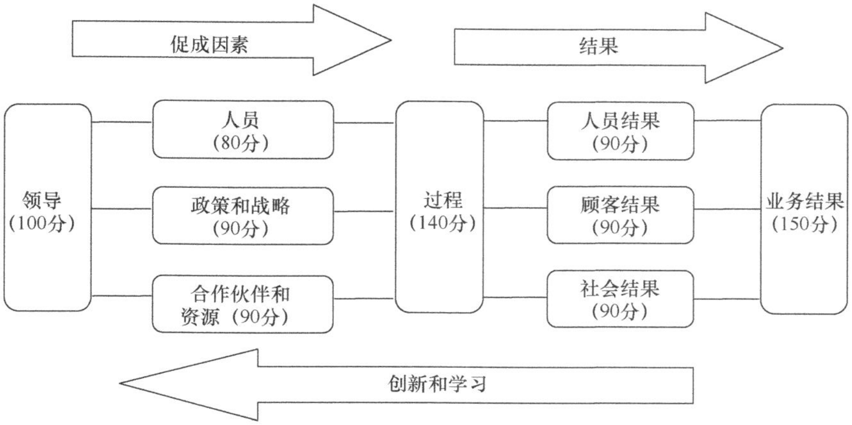

图 11-2　欧洲质量奖的逻辑模型（朱桂平，2014）

4. 中国国家质量奖

在借鉴卓越绩效模式的基础上，2004 年，由国家质量监督检验检疫总局正式颁布了“卓越绩效评价准则”国家标准，《卓越绩效评价准则》（GB/T 19580—2012）经国家质检总局、国家标准化管理委员会批准，于 2012 年 8 月 1 日正式实施。该准则（图 11-3）建立在一组相互关联的基本理念基础上，这些基本理念包括：远见卓识的领导；战略导向；顾客驱动；社会责任；以人为本；合作共赢；重视过程与关注结果；学习、改进与创新；系统管理。这些基本理念涵盖了国际上先进的经营管理理论和方法，也是许多世界级成功企业的经验总结，它贯穿于卓越绩效模式的各项要求之中，应成为企业全体员工，尤其是企业高层经营管理人员的理念和行为准则。

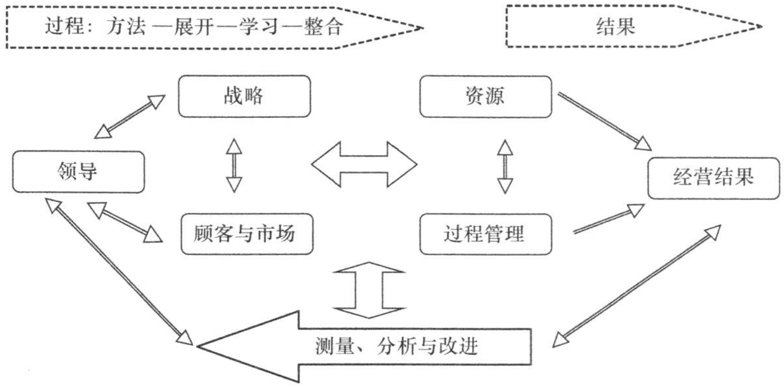

图 11-3　卓越绩效评价准则框架图［《卓越绩效评价准则》（GB/T 19580—2012）］

（四）海洋牧场运营管理存在的问题

1. 缺乏统筹规划和科学论证

由于缺乏全国性规划和国家或行业标准，各地海洋牧场建设同质化严重，地区间缺乏协调，没有使经济和生态效益最大化。

海洋牧场的建设是一个系统工程，需要工程建造学、海洋资源学、生物学、海洋物理学等相关技术的合作。目前，关于海洋牧场环境优化技术研究的资助力度尚且不足，海水种苗培育基地建设、人工海底构筑结构、海湾环境监测系统、鱼类洄游观测系统和鱼群行为监测系统等方面的研究尚需加强。在科技人才方面，我国海洋牧场的建设理论大部分来自于日本、韩国等的经验学习，而缺乏自主创新，缺少相关技术的优秀人才。同时由于产、学、研结合不够密切，科技成果转化服务平台建设不完善等原因，使得很多最新科研成果局限于实验室规模，难以得到大范围的推广使用（李波，2012）。

2. 忽视海洋牧场的生态作用

海洋牧场往往被视为海洋水产品的生产系统，对产量和经济效益的过分追求导致海洋牧场在提供生态廊道、庇护野生种群、调节流场和物质输运等方面的生态作用被忽视。过度密集、单一品种的养殖，使海洋牧场抵御外界环境变化的能力弱。海水养殖环境影响的系统研究不足，区域性养殖强度过大、种类及养殖方式单一，致使环境恶化和生态系统失衡等问题大量存在，对养殖区及其毗连海域的生态环境产生了影响。

3. 管理体制滞后

海洋牧场作为一种新兴的渔业发展模式，尚未形成一套科学的运营管理体制来保障海洋牧场的健康可持续运行。在实际运行中，政府没有设置专门的职能部门进行监督管理，在礁体建好后，任由其自生自灭，缺少管理和维护，后续的放流、底播增殖等都没有及时进行。公共海域的海洋牧场一般由海洋与渔业局负责规划管理，但其相关职能又没有明确规定，导致出现执法空缺。李波（2012）认为，可以按照“谁主入，谁受益”的原则，将投入与管理有效地联系起来。将海域资源、人工鱼礁、苗种投入等生产要素按股分配，谁投资谁收益，由股份多的投资方负责设立专门的管理部门进行运营维护。同时应该意识到，人工鱼礁的建设必须要符合该地区的长远规划，并且要合理布局，这一点可以海洋与渔业部门设立专门的职能部门进行规划和统筹管理。

4. 融资渠道不完善

必须丰富拓展投融资渠道和主体，逐渐实现政府管理向社会管理和企业管理的过渡。海洋生态牧场建设投资大、周期长，先期应争取国家财政性资金和政策性金融支持，建立国家海洋生态牧场发展基金，启动海洋生态牧场示范建设。同时，应拓展海洋生态牧场使用权物权化融资渠道，广泛吸纳社会资本、民间资本、外来资本参与海洋生态牧场的运营、维护、管理和技术研发。

三、"智慧海洋"在海洋牧场管理中的应用

"智慧"是数字化、网络化和智能化的形象比喻，被公认为是未来社会发展的大趋势。所谓"智慧海洋牧场"（intelligent marine ranching），是指在海洋牧场建设中引入物联网、传感器、云计算等新技术，在运行中高度智能化、数字化、网络化和可视化，从而具有更高生产效率、环境亲和度和抗风险能力的新型海洋牧场（王恩辰和韩立民，2015）。计算机技术和互联网、物联网技术的不断成熟，为海洋牧场的运营管理提供了许多新的思路和方法。工程化、信息化、自动化的养殖生产设施与技术，自动投喂、采捕、加工设备，水下监控与实时传输、控制系统等的出现，使得海洋牧场运营管理更加高效、科学、规范。

（一）智慧海洋牧场功能特征

王恩辰和韩立民（2015）认为，智慧型海洋牧场一般应具备可视化、网络化、数字化、智能化的特点。

可视化，即全面的感知能力。通过遍布海洋牧场各处及各生产环节的传感器和可视化界面或终端设备组成"物联网"，并综合利用射频识别技术（RFID）、传感器、二维码等技术手段，实现随时随地进行信息采集，并对海洋牧场运行的各个关键环节进行测量、监控和分析，以此实现对海洋牧场的全面感知。

网络化，即联通整合能力。将"物联网"接入互联网系统从而实现完全融合，可将海洋牧场内分散的、相对独立的人工鱼礁及其相关的传感器，以及各海洋牧场之间通过通用的通讯协议整合为一个具有良好协同处理能力的有机体，融合海洋牧场基础数据、时空数据等，为海洋牧场运营提供智慧化的基础设施。

数字化，即量化存储能力。通过全面感知能力获得的海洋牧场运行期间的所有数据都能够被精确量化，通过联通整合能力被汇总、积聚在统一的数字化存储设备中。数字化可以更精确地记录、考核海洋牧场的运营状态，为实现智能化提供数据积累。

智能化是智慧海洋牧场的根本特征。计算机大数据挖掘技术的诞生和逐步成熟为智能化提供了技术支撑。依托于数字化积累下的海洋牧场历史运营数据，通过科学的数学建模，可以为海洋牧场运营状态提供更科学有效的评估，甚至对下一步的运营状态进行预测，从而帮助经营者更好地控制成本投入和操作管理，规避风险损失，提高养殖产品质量。

（二）智慧海洋牧场发展的关键技术

1. 物联网技术

在智慧海洋牧场中，物联网是一切“智慧”功能实现的基础设施。借助物联网技术（the internet of things），海洋牧场管理突破了传统的人与自然互动方式，通过“物—物”通信与集成，海洋牧场中的自然元素，如人工鱼礁、海洋生物等，成为海洋牧场运行的主动参与者：通过感知环境信息和交换数据，实现物体和物体、物体和环境之间的互动和交流，从而触发相应地动作或者服务，使其自主地对海洋牧场运营中的各种情况作出反应。

2. 云计算技术

云计算（cloud computing）是指通过网络把多个成本相对较低的计算实体整合成一个具有强大计算能力的计算机系统，并借助先进的商业模式，将强大的计算能力分享给终端用户的计算机技术。借助于物联网技术，智慧海洋牧场的运营会产生巨量数据存储与计算的需求会使投资成本过高，甚至难以承受。云计算技术为智慧海洋牧场相关数据存储与计算提供了廉价可靠的解决方案。

3. 大数据与数据挖掘技术

在海洋牧场运营过程中，必然会伴随产生大量的数据积累，如海洋牧场海域在不同季节、不同时间段的物理数据，某些自然条件变化时海洋牧场内生物的应激变化等。这些数据是以离散的形式被保存在各个数据库中，而大数据挖掘技术就是利用科学的算法，从这些看似离散、互不关联的数据中找出内在的客观规律，并对未来趋势进行合理预测。

综上所述，在智慧海洋牧场的建设运营中，物联网技术为数据采集提供了技术手段，云计算技术为数据处理提供了能力支撑，二者是并列的支撑手段，用于帮助大数据及数据挖掘技术的实现，从而实现海洋牧场运营管理的智能化（王恩辰和韩立民，2015） 。

（三）“3S”技术在海洋牧场运营管理中的应用

“3S”技术是遥感技术（remote sensing，RS）、地理信息系统（geography information systems，GIS）和全球定位系统（global positioning systems，GPS）的统称，是空间技术、传感器技术、卫星定位与导航技术和计算机技术、通讯技术相结合，多学科高度集成的对空间信息进行采集、处理、管理、分析、表达、传播和应用的现代信息技术。“3S”技术是现代技术发展的先导，对全世界科技进步发挥着重要的引领作用，在海洋农业领域也有广泛的应用。我国 RS 应用处于世界先进水平；GIS 技术正应用在大中城市的城市信息系统（urban information system，UIS）建设中；GPS 技术应用已开始进入民用和商业化。以 RS、GIS、GPS 为基础，将 RS、GIS、GPS 三种独立技术中的有关部分有机集成起来，构成一个强大的技术体系，可实现对各种空间信息和环境信息的快速、准确、可靠的收集、处理与更新。

RS 应用是通过一组位于椭圆形低地轨道的卫星，从高空接收来自地球表层各类地物的电磁波信息，并通过对这些信息进行分类处理和分析，从而对地表各类地物和现象进行远距离测控和识别的现代综合技术。遥感技术可用于气候气象观测预报、植被资源调查、病虫害预测、作物产量估测、交通线路网络与旅游景点分布、环境质量监测等方面。海洋牧场中初级生产力的评估、海上溢油的监测和预警等均可以通过 RS 实现。

GIS 是一个专门管理地理信息的计算机软件系统，它不但能分门别类、分级分层地去管理各种地理信息；而且还能将它们进行各种组合、分析、再组合、再分析等；还能查询、检索、修改、输出、更新等。基于 Open GIS 集成的海洋牧场地理信息管理决策系统，集成了可视化功能，为管理者和科研工作者提供一个可实时监测海洋牧场运行情况的平台，该平台具有数据管理、数据分析、适宜性评价和效果评估等功能，实现对海洋牧场的数据存储、数据查询、选址评价、多样性分析、生态服务价值评估和建设前后环境状况遥感分析，管理者既可以通过观测历史数据评估牧场的环境和资源变动情况，又可以依靠最新海上调查数据做到实时跟踪评价，为海洋牧场的运营维护和决策制定提供了实时监测和反馈（于杰等，2015）。

GPS 能够提供全天候三维坐标、三维速度和时间信息。海洋牧场的日常生产管理离不开海域的精确定位，GPS 几乎是目前所有船只的必需设备。不过，随着我国自主研发的北斗卫星导航系统（BDS）的不断补充和完善，GPS 导航系统将被信息安全性能更高、定位更快更精准的 BDS 取代。

（四）“互联网+”海洋牧场管理系统

近年来，中国科学院海洋研究所与山东蓝色海洋科技股份有限公司合作建设的莱州湾海洋牧场充分利用“互联网+物联网”技术，实现了山东全省最大规模的海洋农业物联网覆盖，1.07 万 hm^2 海洋牧场基本上实现了信息化管控、智能化管理。管控指标覆盖了人、船、海洋环境、养殖环境、海生生物等全部生产要素。主要包括如下七大系统。

（1）海洋气象信息预报系统：与互联网连接，关联国家主要的海区天气预报，发布海区天气情况，涵盖气象、气温、风力、风向、浪涌等所有指标，为海区生产提供天气预警。

（2）船舶管理系统：利用高频对讲、GPS 船只监控终端，实时发布人员、作业船动向及工作状态，实现船只调度的便捷化、高效化。

（3）自动考勤系统：通过无线通信技术，结合卫星定位的区域控制功能，实现高效率的员工考勤。

（4）外船预警系统：通过雷达、卫星导航仪，实现全海区监控覆盖并实时反馈海区内所有船只动向及外船警戒预警（图 11-4，左）。

图 11-4 海洋牧场监控中心（图片拍摄者：张立斌）

（5）在线监测系统：布设 33 个监测站位，利用先进的监测集成技术和无线通信传输协议，实时传输养殖区温度、盐度、溶解氧、叶绿素、流速等数据，及时监控海区环境变化情况，及时预警。

（6）视频监控系统：通过互联网监控技术实时传输各生产区域监控画面，配合可追溯体系，增强消费者生产现场的体验和了解，保障食品安全。

（7）生物野外监测系统：利用先进的摄像装置，结合生物野外长期标记和基于鱼类三维声学定位系统的遥测技术，获得刺参等重要经济生物的实时监测影像，并通过动物行为学分析软件，分析刺参等动物的运动、集群、社交、摄食等行为特征，研究声波、压强、水流等对刺参行为和摄食的影响（图 11-4，右）。

与此同时，引入了现代物联网技术和 ERP 系统，构建了基于物联网的产业链无缝化、全信息质量安全溯源系统平台，实现“从海洋到车间，从苗种到产品”的加工产业链全信息、无缝化质量安全溯源，为养殖户提供产品质量控制、产品信息追溯、风险预警、生产信息分析等多种服务。

（五）人工智能在海洋牧场日常维护与管理中的应用

智能型自动化水下采捕机器人和智能型自动化网箱清污机器人是实现海洋牧场生产全过程机械化、自动化的两个关键设备。目前，国内外在网箱清污机器人的技术研发方面已经解决，实现亲民的价格只是时间的问题。

在海洋牧场人工礁区复杂底质环境上进行采捕作业是一件费时费力且危险性高的职业，智能型自动化水下采捕设施的研制和普及将解决海洋牧场生产中最棘手的环节。目前，从事水下作业机器人研发的团队很多，仅山东青岛就有工业机器人生产企业 20 多家，年产值约 3 亿元。然而，数十米海水环境条件下，伴有藻类、石块等复杂地形环境，能够实现高效采捕海珍品的机器人研发难度高，目前国内外尚未有成熟的产品面世。当前，我国在工业机器人生产的三大核心部件谐波减速器、伺服电机和控制系统方面仍然落后发达国家，智能型自动化水下采捕装备无论国外还是国内，仍有较长的一段路要走。

四、海洋牧场运营管理对策

（一）坚持牧场建设“三步走”的原则

一般生产型企业的生产运营过程是指从原材料投入生产运营开始直至生产出成品或完成服务为止的全部过程；广义的生产运营过程是指从生产运营技术准备开始到生产出成品或完成服务为止的全部过程。按照性质和作用，生产运营过程一般有以下几个组成部分：①基本生产运营过程；②生产运营技术准备过程；③辅助生产运营过程；④生产运营服务过程。

海洋牧场以持续高效产出生态绿色海产品为目标，与一般性生产企业不同，其对自然生态环境的依赖性强，人为可干预程度低。海洋牧场建设应当重视产前调研评估、产中过程管理、产后服务管理三个重要环节，分“三步走”。

第一步产前调研评估。海洋牧场建设前期的调研和评估是必不可少的。海洋牧场的规划建设应视具体海域环境条件而定，需要针对每一片海域选择适宜的渔业增养殖品种，投放专业化设计的人工鱼礁，根据流场、地形等环境特点合理布局人工鱼礁群结构。这些都需要因地制宜，不能盲目照搬其他国家或海域的成功模式，因此进行实地调研和环境影响评价应当是建设海洋牧场的第一步。

第二步产中过程管理。海洋牧场的实质性建设过程包括鱼、虾、贝、藻、参等的有序放养与合理搭配，以及科学的过程监测与管控等生产活动。这一过程需要开展的内容主要包括：人工鱼礁投放、生态修复、苗种保育、放流增殖、放流生物行为学控制、环境监测与调控、病害防控与生态防治等。

第三步产后服务管理。产后服务管理包括产品采捕、加工、流通、营销等内容。科学评估牧场资源，确定最佳捕捞量，保证自然资源的种群数量和结构，使其保持在最优的生产输出水平是产后管理的重要内容。根据资源补充和种群变动规律制定最优捕捞量，实行对牧场内生物资源进行适度捕捞，维持牧场的最大可持续产出是海洋牧场创造效益的重要方式。

（二）坚持生态优先、陆海统筹等发展原则

现代海洋牧场建设必须坚持生态优先、陆海统筹、三产贯通、四化同步、创新跨越的原则，集成应用环境监测、安全保障、生境修复、资源养护、综合管理等技术，实现海洋环境的保护与生物资源的安全、高效和可持续利用。拓展创新链，夯实技术链，延长产业链，实施创新驱动发展战略，实现现代海洋牧场建设和协调发展。

坚持生态优先。海洋牧场的发展有赖于健康的海洋生态系统，必须在系统评估海域环境和生物承载力的基础上，合理布局，精心规划，加强生境恢复和修复。水深 6m 以浅海域是滨海湿地，是自然之肾、生物超市，必须坚持构建海底森林；水深 6～15m，可以合理布局筏式养殖贝类和大型藻类，布设人工鱼礁，筑巢引凤；在水深 15m 以远的区域，可以合理布局网箱养殖群和大型养殖工船，开展鱼类等养殖。

坚持陆海统筹。必须控制人类活动对海岸带的影响，控制陆源污染，减少污染物增量，有效利用或处理海中存量。从陆海资源环境特点和现状出发，根据国家和地方海洋功能区划，因地制宜、科学合理地海洋牧场的区域空间布局。海洋牧场应统筹规划陆地和海上生产空间，根据水深和距陆地距离合理布局各类增殖形态和增殖对象，同时将休闲渔业和生态旅游等产业有机融入海洋牧场建设中。节约利用海域等空间资源，实现海洋牧场建设与沿海经济社会发展相互协调。

坚持三产贯通。知识提升经济，技术催生产业。按照“围绕产业链，部署创新链、运用资金链、提升价值链”的指导思想，在进一步夯实增养殖和捕捞产业的基础上，大力发展水产品加工与流通等二、三产业，实现海洋牧场建设中一、二、三产业的贯通，使海洋牧场成为经济社会系统和生态系统的一部分，发挥其对上下游产业、周边产业和当地社会的拉动作用，如工程装备、精深加工、休闲渔业等。

坚持四化同步，工程化、机械化、自动化、信息化是现代海洋农牧业的发展方向，海洋牧场要加强食品安全追溯技术、“3S”技术、物联网和人工智能技术、牧场信息化管理、生物驯化、自动化采收等技术和装备的研发和应用。

坚持“创新跨越”，强化现代海洋牧场建设的基础研究、前沿技术研究、社会公益技术研究，提高科学研究水平和成果转化能力，抢占科技发展战略制高点。推动政、产、学、研、用协同创新，重点解决科研、产业“两张皮”的痼疾。不断提升企业的自主创新能力，强化企业在技术创新中的主体地位，建立以企业为主体、市场为导向、产学研相结合的海洋牧场科技创新体系。

五、海洋牧场运营管理案例分析

（一）国外成功案例

1. 日本海洋牧场

日本是投入人工鱼礁资金最多、投放人工鱼礁时间最早和对人工鱼礁研究最深入的国家，其沿岸海域的人工鱼礁群现已有 7000 多处，日本环岛沿岸几乎都设有人工鱼礁区（李冠成，2007）。1963 年，日本成立了专门的栽培渔业协会，负责管理和发展栽培渔业。1978～1987 年日本开始在全国范围内全面推进“栽培渔业”计划，并建成了世界上第一个海洋牧场——日本黑潮牧场，起初就是由浮鱼礁、给饵浮标和水下鱼礁组成的（刘卓和杨纪明，1995）。日本水产厅还制订了“栽培渔业”长远发展规划，用以指导在近海建立“海洋牧场”，其核心是利用现代生物工程和电子学等先进技术，通过人工增殖放流驯化的鱼群达到增殖和吸引自然鱼群的目的，使鱼群在海洋中也能像草原里的羊群那样，处于可控管理状态，形成统一高效管理体制（佘远安，2008）。2003 年，日本对水产机构进行改革，将栽培渔业协会并入日本水产综合水产研究中心，设立管理科和遍及全国的 16 个栽培渔业中心，专司栽培渔业项目管理和栽培渔业技术的研究、评价和实施工作。该中心对单位内部的栽培渔业进行了体制和机制整合与改革，进一步理顺了和地方政府、自治团体的关系，加强了与都道府县等各级政府的联合，并对项目实施情况和工作计划进行了重新评估，从而提高了工作效率，促进了栽培渔业的普及和落实。

日本黑潮海洋牧场是国际知名的海洋牧场成功案例，成功经验可归纳如下：

（1）在国家战略指导下开发海洋牧场，把海洋牧场事业作为综合事业开展，将海洋牧场的构想与水产土木工程及沿海综合治理等项目统筹开展，相辅相成；

（2）注重基础研究，在海洋学科中把海洋牧场研究技术门类细化，具有丰富的生态知识积累和洄游性鱼类研究基础；

（3）将浅海增殖放流作为海洋牧场开发的先行项目，并注重浅海增养殖与水产土木工程和生物学的交叉研究；

（4）注重知识转移和推广，把各个领域的尖端技术引入海洋牧场建设，将日本国家机构的海洋科技推广到渔业从业者中去；

（5）将资源管理的理念用于海洋牧场的管理。

2. 韩国统营海洋牧场

1994 年起，韩国政府进行了海洋牧场建设的可行性研究，于 1998 年开始实施“海洋牧场计划”，该计划投资 1589 亿韩元，通过海洋水产资源补充，形成海洋牧场，通过牧场的运营和管理，实现海洋渔业资源的可持续增长和最大化利用。该项目计划分别在韩国的东部、南部和西部海域建立几个大型海洋牧场示范基地，包括海岛型（丽水、统营）、海滩型（西海岸泰安）、观光型（东海岸）、体验观光型（济州岛）等海洋牧场示范项目，有针对性地开展特有优势品种的培育，在形成系统的技术体系后，逐步推广到韩国的各沿岸海域。

1998 年，韩国首先开始在庆尚南道统营市建设核心区面积约 20km^2，总面积 90km^2 的海洋牧场。经过努力经营，2007 年 6 月竣工，经韩国农林水产食品部调查，2006 年的资源量为 750t，比 1998 年的 118t 增加了近 7 倍。在统营海洋牧场成功经验的基础上，韩国又建成了 4 个海洋牧场，并将在统营牧场所取得的经验和成果应用到了其他海洋牧场（金钟万，2005；陈力群等，2006；焦桂英等，2008）。

统营牧场建设之初由韩国海洋研究院具体负责主持实施，由于在项目实施过程中出现了重大的管理机制问题，2007年移交给韩国国立水产科学院管理并负责实施。韩国国立水产科学院在项目执行中发挥管理监督、签订合同、总体关系协调、具体课题研究、品行表现评价等领导和中坚作用，该院成立了海洋牧场管理与发展中心，具体负责该项目的实施工作。

以已建成的统营海洋牧场为例，建设过程分三个阶段。一是成立基金会和管理委员会，明确管理机构、研究机构、实施机构等。二是增殖放流资源，建设海洋牧场。三是后期管理和建设结果的分析评估。其中科研和技术开发工作主要围绕区域地理和生态特征展开，重点研究了：生态学特性与建设模式设定、生境的改善、鱼类增殖、海洋农牧化使用和管理四个方面。海洋牧场构建的核心技术体系包括四个方面：海岸工程及人工鱼礁技术，鱼类选种、繁殖及培育技术，环境改善和生境修复技术，海洋牧场的管理经营技术。其他如放流技术，放流效果评价，人工鱼礁投放效果评价，牧场运行和监测技术，设施管理，牧场的经济效益评价，牧场建成后的管理、维护和使用模式等技术也开展了相关研究。

3. 美国海洋牧场建设

美国在第二次世界大战以后在东部海域投放了很多城市废弃物作为鱼礁，如废汽车、废火车头、废车厢、废锅炉、废轮胎、废管道等。建礁范围从美国东北部逐步扩大到西部和墨西哥湾，甚至到夏威夷，至1983年鱼礁区已达1200个，每处面积有数十英亩*，遍布水深60m以内的东西海岸及全美海域，其后每年以5%～10%的速度扩大人工鱼礁的建设面积。投礁材料也更广泛，废石油平台、废军舰、废货船都在投放之列。据介绍效果最好的是石油平台，因其体积大、空间大、礁体高，集鱼效果好。由于人工鱼礁的普遍设置，游钓业随之兴起，参加游钓的人已占全国人口的四分之一。为之服务的各种行业也迅速发展，如沿海的旅馆、饭店、渔具店、钓具工业、饵料商店、游钓船厂等，其从业人员每年以3%～5%速度增长（刘同渝，2003）。

美国投放的鱼礁较多，投礁的范围也很大，然而政府对鱼礁事业投资却比日本小得多。其运作机制是如下。①投放很多废弃物作鱼礁，很少使用混凝土鱼礁，节省建礁费用。早期投放了很多废汽车，因为汽车钢板很薄，在海水里2～3年就腐蚀掉了，铁屑铺满海底反而造成污染，类似的污染材料还有汽车轮胎等，现在都已停止投放。②动员社会团体、企业参与投资，采用谁投资、谁收益、谁管理的方式，极大调动了社会力量。③商业性运作。因为社会富裕，人们愿意把钱花在游钓上，造成商业性投资发达。同时随着人工鱼礁增多，关于人工鱼礁的研究也迅速发展，渔业部门、海洋部门、部分大学都设立了人工鱼礁研究课题。

---

* 1英亩≈0.4047hm^2。

4. 其他国家的海洋牧场

英国在21世纪初期开始从海洋开发利用转向海洋生态保护和可持续发展，并从人工鱼礁开始进行海洋牧场的研究和建设。英国政府将退役的军舰当做鱼礁投放在禁渔区以增加渔业资源量。德国也有把报废的万吨级货船投放在禁渔区，防止拖网渔轮作业。

意大利在欧洲是比较重视海洋牧场建设的国家，政府和民间团体共同投资，有组织、有计划、有管理地投放鱼礁，他们除了利用废船、废轮胎外，还设计煤灰和混凝土混合鱼礁，把废煤灰也利用起来。

西班牙政府也非常重视海洋牧场的建设。他们除了投放废旧轮船等制造渔礁外，还设立了禁渔区，以防止拖网渔船在礁区进行捕捞。

挪威很早开始海洋牧场的研究和建设，通过对渔礁、环境、增值放流等的深入研究，为海洋牧场的顺利建设提供了科研和资金基础。

5. 国外海洋牧场建设的经验借鉴

日本、韩国等经济发达国家海洋牧场建设已经走过了三四十年的发展历程，形成了比较规范的体系模式，从育苗培育、养殖到渔礁建设，到驯化、放流、环境监测等过程都经过了长时间的验证，并且证明是可行的。

1）坚持长期规划，成立管理运营部门

日本从 20 世纪 70 年代开始提出建设海洋牧场，但经过二三十年的发展，才建成严格意义上的海洋牧场。在1980～1988年，分三个阶段对海洋牧场建设的前期技术进行研究。韩国在1994～1996年进行了海洋牧场建设的可行性研究，并对海洋牧场的建设做了从1998～2030年的长期规划。当前我国将海洋经济作为发展重点，各地应该从实际情况出发，进行海洋牧场建设可行性研究，并做好长期建设规划。

2）坚持众筹构建，调动社会积极性

日本、韩国，尤其是美国，在海洋牧场建设过程中，渔民、社会团体和企业都积极参与投资，在有关当局批准的条件下，有钱出钱、有物出物、并采用谁投资、谁收益、谁管理的方式，极大地调动了社会力量。

3）坚持宏观管理，构建政府支持体系

政府应该通过多种途径引导和支持海洋牧场的建设。日本和韩国将海洋牧场建设列入国家规划，从国家宏观政策上支持了海洋牧场的建设。同时，各级地方政府也积极出台相关政策法规，引导和支持海洋牧场的建设。海洋牧场建设应该以政府为主导，由政府带头组织相关技术研究和实验。

4）坚持技术先导，重视科研院所作用

科研结构与大学可以为海洋牧场的建设提供一些科技研究支撑，为海洋牧场运营管理提供人才支出和培训。海洋牧场建设过程涉及多个学科，如工程制造，种苗培育及养殖，以及多个前沿科学技术，如生物驯化、环境监测，只有依托科研结构和大学，才能保证海洋牧场的顺利建设（金钟万，2005；焦桂英等，2008；佘远安，2008）。

（二）国外海洋牧场建设失败的案例

1972 年，美国佛罗里达州的度假胜地劳德代尔堡，一份“大胆”的拯救珊瑚礁计划引起了人们的注意——专家建议将 200 万只旧轮胎沉入劳德代尔堡外海，以形成一大片礁岩，吸引在该海域生活的海洋生物在此栖息，从而减缓海洋生物对珊瑚礁的破坏速度。直至今日，在距离劳德代尔堡 2km 的海底，沉睡着面积达到 $14hm^2$ 的大片轮胎垃圾场。这一“创意十足”的方案如今来看，是一场不折不扣的灾难，200 万只轮胎不但没有起到保护珊瑚礁的作用，反而成了“珊瑚礁杀手”。专家们预测的海洋生物栖息地根本就没有出现，那些曾经串在一起的轮胎，在海流的作用下开始四处漂游，严重破坏了海域中的天然珊瑚礁生态。不仅如此，佛罗里达州的一些海滩也受到了这些陈年轮胎的污染。曾参与制定方案的雷·麦卡利斯特教授承认，现在看起来当年的拯救计划实在是个糟糕的主意。

澳大利亚认识到人工鱼礁会改善环境，但没有长远规划，也没有大量投资，只在一些海域投放几艘废旧船和几万个废轮胎，1974 年开始他们在悉尼以南约 30km 的波特赫金近海投了 70 万个废轮胎，想建造一个世界上最大的人工鱼礁区。或许是受到了美国投放轮胎礁不良后果的教训，该工程最终不了了之。

（三）国内成功案例

1. 辽宁大连獐子岛海洋牧场

20 世纪 80 年代初，黄海海域的长山列岛引进了先进的虾夷扇贝的繁育增养殖技术，尝试底播增殖，将人工培育的虾夷扇贝品种放养到海底，获得成功。1987 年，这项技术在长山列岛所辖的獐子岛开始了规模化推广，獐子岛建成了虾夷扇贝苗种场，培育的苗种在獐子岛海域进行了大规模的底播。随着这一技术在獐子岛的实践，20 世纪 90 年代初，獐子岛开始启动了海洋牧场建设。按照海洋牧场建设的科学要求，他们在海底投放人工鱼礁，进行海底绿化，发展生态化、可持续的海洋养殖产业，并开展海洋牧场养殖承载力相关研究（张继红等，2008），这是中国海洋牧场的起源。

经过 20 多年的实践，獐子岛海洋牧场面积已突破 $2000km^2$，通过苗种繁育、底播增殖、人工鱼礁投放、轮播轮收、装备升级、休闲渔业建设，已形成了以虾夷扇贝、海参、皱纹盘鲍、海胆、海螺、牡蛎等海珍品为主的海洋牧场产品群和多样化产业群。2013 年长海县渔业统计年报显示，獐子岛海域渔业经济总产值达 54.9 亿元，渔业产值为 33 亿元。

獐子岛海洋牧场的成功构建离不开科学的规划管理。通过开展养殖容量研究，建立海洋牧场持续发展的管理策略，科学指导海洋牧场的建设和规划。调整养殖结构，构建新型养殖模式。在稳定发展传统增养殖产业的同时，向健康可持续养殖、环境友好的综合养殖方向发展，提高产品质量和附加值，实现有限的海域资源最大化、最优化、持久化利用。

2. 山东烟台莱州湾海洋牧场

莱州湾海洋牧场确立了“生态优先，先场后牧”的发展理念，即先搭建牧场，再合理牧渔。形成“科研院所+龙头企业+专业合作社+养殖渔民”组织机构，科学规划管理，兼顾生态和规模效益。坚持生态位互补，多种类搭配，采用生态立体混养系统，构建了“藻-贝-参”、“藻-鱼-参”生态增养殖模式，形成了 1.07 万 hm^2 海域集中连片式的立体生态高效生产型海洋牧场（图 11-5）。

图 11-5 莱州湾海洋牧场俯瞰（图片提供者：山东蓝色海洋科技股份有限公司）

通过投放各式人工鱼礁，开展了礁体类型实验，主要有沉船礁、水泥构件礁、管件礁和生态贝壳礁，配合声呐和 GPS 的应用，实现增殖礁体的优化选型和精准布放。同时移植鼠尾藻、龙须菜等藻类构建海藻床。为增加莱州湾的生物多样性和生物数量，加快莱州湾生境的恢复，截至 2014 年年底，共向莱州湾海洋牧场投放文蛤 1800 万粒、大竹蛏 2000 万粒，魁蚶、海螺 12.5 万 kg。集成构建“互联网+生态牧场”的生产体系，实现管理信息化；系统建立渔业资源养护技术，实现资源量增加两倍以上；有效修复渔业水域环境，水质多维持在 I 类水质水平；产品通过有机认证，实现产品质量的有效控制。

3. 海南三亚蜈支洲岛休闲海洋牧场

三亚蜈支洲岛旅游区坐落于三亚北部的海棠湾内、距三亚林旺镇后海村 2.7km 的海面上，北与南湾猴岛遥遥相对，南邻号称天下第一湾的亚龙湾，距三亚市中心 30km。蜈支洲岛景区非常重视热带海洋生态保护与渔业资源恢复，当认识到海岛旅游的发展必须加强海洋生态的保护和渔业资源的恢复，积极响应三亚市政府号召，参与近海海洋牧场建设，获批 1000 亩海域使用权发展海洋牧场，建造了以人工鱼礁和沉船为主体的海洋牧场。至 2015 年，累计投放人工鱼礁 2.6 万空方，并通过向海洋牧场海区人工增殖放流石斑鱼、鲷科鱼类、鲍等各类经济生物苗种，使海域渔业资源较未投礁前提高 50%以上，已成为三亚热带海洋牧场建设示范基地。

海洋牧场的建设为当地的旅游业带来了新鲜活力，丰富了海洋休闲娱乐项目。建立了“海钓俱乐部”，采取定额钓鱼，即规定钓鱼规格和数量，其主要作用即使游客体会到海上游钓的乐趣，又使渔业资源得到进一步的保护。潜水探秘使游客体验探索海底景观和海洋生物（尤其是珊瑚和鱼类）的乐趣，增强游客保护海洋生态环境的科普知识。蜈支洲岛景区的生产经营严格执行渔业、公安、劳动、质量监督、旅游、食品卫生等有关规定。有健全的管理机构、明确的职责分工、完善的管理制度。全面落实安全保卫制度和安全责任制度。通过对服务人员专业培训，设置游客信箱或意见簿，并公布监督电话等措施，保障了景区综合服务的质量水平。

第二节　海洋牧场效益分析

一、生态效益

据 FAO 资料显示，目前世界上有 94 个国家开展了增殖放流活动，其中开展海洋增殖放流活动的国家有 64 个，增殖放流种类达 180 多种，并建立了良好的增殖放流活动机制。日本、美国、俄罗斯、挪威、西班牙、法国、英国、德国等先后开展了增殖放流工作，且均把增殖放流作为今后资源养护和生态修复的发展方向。这些国家的一些放流鱼类回捕率高达 20%，人工放流群体在捕捞群体中所占的比例逐年增加，部分种类高达 80%，取得了很大的成功。海洋牧场的构建对于区域海洋生态环境的养护和增殖具有重要意义。原生境的天然基底与人工鱼礁、藻礁是海洋牧场的主要构筑形式。其生态效益主要体现在以下几个方面。

1. 形成增殖放流的安全庇护场所

人工放流的鱼、虾、蟹、贝苗种早期损失比例较高，其中来自大型生物的捕食、随海流漂泊到非适宜定居的场所、无法找到适宜的附着基、饵料不充足等问题是造成放流苗种早期死亡率高的主要原因。海洋牧场中的人工构筑物能够为放流生物苗种提供安全的庇护场所，躲避大型猎食者的捕获；形成若干涡流、缓流区，为附着型生物提供定居条件；礁区产生的涌升流、涡流等将底层的营养盐携带至上层，可以提供相对丰富的饵料生物。这些海洋牧场独特的环境条件和资源优势大大地提高了增殖放流生物的成活率。

2. 成为海洋生物的产卵孵育场所

海洋牧场中的人工构筑物，包括人工鱼礁、藻礁、附着基等，有效地改善了动植物生存和生长环境，提高了饵料供给，成为海洋生物提供产卵孵育场所，为生物的资源恢复提供安全保障，增加了生物的存活率和生长速度，改善了海区生物资源的补充能力。

3. 增加生物生产力和丰度

国外学者的研究表明，在鱼礁的阻流作用下，鱼礁下游的流场根据紊动程度可分为 3 个区域：紊流区、过渡区和未受扰动区，通透性礁体和非通透性礁体所产生的紊流区长度比和高度比均不同，通透性礁体的高度比小于 1，长度比小于 4，而非通透性礁体的高度比一般要大于 1 而略小于 2，而长度比小于 14。人工鱼礁投放到海底后会产生多种流态，如涌升流、背涡流、缓滞流等。涌升流可以将海底营养盐带到海水表层，可以诱集鱼类前来索饵从而提高海域的初级生产力；鱼礁体的背流面会产生大量的涡流，背涡流区流速很小，很多鱼类喜欢栖息于流速缓慢的涡流区，特别是在躲避强潮流时，涡流还可以造成浮游生物、甲壳类和鱼类的物理性聚集。

4. 增加生物多样性和系统稳定性

海洋牧场中的各种人工构筑礁体改变了海域原有的相对单一的环境特征，使局部流场、底质、空间结构均发生了变化。这些变化往往有利于形成多样化的流场特征和底质类型、丰富的饵料生物、属性多样的附着基和显著提高的附着面积，以及空间结构各异的庇护场所。这种通过环境的多样性产生的生物多样性，不仅提高了海洋牧场系统的稳定性，而且使其资源输出能力大大地提高。

5. 提升系统固碳能力

海洋牧场中人工鱼礁的建设通常能够改变海区流场，增加表层营养盐含量，提高生物多样性和生物量，从而提升海域的固碳能力。李纯厚等（2011）在大亚湾海洋牧场渔业生产效果评价研究中发现，根据海域叶绿素浓度的提高进行计算，2.65km^{2}人工鱼礁区碳汇增加了937.40kg C，相当于3.44t CO_2。李娇等（2013）对海州湾人工鱼礁区的调查数据表明，人工鱼礁区的浮游植物生物量和初级生产力明显高于对照区，该海域海洋牧场面积为666.67hm^2，每年生成的有机碳总量为1113.26t，比对照海区提高64%。沈新强等（2011）评估了我国第一个人工构建的牡蛎礁恢复与碳汇潜力。研究结果表明，长江口人工牡蛎礁具有强大的固碳能力，通过牡蛎的钙化过程每年固定碳量达3.33×10^4t，产生的固碳效益达837万元/a，相当于营造1110hm^{2}的热带森林。由此可见，人工鱼礁型海洋牧场的构建大大地提高了海域碳汇能力，如果同时考虑通过渔业生物收获从海域中移出碳而增加的海域碳汇能力，则其起到的海域碳汇能力将更高。研究结果表明，海洋牧场是一种环境友好型、可持续发展的低碳渔业生产模式，是增加生物碳汇的可行途径。

二、经济效益

（一）日本海洋牧场

1991年，日本政府栽培渔业的预算达到48.6亿日元，放流的渔业品种达94种，放流规模百万尾以上的种类超过30种。仅每年投到人工鱼礁的资金就达589亿日元（折合人民币42亿元），中央政府和县政府、市町村各负责50%。经过40年的努力，日本沿岸20%的海床已建成人工鱼礁区，北海道地区秋季大马哈鱼的捕捞量猛增到5500t；50多个地方运营的海洋牧场，鱼苗成活率14%，比传统提高3倍；音响驯化后放流，黑鲷回捕率37%，真鲷回捕率10%～15%。濑户内海海洋牧场建成后，9500km^{2}海域内，渔业产量增加了几倍至十余倍（佘远安，2008；何国民等，2003）。

（二）韩国统营海洋牧场

1998年，韩国首先开始在庆尚南道统营市建设核心区面积约20km^{2}的海洋牧场。该海区渔业资源量大幅增长，已达900多吨，比项目初期增长了约8倍。尤其在建设海洋牧场之前资源量已经减少到近乎绝迹的平鲉，目前资源量已达到100多吨，大大超过了预期目标。实施海洋牧场发展模式以来，当地渔民收入不断增加，已从1998年的2160万韩元（约合人民币18万元）提高到2006年的2731万韩元

（约合人民币 23 万元），增长率达 26%（佘远安，2008）。

（三）中国山东海洋牧场

山东启动实施了“山东省渔业资源修复行动计划”，双向推进增殖放流和人工鱼礁建设。在这 5 年间全省投入海洋增殖放流的资金达 2.9 亿元，苗种 95.5 亿单位，增殖放流种类 20 个，投放各类礁体 226.6 万空方。放流资源回捕量共 18 万 t，总产值 49.2 亿元，直接投入与产出比为 1∶17，渔民人均增收 10 929 元，经济效益显著（游桂云等，2012）。在山东南部沿海实施对虾大规模人工增殖放流，共投放 20mm 以上大规格虾苗 20 多亿尾，次年采捕总量达 5200t，为放流开展前的 7.6 倍，直接投入产出比为 1∶10。

三、社会效益

（一）创新业态，提供就业

海洋牧场产业链上下游延伸到多个行业，其上游行业包括苗种繁育、饲料加工、工业设备生产等，下游行业包括捕捞、食品加工、物流、旅游和服务性行业等。这些行业的带动将为社会贡献大量的就业岗位，成为经济社会发展和稳定的重要原动力。

（二）净化环境，改善水质

海洋牧场的构建对于促进近岸水产养殖产业结构调整和升级，发展环境友好型养殖新模式具有推动作用，有利于近岸养殖水环境的改善。当前，我国近海资源已严重匮乏，近岸环境污染持续加剧，养殖容量严重过载，因此近岸养殖业亟须调整结构，降低养殖负荷。海洋牧场的生态功能和定位决定了它不仅能够降低近岸养殖负荷，改善近岸水质环境，而且能够增加碳汇，改善生态系统结构，从而使海洋环境逐渐得到改善和恢复。

（三）休闲娱乐，丰富生活

海洋牧场不仅为人们提供了健康优质的水产品，同时也是休闲度假的好去处。休闲型海洋牧场建设结合海洋主题乐园等各种娱乐设施，越来越受到旅游人群的喜爱。例如，海南蜈支洲岛休闲海洋牧场属国家 AAAA 级旅游景区，可向游客提供休闲垂钓、海底探险、陆地冲浪、海上渔家乐等多种休闲和餐饮方式，丰富了人们的生活内容，促进了餐饮休闲等服务业的发展。

（四）提高品质，保障质量

海洋牧场产出的水产品摄食天然饵料长成，杜绝了药物残留和多种食品安全风险，有效提高了水产品的品质，丰富了老百姓的餐桌文化，改善了人们的饮食质量。

第三节　海洋牧场风险评估

一、环境风险

海洋环境污染问题一直客观存在，形成的原因较为复杂，其影响因素主要来源为：入海河流携带的污染物导致水产品药残、重金属等超标，严重影响群众饮食安全和食品出口贸易；海上钻井平台石油溢油、核泄漏等造成养殖生物中毒、缺氧，直接危害水产品生存和品质；赤潮、绿潮等生态灾害导致养殖生物的死亡，造成重大经济损失；风暴潮、台风等自然灾害带来的损失等。这些海洋环境风险都能够直接作用于生活在海洋牧场中的各种生物，威胁牧场产出的食品质量安全，因而是海洋牧场建设和管理各环节中需要考虑的环境因素。

（一）河流污染物排放

据 2015 年中国海洋环境状况公报数据显示，枯水期、丰水期和平水期，我国 77 条河流入海监测断面水质劣于第Ⅴ类地表水水质标准的比例分别为 58%、56%和 45%，与上年相比，枯水期和丰水期比例分别增加 7%和 3%，平水期比例减少 8%。劣于第Ⅴ类地表水水质标准的污染要素主要为化学需氧量（COD）、总磷、氨氮和石油类。

2011～2015 年，51 条连续实施监测的河流，枯水期、丰水期和平水期劣Ⅴ类水质断面所占比例平均分别为 52%、48%和 45%。

77 条河流入海的污染物量分别为：COD 1459 万 t，氨氮（以 N 计）28 万 t，硝酸盐氮（以 N 计）224 万 t，亚硝酸盐氮（以 N 计）5.5 万 t，总磷（以 P 计）26 万 t，石油类 5.9 万 t，重金属 2.1 万 t（其中锌 16 243t、铜 3318t、铅 858t、镉 83t、汞 49t），砷 3182t，表 11-1 列举了 2015 年我国部分河流携带入海的污染物总量。

表 11-1　2015 年我国部分河流携带入海的污染物总量　　（单位：t）

河流名称	化学需氧量（COD）	氨氮（以 N 计）	硝酸盐氮（以 N 计）	亚硝酸盐氮（以 N 计）	总磷（以 P 计）	石油类	重金属	砷
长江	6 658 663	131 744	1 402 836	7 792	122 643	35 990	12 061	2093
珠江	1 913 316	38 379	423 300	26 724	18 823	12 699	2 923	621
闽江	1 009 976	7 622	51 125	1 960	6 639	796	1 328	42
黄河	283 097	9 950	14 854	1 820	1 549	619	316	28
南流江	174 833	3 588	3 390	608	5 619	422	131	8
临洪河	181 544	2 554	2 272	200	16 044	276	221	10
甬江	97 214	4 126	9 651	241	1 440	151	53	7

续表

河流名称	化学需氧量（COD）	氨氮（以N计）	硝酸盐氮（以N计）	亚硝酸盐氮（以N计）	总磷（以P计）	石油类	重金属	砷
双台子河	71 735	952	105	175	107	55	18	2
大风江	66 463	434	410	55	169	101	30	1
小清河	54 008	407	650	205	291	219	46	2
敖江	44 120	366	1 355	114	190	123	31	2
霍童溪	43 793	253	1 297	21	54	52	24	1
晋江	39 856	3 206	12 132	1 145	662	135	64	4
防城江	26 105	980	907	22	181	109	47	1
大辽河	17 056	1 691	6 151	158	742	26	13	6
钦江	13 653	514	1 493	51	87	51	9	0.3
木兰溪	6 951	1 096	2 133	174	522	147	8	1
碧流河	2 839	14	119	9	12	6	3	1
龙江	2 113	1 289	973	206	221	37	8	0.4

注：数据引自2015年中国海洋环境状况公报

（二）溢油风险

1. 蓬莱19-3油田溢油事故

2011年6月4日和6月17日，蓬莱19-3油田相继发生两起溢油事故，导致大量原油和油基泥浆入海，对渤海海洋生态环境造成严重的污染损害。蓬莱19-3油田溢油事故属于海底溢油，溢油持续时间长，大量石油类污染物进入水体和沉积物，造成蓬莱19-3油田周边及其西北部海域的海水环境和沉积物受到污染。河北秦皇岛、唐山，辽宁绥中的部分岸滩发现来自蓬莱19-3油田的油污。受溢油事故影响，污染海域的浮游生物种类和多样性降低，海洋生物幼虫幼体及鱼卵仔稚鱼受到损害，底栖生物体内石油烃含量明显升高，海洋生物栖息环境遭到破坏。

溢油事故造成蓬莱19-3油田周边及其西北部海域海水受到污染，超第一类海水水质标准的海域面积约6200km^2，其中870km^{2}海域海水受到严重污染，石油类含量劣于第四类海水水质标准。海水中石油类含量最高为1280μg/L，超背景值53倍。事故导致10月底前蓬莱19-3油田周边海域中、底层海水中石油类含量始终高于表层，主要原因是海底沉积物中石油类的缓慢释放，造成海水中、底层石油类影响持续时间较长。

至2015年年底，蓬莱19-3油田溢油事故海域海水中石油类浓度符合第一类海水水质标准；沉积物中石油类含量符合第一类海洋沉积物质量标准；底栖生物质量持续好转，鱼类和甲壳类体内石油烃含量基本与事故前持平。浮游生物群落结构基本恢复，浮游动物幼虫幼体密度明显升高，与事故前基本持平。

2. 大连新港“7·16”输油管道爆炸事故

2010年7月16日18时，中石油大连新港石油储备库输油管道发生爆炸，大量原油泄漏入海，导致大连湾、大窑湾和小窑湾等局部海域受到严重污染，对泊石湾、金石滩和棒棰岛等十余个海水浴场和滨海旅游景区，三山岛海珍品资源增殖自然保护区、老偏岛-玉皇顶海洋生态自然保护区和金石滩海滨地貌自然保护区等敏感海洋功能区产生影响。

事件发生后，国家海洋局及时指导与协助地方政府开展应急处置和监视监测工作，在各方通力协作与不懈努力下，海上溢油得到迅速控制和有效处置，最大限度地减轻了对海洋环境的污染。至9月7日，事故海域水体中石油类含量基本降至事发前水平，长山列岛海珍品养殖基地未受到油污影响，溢油未进入渤海和公海。

至2015年，大连新港“7·16”油污染事发海域环境状况继续呈改善态势。浮游植物、浮游动物和底栖生物多样性指数均在正常状态波动；潮间带生物群落基本恢复，受损的白脊藤壶、长牡蛎、短滨螺、菲律宾蛤仔和缘管浒苔、孔石莼等原有优势种群已恢复到正常水平。受油污染事件影响的海水浴场和海洋保护区环境均恢复正常。但周边海域个别站位沉积物中石油类含量仍超第三类海洋沉积物质量标准。

（三）核泄漏风险

2011年日本福岛核泄漏事故依然影响福岛以东及东南方向的西太平洋海域，放射性污染范围进一步扩大，海水、海洋生物仍受到核泄漏事故的显著影响。

至2014年5月，日本以东的西太平洋监测海域仍普遍检出人工放射性核素铯-137和铯-134，其中38%的海水样品中铯-137活度明显超出背景水平，27%的海水样品中检出了核事故特征核素铯-134。铯-137的检出深度进一步增加至2000m，核事故放射性污染进一步向深层迁移。日本以东监测海域海洋生物依然受到核事故放射性污染的影响。鱿（巴特柔鱼）样品中仍然检出核事故特征核素银-110m和铯-134，且铯-134、铯-137和银-110m的平均活度较2013年10月均明显升高。

（四）赤潮和绿潮灾害

2015年我国海域共发现赤潮35次，累计面积约2809km^2（表11-2）。东海发现赤潮次数最多，为15次；渤海赤潮累计面积最大，为1522km^2。赤潮高发期主要集中在5～6月。2015年是近5年来赤潮发现次数和累计面积最少的一年，与近5年平均值相比，赤潮发现次数减少18次，累计面积减少2835km^2。

表 11-2　2015 年全国各海区赤潮情况

海区	赤潮发现次数	赤潮累计面积/km^2
渤海	7	1522
黄海	1	48
东海	15	1098
南海	12	141
合计	35	2809

引发赤潮的优势藻类共 11 种。其中，夜光藻作为第一优势种引发的赤潮次数最多，为 9 次；中肋骨条藻次之，为 8 次；东海原甲藻 4 次，米氏凯伦藻和球形棕囊藻各 3 次，赤潮异弯藻和多环旋沟藻各 2 次，多纹膝沟藻、抑食金球藻、针胞藻和锥状斯克里普藻各 1 次。甲藻类、鞭毛藻类等引发赤潮共计 25 次，占 71%，为近 5 年来最低。

2015 年 5～8 月黄海沿岸海域发生浒苔绿潮。5 月，浒苔绿潮主要分布于江苏沿岸海域，首先在江苏射阳、如东海域发现有零星漂浮浒苔，逐渐向北漂移并不断扩大，最大分布面积为 42 000km^2，最大覆盖面积为 166km^2。6 月，漂浮浒苔进入山东黄海沿岸海域，继续向北漂移并迅速扩大，影响至海阳、乳山及荣成南部等沿岸海域，最大分布面积约为 52 700km^2。7 月初漂浮浒苔覆盖面积达到最大，约为 594km^2，尔后漂浮浒苔范围开始逐渐缩小，至 8 月中旬，在山东黄海沿岸海域未发现漂浮浒苔。2015 年，黄海沿岸海域浒苔绿潮分布面积是近 5 年来最大的一年，较近 5 年平均值增加了 48%；最大覆盖面积比近 5 年平均值略大（表 11-3）。

表 11-3　2011～2015 年黄海浒苔绿潮规模

年份	最大分布面积/km^2	最大覆盖面积/km^2
2011	26 400	560
2012	19 610	267
2013	29 733	790
2014	50 000	540
2015	52 700	594
5 年平均	35 689	550

（五）超强台风灾害

2014 年 7 月 19 日，超强台风“威马逊”从钦州湾西岸的防城港亓光坡镇登陆，中心风力 16 级，正面袭击钦州港口、茅尾海及大风江牡蛎主养区，对广西香港牡蛎产业、防城港外海网箱养殖等造成了毁灭性打击。茅尾海及钦州港口原拥有浮排 4000 多张，沉排 1000 多张，水泥柱 1.1 亿条。从茅岭江到七十二泾，一直到入海口的亚公山，“十里蚝排”有序排列。台风过后，茅尾海所有养蚝浮排全部发生迁移，在漂移过程中，蚝排相互碰撞，缠绕成团。其中 80%的浮排漂移十几千米到浅滩沉排采苗场及茅尾海顶部附近海岸，数吨重底锚将沉排拖垮，并在沉排附近堆积，90%以上浮排全部废弃，仅有个别浮排受损较轻，经过抢修，还可以正常使用。此次台风给广西牡蛎养殖业造成了十几亿元的损失。90%以上的牡蛎浮排养殖设施受损且无法修复，直接导致广西牡蛎养殖业几乎回到 10 年前的状态（图 11-6）。与此同时，离岸深水抗风浪养殖网箱也难逃厄运。台风过后，所有台风经过的网箱受到不同程度的损毁，养殖鱼类近乎绝产（图 11-7）。

图 11-6 “威马逊”台风对广西牡蛎养殖业造成了致命打击（图片拍摄者：罗帮）

图 11-7 “威马逊”台风损坏的网箱及死亡鱼苗（图片拍摄者：刘西磊）

二、经济风险

海洋牧场作为生产海产品的一种方式，必然受到市场经济规律的制约，水产品市场价格波动、国际金融风险、供需平衡失调等必然波及海洋牧场的效益产出。充分进行市场需求调研，研究供需关系变化，根据市场需求安排生产，制定科学的生产管理流程和预警调控机制是降低市场价格波动带来的经济风险的有效方法。海洋牧场产出的食品生产周期长，产品质量控制贯穿于苗种生产、转运、养成、加工、销售等各个环节，任何一个环节出现问题，都可能导致最终的产品质量不合格，因而建立健全质量安全监控和溯源体系，保障产品质量达标是杜绝出口退货风险的前提。

三、管理风险

应该加强对渔民的教育力度，渔民的直接参与对海洋牧场的建设极其重要。人工鱼礁的建造、幼苗放流、资源保护及渔业法规的遵守都要依靠渔民的合作。通过培训，当地的渔民可以从事幼苗放流、捕捞管理、污染控制、渔场资源保护等实际的牧场建设和管理工作，是保证海洋牧场有序运行的必要条件。然而，渔民也是管理风险中人为因素的主要来源。管理制度的缺失和海上监管的漏洞容易导致一些不法分子从事破坏海洋牧场建设的活动，是海洋牧场运营管理者需要面临和解决的问题。

四、健全制度与风险防控机制

（一）完善制度法规，助推海洋牧场发展

首先，要加强海洋牧场建设的宏观引导。在国家层面上，结合海域特点和周边经济社会状况统筹我国海洋牧场建设规划，出台并完善海洋牧场建设和运营管理的国家和行业标准。

其次，要推动海洋牧场体系化建设。统筹增殖放流和人工鱼礁建设的时空安排，提高增殖放流物种的恢复效果，加强人工鱼礁建设的针对性和科学性。注重生境修复、天然饵料增殖和海草床及海藻场的恢复；提供环境的实时在线监测、灾害预警预报及应对能力。

最后，要实施海洋牧场企业化运营。改变目前海洋牧场建设主要由政府投资的局面，多途径吸引企业运营海洋牧场，财政资金由直接投入海洋牧场建设，转向栖息地保护、基础科学研究和监测评估。推动构建企业、科研院所、渔民参与的行业协会，形成产业联盟，实现产、学、研结合，企业和渔民共同获益，实现海洋牧场、休闲渔业、滨海旅游等多元融合发展。

（二）提高科技创新水平，增强风险防控能力

海洋牧场养殖属于技术密集型产业，建设现代化海洋牧场，既需要传统海洋牧场建设领域的养殖技术、海洋环境技术等，更需要物联网、云计算、大数据分析等相关信息技术。目前，我国智慧农业发展重点仍放在畜牧养殖上，海洋水产养殖科技含量不高，今后需要相关企业和科研院所在海洋牧场保障支撑方面加大投入，完善相关技术，为海洋牧场建设提供可靠的技术保障。

（三）加大扶持力度，拓展融资渠道

海洋牧场建设也属于资金密集型产业，平均每亩投入约在几十万元。智慧海洋牧场建设对资金需求更大，仅物联网相关硬件建设投入就不低于人工鱼礁建设成本。巨大的资金投入，抬高了智慧海洋牧场建设领域的门槛。加大金融扶持力度，创新融资渠道，采用农业保理业务、渔业贷款、推动相关公司在中小板上市等手段，降低市场进入者的资金成本，充分调动社会资金进入智慧海洋牧场建设领域的积极性（王恩辰和韩立民，2015）。

（四）加强系统研究，健全行业保险

从20世纪80年代起，渔业保险由当时国内唯一的保险公司——中国人民保险公司统一经营，但到90年代初，由于赔付率过高，商业保险公司舍大弃小、赔付不及时等因素，渔业保险市场逐渐萎缩。为了改善中小渔船投保无门的窘境，农业部主导成立了中国渔船船东互保协会，2007年7月更名为中国渔业互保协会，开展渔船全损的财产险和渔民人身意外伤害互助保险，业务占据了全国95%的市场份额。该协会在浙江、江苏、福建、山东、辽宁等地开展了多种形式渔业保险试点项目。但渔业互保协会属于社团性质，因而渔业保险长期被排除在中央财政补贴的18个农业保险品种之外。

安徽在推进渔业保险试点工作中取得了明显的成效。截至2015年年底，试点面已达10个市31个县市区，承保水产养殖面积31万亩次，养殖户1010户（次），提供风险保障资金6亿元以上，已为815户（次）支付赔款1375万元。如何推动我国的渔业保险从陆地走向深海大洋，从单一的养殖品种走向综合的渔业资源种类，还有很多问题需要解决。

（1）落实支持政策和资金。推进渔业保险试点业务深入发展，进一步拓展保险覆盖面，增加保险险种，全面提升渔业保险水平。

（2）进一步加强理赔规范化建设。要切实强化保险管理职能，确定理赔办事机构，及时掌握和协调解决理赔工作中的矛盾和问题，要发挥组织、信息、技术方面的优势，协同推进各级渔业保险理赔队伍建设，加强定损标准化和管理信息化建设，逐步实现渔业理赔工作规范化。

（3）加强机制体系建设。要认真总结经验，完善建立渔业保险业务指导体系、承保理赔体系和勘验定损专家体系。重点要加快省市县查勘定损专家体系建设，研究制定水产品灾损查勘标准和规范，为渔业保险的规范化理赔奠定科学基础。要探索建立市县级工作激励机制，完善承保理赔体系与专家查勘定损支撑体系之间的服务协调机制，充分调动基层服务人员的积极性，切实提高渔业保险服务质量与水平。

（4）推进渔业保险诚信建设。逐步建立和完备渔民诚信档案体系，注重推进对渔民信用评级及结果运用，引导推动渔民树立诚信意识，有效防范保险道德风险。坚持公平公正原则，维护保险主体和渔民双方的合法利益，维护渔业保险服务的良好品牌和信誉。强化人员业务素质，推进持证上岗，不断提高人员的职业道德水准和专业业务水平；探索拓展保险延伸金融服务功能，加大在提供配套养殖技术、财政资金等方面的支持，全力推进我国渔业保险事业稳步发展。

主要参考文献

陈力群, 张朝晖, 王宗灵. 2006. 海洋渔业资源可持续利用的一种模式——海洋牧场. 海岸工程, (04): 71-76.

崔木花, 侯永轶. 2008. 海洋开发中的生态管理探析. 特区经济, (05): 145-147.

国家海洋局. 2010-2015. 中国海洋环境状况公报.

何国民, 曾嘉, 梁小芸. 2003. 牧场化——现代海洋渔业的方向. 渔业现代化, (05): 4-6.

焦桂英, 孙丽, 刘洪滨. 2008. 韩国海洋渔业管理的启示. 海洋开发与管理, 12: 42-44.

金钟万. 2005. 韩国海洋牧场计划展望. 见: 中韩海洋牧场研讨会论文集. 国家海洋局第一海洋研究所: 1-7.

李波. 2012. 关于中国海洋牧场建设的问题研究. 中国海洋大学硕士研究生学位论文.

李纯厚, 贾晓平, 齐占会, 等. 2011. 大亚湾海洋牧场低碳渔业生产效果评价. 农业环境科学学报, (11): 2346-2352.

李冠成. 2007. 人工鱼礁对渔业资源和海洋生态环境的影响及相关技术研究. 海洋学研究, (03): 93-102.

李娇, 关长涛, 公丕海, 等. 2013. 人工鱼礁生态系统碳汇机理及潜能分析. 渔业科学进展, 34(1): 65-69.

刘同渝. 2003. 国内外人工鱼礁建设状况. 渔业现代化, 2: 36-38.

刘卓, 杨纪明. 1995. 日本海洋牧场(Marine Ranching)研究现状及其进展. 现代渔业信息, (05): 14-18.

佘远安. 2008. 韩国、日本海洋牧场发展情况及我国开展此项工作的必要性分析. 中国水产, (3): 22-23.

沈新强, 全为民, 袁骐. 2011. 长江口牡蛎礁恢复及碳汇潜力评估. 农业环境科学学报, 30(10): 2119-2123.

史力. 安徽水产养殖保险已覆盖10市 提供风险保障6亿元以上. 中安在线-安徽日报, http://ah.anhuinews.com/system/2016/03/20/007269142.shtml[2013-11-04].

王恩辰, 韩立民. 2015. 浅析智慧海洋牧场的概念、特征及体系架构. 中国渔业经济, 33(2): 11-15.
新华网. 35 年前沉下 200 万只旧轮胎 佛州珊瑚礁面临新灾难. 新华网. http://news.qq.com/a/20070301/ 001551.htm[2016-11-04].
游桂云, 杜鹤, 管燕. 2012. 山东半岛蓝色粮仓建设研究——基于日本海洋牧场的发展经验. 中国渔业经济, 30(3): 30-32.
于杰, 陈丕茂, 秦传新, 等. 2015. 基于 Geoserver 的 WebGIS 在海洋牧场可持续管理中的应用. 广东农业科学, (09): 163-168.
张继红, 方建光, 蒋增杰, 等. 2008. 獐子岛养殖水域叶绿素含量时空分布特征及初级生产力季节变化. 海洋水产研究, (04): 22-28.
朱桂平. 2014. 生产运营管理. 杭州: 浙江大学出版社.

第十二章　产业发展模式与业态拓展

周　兴　孙　伟　阚仁涛　杨红生

摘要：海洋牧场建设应遵循“生态优先、陆海统筹、三产贯通、四化同步、创新跨越”的发展理念，做足一产，做大二产，做强三产，拉动传统渔业向冷链物流、海洋旅游及餐饮服务等二三产业发展的延伸。在发展产业延伸上，应根据海洋牧场自然资源及周边发展状况等，确定延伸产业发展方向和模式。以保护生态和谐发展为目的，遵循经济效益优先的原则，利用海洋牧场美丽的自然景观，良好的生态垂钓和潜水捕捉环境来吸引喜好海洋旅游的客源，根据周边渔村民俗文化，开发特点鲜明的海洋旅游项目和产品，为参观者提供健康水产品，培育其海洋亲和力，建设“渔业+生态旅游”新业态方向的海洋牧场。

关键词：产业发展，模式，新业态

第一节　传统产业链的延伸

一、传统产业链延伸的意义

1. 为渔业产业链拓展延伸提供新机遇

从社会经济市场学发展角度看，当人类收入达到一定程度、日常基本生活需求得到满足后，社会能给人们提供交通、餐饮、住宿及旅游等各种便利资源。随着人们日常闲暇时间增加，工作之余会有强烈的休闲度假体验愿望。人们会对自然环境提出高质量的要求，期望能回归自然，亲近自然。海洋的自然景观与陆地环境迥然不同。而这种强烈差异吸引着久居内陆和城市的人们，使他们渴望了解海洋、认识海洋、接近并参与分享海洋带给他们的乐趣。能够溶入大海的怀抱，是他们最热切盼望的活动之一（孙书贤，2005；刘舜斌，2008；常晓华，2004）

人们亲近海洋，体验海洋的渴望能促使以海洋牧场作为引领海洋产业新技术革命的重要载体迅速崛起。海洋牧场可改变原来传统渔业与城市发展的关系，使原本相互排斥、对立，变为互补和融合，能在现代沿海城市发展中起到画龙点睛的作用。

近年来，我国沿海工业和房地产业迅猛发展，对传统渔业发展产生剧烈冲击。传统渔业个体规模相对较小，渔民技术水平不高，制约了渔民增收增效。建设海洋牧场通过调控养殖对象，在海域空间的养殖状态人为控制改良海域生境，充分吸收海洋捕捞、海水养殖、海洋设施，强化养殖生物管理，集传统“养、放”一体，最大限度地发挥浅海开放海域的海洋生产力，进行渔业资源的主动增殖和增产（陈祖海，2001）。海洋牧场建设以人工鱼礁为载体，底播增殖为手段，增殖放流为补充，积极发展增养殖业，同时带动沿海休闲渔业及二三产业发展，增加渔民就业机会，提高收入，繁荣当地经济。其能够带动旅游、物流和餐饮等相关行业发展，激发多产业融合，起到“1+1＞2”的放大效应（郝艳萍，2003）。

2. 为我国渔业结构调整和转型提供重要途径

发达国家一直高度重视海洋牧场建设，把海洋牧场作为振兴海洋渔业经济发展的战略对策。日本、韩国、美国、挪威等以海洋牧场作为维护海洋、保护海洋和发展海洋的基础策略，通过解决渔业发展中的关键科学问题，使海洋渔业领域传统生产方式产生重大转变。这也使海洋牧场成为沿海发达国家共同关注的时代发展策略原因之一。

开展海洋牧场建设，不仅可有效对海区水产资源进行补充，对渔业资源持续增长进行有效管理利用，还可解决渔业养殖中的关键技术，使产业链中的水产育苗、海洋环境监测、海水养殖设施、海洋设施材料和工艺、海洋探测设备及海洋遥感等新技术产业进一步发展（胡北明等，2004）。海洋牧场的建设为新装备新材料的使用提供契机，如深水抗风浪网箱大面积使用（图 12-1）。随着互联网产业发展，海洋牧场能拉动传统渔业向冷链物流、海洋旅游及餐饮服务等二三产业发展的延伸。

我国海洋牧场产业起步较晚，相应建设和管理机制仍需完善，众多技术（如自动化监控、环境修复、生态评估及渔业资源充分利用）仍与发达国家有较大差距。发展海洋牧场可以推动渔业养殖相关产业尽快突破，开展海上粮仓战略基地建设，把科学开发海洋生物资源和发展海洋碳汇产业上升到国家战略高度，突破单一的养殖模式，集成多种海洋新技术，构建新的海洋产业发展体系，使我国传统渔业结构顺利调整和转型，朝科技化、多元化、产业化发展。

3. 是海洋文化传播的重要载体

海洋牧场是现代海洋渔业与现代旅游业及其他产业共同发展形成的一种新型的复合型海洋渔业经济发展模式，其在发展了海洋旅游产业的同时也促进了现代渔业的产业结构升级（黄康宁等，2010）。开展海洋牧场建设不仅为海洋旅游人群提供了体验、参与以休闲旅游为主的海洋产业文化机会，还可以给参观者提供海洋科普知识，传播相应的海洋民俗文化（贾跃千和李平，2005）。海洋牧场建设在不断完善科普基地平台建设的同时，应结合自身科普资源，面向公众和游客开展内容丰富、形式多样的科普宣传和科普服务，以海洋牧场为平台，围绕提高公民海洋科学素质创新科普活动的机制和方式。可以根据不同人群的需求和特点，在不同的时间段设立“学生开放日”“情侣开放日”“全国科普日”“科技活动周”和“海洋宣传日”等，开展一系列的热爱海洋、关爱海洋的科普活动，让广大参观者树立起热爱海洋、保护环境的意识（金建君等，2002；姜文来和杨瑞珍，2003；曲丽梅等，2003）。

图 12-1　深水抗风浪网箱图（图片拍摄者：周兴）

海洋牧场依靠育苗、养殖及渔业科技技术的优势，深度挖掘渔业及相关产业的展示度，使众多的参观者了解各种各样的海洋渔业知识，亲自感受海洋文化。例如，可以充分利用育苗车间的实验室装设大型的投影设施，使游客可以观赏到育苗期间海洋苗种的微观形象。可以让游客一起参观海参的养殖和捕捞、扇贝和海带等养殖和收获等。还可以将海洋牧场养殖产品加工做成观赏车间，让参观游客亲自感受到水产品加工的流程，普及海洋牧场养殖水产品保鲜和储存等科普知识。积极与各中小学开展海洋科普互动工作，邀请中小学生到海洋牧场进行参观，现场普及渔业知识，让中小学生参与沙画、贝壳工艺、渔网编制等手工制作，感受海洋的魅力，使学生们真正认识海洋牧场。

二、延伸产业链发展理念及发展类型

1. 海洋牧场延伸产业链发展理念

我国近海渔业资源日渐枯竭，海水养殖盲目追求高产量和管理滞后导致病害频发，滥用渔药的现象时有发生，市场对绿色、安全、优质水产品的急切呼声为海洋牧场发展提供了新的机遇。推动我国海洋牧场建设既是海洋牧业产业发展的必然趋势，也与我国经济社会和生态环境现状密切相关。

海洋牧场建设需遵循“生态优先、陆海统筹、三产贯通、四化同步”的发展理念。坚持“生态优先”，海洋牧场可以解决由捕捞和养殖业造成的诸多生态问题，构建健康的海洋生态系统，加强生境恢复和修复，确定合理的生态容量，维持整个生态系统可持续发展。坚持“陆海统筹”，海洋牧场在空间上覆盖陆域和海域，陆地是苗种繁育、产品加工、牧场管理和运行的基地，海上是包括人工鱼礁、增殖放流、生境修复和在线监测的生产空间。海洋牧场应统筹规划陆地和海上生产空间，根据水深和距陆地距离合理布局各类增殖形态和增殖对象，同时将休闲渔业和生态旅游等产业有机融入海洋牧场建设中（图 12-2）。坚持“三产贯通”，海洋牧场不只包括水产品生产的产业链，更涉及礁体和装备制造、产品精深加工和储运、休闲渔业等制造业和服务业。在构建海洋牧场时应打通第一、第二、第三

图 12-2　海洋牧场垂钓平台（图片拍摄者：周兴）

产业，使海洋牧场成为经济社会系统和生态系统的一部分，发挥其对上下游产业、周边产业和当地社会的拉动作用。坚持“四化同步”，工程化、机械化、自动化、信息化是现代海洋农牧业的发展方向，海洋牧场要加强食品安全追溯技术、“3S”技术、物联网和人工智能技术、牧场管理信息化、生物驯化、自动化采收等技术和装备的研发和应用。

发展海洋牧场要注意做足一产，做大二产，做强三产。传统渔业产业产品加工少，带动产业结构提升较低。海洋牧场本身就是集第一、第二、第三产业于一体的核心龙头企业或高科技发展园区。做强海洋牧场，不仅仅把渔业养殖及相关的海产品深加工产业综合利用好，同时利用海洋牧场这一平台，做强相关海洋休闲旅游、海洋水产品交易产业，培育海洋牧场这一经营主体，搭建综合开发载体平台，嫁接新型海洋产业，使海洋牧场成为新时代海洋业产业化发展的主攻方向和着力点。

开展海洋牧场建设，在相关海域设立渔业资源增殖养殖区，投放人工鱼礁，开展人工放流苗种，保护和增殖渔业资源，改良沿海渔场。结合近岸传统池塘养殖，浅海滩涂养殖和底播养殖，在部分区域开发筏式养殖、网箱养殖及深水抗风浪网箱等渔业养殖模式，全方位多产业综合性保护开发，建立起不同层次、规模及不同类型，并具有旅游观光、休闲垂钓、体验、旅游度假、美食寻味和教育培训等多功能的休闲渔业园区，使传统养殖业与渔业与旅游业和服务业等休闲产业有机结合，促进各个产业共同发展（夏海明，2006；何晓颖，2008）。

2. 海洋牧场延伸产业类型

在规划海洋牧场延伸产业时，首先要依靠区域的海洋自然资源和生物资源重点发展新型渔业产业，其次根据相应海域资源的多样性、技术资金实力、周围区域经济环境及相应市场的期望值，来规划延伸产业链的发展方向。实施规划时要考虑相应区域的资源状况、历史民族文化、经济发展状况等多方面因素，了解各个产业密切关系，综合分析并发现其中的相似性和可行性，从而确定海洋牧场延伸产业链的最终方向。

1）休闲旅游业

休闲旅游是海洋牧场进行产业结构延伸的主导方向，特别是对于气候相对较暖，自然景观资源独特的区域，非常适合发展休闲垂钓和潜水捕捉等旅游项目。发展休闲旅游对海洋牧场的自然景观资源、养殖资源及外部资本和旅游市场的依赖程度很高，需要高起点规划和设计。充足的旅游客源、完善的旅游基础设施、旅游区域交通现代化是发展休闲度假的最重要前提。可以通过海洋牧场天然海景和渔家文化，结合现代的休闲度假时尚，引入现代时尚休闲元素，把海洋牧场建设成集海水养殖、时尚运动、文化体验、节会娱乐、购物美食的综合性海滨旅游度假胜地。外来旅游客源数量与海洋牧场能提供水产资源产量之间的关系，将直接影响休闲旅游产业的发展。在发展休闲旅游产业时的要注意可能会给其带来的环境影响。

2）水产贸易业

选择有特色的高端水产品进行养殖，开展有针对性养殖品种交易，把海洋牧场近岸区做成水产品交易中心，是海洋牧场发展高端水产品贸易的一个方向。这需要投入大量的资本建设大型码头、水产冷库，完善基础设施，利用良好的社会贸易资源和商贸环境，开展水产贸易。充分利用海洋牧场自身的资源和相应的科学技术，整合上游更多的资源，丰富后期产品线，完善产品深加工，再结合充分市场，不断地获得可持续发展。例如开展深海三文鱼等高端品种进行养殖，再结合金枪鱼等特殊远洋捕捞产品开展贸易，可以带动整个沿海区域临港水产的贸易发展。但在开展水产贸易同时，航线及相应物流船只等在一定程度上会对海洋牧场周边环境产生影响，且还可能改变海洋牧场的自然环境状态。

3）生态保护产业

海洋牧场的发展需要健康的海洋生态系统，加强生境恢复和修复，根据生态容量合理确定增殖规模是可持续发展的前提（陈敏豪，1997；张桂华，2005）。必须要营造适宜海洋生物生存与繁殖的自然生态系统，通过引入一些原种生物或者人工培育增殖的生物并加以管理和调控，在达到保护与恢复自然生态系统的同时，使得渔业资源得到养护与修复增殖。而通过投放人工鱼礁、种植大型海草（藻）等混养轮养方式、重建“海底森林”，为新的海洋生物提供生长、栖息、索饵及产卵的场所，除了修复或重建已破坏的生态系统，逐步形成良性循环的海洋生态环境，还可解决海洋牧场养殖业高速发展所带来的环境污染问题，减少海洋环境富营养化的过程，一定程度上改善整个的海洋生态环境。

海洋牧场往往被视为海洋水产品的生产系统，对产量和经济效益的追求导致海洋牧场在提供生态廊道、庇护野生种群、调节流场和物质输运等方面的生态作用往往被忽视。除海洋牧场建设少数涉及红树林、海草床、海藻场修复工作之外，其他大多未能充分考虑生态系统功能恢复和环境修复，难以抵御环境与生态灾害。如何有效发挥海洋牧场对受损生境和生物群落恢复的促进作用还有待深入研究。

在捕捞和养殖业造成诸多生态问题的背景下，海洋牧场被视为应对这些问题的产业形态，其发展有赖于健康的海洋生态系统，加强生境恢复和修复，根据生态容量合理确定增殖规模是海洋牧场可持续发展的前提。图 12-3 为海洋牧场筏式养殖海藻。

4）海洋科教产业（这是否为独立的产业形态有待商榷，保护工作目前还是公共事业，科教功能应归入旅游业）

图 12-3　海洋牧场筏式养殖海藻（图片拍摄者：周兴）

建设海洋牧场的主要目的是兼顾海区保护和开发。通过严格限制和分区规划进行海洋牧场建设养殖，开展与保护不相冲突的适度开发，可以对海区进行主动的生态保护。在建设中，不仅对其类型和开发程度有一定的要求，还可用相关的管理规范和环境影响评价的标准来评定。

为把海洋牧场建设朝多资源型、服务型和产业型发展，应结合近岸海洋研发机构、海洋科研院所，并利用海洋高素质人才，开展实用性海洋科技成果研发，并在海洋牧场加以推广应用，促进海洋产业发展。建立海洋博览馆，展示生动活泼的海洋动物和植物，并对海洋的历史、文化、生态、环境等进行全方位的科普教育展示，完善海洋牧场的科技服务职能（杨同玉，2004；杨同玉和潘怀福，2004）。

三、产业发展类型

通过开展相应设施配套完善海洋牧场，规划不同方向的延伸产业，拉长传统渔业产业链，整体合作，带动海洋牧场一体化发展。

1. 渔业装备产业

开展海洋牧场建设涉及深水抗风浪网箱、养殖渔船，所用装备新技术、新材料及新设备的推广应用。主要包括深水网箱的安置模式、抗风浪性和耐流技术，海底观测网络技术、海底远程光-声双向信息转换技术及海底无人遥控探测技术。在海洋牧场推广使用安全可靠、性能优良、节能环保、先进适用的渔业装备，推动整个产业向高精尖方向发展。

2. 休闲旅游产业

依托海洋生态养殖产业，严格保护海岸礁石带、护岸防护林带及海洋自然生态环境和景观，策划独具特色的参与性、体验性、趣味性的海洋生态休闲旅游精品项目，为游客创造安全、舒适、惬意的生态休闲旅游环境，使游客体验到高品质、细致美好的旅游服务（图 12-4）。

图 12-4　惬意的海上垂钓比赛（图片拍摄者：周兴）

3. 海洋科教和生态保护产业

发展海洋牧场，需要海洋科研院所开展新技术、新装备的试用和推广。在研发和推广过程中，科研院所应配合企业积极普及游客的海洋生态保护意识和科学知识，建设相关经济鱼类生物标本和活体水族箱展示，以图文展示和讲解导播为主，结合海上网箱参观、岸上实物展示及科技实验展示和体验，对游客传播海洋生态知识，进行海洋科教普及服务。

4. 水产物流贸易金融产业

建设海洋牧场水产鲜品和干品超市、游乐活动服务部。在水产鲜品购物区销售养殖基地鲜活海产品，为垂钓游客计量所获海鲜且提供加冰保鲜包装服务。在干品超市销售特产干海产品和当地名优土特产品。在游乐活动服务部销售鱼饵、渔具及水产纪念品，宣传海洋牧场，提升海洋牧场的知名度（杨斌和刘炎，2006）。

发展海洋牧场，结合渔业捕捞、港口物流及服务业的投资与运营管理，整合海洋牧场资源，发展海洋文化、海洋餐饮、滨海旅游、海洋教育培训和社会服务等多元化产业，构建水产品拍卖交易、冷链物流、远洋捕捞服务、加工配送、信息集成等产业链，打造水产品交易冷链物流基地。

5. 海鲜餐饮业

发展海洋牧场过程中，在海上观光平台发展特色观海餐厅。利用岸线与潮间带高差，建设水族主题餐厅，在餐厅内设落地玻璃窗面，内墙设大面积背景水族箱，使游客可以一面欣赏海景和水族，一面享受特色海鲜美食。

开发特色海鲜烹饪技术，以养殖基地特色海鲜为主，提供适合各地口味的海鲜菜系，为游客提供多样性的美食。使游客在观赏了海洋牧场美景后，品尝亲自捕获的海鲜产品。

第二节　生态旅游产业的拓展

开展海洋生态旅游是海洋牧场朝“渔业+生态旅游”新业态发展的主要方向。加大宣传力度，提供良好的生态垂钓和潜水捕捉环境，利用特定的海洋风光吸引喜好海洋旅游的客源，形成一定旅游市场规模，并开发特点鲜明的海洋旅游项目和产品，把充分的客源吸引到以海洋牧场建设为主体的海洋生态旅游上来。开展游客参与拖网捕鱼抓虾、海上垂钓比赛及海上观景等活动，捕获鱼虾归客人所有，让游客现场参与烹制美味的海鲜大餐，与渔民一起分享原汁原味的生猛海鲜，既解决了渔民转产转业问题，又拓展了海洋牧场生态旅游发展的空间（夏海明等，2009；赵晟宇，2011）。

一、资源优势

开展生态旅游需要一定的资源和条件，规划海洋牧场时应充分利用稀有的海洋特色景观资源，设计出能吸引游客的生态旅游项目。充分开发海洋生态旅游需要关注海洋景观资源和民俗人文资源。

1. 海洋景观资源

海洋景观资源包括海岸景观、岛礁景观、水体景观、气候气象景观和海洋动植物景观资源等。海岸景观、岛礁景观主要包括适合冲浪和赶海浅海及游泳的海滩，海上观光岛礁等。水体景观包括近岸水下和水面景观。气候气象景观，如海上日出日落、彩虹和蓝天白云等。海洋动植物观赏资源包括沿海防护林、垂钓休闲鱼类、观赏性和采集性贝类、各种珊瑚礁。海洋牧场可充分利用这些景观资源，完善潜水、垂钓、渔家乐等特色项目，形成独特的旅游品牌。图 12-5 示优美的海洋养殖及自然景观。

图 12-5　优美的海洋养殖及自然景观（图片拍摄者：孙伟）

2. 民俗人文资源

民俗人文资源包括近海历史遗迹，近海宗教设施遗迹相关旅游和纪念设施，相关历史人物，宗教活动和民俗活动遗迹、各种现代体育活动等。其中包含古代沉船遗址、古代海防炮台及海战遗址、传统渔村遗迹、传统渔业生活习俗展示，以及各种开海、祭海等宗教或与海洋相关的节庆活动和海上竞技比赛活动（图 12-6）。

图 12-6　海洋牧场海钓比赛（图片拍摄者：周兴）

二、生态旅游产业原则和思路

1. 经济效益和市场优先

企业建设海洋牧场前期需要投入大量资金且短期难以收到效益。没有立竿见影的收入，是目前我国大部分企业开展海洋牧场建设容易陷入困境的重要原因之一。从事海洋牧场的生态旅游需要将资金充分利用，科学开发，突出新产品新特色，企业开始起步投入资金大，收效则相对较为缓慢。

作为发展海洋牧场建设的企业，不仅需要能够提供持续发展的资本供给，还需要政府能提供发展海洋生态旅游的引导政策，如加大宣传、维持吸引稳定的客源等。作为企业要做好前期市场调研，将生态旅游项目明确定位，并开发出吸引客源需求的海洋生态旅游产品。要注意吸引回头游客和游客间的扩大宣传辐射效应，满足游客的求新、求异猎奇观念，不断地推陈出新，增加海洋生态旅游项目的观光点。

2. 以生态保护和谐发展为主

海洋是同时具有经营性和非经营性特征的一种“资源型资产”。在建设海洋牧场发展海洋生态旅游的过程中，既要保护自然资源，又要注重和谐开发。通过对所属海域进行生态保护型的旅游开发，建设主题突出、特色鲜明的精品旅游，来保持海洋牧场的有序发展。图 12-7 示海洋牧场建设的传统渔村茅草屋。

图 12-7　海洋牧场建设的传统渔村茅草屋（图片拍摄者：周兴）

开展海洋生态旅游需在空间和时间上注重和谐发展。根据区域内的旅游资源、客源、渔民及渔村生态环境和社会经济发展情况等基本条件，互利互补，合理地制定海洋牧场可持续性发展区划，将海洋自然区域、渔业经济发展区域、旅游综合发展区域有机结合到一起。对于涉及生态旅游中短期不可能恢复的自然资源和渔村历史文化资源，如果造成破坏将不利于海洋生态旅游的可持续发展，也将间接影响海洋牧场的发展建设。

传统海洋旅游发展往往一叶障目，只顾及短期利益，忽视旅游资源的可持续发展和利用；只注重旅游的短期经济利益，忽视长远的生态和社会效益，已经成为其发展的严重障碍。做好海洋生态旅游必须要求我们科学发展，坚持对海洋牧场资源进行适度的、合理的开发和利用，对旅游产品的质量进行控制，解决海洋牧场建设与生态旅游不一致问题，使海洋生态旅游健康有序的发展。

3. 挖掘和发扬渔村民俗文化

发展海洋生态旅游，应注重沿海传统渔村文化、传统祭祖文化及现代渔业科教文化等与现代渔业的有机结合，使海洋牧场充满民俗文化气息。这些文化包含历史上不同时期的产品形态、生产作业方式、祭奠思维、科学教育思维等。将各个时期不同活动通过艺术文化形式手段及布局形成各种不同设施、图案和展示等展现给游客，使游客能够体验到悠久的渔业文化历史。海洋牧场可通过发掘民俗文化，开展以“渔”为主题的休闲垂钓、餐饮住宿和渔家乐文化等系列活动，以纯正、地道的渔家宴为突破口，发展渔村特色餐饮，发掘渔村民俗文化，组织渔民开展“妈祖节”、“开海节”等民俗活动，开展具有动态特征的民俗活动，如民间舞蹈（舞龙、舞狮等）、体育活动（拔河、赛球、角力、游泳等）及号子、锣鼓等雄壮器乐。展示渔家传统刚性特色，使游客亲身领略海洋文化和淳朴的渔村风情。

4. 提供健康水产品

随着现代渔业的快速发展和人民生活水平的不断提高，提供健康安全的水产品越来越受到社会的广泛关注。规划海洋牧场要以提供安全健康的水产品为主题之一，强调所建海域内无污染及破坏观光的休闲渔业项目。游客在亲身体验海洋牧场过程中不仅能欣赏到蓝色海洋的美丽风景，还能捕获无公害的水产品，将其带回并亲自品尝。在发展海水养殖产业时，可根据养殖海域的不同状况设置不同品种养殖区。例如，浅海底播贝类、海珍品，可以方便游客挖蛤蜊、拾海参；近海筏式养殖海带和网箱养殖黑鲪、鲈和六线鱼，提供游客喂养和观赏。开展人工鱼礁，引来自然鱼群，提供休闲垂钓品种。做好多品种增养殖后，在海洋牧场相关区域内设立水产品种介绍牌，详细介绍区域内渔业品种的生态习性和营养特性，食用加工工艺等。

5. 培育海洋亲和力

在开展海洋生态旅游建设过程中，应多增加游客的体验功能，培养游客与海洋的亲和力，让游客真正参与到海洋牧场之中。开展垂钓、深潜等体验要抓住游客对亲近海洋的深刻感情投入，使游客能享受到海洋的亲密感觉。游客体验浅海垂钓，不仅可以欣赏到喂鱼时各种鱼类竞相蹦出的动景，还能欣赏到海天美色的静景。这不仅使其心情舒畅，还能使其感受到天然娱乐及彻底的放松。游客体验浅海潜水，可与大海亲密接触，学习游泳，捕捉自然海区中的海参、鲍、海星及海胆等珍贵动物，体验海洋自然美的感觉。

三、海洋生态旅游产业的主要类型

开展海洋牧场生态旅游，结合美丽风景开展旅游，能改变当前我国传统小而散等低标准重复性海洋近岸旅游模式，发展“渔业+多产业”联合，走综合发展之路。开发海洋文化旅游产品，以体现特色“海洋风情和人文精神”为目标，提高海洋牧场品位，既要加大引入社会资本对海洋文化旅游项目的投入，又要充分利用其他社会资源，通过优化配置、重新组合，开拓新的市场发展方向。需要强化生态旅游的创意与营销，通过品位佳、质量好的旅游项目，集娱乐性、趣味性、文化性、参与性于一体，增强吸引力，使游客在旅游过程中得到多方位的陶冶，加快海洋文化旅游的发展，从而提升整个海洋牧场的层次。

1. 商贸服务产业

发展海洋生态旅游，重点需要开发商贸和服务，提高游客商旅接待能力和水平。在海洋牧场旅游景区建设有海洋特色的旅游酒店，建设可看海观景的客房，围绕和依托海洋牧场能提供优质特色海鲜的优势，深度开发海鲜美食，提升海洋牧场自产海鲜的市场价值。完善海洋牧场建设的同时，开发海鲜烹饪技术的研究，培育适合各种口味的海鲜特色菜系，传播海鲜美食文化和海洋文化。建设适合海洋牧场海鲜产品的餐饮消费目的地，形成海边、海上、岛上、船上、渔港、渔村、渔家等系列海鲜美食消费场所。建设海洋牧场旅游景点的商业网点，重点发展与海洋或牧场相关的旅游纪念品供销体系。同时利用开海节、祭祀节等节庆会展，拉动海鲜餐饮、水产品和精品百货等市场消费，支持海洋牧场的旅游生态业发展。

2. 饮食文化产业

发展海洋旅游业应当重视海洋饮食文化。海洋饮食文化是指一切与海洋文化有关的饮食习惯及结构，但其绝非简单地归结为吃海鲜，还包括饮食材料选择、烹饪技巧、用餐方式等，其精髓需要体现独特的海洋文化内涵。建设海洋牧场可通过充分利用本地已有的饮食文化资源，通过整合和发掘周边地区的海洋饮食文化内涵，将渔村的饮食文化习惯糅合到内陆饮食习惯中，从而进一步整合海洋牧场的旅游资源，带动该区域的经济效益。要使参观者获得完美体验，不仅体现在对食物的品尝，更体现在对文化的解读上，使得文化这一精髓通过“吃、喝、玩、乐”这样的方式贯穿其中，这样饮食文化就成为吸引游客的旅游资源，可以激发参与者对海洋牧场的兴趣，同时也可以让参观者得到精神愉悦。发掘海洋饮食文化内涵，要从广博的海洋文化宝库中撷取精华，经过选择组合和精心运作，向参观者推出展示大独特魅力的文化旅游产品。以游乐为载体，以文化为精髓，以愉悦为目的，实现饮食与文化的互动发展。图 12-8 示海洋牧场捕获海产品的蒸汽汽锅。

图 12-8　海洋牧场捕捞收获海产品的蒸汽汽锅（图片拍摄者：周兴）

海洋饮食文化旅游要弘扬和挖掘具有浓郁海洋文化特色的海鲜美食文化，向旅客系统地宣传推介特色海鲜美食。要站在开发海洋饮食文化和旅游资源的高度，在海边建设符合海滨地形地貌的具有浓郁地方特色的海鲜餐饮店，打造关于海鲜餐饮及休闲一条街，可以参照青岛啤酒一条街、万达购物广场、希尔顿酒店等“吃喝玩乐”购物模式，构造能吸引广大游客的独特海滨风情。要充分发挥丰富的海鲜资源优势，除了要有传统的海鲜美食加工方法外，还要研究对鲜活海产品的深加工，研制出品种琳琅满目、花色丰富多彩、口味千变万化、烹制方法层出不穷、主题包罗万象的海鲜美食。要改良和勇于创新海鲜美味，努力提升海鲜菜肴品位，夯实内在基础，打造海洋美食文化旅游精品，从而吸引更多的旅游者，创造独特的品牌形象。在开展建设时应挖掘当地渔民、渔村流传的文化故事，整合民俗文化和海洋文化贯穿和融入到海洋饮食文化旅游产品中。

3. 医学疗养产业

医学疗养旅游是目前发展最快的新兴产业之一。开展海洋生态旅游可以建设海洋主题的康体中心，充分结合养老、休闲、度假、放松等海洋特点，把海洋生态旅游发展成功能齐全的医学疗养胜地。使游客在海洋牧场游玩后，在享受五星级医疗保健、生活照料服务。同时，结合中药保健、营养配膳等养生养老服务设施，打造集养生、休闲、度假、疗养为一体的高端复合型海洋旅游产业。

可以通过开发海底岩洞的形式建造室内游泳池，提供各类海洋产品的保健咨询和理疗服务。结合海洋特有的概念产品，设计出如盐浴、矿泥浴、矿物喷雾、海底中草药蒸疗、岩穴漂浮等理疗产品，以及海藻、海草、海底椰、黏土等美容保健和各式助浴服务。解决海洋牧场旅游市场产品单一，发展方式粗放，科技、文化含量不高等问题，使传统海洋牧场朝多元化生态旅游发展。

4. 体育竞技产业

海洋体育竞技产业指人们在闲暇时间里利用滨海资源进行体育活动是海洋休闲的具体展示，包括游泳、戏水、潜水、帆船、游艇、冲浪、沙滩排球、沙滩足球、钓鱼、捕鱼等。海洋体育竞技产业长期以来就受到人们的认可和追捧，在健康越来越受到关注的现在，成为了运动新时尚（王连茂，1993；孙希华，2004；田克勤，1999；邬凤，2008）。它可以满足人们物质生活、精神生活和休闲生活，是海洋生态旅游发展不可缺少的一部分。海洋体育竞技产业能够满足人们亲近海洋、体验海洋的需求，人们对它的需求反过来成为了该产业发展的动力。由于海洋休闲体育产业产品新颖、价格昂贵，只有少数有经济实力的和愿意尝试新产业产品的消费者能够接受，市场需求有限，但是随着国民经济的发展，人们收入水平的提高，以及闲暇时间的增多，人们对海洋休闲体育的需求呈现逐年增长的趋势（肖胜和等，2004；张桂华，2005；衣华鹏，2005；吴士存，2008）。

当前，传统的标准型、统一海洋生态旅游开发模式显得没有创造力和吸引力，带有民族性、地方性、独创性的海洋体育竞技产业的融入在海洋生态旅游开发中取得主动权。滨海休闲体育旅游是以滨海体育文化为灵魂和支柱，给传统海洋生态旅游产业展示其深厚内涵和独特魅力的舞台，让更多人领略、喜爱这些丰富多彩的体育文化。

在开展海洋体育竞技产业时，社会公众的广泛参与是模式发展成功的关键。但在发展时要掌握好海洋环境保护与海洋体育竞技产业持续发展的关系。完整保护滨海旅游地区的生态环境、沿海地区的民族风俗及传统文化，防止因为海洋体育竞技产业的开发，导致海岸人文、地理环境受到破坏，进而影响到海洋牧场建设。

5. 海洋科普教育产业

海洋，与人类生活息息相关，紧密相连。过去，我国的海洋意识相对淡薄，海洋教育比较薄弱，如今国家提倡“提高海洋资源开发能力，发展海洋经济，保护海洋生态环境”，这也给了海洋牧场提高国民海洋意识的良好机会。

海洋牧场建设，可通过海洋科技馆介绍传播海洋观念和海洋知识，开辟特设展厅专门进行海洋科普宣传，用高科技手段展示海洋国土、海洋资源等内容。通过制作精美的海洋生物标本，购置高科技科普设备及互动仪器，利用最新的科技手段，通过声、光、电及多媒体技术制作海洋科普知识展板，还可以通过手机微信、微博、客户端建立高水平的“移动科技馆”传播海洋牧场的相关知识，充分利用全国科普日、海洋日、世界文化遗产日、海洋节、国际博物馆日、六一节、科技周等各类节庆活动，在海洋牧场内开展科普活动，使海洋知识和海洋文化深入到游客的心中，发挥海洋科普在海洋旅游产业中的关键性作用（齐继光和丁剑玲，2014；苏勇军，2007）。与相关科研院所共建海洋类博物馆，共建海洋科普基地，有针对性地对全社会进行系统化的海洋科普教育，积极促进海洋科学的科普化和海洋意识普及化。建设海洋渔业展览馆，陈列各时期的渔船、渔具，并利用虚拟成像技术让参观者观看到织网、放网、捕鱼、笼捕及垂钓等近岸作业情况，近距离体验渔家生活的乐趣。

6. 渔业民俗文化宣传

传统渔业民俗文化是海洋生态旅游发展急需保护和宣传的重点之一，是文化民俗游览可持续发展的重要模式。这种模式在挖掘传统渔家文化和渔民习俗风情的基础上，深度挖掘海洋牧场文化的内在概念，通过增加渔家风情、渔家活动节目来吸引游客，增强趣味性和参与性，将渔文化融入景观和相关旅游，迎合游客返朴自然、向往大海的需求，能够起到观赏效应好，游客关注度高，项目收益好的作用。

传统渔业民俗文化的宣传，既要展演具有鲜明特色的传统民俗，又要配套建设符合现代审美的沿海渔村景观和木屋，提供适合当今游客口味的渔业餐饮文化。推动传统渔业民俗的旅游开发，还要重点培养部分民俗展演团队的素质和水平，提高演员的技能，增加与游客的互动性，提高游客的乐趣。要剔除过于花哨的节目，增加游客娱乐活动的参与性。邀请游客参与挖蛤蜊、拉渔网等工作，举办渔民民俗文化展、渔家美食大宴、沙画比赛、沙雕构建等活动。

主要参考文献

安鑫龙, 齐遵利, 李雪梅, 等. 2008. 中国海岸带研究Ⅱ——海岸带生态环境问题及其解决途径. 安徽农业科学, 36(27): 11967-11969.

安鑫龙，齐遵利，李雪梅，等. 2009. 我国海岸带研究III：滨海湿地研究. 安徽农业科学，37(4): 1712-1713.
曹清尧. 2007. 我们离生态文明还有多远. 中国林业，(24): 12-13.
常晓华. 2004. 韩国济州岛：进发“国际自由都市”. 中国经贸导刊，(16): 3-53.
陈介中，王丽娅. 2005. 引调大鹏湾海水对深圳湾的影响. 深圳市科协 2005 年年会: 248-257.
陈敏豪. 1997. 生态文化与可持续发展. 宁波经济：财经视点，(11): 7-8.
陈祖海，姜学民，曹明宏，等. 2001. 论环境自动演替与社会调控机制. 生态经济，(11): 23-26.
高占君，王红英. 1996. 海滨景观环境污染的经济损失估算. 海洋环境科学，15(3): 76-79.
管宁. 2002. 福建省旅游产业存在的问题与对策. 亚太经济，(5): 73-76.
郭剑英，王乃昂. 2004. 旅游资源的旅游价值评估——以敦煌为例. 自然资源学报，19(6): 811-817.
郭伟，朱大奎. 2005. 深圳围海造地对海洋环境影响的分析. 南京大学学报(自然科学版)，41(3): 286-296.
国家海洋局. 2007. 中国海洋发展报告. 北京：海洋出版社.
国家海洋局. 2010. 中国海洋环境公报. 科学通报，51(增 2): 114-119.
国家海洋局海洋发展战略研究所. 2010. 中国海洋发展报告. 北京：海洋出版社.
韩卢敏. 2005. 福建省滨海旅游开发模式和实证研究——以厦门市为例. 福建师范大学硕士研究生学位论文.
郝艳萍. 2003. 滨海休闲旅游资源可持续利用对策探讨. 海洋开发与管理，20(1): 47-51.
何晓颖. 2008. 海岛城市的海鲜美食旅游精品开发与研究——以舟山群岛为例. 时代经贸(学术版)，6(4): 109-111.
贺东升. 2001. 观光农业发展的理论与实践. 北京：中国农业科技出版社.
胡北明，雷蓉，董延安. 2004. 旅游资源经营权价格评估指标及方法探讨. 商业研究，(17): 145-147.
华建伟，朱锦旗，李炎尧. 2000. 南京市幕府山地区旅游资源评估与开发设想. 地质学刊，24(1): 30-35.
黄辉实. 1986. 休闲旅游资源的评价. 北京旅游学会，旅游论丛.
黄康宁，黄硕琳. 2010. 我国海岸带综合管理法律问题探讨. 广东农业科学，37(4): 350-354.
黄小平，黄良民，李颖虹，等. 2006. 华南沿海主要海草床及其生境威胁. 科学通报，(S3): 114-119.
季小梅，张永战，朱大奎. 2007. 三亚海岸演变与人工海滩设计研究. 第四纪研究，27(5): 853-860.
贾跃千，李平. 2005. 海洋旅游和海洋休闲旅游资源的分类. 海洋开发与管理，22(2): 77-81.
姜文来，杨瑞珍. 2003. 资源资产论. 北京：科学出版社.
金建君，冉圣宏. 2002. 海岸带资源的价值研究. 海洋环境科学，21(1): 63-67.
金建君，恽才兴，巩彩兰. 2002. 海岸带综合管理的核心目的及有关技术的应用. 海洋湖沼通报，(1): 26-31.
金远欢. 1990. 瀑布景观的综合美学评价研究. 旅游学刊，(4): 38-44.
蓝文陆. 2011. 近 20 年广西钦州湾有机污染状况变化特征及生态影响. 生态学报，31(20): 5970-5976.
李秀梅. 2005. 休闲旅游资源价值实证研究：以兴隆山自然保护区为例. 兰州大学硕士研究生学位论文.
李永祺. 2012. 中国海洋环境生态学研究(中国海洋区域海洋学丛书之七). 北京：海洋出版社.

李悦峥. 2000. 辽宁沿海地区旅游资源评价研究. 自然资源学报, 15(1): 46-50.
李占海, 柯贤坤, 周旅复. 2000. 海滩旅游资源质量评比体系. 自然资源学报, 15(3): 229-235.
廉雪琼. 2002. 广西近岸海域沉积物中重金属污染评价. 海洋环境科学, 21(3): 39-42.
林永革. 2005. 我国滨海体育旅游业可持续发展的品牌战略. 西安体育学院学报.
刘冬雁, 刘兰. 2002. 我国滨海休闲旅游资源的开发与管理. 海岸工程, (2): 21-25.
刘洪滨. 2004. 山东滨海旅游资源及休闲旅游业. 北京: 海洋出版社.
刘继韩. 1989. 秦皇岛市旅游生理气候评价. 地理与地理信息科学, (1): 35-39.
刘建波. 2010. 胶州湾 60 年岸线变化对水动力影响研究. 中国海洋大学博士研究生学位论文.
刘坤, 杨东. 2001. 休闲旅游资源的经济价值评价. 曲阜师范大学学报(自然科学版), 27(3): 103-106.
刘舜斌. 2008. 建设海洋牧场是舟山渔业的新希望. 海洋开发与管理.
陆荣华. 2010. 围填海工程对厦门湾水动力环境的累积影响研究. 国家海洋局第三海洋研究所博士研究生学位论文.
陆挺潮. 1999. 第三代港口——未来物流业的平台. 中国港口, (4).
罗成德. 1994. 旅游地貌资源的综合模糊评价. 地理学与国土资源研究, 10(3): 45-49.
马灿云. 1997. 秦皇岛市沿岸海水浴场水质现状分析及污染防治对策. 海洋环境科学, 16(2): 67-71.
马世俊, 李松华. 1987. 中国农业生态工程. 北京: 科学出版社: 10-11.
马晓河, 兰海涛. 1999. 工业化中期阶段的农业发展政策研究: 国际经验与中国的选择. 农业经济问题, (8): 15-25.
马耀峰, 宋保平, 赵振滨, 等. 2005. 休闲旅游资源开发. 北京: 科学出版社.
马中. 1999. 环境与资源经济学概论. 北京: 高等教育出版社.
梅宏. 2011. 韩国的海岛立法与管理. 中国海洋报, 5: 19.
牛文元. 1994. 中国式可持续发展战略的初步构想. 二十一世纪中国的环境与发展研讨会论文选集: 127-135.
欧维新, 杨桂山, 于兴修. 2005. 海岸带自然资源价值评估的研究现状与趋势. 海洋通报, 24(2): 79-86.
欧阳志云, 王效科, 苗鸿. 2000. 中国生态环境敏感性及其区域差异规律研究. 生态学报, 20(1): 9-12.
潘怀福. 2005. 发展休闲渔业、促进渔民增收——关于青岛开发区休闲渔业发展的思考. 中国水产, (7): 76-77.
彭新育, 吴甫成, 傅尔林. 2000. 评价旅游景点经济价值的数学模型. 经济地理, 20(4): 109-113.
齐继光, 丁剑玲. 2014. 发挥海洋科普场馆优势, 促进中国海洋科普教育发展. 中国科协年会——以科学发展的新视野, 努力创新科技教育内容分论坛.
秦燕, 李辉, 李聪. 2004. 控制图分析在食品安全预警中的应用. 中国公共卫生, 20(9): 1089-1090.
曲丽梅, 仲桂清, 李晶. 2003. 辽宁省滨海旅游资源分区及评价研究. 海洋环境科学, 22(1): 53-57.
任叙合. 1991. 海洋环境保护中的环境敏感图. 交通环保, (3): 31-37.
石辉. 2002. 农业如何面对知识经济的挑战. 生态经济, (2): 34-37.
寿杨宾. 1986. 青岛海港史(近代部分). 北京: 人民交通出版社.
宋炳良. 2001. 论上海港口全部经济贡献的评估. 上海海事大学学报, 22(4): 26-29.

苏勇军. 2007. 宁波市休闲渔业发展研究. 渔业经济研究, (4): 37-41.
孙鸿良. 2002. 我国西北地区饲草、饲料发展趋势与当今需注意的几个问题. 饲料广角, (4): 35-37.
孙建国. 2004. 培育壮大休闲渔业　促进渔民转产增收. 中国渔业报.
孙建国. 2005. 青岛开发区休闲渔业发展的思考. 齐鲁渔业, (3): 37-38.
孙睿君, 钟笑寒. 2005. 运用旅行费用模型估算典型消费者的旅游需求及其收益: 对中国的实证研究. 统计研究, (12): 34-39.
孙书贤. 2005. 建设海洋牧场发展新型生态渔业. 海洋开发与管理, 22(6): 81-83.
孙松, 李超伦, 张光涛, 等. 2011. 胶州湾浮游动物群落长期变化. 海洋与湖沼, 42(5): 625-631.
孙希华. 2004. 山东滨海旅游资源开发及其问题. 资源开发与市场, 20(5): 395-398.
孙晓霞, 孙松, 吴玉霖, 等. 2011. 胶州湾网采浮游植物群落结构的长期变化. 海洋与湖沼, 42(5): 639-646.
汤琦瑾. 2005. 论自然资源价值及价值管理. 生产力研究, (7): 17-19.
滕月. 2008. 发达国家食品安全规制风险分析及对我国的启示. 哈尔滨商业大学学报(社会科学版), (5): 55-57.
田克勤. 1999. 山东滨海旅游项目开发的研究. 海岸工程, (2): 6-10.
王德利. 1988. 试论旅游环境资源计价. 价格月刊, 3(1): 7-9.
王笛, 余世勇, 吴锡平, 等. 2012. 重庆市北碚区渔业产业化发展现状与对策. 河北渔业, (6): 49-55.
王芳, 陈松, 钱永忠. 2008. 国外食品安全风险分析制度建立及特点分析. 世界农业, (9): 44-47.
王芳, 陈松, 钱永忠. 2009. 发达国家食品安全风险分析制度建立及特点分析. 中国畜牧业, (1): 44-47.
王家骏. 1988. 度假村区位探讨. 旅游学刊, 3(1): 54-58.
王建春, 李春雨. 2007. 我国沿海湿地及其保护研究. 林业资源管理, (5): 5-8.
王连茂, 尚新伟. 1993. 香山公园森林游憩效益的经济评价. 林业经济, (3): 66-71.
王良健. 2006. 现行休闲旅游资源评价体系的改进与方法创新. 旅游学刊, 21(2): 11-12.
王淼, 刘晓洁, 段志霞, 等. 2004. 海洋生态资源价值研究. 中国海洋大学学报(社会科学版), (6): 112-121.
王巧艺, 黄明哲. 2011. 关于发展晋江休闲渔业的思考与建议. 就业与保障, (Z1): 59-61.
王赞红. 2001. 实施环境成本内在化与森林旅游持续发展. 生态经济, (7): 10-12.
文华, 姜翠红, 王爱玲, 等. 2008. 北京都市型现代农业评价指标体系与调控对策. 农业现代化研究, 29(2): 155-158.
文向阳. 2005. 在食品供应链中实施食品安全的可追溯性. 中国食品工业, (8): 48-49.
邬凤. 2008. 我国滨海体育旅游业现状与发展对策研究. 体育研究与教育, 23(3): 62-64.
吴必虎. 2001. 区域旅游规划原理. 北京: 中国旅游出版社.
吴楚材, 邓金阳, 李世东. 1992. 张家界国家森林公园游憩效益经济评价的研究. 林业科学, 28(5): 423-430.
吴德星, 牟林, 李强, 等. 2004. 渤海盐度长期变化特征及可能的主导因素. 自然科学进展, 14(2): 191-195.
吴士存. 2008. 济州模式的海南思考. 今日海南, (8): 32-33.
吴壮, 何志成. 2008. 严控填海造地, 保护海洋生态. 中国渔业报.
伍玉梅, 徐兆礼, 樊伟, 等. 2011. 1985~2005 年东海海表温度时空变化特征分析. 海洋学报, 33(6):

9-18.
夏海明. 2006. 打造舟山海鲜美食文化旅游精品. 时代经贸(学术版), 4(11): 149-151.
夏海明, 曹志斌. 2009. 舟山海洋旅游精品探索. 浙江国际海运职业技术学院学报, (4): 24-30.
相建海. 2002. 中国海情. 北京: 开明出版社.
肖胜和, 周宣森, 李健. 2004. 温州市旅游资源评价. 资源开发与市场, 20(6): 458-460.
谢亚力, 黄世昌, 王瑞锋, 等. 2007. 钱塘江河口围涂对杭州湾风暴潮影响数值模拟. 海洋工程, 25(3): 61-67.
徐丛春, 韩增林. 2003. 海洋生态系统服务价值的估算框架构筑. 生态经济, (10): 199-202.
徐萍, 梁晓杰, 刘晓雷. 2008. 欧洲港口发展现代物流的启示. 综合运输, (3): 77-80.
徐嵩龄. 1996. 自然资源的价值表达及其在经济系统中的配置原则. 生态经济, (3): 8-15.
徐嵩龄. 2001. 生物多样性价值的经济学处理: 一些理论障碍及克服. 生物多样性, 9(3): 310-318.
徐亿红, 宋莹, 刘健. 2000. 海滨浴场污染经济损失的定量化估值. 海洋环境科学, 19(4): 54-56.
徐中民, 张志强, 程国栋, 等. 2002. 额济纳旗生态系统恢复的总经济价值评估. 地理学报, 57(1): 107-116.
薛达元. 2000. 长白山自然保护区生物多样性非使用价值评估. 中国环境科学, 20(2): 141-145.
薛达元, 包浩生, 李文华. 1999. 长白山自然保护区生物多样性旅游价值评估研究. 自然资源学报, 5(2): 140-145.
薛君度, 张旭春. 2000. 建设海上山东战略研究. 济南: 山东友谊出版社.
杨斌, 刘炎. 2006. 海滨旅游产品深度开发思路探讨——以大连市为例. 旅游论坛, 17(3): 315-318.
杨汉奎. 1987. 论风景资源的模糊评价: 以贵州省为例. 自然资源学报, (1): 54-61.
杨金森, 刘容子. 1999. 海岸带管理指南. 北京: 海洋出版社.
杨同玉. 2004. 探析渔民转产转业的问题与对策. 青岛全国水产养殖研讨会.
杨同玉, 潘怀福. 2004. 青岛奏响休闲渔业主旋律. 中国海洋报.
衣华鹏, 张鹏宴. 2005. 庙岛群岛休闲旅游资源评估与可持续利用. 福建地理, 20(3): 23-27.
衣华鹏, 张鹏宴, 纪华芹. 2005. 莱州市海涂开发及农业生态模式研究. 鲁东大学学报(自然科学版), 21(2): 146-149.
尤芳湖, 王凤起. 2000. 再论海上山东. 青岛: 青岛海洋大学出版社.
尤丽团. 2004. 模糊评价在休闲旅游资源评估中的应用. 科技与管理, 6(2): 13-15.
于洪贤, 戴放. 2006. 安邦河湿地自然保护区生态休闲旅游资源评价与开发. 东北林业大学学报, 34(2): 87-89.
曾江宁, 陈全震, 高爱根. 2005. 海洋生态系统服务功能与价值评估研究进展. 海洋开发与管理, 22(4): 12-16.
曾坤生. 1998. 生态休闲旅游资源开发中的外部经济战略. 生态经济, (1): 23-27.
张广胜, 王心源, 李祥, 等. 2006. 巢湖区域地质旅游资源评价与开发对策. 资源开发与市场, 22(1): 76-78.
张桂华. 2005. 我国休闲渔业的现状及发展对策. 长江大学学报(自然科学版), 2(3): 98-102.
张琳. 2008. 韩国仁川机场自由贸易区. 中国物流与采购, (17): 37.
张秀芝, 裘越芳, 吴迅英. 2005. 近百年中国近海海温变化. 气候与环境研究, 10(4): 799-807.
张莹, 刘元进, 张英, 等. 2012. 莱州湾多毛类底栖动物生态特征及其对环境变化的响应. 生态学杂志, 31(4): 888-895.

赵晟宇. 2011. 大连地区海滨旅游现状及发展研究. 旅游纵览月刊, (10): 44-45.

赵玉灵. 2010. 近30年来我国海岸线遥感调查与演变分析. 国土资源遥感, (B11): 174-177.

郑青怡, 李怡蓁, 张立鹏, 等. 2009. 台湾南部环境敏感指标(ESI)地图之建置调查. 海上污染防治及应急技术研讨会.

郑松辉. 2009. 营造海洋旅游文化特色、打造区域中心城市品牌. 汕头日报.

郑松辉. 2012. 汕头海洋饮食文化旅游资源的特色及其开发. http://blog.sina.com.cn/s/blog_5f376d1b0100zfwp.html[2016-11-20].

郑岩. 2009. 大连旅顺口区休闲渔业发展对策研究. 经济研究导刊, (19): 130-131.

周春艳, 李广雪, 史经昊. 2010. 胶州湾近150年来海岸变迁. 中国海洋大学学报(自然科学版), (7): 99-106.

GB/T 17108-2006. 海洋功能区划技术导则.

GB/T 17504-1998. 海洋自然保护区类型与级别划分原则.

HJ/T 82-2001. 近岸海域环境功能区划分技术规范.

HY/T 087. 近岸海洋生态健康评价指南.

HY/T 117-2008. 海洋特别保护区分类分级标准.

后　　记

“敕勒川，阴山下。天似穹庐，笼盖四野。天苍苍，野茫茫，风吹草低见牛羊。”这首南北朝时期的民歌，咏赞了北国草原壮丽富饶的风光，抒发了敕勒人热爱家乡、热爱生活的豪情，这是我第一次在诗歌中领悟了牧场的真实风貌。

我曾多次露天观看过故事影片《草原英雄小姐妹》，蒙古族姐妹龙梅和玉荣在牧场放羊时遭遇暴风雪，为了不使牧场的羊群遭到损失，两人顶风冒雪追赶羊群，直到在雪地里晕倒冻伤，从而加深了我对牧场的直观印象。

查阅《辞海》：牧场定义为牧放牲畜的地方，也是牧养牲畜的企业单位。

我曾亲临内蒙古希拉穆仁牧场和海拉尔牧场，尽管牧场退化，但极目远眺，尚有心旷神怡之感。“作别碧海苔，亲近大漠杨。满目翠绿心迥异，多少凭期望。策马惜柔草，驱车惊飞蝗。天高地阔真忘情，闲卧数牛羊。”

进入新千年，笔者在澳大利亚访问学习半年，发现他们高度重视资源保护、养护，海草床调查研究让我印象极深。回国后，调整了研究团队的研究方向，聚焦近海生境修复和生物资源养护。十几年来，团队团结一心，积极推进，潜心研究，在动物行为、设施研发、增殖放流、牧场构建等方面，取得一系列成果。在科学技术部、国家海洋局、中国科学院和山东省政府等相关项目的支持下，团队同仁集体努力，与山东蓝色海洋科技股份有限公司、山东东方海洋科技股份有限公司、日照市岚山区前三岛水产开发有限公司、马山集团有限公司等密切合作，实施了典型海湾生态牧场构建系列工程。

任重道远，天高海阔笨鸟先飞；时短情长，辛勤耕耘分秒必争。海洋牧场建设是一项长期、系统的工程，也是一项造福子孙的公益性工程，需要全社会的大力支持和积极参与，我们也坚信海洋牧场建设一定会在中华蓝色国土上蓬勃开展。

“夜半反侧长考，心事奔涌难眠。行色匆匆又一年，回味万般尽欢。携手才俊同游，惊促沙噀拒懒。牧场悠悠神驰远，清澈疆域大片。”有梦想，就有希望，就有信心，就有动力！站在新起点，谋求新发展，实现新跨越。让我们共同努力，坚持不懈，奋斗持恒！

本书具体分工：前言（杨红生），我国海洋牧场建设的回顾与展望（赵鹏、孙丽娜、孙景春、杨红生），海洋牧场的生产过程与承载力（毛玉泽、柏雨岑、王晓宇、黄瑶、李阳），海洋牧场的基本分类与功能设计（许强），海藻床与海草场生境构建（周毅、刘旭佳、许强），海洋牧场关键设施设计与研制（张立斌、林承刚、邱天龙），资源关键种行为特征与驯化控制（林承刚、潘洋、张立斌），海洋生物资源养护（张涛、于宗赫、刘石林、刘广斌、孙伟、柏雨岑、高燕），海洋牧场监测评价与生态安全保障（房燕、徐勤增、王清、刘辉），海洋牧场产品质量安全保障（程波、徐彪、夏苏东），海洋牧场产品溯源（夏苏东、刘梅、徐彪、程波、徐冬雪、杨永全），海洋牧场的运营管理与效益分析（邱天龙、孙景春、杨红生），产业发展模式与业态拓展（周兴、孙伟、阚仁涛、杨红生）及后记（杨红生）。杨红生负责全书统稿。不足之处，敬请批评斧正！

2016 年冬月　于汇泉湾畔